建设工程系列软件丛书

建筑设计 Arch2006 软件

使用手册及工程实例高级教程

深圳市清华斯维尔软件科技有限公司　编著

中国建筑工业出版社

图书在版编目(CIP)数据

建筑设计 Arch2006 软件使用手册及工程实例高级教程/深圳市清华斯维尔软件科技有限公司编著. —北京:中国建筑工业出版社,2005
(建设工程系列软件丛书)
ISBN 7-112-07908-X

Ⅰ.建… Ⅱ.深… Ⅲ.建筑制图—计算机辅助设计—应用软件,Arch 2006—教材 Ⅳ.TU204

中国版本图书馆 CIP 数据核字(2005)第 118826 号

建设工程系列软件丛书
建筑设计 Arch2006 软件
使用手册及工程实例高级教程
深圳市清华斯维尔软件科技有限公司 编著
*
中国建筑工业出版社出版、发行(北京西郊百万庄)
新 华 书 店 经 销
北京天成排版公司制版
北京市安泰印刷厂印刷
*
开本:787×1092 毫米 1/16 印张:19¼ 字数:477 千字
2005 年 11 月第一版 2006 年 3 月第二次印刷
印数:3501—4700 册 定价:**55.00** 元(含光盘)
ISBN 7-112-07908-X
(13862)

本社网址:http://www.cabp.com.cn
网上书店:http://www.china-building.com.cn

Arch2006软件以建筑设计的应用为主体，并且可应用于室内设计、规划设计和房地产开发等领域。它构建于AuoCAD2002～2006平台上，采用自定义对象技术，以建筑构件作为基本设计单元，实现二维图形和三维模型的一体化，具有人性化、智能化、参数化、可视化多个重要特征。其中渲染器及在位编辑两大技术，将建筑表现和工程制图两种用途发挥得淋漓尽致，是中国建筑设计软件里程碑式的突破。本书详细地介绍了Arch2006软件强大的功能，并通过工程实例教会读者使用Arch2006软件进行建筑设计工作。

本书包括两个部分及随书光盘。第一部分是Arch2006软件的使用手册，详细介绍了软件安装、功能、使用及维护方法。第二部分通过一个实例工程，讲述如何利用软件进行平面图设计、立剖面设计、详图设计、布图打印以及渲染动画、日照分析等工作。随书光盘提供了可供读者实际操作的Arch2006试用版软件，并收录了约两个多小时用软件完成该工程实例的操作讲解录像。

本书结构清晰，内容丰富，并且注重理论与实践相结合，相信读者通过本书的学习以及实践，定会获益匪浅。

本书适合的读者范围很广，学生、教师、建筑师、规划师、室内设计师、房地产人员及业界实践者都能从本书中获益。

* * *

责任编辑：刘爱灵
责任设计：郑秋菊
责任校对：关　健

前　　言

感谢您选择了清华斯维尔建筑设计软件 Arch2006，我们将竭诚为您做好技术服务和支持，也希望您能经常提出宝贵的改进意见和建议。

长期以来中国建筑师一直辛苦地使用纯 AutoCAD 或为它而编写的插件类小工具在从事绘图工作，大量时间被消耗在绘图环节而没有体现真正意义上的建筑设计，建筑艺术上的构思和创新灵感无法利用电脑来发挥。体现建筑表现的效果图也被委托给图像公司完成，建筑的主题思想设计师自己无法掌握。

放眼国际，主流建筑类软件无不采用二维图形描述与三维空间表现一体化的先进技术，从方案到施工图全程体现建筑设计的特点，但是，由于本地规范和习惯的局限，以及易用性方面的问题，这些先进的软件并未被广大的中国用户接收。因此，在中国建筑设计领域迫切需要能够集先进理念、一流技术、易学易用、符合国内制图惯例于一体的建筑设计软件。

清华斯维尔建筑设计软件 Arch2006 应运而生。它构建在被设计师广泛应用的 AutoCAD 2002～2006 平台之上，是一套为建筑设计及相关的应用服务的 CAD 系统。Arch2006 采用自定义对象技术，具有人性化、智能化、参数化、可视化多个重要特征，以建筑构件作为基本设计单元，实现二维图形与三维模型一体化。高度一致的操作模式使得软件更加易于掌握，确保设计师可以轻松完成各个设计阶段的任务，从初期的体量模型到方案比较，从效果图渲染到动画制作，从初步设计直至最后阶段的施工图设计。

Arch2006 拥有多项创新技术，其中渲染技术和在位编辑两大技术，将建筑表现和工程制图两种用途发挥得淋漓尽致，是中国建筑设计软件里程碑式的突破。

软件特点：

- 提供 60 余种建筑专业对象，参数化创建，支持反复编辑；
- 强大的渲染器提供静态渲染和动画表现，设计和三维真实感表现无缝结合；
- 文字表格和符号注释的修改一律采用在位编辑，大幅度地提高效率；
- 高效的菜单系统，减少鼠标的点击次数和减少查找命令的时间；
- 命令行按钮，所有命令分支选择单键或鼠标单击即可；
- 横条浮动对话框，提高创建图形效率的同时占用最少的屏幕有效空间；
- 支持符合国标的中文图层命名方式；
- 支持一套工程图纸集成在一个 DWG 中，生成三维或立剖面；
- 轻松获取建筑工程数据，包括门窗表和房间面积；
- 提供参数化体量建模系统和三维特征造型工具；
- 提供强大的日照分析系统；
- 提供满屏观察和满屏编辑，最大限度的利用屏幕空间；
- 简捷直观的布图与打印实现图纸的最终输出。

欢迎访问公司网站 http：//www. thsware. com 或 http：//www. thscad. com 获得产品的更新和升级信息以及在论坛上讨论和交流软件的使用，也可以登录建设软件在线网站（http：//www. ccsware. com）购买软件。此外，清华斯维尔还提供与建筑设计配套并且完全兼容的建筑设备设计 TH－Mech2006、节能设计 TH-BECS2006 以及设备安装算量软件 TH-3DM2006，请登录清华斯维尔公司网站了解详细内容。

深圳市清华斯维尔软件科技有限公司

参加编写人员

彭明、张立杰、张金乾、闻学坤、赵顺耐、宋涛、王哲、冯洁婵

随书光盘制作人员

彭伟、杨助祥、宋涛、胡光明、张涛、冯洁婵

目 录

第一部分 建筑设计 Arch2006 软件使用手册

第二部分 工程实例高级教程

第一部分　建筑设计 Arch2006 软件使用手册

第 1 章　概　　述

本章内容包括

- **本书的使用**
- **入门知识**
- **用户界面**
- **图档组织**

本章详尽阐述清华斯维尔建筑设计软件 TH-Arch2006（简称 Arch2006）的相关理念和软件约定，这些知识对于您学习和掌握 Arch2006 不可缺少，请仔细阅读。

1.1　本书的使用

本书是 Arch2006 配套的使用手册。

Arch2006 以建筑设计的应用为主体，并且可应用于室内设计、规划设计和房地产开发等领域。Arch2006 覆盖的范围比较广，在发行时有多种不同的授权版本，不同的授权版本软件的功能会有一定的差异。本书描述 Arch2006 最完整的版本，即 Arch2006 专业版的使用说明，如果用户手头是其他的授权版本，那么可能本书叙述的部分内容将在软件中找不到或不可用，用户应当查看软件发行光盘的说明文档了解这些差异。

尽管本书力图尽可能完整地描述 Arch2006 软件的强大功能，但软件的发展日新月异，最后发行和升级的版本难免会有些许的内容变更，可能和本书的叙述未必完全一致，若有疑问，请不要忘记参考软件的联机帮助文档，即本书最及时更新的电子文档。

1.1.1　本书内容

本书按照软件的功能模块进行叙述，这和软件中屏幕菜单的组织基本一致，但本书并不是按照菜单命令逐条解释。如果那样的话，只能叫做命令参考手册了，那不是本书的意图。本书力图系统性地全面讲解 Arch2006，让用户用好软件，把软件的功能最大限度地发挥出来，这就要求不仅要讲解单个的菜单命令，还需要讲解这些菜单命令之间的联系，因为许多时候需要多个命令配合才能完成一项任务。这并不意味着软件的菜单命令找不到使用的说明，相反本书的附录按菜单命令名称给出了书中的索引位置，在软件使用过程中按热键 F1 也能自动跳转到正在使用的命令的帮助说明。

本书的内容安排如下：

第 1 章　　介绍入门知识和综合必备知识，为用户必读的内容。

第 2～6 章　介绍建筑设计的核心内容，即平面设计的主体功能。

第 7 章　　介绍多种屋顶的创建，包括老虎窗。

第 8 章　介绍房间的有关应用，包括面积分析和卫生间布置(二维)。

第 9 章　介绍立剖面的生成和绘图。

第 10 章　介绍注释系统，包括尺寸标注和文字符号说明，做工程图，这两部分内容不可不读。

第 11～12 章　介绍辅助工具，包括图库管理。可别小看“辅助工具”，内容不多，作用不小啊，效率高不高和这两章的知识有很大关系哦。

第 13 章　介绍图档交流和输出的知识，能否把辛苦绘制的图形按制图规范输出到打印设备上，能否和其他人顺畅地进行电子图档的交流，就看这一章了。

第 14 章　介绍三维造型系统。记住你要用这些造型工具干什么，系统全然不知，切不要以为你造出(看起来是)某个东西，软件就能用该东西对应的特殊方法来聪明地对待它。系统能够认知的三维物体在 3～6 章和 8 章中介绍。

第 15 章　介绍建筑渲染与表现。不要把效果图看得太难了，有了 Arch2006，效果图甚至比三维建模的难度更低。或者可以这么说，你建好一个三维场景后，要把它变为一幅照片效果，你会发现原来比你想像的要简单得多!

第 16 章　介绍日照分析及其建模。内容相对独立，房地产建设、居住小区的规划设计不可不考虑人居环境的质量。

1.1.2　术语解释

这里介绍一下一些容易混淆的术语，以便用户更好地理解本书的内容和本软件的使用。

拖放(Drag-Drop)和拖动(Dragging)

前者是按住鼠标左键不放，移动到目标位置时再松开左键，松开时操作才生效。这是 Windows 常用的操作，当然也可以是鼠标右键的拖放；

后者是不按住鼠标键，在 AutoCAD 绘图区移动鼠标，系统给出图形的动态反馈，在绘图区左键点取位置，结束拖动。夹点编辑和动态创建使用的是拖动操作。

窗口(Window)和视口(Viewport)

前者是 Windows 操作系统的界面元素，后者是 AutoCAD 文档客户区用于显示 AutoCAD 某个视图的区域，客户区上可以开辟多个视口，不同的视口可以显示不同的视图。视口有模型空间视口和图纸空间视口，前者用于创建和编辑图形，后者用于在图纸上布置图形。

浮动对话框

程序员的术语叫无模式(Modeless)对话框，由于本书的目标读者并非程序员，我们采用更容易理解的称呼，即称为浮动对话框。这种对话框没有确定(OK)和取消(Cancel)，在 Arch2006 中通常用来创建图形对象，对话框列出对象的当前数据或有关设置，在视图上动态观察或操作，操作结束时，系统自动关闭对话框窗口。

对象(Object)、图元(Entity)和实体(Solid)

在本书中对象指图形对象，也就是图元，它是与用户进行交互的基本的图形单位。按照对象的几何空间属性，分为二维对象和三维对象；按照对象的来源，分为(AutoCAD)基本对象和自定义对象；按照对象所代表的范畴，分为图纸对象和模型对象；按照对象的含义，分为通用对象和专业对象。清华斯维尔定义了一系列专门针对建筑和土木工程的图形对象，本书统称为清华斯维尔对象，简称TH对象。

实体指可以进行布尔运算(交、并、差运算)的一种三维图形对象，实体也称三维实体，由于AutoCAD的实体技术来自ACIS的授权，因此也称ACIS实体。

1.2　入门知识

尽管本书尽量使用浅显的语言来叙述Arch2006的功能，软件本身也采用了许多方法以便大大增强易用性。但在这里还是要指出，本书不是一本计算机应用拓荒的书籍，用户需要一定的计算机常识，并且对机器配置也不能太马虎。

1.2.1　必备知识

对于Windows和AutoCAD的基本操作，本书一般不进行讲解，如果用户还没有使用过AutoCAD，那么请寻找其他资料解决AutoCAD的入门操作。用户必须清楚，Arch2006是构筑在AutoCAD平台上，而AutoCAD又是构筑在Windows平台上，因此用户使用的是Windows＋AutoCAD＋Arch2006来解决问题。除此之外，用户最好还应当会使用办公软件Word和Excel，尽管这不是必须的，但办公软件的一些知识有益于理解Arch2006的使用，而且有些任务更适合用办公软件完成。

如果你使用AutoCAD或AutoCAD上的第三方软件做过一些实际应用，那么恭喜你，你可以顺利地继续阅读后面的章节了。

1.2.2　软硬件环境

事实上，Arch2006对硬件条件并没有特别的要求，只要能满足AutoCAD的使用要求即可。不过由于用户使用Arch2006去完成的目标任务不尽一致，因此还需要推荐一下硬件的配置。对于只绘制工程图、不关心三维表现的用户，Pentium 3＋256M内存这一档次的机器就足够了；如果要使用三维和渲染器，Pentium 4＋512M内存不算奢侈，此外使用支持OpenGL加速的显示卡特别值得推荐，例如使用nVidia公司GeForce系列芯片的显示卡，可以让你在真实感的着色环境下顺畅进行三维设计。关于真实感着色和渲染，请参考第15章『渲染动画』内容。

顺便提示一下，请留意你的鼠标是否附带滚轮，并且有三个或更多的按钮(许多鼠标的第三个按钮就是滚轮，既可以按又可以滚)。如果你用的是老掉牙的双键鼠标，立即去更换吧，落后的配置将严重地阻碍先进软件的发挥。作为CAD应用软件，屏幕的大小是非常关键的，用户至少应当在1024×768的分辨率下工作，如果达不到这个条件，你可以用来绘图的区域将很小，很难想象你会工作得非常如意。

Arch2006支持AutoCAD R15(2000/2001/2002)和R16(2004/2005/2006)两代核心，即AutoCAD 2000以上的版本。然而由于AutoCAD 2000和AutoCAD 2001固有的一些缺陷，可能Arch2006并不能很好地工作。事实上开发团队从未在这两个平台上进行过任何尝试，也不会去解决由于这两个平台上运行Arch2006带来的问题。换言之，AutoCAD 2002～2006是Arch2006正式支持的AutoCAD平台。

Arch2006支持的操作系统与AutoCAD保持一致。需要指出，由于从AutoCAD 2004

开始，Autodesk 官方已经不再正式支持 Windows98 操作系统，因此用户在 Windows98 上运行 R16 平台的 Arch2006 所带来的问题将无法获得有效的技术支持。

1.2.3　安装和启动

不同的发行版本的 Arch2006 安装过程的提示可能会有所区别，不过都很直观，如果有注意事项，请查看安装盘上的说明文件。

程序安装后，将在桌面上建立启动快捷图标“建筑设计 TH-Arch2006”（不同的发行版本名称可能会有所不同）。运行该快捷方式即可启动 Arch2006。

如果你的机器安装了多个符合 Arch2006 要求的 AutoCAD 平台，那么首次启动时将提示你选择 AutoCAD 平台。如果不喜欢每次都询问 AutoCAD 平台，可以选择“下次不再提问”，这样下次启动时，就直接进入 Arch2006 了。不过你也可能后悔，例如你安装了更合适的 AutoCAD 平台，或由于工作的需要，要变更 AutoCAD 平台，你只要删除 Arch2006 目录下的 startup. ini 即可恢复到可以选择 AutoCAD 平台的状态。

1.2.4　使用流程

Arch2006 提供的功能可以支持建筑设计各个阶段的需求，无论是初期的方案设计还是最后阶段的施工图设计，设计图纸的深度取决于设计需求，这由用户自己把握，软件系统并不具备设计阶段这样的概念。图 1-1 给出了使用 Arch2006 进行建筑设计的一般流程，除了具有因果关系的步骤必须严格遵守外，通常没有严格的先后顺序限制。

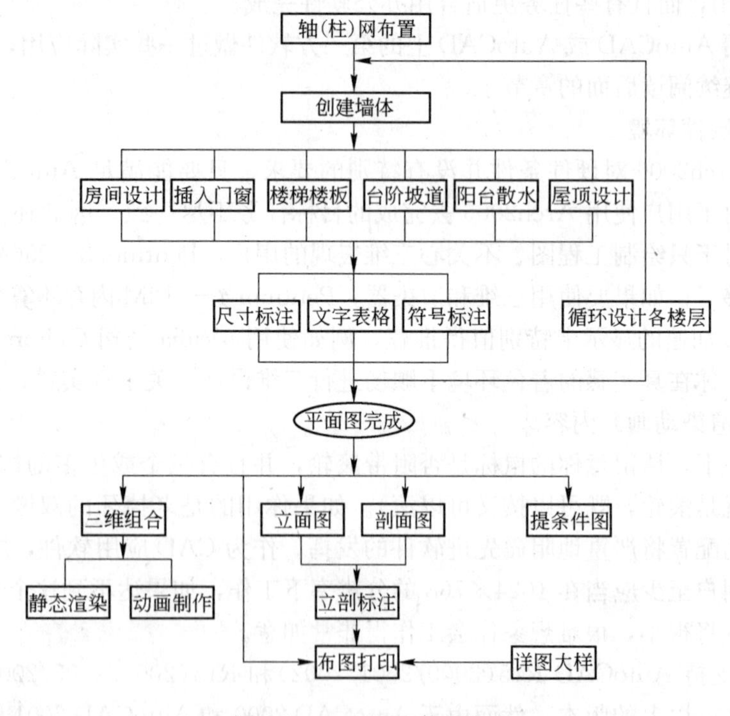

图 1-1　Arch2006 使用流程

1.3　用户界面

Arch2006 对 AutoCAD 的界面进行了必要的扩充，这些界面的使用在此作综合的介绍。

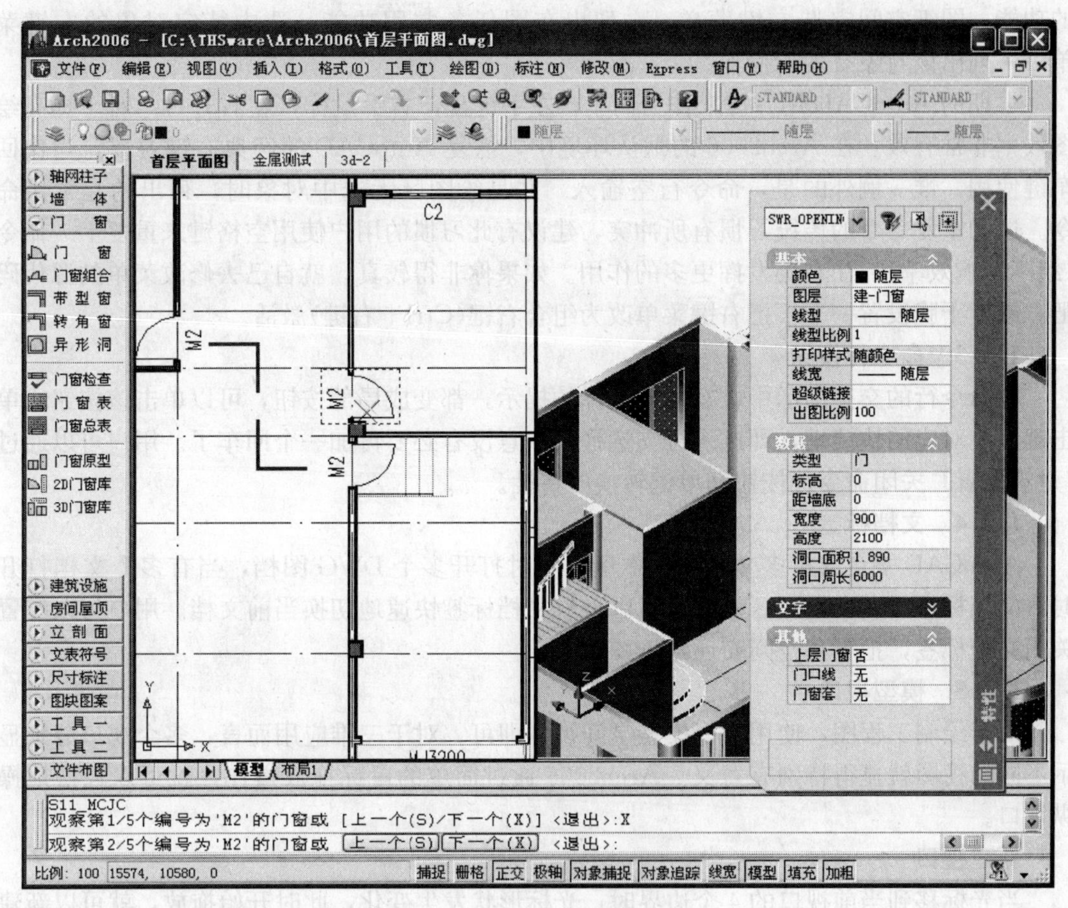

图 1-2　Arch2006 全屏界面

1.3.1　屏幕菜单

Arch2006 的主要功能都列在屏幕菜单上，屏幕菜单采用“折叠式”两级结构，第一级菜单可以单击展开第二级菜单，任何时候最多只能展开一个一级菜单，展开另外一个一级菜单时，原来展开的菜单将自动合拢。二级菜单是真正可以执行任务的菜单，大部分菜单项都有图标，以方便用户更快地确定菜单项的位置。当光标移到菜单项上时，AutoCAD 的状态行会出现该菜单项功能的简短提示。

折叠式菜单效率最高，但可能由于屏幕的空间有限，有些二级菜单无法完全展开，可以用鼠标滚轮滚动快速到位，也可以右击父级菜单完全弹出，这并不是最好的方法。对于特定的工作，有些一级菜单难得一用或根本不用，那么可以右键点取屏幕菜单的空白位置配置屏幕菜单，设置一级菜单项的可见性。此外，系统还提供了若干个个性化的菜单配置，例如“室内设计”、“日照分析”、“房地产”和“三维应用”等等，对 Arch2006 的菜单系统进行快速减肥。

1.3.2　右键菜单

这里介绍的是绘图区的右键菜单，其他界面上的右键菜单见相应的章节，或过于明显不进行介绍。要指出的是，并非 Arch2006 的全部功能都列在屏幕菜单上，有些编辑功能只在右键菜单上列出。右键菜单有三类：模型空间空选右键菜单——列出绘图任务最常用的功能；图纸空间空选右键菜单——列出布图任务常用功能；选中特定对象的右键菜单——列出该对象有关的操作。

早期的 AutoCAD 用右键来作为回车，左手键盘，右手鼠标，左右开弓，对于提高绘图效率非常有效。在 Arch2006 的默认环境中，恢复 AutoCAD 的经典右键习惯，当作回车键使用。惟一例外的是，命令行空输入，并且绘图区无选中对象时，列出的是常用命令。这和重复命令的传统习惯有所冲突，建议有此习惯的用户使用空格键来重复上一命令(绝不影响效率)，让右键发挥更多的作用。如果你非得较真，就自己去修改菜单的源代码吧，或者干脆设置一下，把右键菜单改为组合右键(Ctrl＋右键)激活。

1.3.3　命令行按钮

在命令行的交互提示中，有分支选择的提示，都变成局部按钮，可以单击该按钮或单击键盘上对应的快捷键，即进入分支选择。注意没有必要再加一个回车了。用户可以通过『建筑设置』关闭命令行按钮和单键转换的特性。

1.3.4　文档标签

AutoCAD 平台支持多文档，即你可以同时打开多个 DWG 图档，当有多个文档打开时，文档标签出现在绘图区上方，可以点取文档标签快速地切换当前文档。用户可以配置关闭文档标签，把屏幕空间交还给绘图区。

1.3.5　模型视口

对于绘制工程图，使用单个模型空间视口即可。对于三维应用而言，多个视口分别显示不同的视图就显得特别有意义。Arch2006 通过简单的鼠标拖放操作，就可以轻松地操纵视口。

新建视口

当光标移到当前视口的 4 个边界时，光标形状发生变化，此时开始拖放，就可以新建视口。注意光标稍微位于图形区一侧，否则可能是改变其他用户界面，如屏幕菜单和图形区的分隔条和文档窗口的边界。

改视口大小

当光标移到视口边界或角点时，光标的形状会发生变化，此时，按住鼠标左键进行拖放，可以更改视口的尺寸，通常与边界延长线重合的视口也随同改变，如不需改变延长线重合的视口，可在拖动时按住 CTRL 或 SHIFT 键。

删除视口

更改视口的大小，使它某个方向的边发生重合(或接近重合)，视口自动被删除。

放弃操作

在拖动过程中如果想放弃操作，可按 ESC 键取消操作。如果操作已经生效，则可以用 AutoCAD 的放弃(UNDO)命令处理。

1.4　图档组织

经过前面几节的叙述，应当可以使用 Arch2006 开始工作了吧。且稍候，还有一些事宜要交待一下。无论是应用 Arch2006 来绘制工程图也好，还是用它来三维建模也罢，都涉及到 DWG 文档是由什么构成的问题，以及如何用一个 DWG 文档或多个 DWG 文档表达设计的问题。

1.4.1　图形元素

DWG是由图形对象构成的。这句话是正确的，但却是废话。前面曾经提到过图形对象的概念，这里还是进一步说明一下。

早期的AutoCAD的图元类型不可扩充，图档完全由AutoCAD规定的若干类对象(线、弧、文字和尺寸标注等等)组成。也许AutoCAD的初衷只是作为电子图板使用，由用户根据出图比例的要求，自己把模型换算成图纸的度量单位，然后把它画在电子图板上。然而大家发现，用实物的实际尺寸，绘制这些图纸更加方便，因为这样可以测量和计算。这一思路被AutoCAD平台上的众多应用软件所采纳，这样一来让“注释说明”受点苦吧，用出图比例换算一下文字的大小。也就是说，这些图元有些是用来表示模型，即代表实物的形状，有些是用来对实物对象进行注释说明。即前面提到的模型对象和图纸对象，这是我们通过归纳进行分类的，但AutoCAD本身并没有这个特性。AutoCAD给出这些对象，只是可以满足图纸的表达，这些对象背后所蕴含的内涵，只能由人来理解。

后来AutoCAD可以通过第三方程序扩充图元的类型，Arch2006就是利用这个特性，定义了数十种专门针对建筑设计和三维建模的图形对象。其中一部分对象代表建筑构件，如墙体、柱子和门窗，这些对象在程序实现的时候，就灌输了许多专门的知识，因此可以表现出智能特征，例如门窗碰到墙，墙就自动开洞并装入门窗。另有部分代表图纸注释内容，如文字、符号和尺寸标注，这些注释符号采用图纸的度量单位和制图标准相适应。还有部分作为几何形状，如矩形、平板、路径曲面，具体用来干什么，由使用者决定。

Arch2006定义的这些对象可以满足平面图和三维模型的大部分需要，AutoCAD原有的基本对象可以作为补充。对于立剖面和详图，还是AutoCAD对象为主，Arch2006定义的注释符号类图纸对象可用来注释说明。

1.4.2　多层模型

平面设计是Arch2006的重点，平面图表达的是标准层模型，而不只是单纯的二维设计。一般而言，平面设计是在标准层的三维空间内进行的，即布置本层地面到上层地面之间的建筑构件。通常一个完整的建筑是由多个楼层(称自然层)构成的，其中构件布局相同的楼层，无需重复表达，归纳为标准层。

Arch2006支持将全部平面图，甚至全部工程图放在一个图形文件中，用楼层框框住标准层图形，并给出它所代表的自然层信息即可。不过这样会造成图形文件太大，速度将会降低。如果平面图信息量比较大，把各个标准层作为一个单独的文件，用一个楼层表文件描述这些标准层平面图和自然层之间的对应关系可能更恰当。

关于楼层组合方面的进一步描述，可以参考第13章『文件与布图』。

1.4.3　图形编辑

这里介绍清华斯维尔对象即TH对象的编辑。AutoCAD基本对象的编辑，不是本书的任务，不过要强调一点，AutoCAD的基本编辑命令，如复制(Copy)、移动(Move)和删除(Erase)等都可以用来编辑TH对象，除非后续章节另有说明。专用的编辑工具不在本节讲述，请参考后续的各个章节。这里对通用的编辑方法作一介绍，用户应当熟练掌握这些方法。

在位编辑

Arch2006所定义的涉及文字的对象，都支持在位编辑，不管是单行文字还是多行文字，也不管是尺寸标注还是符号标注，甚至是门窗编号和房间名称都支持在位编辑。在位编辑的步骤是首先选中一个对象，然后单击这个对象的文字，系统自动显示光标的插入符号，直接输入文字即可。多选文字采用鼠标＋〈SHIFT〉键，在位编辑的时候可以用鼠标缩放视图，这样可以一边看图一边输入。

要指出的是，一些输入法和 AutoCAD 配合得不好，如紫光输入法只能在对话框的编辑类控件上正常使用，不支持在位编辑。微软输入法 2003 值得推荐，支持紫光输入法的许多特性，并且词库量更大，而且词频也调整的更为合理，惟一遗憾的是自己组词无法记忆到磁盘，下次开机就会丢失。

对象编辑

大部分 TH 对象都支持［对象编辑］，对于不支持的对象类型，自动调用［特性编辑］。［对象编辑］是单个对象的编辑，通常和创建的界面一样，符合怎么创建就怎么修改的原则。双击单个对象，即可启动［对象编辑］。

特性编辑

［特性编辑］采用特性表（OPM）的方式，可以编辑单个或多个对象，所有对象都支持，不管是 AutoCAD 的基本对象，还是 TH 对象。AutoCAD 标准工具栏上就有启动［特性编辑］的图标，Ctrl＋1 也可以调出。

特性匹配

［特性匹配］就是格式刷，位于 AutoCAD 标准工具栏上。可以在对象之间复制特性。

夹点编辑

TH 对象都提供有夹点，这些夹点大部分都有提示（为提高速度，标注区间很小的尺寸标注对象关闭了夹点提示）。夹点编辑可以简化编辑的步骤，并可以直观的预先看到结果。

1.4.4　视图表现

TH 对象根据视图观察角度，确定视图的生成类型。许多对象都有两个视图，既用于工程图的二维视图也用于三维模型的三维视图。俯视图（即二维观察）下显示其二维视图，其他观察角度（即三维观察）显示其三维视图。注释符号类的图纸对象没有三维视图，在三维观察下看不到它们。

如果需要的话，可以通过特性表修改各个对象的视图特征。例如可以在三维观察下，显示该对象的二维视图，也可以在二维观察下显示该对象的三维视图。

1.4.5　格式控制

AutoCAD 用图层来划分不同表达类型的图形对象，以便控制颜色和可见性等特征。在国内的建筑图纸中，图层的命名规则比较混乱。Arch2006 遵循《房屋建筑 CAD 制图统一规则》（GB/T 18112—2000），制定了标准中文和标准英文两个图层标准，同时还支持应用广泛的天正图层标准，三者之间可以转换。

线型是图面表达的重要手段，AutoCAD 是以英制国家的制图标准为基础发展起来的，涉及的应用领域广泛，它提供的线型不好控制线型比例。Arch2006 支持国标线型的使用，在使用国标线型时，线型比例和出图比例相同即可。需要说明的是线型比例是一个全局的控制，如果混合使用国标线型和 AutoCAD 线型，将变得众口难调，尽管各个对象还可以有局部的线型比例（最终的线型比例＝全局的线型比例×对象局部的线型比例），但这毕竟太麻烦了。对于那些中途导入需要继续编辑的图纸，尤其要注意。

图案填充也是图面表达的重要手段，AutoCAD 提供的图案库，很难控制填充比例。

Arch2006补充了许多适合国内建筑制图标准的填充图案，并且提供了自己的图案填充命令，替代填充比例无章可循的AutoCAD填充图案。使用Arch2006提供的填充图案，填充比例与出图比例相同即可。

1.4.6 图纸交流

建筑设计是一个集体项目，不仅设计团队内部成员之间需要交流图纸，设计单位和甲方之间也需要交流图纸。不同的成员使用的软件工具不尽相同，同一个使用者过去和现在使用的软件也会有变化。作为一个建筑设计软件，Arch2006就要考虑不同来源的图档的导入问题，也要考虑图档接收方的情况，导出合适格式的图档文件。

前面已经提到自定义对象的很多好处，物极必反，带来好处的同时，也会带来不同程度的不便。最大的问题是，标准的AutoCAD无法解释这些自定义对象，为了保持紧凑的DWG文件的容量，Arch2006关闭了代理对象，使得标准的AutoCAD无法显示这些图形。

解决的方法有两个：其一是图纸接收方安装清华斯维尔插件，Arch2006在安装的时候就在硬盘下放了一份插件，用户把这个插件提供给图档文件接收方，另外接收方也可以到http：//www.thsware.com或http：//www.thscad.com免费下载插件；其二是图纸提供方导出通用格式的图形文件。

有关图纸导入和导出的进一步内容，请参看第13章『文件布图』。

1.4.7 全局设置

开始使用Arch2006的时候，可以对操作方式和图形的全局设置进行设定。Arch2006的全局设置融入AutoCAD的［选项］(Options)设置中，如图1-3和1-4。［建筑设置］和

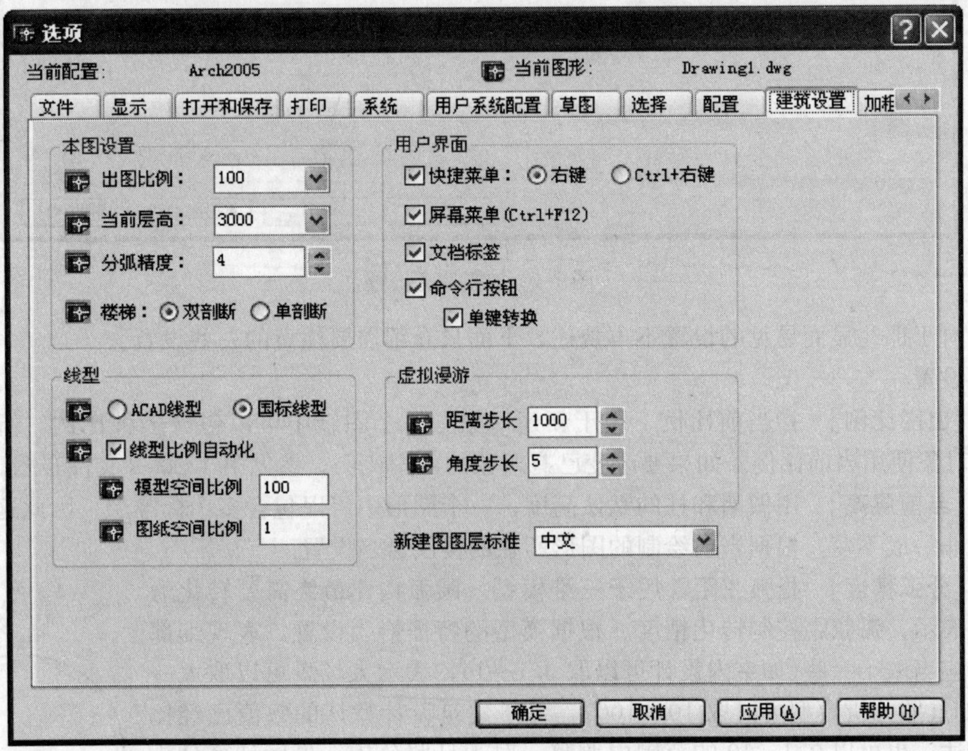

选项

当前配置: Arch2005　　当前图形: Drawing1.dwg

文件 | 显示 | 打开和保存 | 打印 | 系统 | 用户系统配置 | 草图 | 选择 | 配置 | 建筑设置 | 加框

本图设置
出图比例: 100
当前层高: 3000
分弧精度: 4
楼梯: ◉双剖断 ○单剖断

用户界面
☑快捷菜单: ◉右键 ○Ctrl+右键
☑屏幕菜单(Ctrl+F12)
☑文档标签
☑命令行按钮
☑单键转换

线型
○ACAD线型 ◉国标线型
☑线型比例自动化
模型空间比例 100
图纸空间比例 1

虚拟漫游
距离步长 1000
角度步长 5

新建图图层标准 中文

确定 | 取消 | 应用(A) | 帮助(H)

图1-3　建筑设置

[加粗填充设置] 两个标签是 Arch2006 的全局设置，前一标签，带图标的设置项目是当前图有关的设置，后一标签的全部设置都是针对当前图。由于当前图的有关的设置，对以后新建的图无效，是不是有一种方法可以指定新图初始化时的设置呢？方法有两个：其一是对空图设置后，另存为模板文件（*.dwt），新建图形的时候可以指定模板文件，但千万不要覆盖系统给出的模板文件；其二是修改配置文件 config.ini，这个文件位于 Arch2006 安装位置的 SYS 文件夹下。事实上，当前图的有关设置的初始化是按照这样的顺序进行：程序默认→配置文件→模板图→当前图。

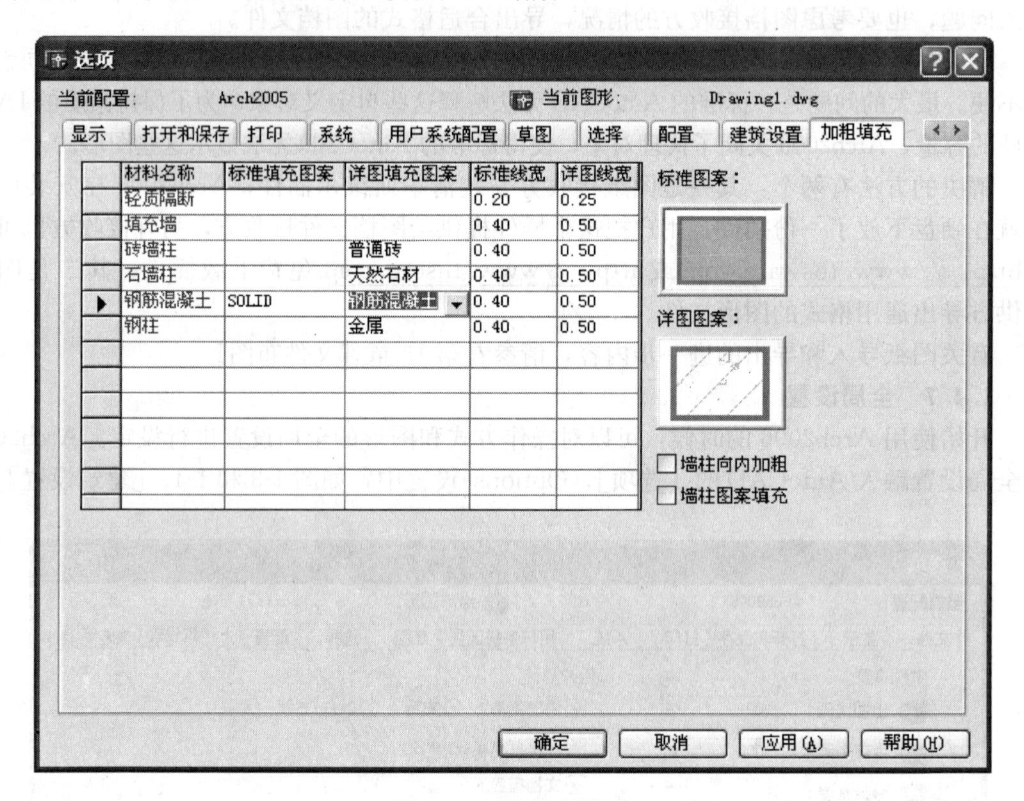

图 1-4　加粗填充设置

对于那些显而易见的设置不再赘述，下面只介绍需要注意的一些设置。

本图设置

[出图比例] 指当前比例，用于新建对象。一个图纸中可以包含多种比例，新建的 TH 对象使用当前比例。如果要改变已有对象的出图比例，参见第 13 章『文件布图』。

[当前层高] 用做墙和柱的默认高度，一个图形中可以包含多个标准层，因此这个设置并非一成不变。根据当前绘制的图形所在的楼层恰当设置。

[分弧精度] 指弧弦距，用于三维模型。圆弧构建最终需要转化为折线表示，弧弦距控制转化精度。根据模型的特征恰当设置，表现细部设计应当取小一些(如室内设计可以取 0.1～1)，表示大场景可以取大一些(如日照分析模型可以取 10～100)，对于建筑设计默认的数值已经比较合适，也可以在 1～10 的范围内调整。对于日照分析，最后计算分析采用的分弧精度，还另有设置，见第 16 章『日照分析』，这里的设置只

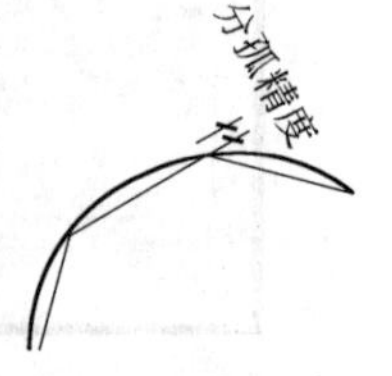

图 1-5　分弧精度

作为模型显示和编辑时使用。

线型

对于新建图纸，采用国标线型比较好，易于控制线型比例。线型比例自动化，实际上是 AutoCAD 系统变量 PSLTSCALE，即启用图纸空间线型比例。启用这个设置时，Arch2006 根据图纸空间和模型空间的切换，自动设置相应的线型比例(LTSCALE)。采用国标线型时，模型空间的线型比例应当为当前出图比例，图纸空间线型比例应当为 1。采用 AutoCAD 线型时，线型比例大概应当乘以 5～10 倍。如果关闭线型比例自动化，即只用模型空间线型比例，系统将不会去修改线型比例(LTSCALE)。

虚拟漫游

在着色透视图下，可以进行虚拟漫游，可以用鼠标或键盘进行视图控制，控制方法详见第 15 章『渲染动画』。请根据场景的大小设置恰当的距离步长。

图层标准

这里的设置只对新建的图有效，对于已有的不是 Arch2006 创建的 DWG，图层的命名规则并不知晓。可以用第 13 章介绍的［图层管理］，进行图层转化，或使用［图形导入］并转化图层。

加粗填充

专门解决工程图中与墙柱材料有关的工程图面效果设置，根据不同的墙柱材料，设置相应的线宽和填充图案，比例大于 1∶100 的时候为详图模式(如 1∶50)。加粗填充模式还可以用墙柱的右键菜单快速地开启或关闭。

1.5 本章小结

本章介绍了关于 Arch2006 的综合知识，通过本章的学习，你应当了解：

- Arch2006 用户界面的使用
- 用 Arch2006 进行建筑设计的一般流程
- 图形对象的分类和 TH 对象的基本特征
- 如何组织设计图档
- 控制图档的格式设置等等

下面你就可以开始大胆地使用 Arch2006 的各项功能，来完成你的设计任务，尽情享受 Arch2006 给你带来的便利和快感吧。

第 2 章　轴　　网

本章内容包括

- **轴网的概念**
- **轴网的创建**
- **轴网的标注**
- **轴网的编辑**
- **轴号的编辑**

建筑设计的布局通常从轴网开始，Arch2006 提供完善的轴网系统，多种方法创建轴网，复杂轴网的组建灵活方便。轴网的标注和编辑高度智能化，轴网系统的布局和标注符合国标。

2.1　轴网的概念

轴网是由多组轴线组成的平面网格，是建筑物布局和建筑构件定位的依据。

完整的轴网由轴线、轴号和尺寸标注 3 个相对独立的系统构成。本章介绍轴线系统和轴号系统，尺寸标注有单独的章节介绍。

■ 轴线系统

轴线对象就是位于轴线图层上的 LINE、ARC、CIRCLE 这些基本的图形对象，例如采用 Arch2006 的"中文"图层标准时，轴线的图层"公-轴网"。有关图层命名的规则请参见第 13 章『文件布图』。

■ 轴号系统

Arch2006 采用专门定义的 TH 轴号对象对轴网进行标注，这样就可以实现轴号的自动编排推算。

■ 尺寸标注系统

轴网的尺寸标注，即第一道尺寸线和第二道尺寸线，采用 TH 的尺寸标注对象，由轴网标注命令自动生成，有关尺寸标注请参见第 10 章『注释系统』。

设计轴网通常分 3 个步骤：

1　创建轴网，即绘制构成轴网的轴线；

2　对轴网进行标注，即生成轴号和尺寸标注；

3　根据设计的变更，编辑修改轴网。

2.2　轴网的创建

有多种创建轴网的方法：

1　使用［直线轴网］和［弧线轴网］生成标准的轴网

2　根据已有的平面空间布局，使用［墙生轴网］

3　在轴线图层上绘制 LINE、ARC、CIRCLE

2.2.1　直线轴网

屏幕菜单命令：【轴网柱子】→【直线轴网】（ZXZW）

本命令创建直线正交轴网或非正交轴网的单向轴线。采用本命令同时完成开间和进深尺寸数据设置，系统生成正交的直线轴网。

点取命令后弹出如下对话框(图 2-1)：

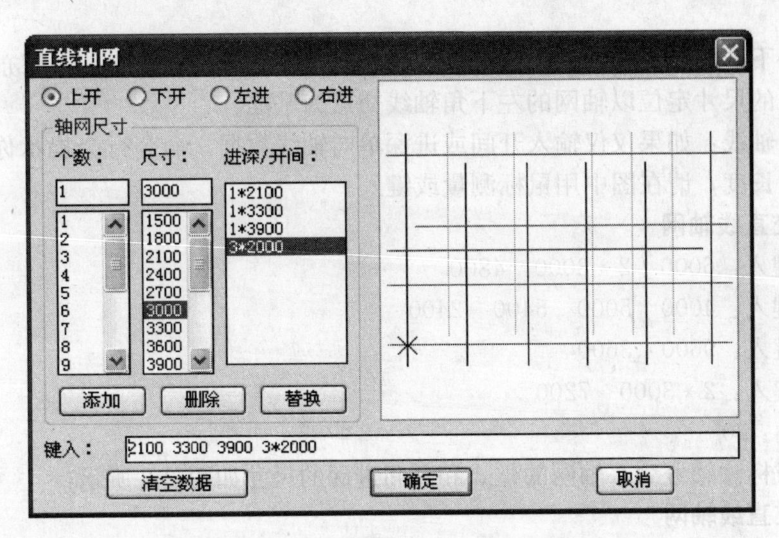

图 2-1　直线轴网对话框

输入轴网数据方法有两种

1　直接在［键入］栏内键入，每个数据之间用空格或英文逗号隔开，输入完毕后回车生效。

2　在［个数］和［尺寸］中键入，或鼠标点击从下方数据栏获得待选数据，点击［添加］生效。

对话框选项和操作解释

［上开］　在轴网上方进行轴网标注的房间开间尺寸。

［下开］　在轴网下方进行轴网标注的房间开间尺寸。

［左进］　在轴网左侧进行轴网标注的房间进深尺寸。

［右进］　在轴网右侧进行轴网标注的房间进深尺寸。

［个数］　［尺寸］栏中数据的重复次数，在下方数值栏点击［添加］或双击获得，也可以键入。

［尺寸］　某个开间或进深的尺寸数据，在下方数值栏点击［添加］或双击获取，也可以键入。

［进深/开间］　一组已经生效的进深和开间的尺寸数据。

［删除］　选中［进深/开间］中某尺寸进行删除。

［替换］　选中［进深/开间］中的某尺寸用［个数］和［尺寸］中的新尺寸数据替换。

［键入］　键入一组尺寸数据，用空格或英文逗点隔开，回车输入到［进深/开间］中。

命令交互

完成所有尺寸数据录入后，点击［确定］按钮，命令行显示：

点取位置或［转 90°(A)/左右翻(S)/上下翻(D)/对齐(F)/旋转(R)/基点(T)］

〈退出〉：

直接点取轴网想要放置的位置或按选项提示回应其他选项。

特别提示

- 如果下开间与上开间的数据相同，则不必点取下开间的按钮，进深亦同。
- 输入的尺寸定位以轴网的左下角轴线交点为基准。
- 单向轴线：如果仅仅输入开间或进深单向轴线数据，命令行会提示你给出单向轴线的长度，请在图中用鼠标测量或键入。

实例一　正交直线轴网

上开间键入：6000　2＊3000　4800

下开间键入：4000　5000　5400　2400

左进深键入：9600　3600

右进深键入：2＊3000　7200

轴网夹角：20°

轴网完成标注轴号后，轴网的样式和开间进深的尺寸如图 2-2 所示：

实例二　斜交直线轴网

使用［直线轴网］命令分别生成开间和进深两个方向的轴线，然后将两组单向轴线分别旋转后组合生成斜交轴网(图 2-3)。

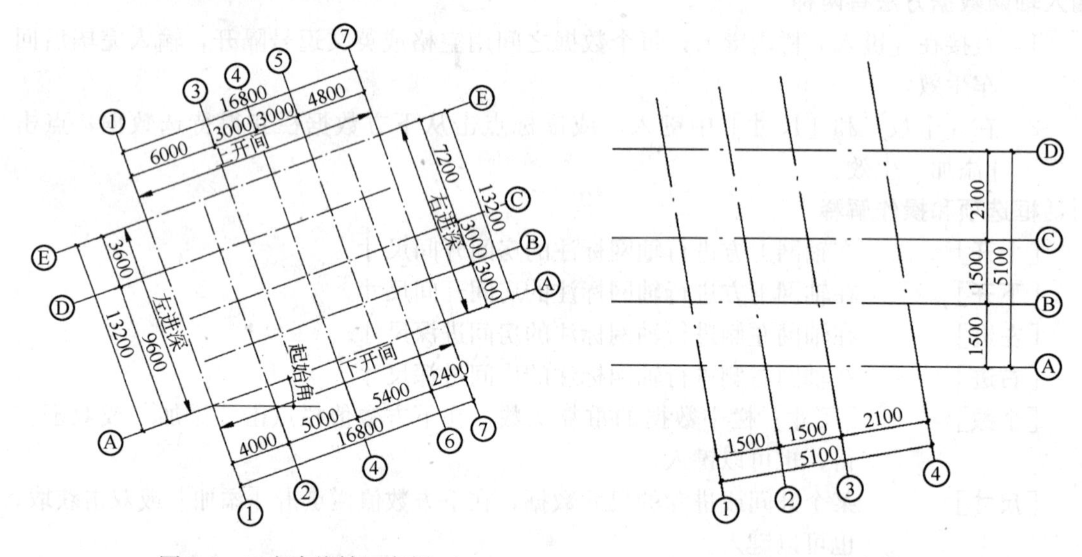

图 2-2　正交直线轴网实例　　　　图 2-3　斜交轴网

1　首先只输入开间数据，进深为空，确定后命令行提示：

单向轴线长度〈8100〉：

输入开间轴线的长度，或在图中取两点间距。

2　确定开间轴线的位置和转角。

3　用同样的方法创建进深轴线。

当然也可以用 LINE 直接在轴线图层上创建图 2-3 的斜交轴网。

2.2.2　弧线轴网

屏幕菜单命令：【轴网柱子】→【弧线轴网】(HXZW)

弧形轴网由一组同心圆弧线和过圆心的辐射线组成，对话框如图 2-4。

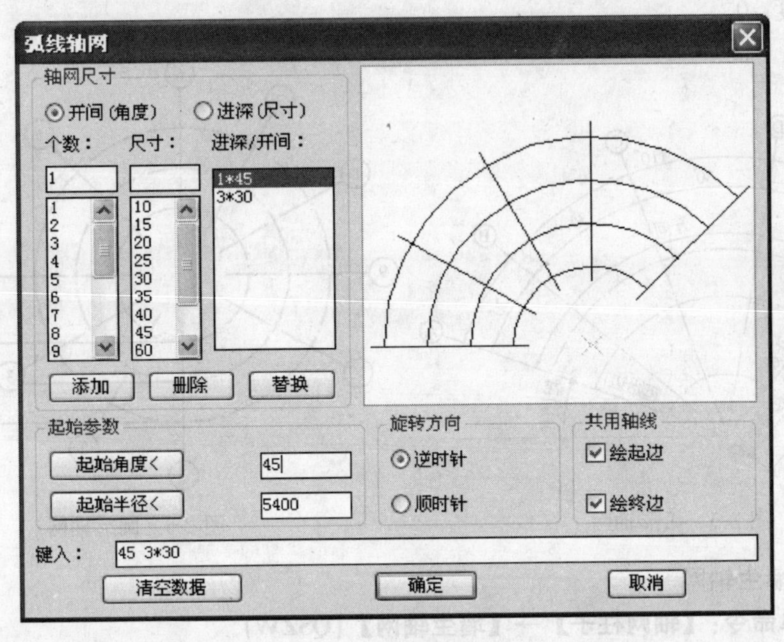

图 2-4　弧线轴网实例

对话框选项和操作解释

[开间]　　由旋转方向决定的房间开间划分序列，用角度表示，以度为单位。

[进深]　　半径方向上由内到外的的房间划分尺寸。

[起始半径]　　最内侧环向轴线的半径，最小值为零。可在图中点取半径长度。

[起始角度]　　起始边与 X 轴正方向的夹角。可在图中点取弧线轴网的起始方向。

[绘起边/绘终边]　　确定两端辐射线是否绘制，当弧线轴网与直线轴网相连时，此边线不要画以免产生重合轴线。

特别提示

- 开间的总和为 360°时，生成弧线轴网的特例圆轴网。

实例一　弧形轴网

开间输入：3 * 10 20 3 * 30

进深输入：2 * 1500

起 始 角：20°

起始半径：1200

旋转方向：逆时针

共用轴线：起边和终边

上述弧线轴网实例的结果如图 2-5：

实例二　圆形轴网

开　　间：3 * 30　60　30　3 * 30　2 * 45(360°)

进　　深：2 * 1800

旋转方向：逆时针

起始半径：3000

起始角度：0°

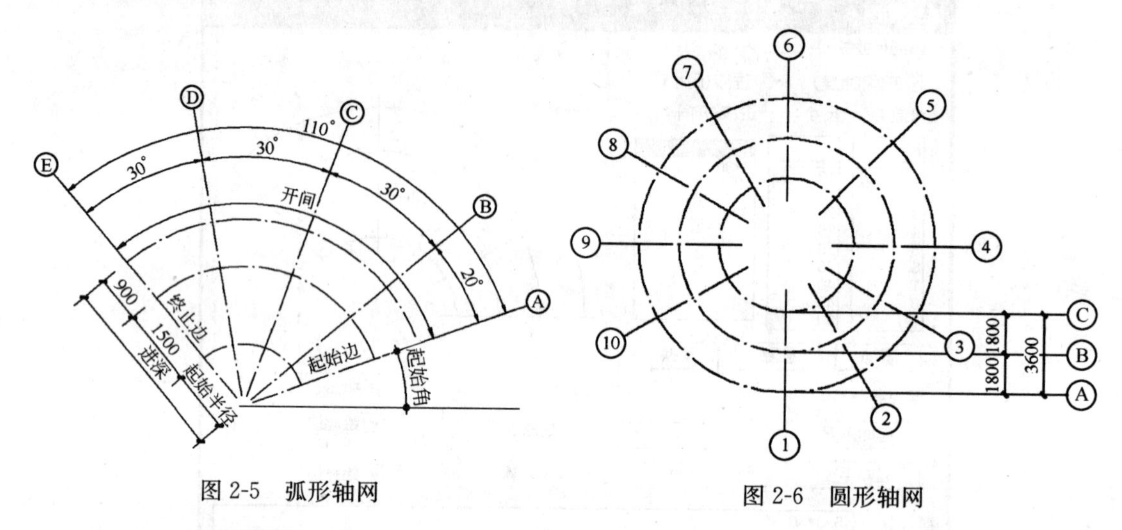

图 2-5　弧形轴网　　　　　图 2-6　圆形轴网

2.2.3　墙生轴网

屏幕菜单命令：【轴网柱子】→【墙生轴网】(QSZW)

此功能主要为建筑方案设计服务，设计师在设计初期阶段主要考虑功能需求的布局问题，用墙体分割完成平面布局方案后，再生成轴网。

首先用创建墙体命令构思各个房间的平面格局，可以用夹点拖拽和其他墙体编辑命令甚至 AutoCAD 编辑命令反复推敲墙体的位置，如果需要的话，注意墙体基线的位置。方案确定后用本命令自动生成轴网。

这个流程很像先布置轴网后画墙体的逆向过程，采用什么方式开始设计完全由设计师自己决定。

命令交互

请选择墙体〈退出〉：

点取要生成轴网的所有墙体或回车退出。

在墙体基线位置上自动生成没有标注轴号和尺寸的轴网，如图 2-7。

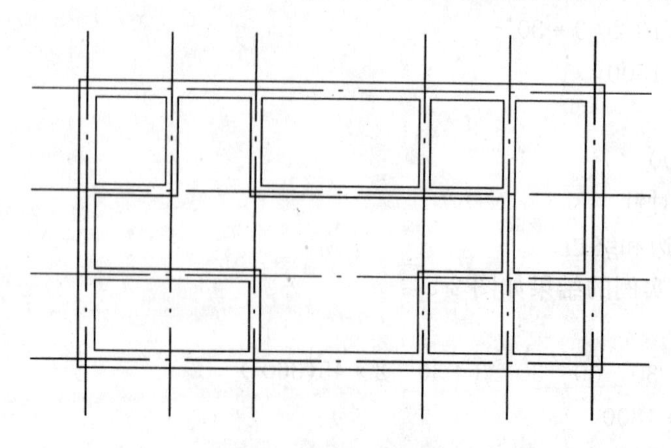

图 2-7　墙体生成的轴网

特别提示

- 轴线按墙体的基线位置生成。

2.2.4　组合轴网

建筑设计实践中，轴网布局的情况千变万化，本软件提倡采用灵活的方法处理，从而达到对特殊复杂轴网的需求，这里介绍直线轴网与弧线轴网的组合连接的方法。

直线轴网和弧形轴网的绘制前面已经叙述，两者的组合轴网主要注意结合处的共用轴线处理，如果有了重叠轴线，标注时会给系统的判断带来困难甚至罢工，直接的后果是轴网标注既使采用了［共用轴号］也会有重叠轴号现象，导致后面的轴号编排错误以及后期的编辑困难。

2.3　轴网的标注

轴网的标注有轴号标注和尺寸标注两项，软件自动一次性智能完成，但两者属两个不同自定义对象，在图中是分开独立存在的，而编辑时又是互相关联的。

2.3.1　整体标注

屏幕菜单命令：【轴网柱子】→【轴网标注】(ZWBZ)

本命令对起止轴线之间的一组平行轴线进行标注。能够自动完成矩形、弧形、圆形轴网以及单向轴网和复合轴网的轴号和尺寸标注。

操作步骤

1　如果需要的话，更改对话框(图 2-8)列出的参数和选项

2　选择第一根轴线

3　选择最后一根轴线

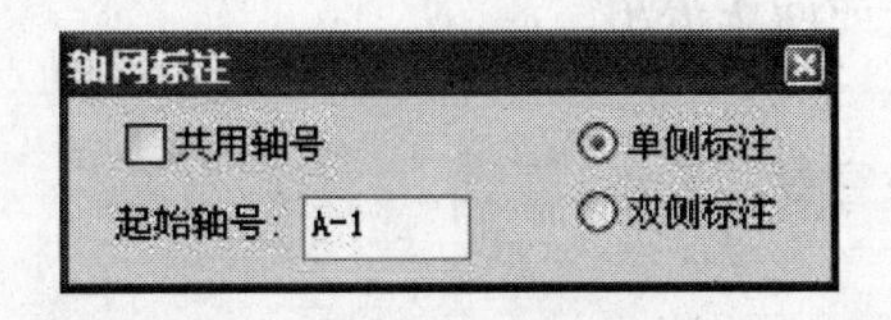

图 2-8　轴网标注对话框

对话框选项和操作解释

［单侧标注］　只在轴网点取的那一侧标注轴号和尺寸，另一侧不标。

［双侧标注］　轴网的两侧都标注。

［共用轴号］　选取本选项后，标注的起始轴线选择前段已经标好的最末轴线，则轴号承接前段轴号接序顺排，而不发生轴号重叠和错乱。如果前一个轴号系统编号重排后，后一个轴号系统也自动相应的重排编号。

［起始轴号］　选取的第一根轴线的编号，可按规范要求用数字、大小写字母、双字母、双字母间隔连字符等方式标注，如 8、A-1、1/B 等。

实例一　组合轴网的标注

选取［共用轴号］后的标注操作示意图：

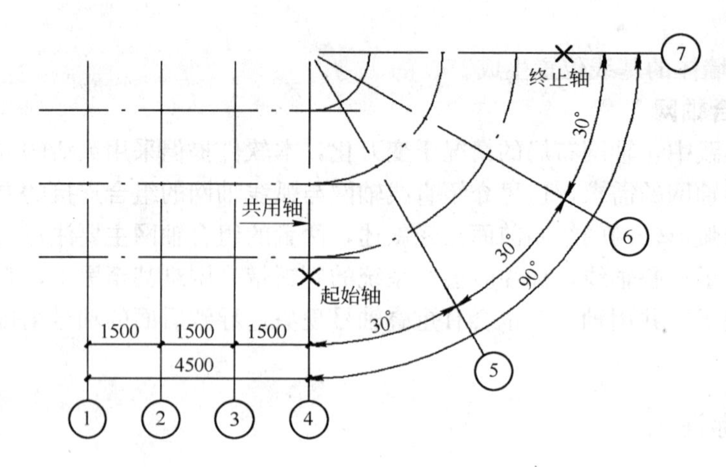

图 2-9 组合轴网的标注

实例二 圆形轴网的标注

参见图 2-6。

2.3.2 轴号标注

屏幕菜单命令：【轴网柱子】→【轴号标注】(ZHBZ)

本命令只对单个轴线标注轴号，标注出的轴号独立存在，不与已经存在的轴号系统和尺寸系统发生关联。因此不适用于一般的平面图轴网，常用于立面与剖面、房间详图等个别单独的轴线标注。

命令交互

点取待标注的轴线〈退出〉：

点取要标注的某根轴线或回车退出。

请输入轴号〈空号〉：

输入轴号编号或回车为空号。

2.4 轴网的编辑

轴网标注完成后，在设计过程的反复调整中，经常要增加和删除轴线，并更新相应的轴号和尺寸标注。

2.4.1 添加轴线

屏幕菜单命令：【轴网柱子】→【添加轴线】(TJZX)

本命令以某一根已经存在的轴线为参考，添加一根新轴线，同时根据用户的选择赋予其新轴号并融入到存在的参考轴号系统中。

命令交互

选择参考轴线〈退出〉：

选择已经存在的某根轴线做参考或回车退出。

新增轴线是否作为附加轴线？(Y/N)〈N〉：

回应 Y，添加的轴线作为紧前轴线的附加轴线，标出附加轴号。

回应 N，添加的轴线作为一根主轴线插入到指定的位置，标出主轴号，其后的轴号自动更新。

偏移方向〈退出〉:

相对参考轴线的插入方向，鼠标点取前面或后面。

距参考轴线的距离〈退出〉:

输入插入轴线距离参考轴线的距离。

特别提示

- 参考轴线可任选，只要新插入的轴线位置明确就可以，但选择相邻轴线作参考更容易控制。
- 添加的轴线是否自动标注轴号，依据参考轴线是否已经有轴号。

2.4.2 删除轴线

系统没有提供一次性到位的删除轴线的命令，用户按下述步骤完成轴线删除:

1 删除轴线对象

2 删除轴号对象，见2.5节

3 删除第二道尺寸线的标注点，用夹点合并

2.4.3 轴改线型

右键菜单命令:〈选中轴线〉→【轴改线型】(ZGXX)

在点划线和连续线两种线型之间切换。建筑制图要求轴线必须使用点划线，然而很多构件在定位的时候都需要捕捉轴线，点划线不好进行对象捕捉。因此通常在绘图过程使用连续线，在输出的时候切换为点划线。

2.5 轴号的编辑

轴号对象是一个专门为建筑轴网定义的标注符号，一个轴号对象通常就是轴网的开间或进深方向上的一排轴号(可以包括双侧)，因此可以实现智能排号。当然也可以是每一个轴号就是一个图形对象，例如详图和立剖面的轴号。

轴号常用的编辑是夹点编辑和在位编辑，专用的编辑命令都在右键菜单。

特别提示

- 如果要更改轴号的字体，请用特性表指定轴号对象新的文字样式，或修改现有文字样式(_ AXIS)所采用的字体。

2.5.1 修改编号

使用在位编辑来修改编号，选中轴号对象，然后单击圆圈，即进入在位编辑状态。如果要关联修改后续的多个编号，按回车键即可；否则只修改当前编号。即在位编辑集成了单轴改号和多轴排号的功能。

2.5.2 夹点编辑

Arch2006给轴号系统提供了一些专用夹点，用户可以用鼠标拖拽这些夹点编辑轴号，每个夹点的用途均有提示，如图2-10。

特别是轴号拥挤的时候，只能使用夹点来消除拥挤的图面，例如使用轴号外偏，如果仍然拥挤，可以单轴引出。

2.5.3 添补轴号

右键菜单命令:〈选中轴号〉→【添补轴号】(TBZH)

本命令对已有轴号对象，添加一个新轴号。

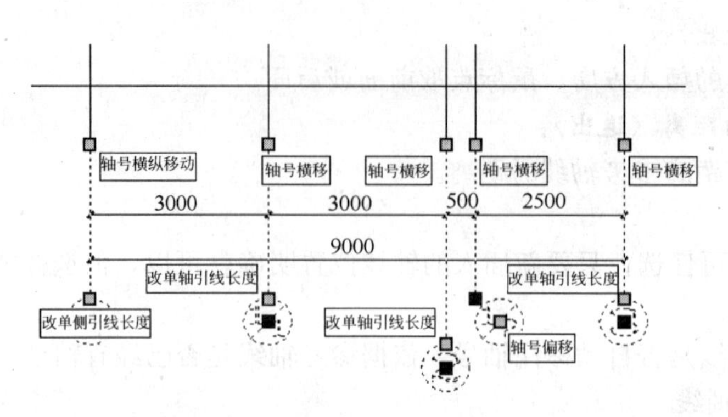

图 2-10　轴号系统的夹点编辑

操作步骤

1　选择参考轴号

2　输入新轴号位置

3　指出新轴号的是否双侧显示

4　指出新轴号是否为附加轴号

2.5.4　删除轴号

右键菜单命令：〈选中轴号〉→【删除轴号】(SCZH)

本命令删除轴号系统中某个轴号，其后面的相关联的所有轴号自动更新。

2.5.5　变标注侧

右键菜单命令：〈选中轴号〉→【变标注侧】(BBZC)和【单号变侧】(DHBC)

［变标注侧］　控制整排轴号的显示，3 种显示状态循环切换：双侧/上(左)侧/下(右)侧。

［单号变侧］　控制单个轴号的显示，3 种显示状态循环切换：双侧/上(左)侧/下(右)侧。

2.5.6　倒排轴号

右键菜单命令：〈选中轴号〉→【轴号倒排】(DPZH)

本命令将一排轴号反向编号。对建筑单元进行镜像(MIRROR)后，轴号也跟着镜像了，然而轴号的编号规则是不可镜像的，因此需要对轴号进行逆排，恢复正常的编号规则。

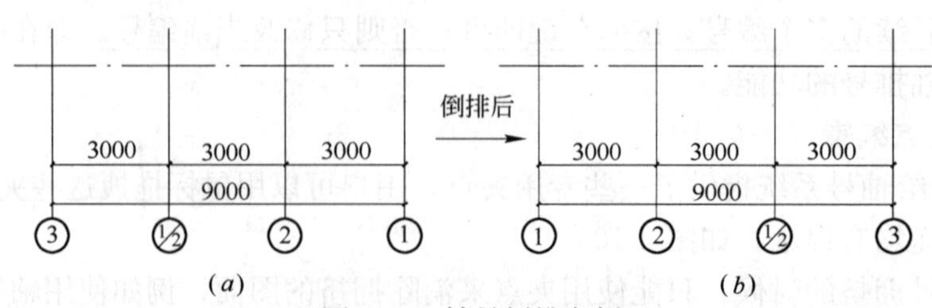

图 2-11　轴号倒排实例

(*a*)镜像后的轴号；(*b*)倒排后的轴号

第3章 柱 子

本章内容包括

- **柱对象**
- **创建柱子**
- **编辑柱子**

用户可以创建包含多种类型的标准柱和构造柱子，甚至可以用封闭 PLINE 作边界生成异型柱。柱子的编辑既可以单个进行也可以批量修改和替换。

3.1 柱对象

柱子在建筑物中主要起承载作用。Arch2006 用专门定义的柱对象来表示柱子，用底标高、柱高和柱截面参数描述其在三维空间的位置和形状。除截面形状外，与柱子的二维表示密切相关的是柱子的材料，材料和出图比例决定了柱子的填充方式。出图比例和填充图案，请参考 1.4.7『全局设置』章节。

通常柱子与墙体密切相关，墙体与柱相交时，墙被柱自动打断；如果柱与墙体同材料，墙体被打断的同时与柱连成一体。

柱子的常规截面形式有矩形、圆形、多边形等，如图 3-1 所示。

图 3-1 常见柱截面类型

3.2 创建柱子

3.2.1 标准柱

屏幕菜单命令：【轴网柱子】→【标准柱】(BZZ)

标准柱的截面形式为矩形、圆形或正多边形。通常柱子的创建以轴网为参照，创建标准柱的步骤如下：

1　设置柱的参数，包括截面类型、截面尺寸和材料等；

2　选择柱子的定位方式；

3　根据不同的定位方式回应相应的命令行输入；

4　重复1～3，或回车结束。

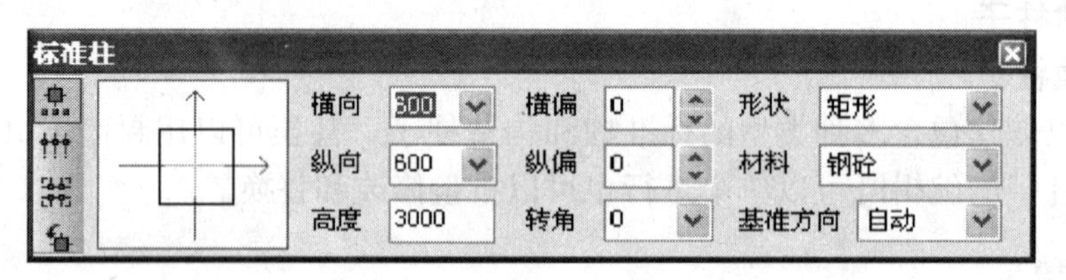

图 3-2　标准柱对话框

对话框选项和操作解释

在上述对话框中，首先确定插入的柱子［形状］，有常见的矩形和圆形，还有正三角形、正五边形、正六边形、正八边形和正十二边形等。

然后确定柱子的尺寸：

矩形柱子：［横向］代表 X 轴方向的尺寸，［纵向］代表代表 Y 轴方向的尺寸。

圆形柱子：给出［直径］大小。

正多边形：给出外圆［直径］和［边长］。

其次确定［基准方向］的参考原则：

自　　动：按照轴网的 X 轴(即接近 WCS-X 方向的轴线)为横向基准方向。

UCS—X：用户自定义的坐标 UCS 的 X 轴为横向基准方向。

给出柱子的偏移量：

［横偏］和［纵偏］分别代表在 X 轴方向和 X 轴垂直方向的偏移量。

［转角］在矩形轴网中以 X 轴为基准线。在弧形、圆形轴网中以环向弧线为基准线，以逆时针为正，顺时针为负。

柱子的［材料］有混凝土、砖、钢筋混凝土和金属。

左侧图标表达的插入方式

交点插柱：捕捉轴线交点插柱，如未捕捉到轴线交点，则在点取位置插柱。

轴线插柱：在选定的轴线与其他轴线的交点处插柱。

区域插柱：在指定的矩形区域内，所有的轴线交点处插柱。

替换柱子：在选定柱子的位置插入新柱子，并删除原来的柱子。

3.2.2　角柱

屏幕菜单命令：【轴网柱子】→【角柱】(JZ)

本命令在墙角(最多四道墙汇交)处创建角柱。

点取墙角后，弹出对话框：

对话框选项和操作解释

［材　料］　确定角柱所使用的材质，有混凝土、砖、钢筋混凝土和金属。

［长度 A］/［长度 B］/［长度 C］/［长度 D］：

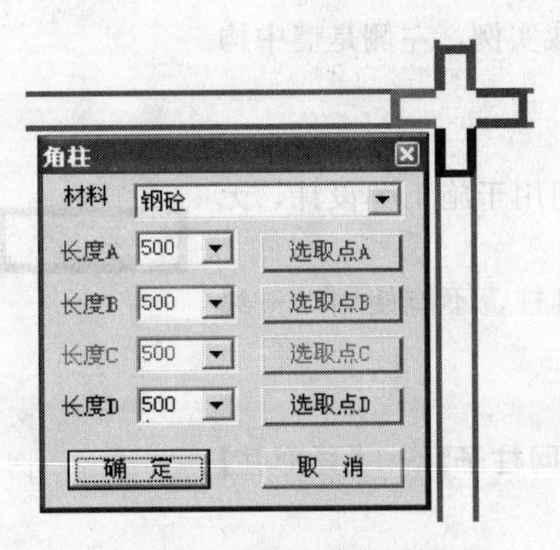

图 3-3　角柱创建对话框

分支在图中墙体上代表的位置与图中颜色一一对应，注意此值为墙体基线长度，直接键入或在图中点取控制点确定这些长度值。

3.2.3　构造柱

屏幕菜单命令：【轴网柱子】→【构造柱】(GZZ)

本命令在墙角交点处或墙体内插入构造柱，依照所选择的墙角形状为基准，输入构造柱的具体尺寸，指出对齐方向，然后在墙角处或墙体内插入构造柱，由于构造柱完全被墙包围，因此它没必要具备三维视图。

点取墙角后，弹出如图对话框：

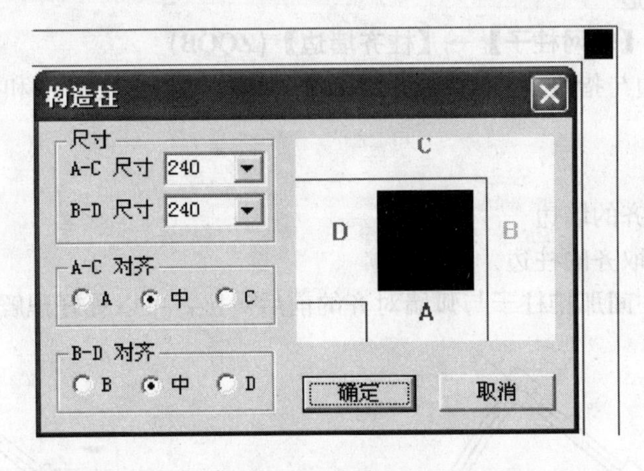

图 3-4　构造柱创建对话框

选项和操作解释

［A-C 尺寸］　沿着 A-C 方向的构造柱尺寸，最大不能超过墙厚。

［B-D 尺寸］　沿着 B-D 方向的构造柱尺寸，最大不能超过墙厚。

［A-C 对齐］　柱子 AC 方向的两个边分别对齐到 A(左)、中(中心)、C(右)。

［B-D 对齐］　柱子 BD 方向的两个边分别对齐到 B(下)、中(中心)、D(上)。

参数设定时，对话框右面的图形实时反映构造柱与墙体的真实关系，设定好参数后，单击确定按钮把构造柱插入图形墙体中。构造柱的填充模式服从普通柱子的设置。

下图为两个构造柱生成实例，左侧是墙中构造柱，右侧是墙角构造柱。

特别提示

● 构造柱的定义专门用于施工图设计，无三维显示。

● 构造柱属于非标准柱，不能使用对象编辑功能。

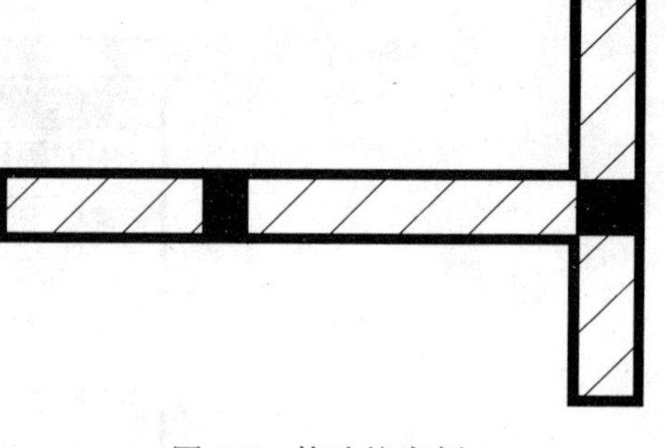

图 3-5　构造柱实例

3.2.4　异形柱

屏幕菜单命令：【轴网柱子】→【异形柱】(YXZ)

本命令可将闭合的 PLINE 转为柱对象。

命令交互

请选择闭合的多段线〈退出〉：

选择表示柱截面的 PLINE 线。

柱子材料［砖(0)/石材(1)/钢筋混凝土(2)/金属(3)］〈2〉：

键入 0～3

柱子的底标高为当前标高(ELEVATION)，柱子的默认高度取自当前层高。

3.3　编辑柱子

3.3.1　柱齐墙边

屏幕菜单命令：【轴网柱子】→【柱齐墙边】(ZQQB)

本命令将柱子边与指定墙边对齐，比用 ACAD 移动命令更方便和准确，尤其对于弧墙来说。

操作步骤

1　点取用来对齐的墙边

2　分别点取要取齐的柱边

如下图所示，中间那排柱子与弧墙对齐的前后对比，可以更好理解本命令的作用。

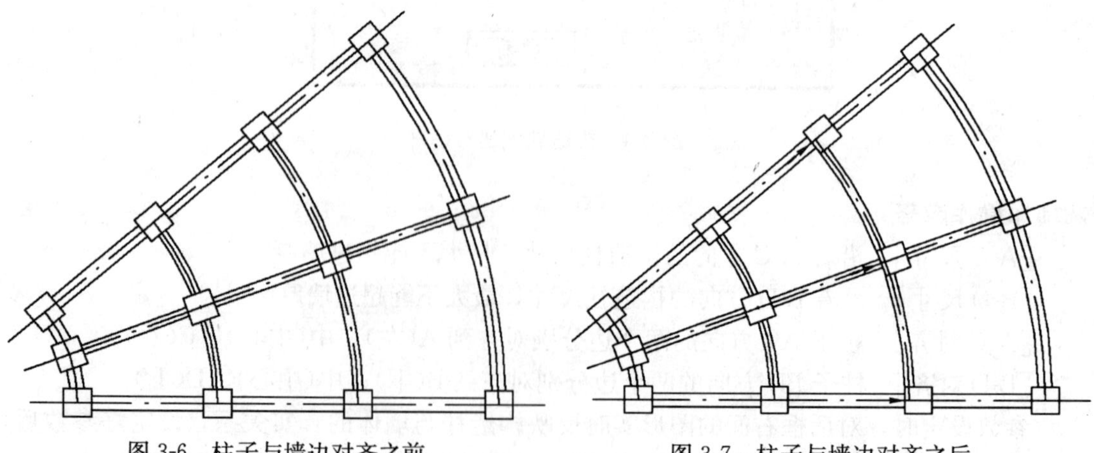

图 3-6　柱子与墙边对齐之前　　　　图 3-7　柱子与墙边对齐之后

3.3.2　替换柱子

在创建柱子对话框中设定新柱子，按下左侧的［替换］按钮，在图中批量选则原有柱子实现替换，只有常规的标准柱子才有替换功能。

命令交互

选择被替换的柱子：

框选要替换的标注柱子，可反复操作，回车结束。

3.3.3　批量改高度

右键菜单命令：〈选中柱子〉→【改高度】（GGD）

可以选中多个柱子，一起修改高度。对于单个改高度，使用［对象编辑］即可。也可以使用特性编辑来修改多个柱子的高度。

第 4 章　墙　体

本章内容包括

- ■ **墙对象**
- ■ **墙体的创建**
- ■ **墙体的编辑**
- ■ **三维工具**
- ■ **其他工具**

创建墙体是一个重要环节，很多 TH 对象以墙体为参照进行创建。本软件提供多种类型与不同材质的墙体，墙体与墙体之间，墙体与其他对象之间智能相关，除了具备二维和三维信息外，还附有物理信息。

4.1　墙对象

墙体是建筑中最核心的构件，Arch2006 用专门定义的 TH 墙对象来表示墙体，因此可以实现墙角的自动修剪等许多智能特性。墙体之间不仅互相连接，而且还同柱和门窗互相关联，并且是建筑各个功能区域的划分依据，因此理解墙对象的特征非常重要。墙对象不仅包含定位点、高度、厚度这样的几何图形信息，还包括墙类型、材料、内外朝向这样的物理信息。

一个墙对象，就是一个标准的墙段单元，它是柱或墙角之间，没有分叉并且具有相同特性的直段墙或弧段墙。可以把墙角视为节点，墙对象视为杆件，那么建筑平面就是由互相连接的杆件构成的，杆件围合成的区域就是房间。如果节点处有柱子，杆件可以通过柱子互相连接，否则必须准确连接。理解好这一点，才可以用墙对象构建出符合建筑制图规范的工程图。

4.1.1　墙基线

墙基线是墙体的代表“线”，也是墙体的定位线。墙基线通常位于墙体内部，但如果需要，也可以在墙体外部(此时左宽和右宽有一为负值)，墙体的两条边线就是依据基线按左右宽度确定的。墙基线是一个概念，图纸上并无表现的线条。通常，墙基线应与轴线重合（不用轴线定位的墙体除外），因此墙基线同时也是墙内门窗测量基准，如墙体长度指该墙体基线的长度，弧窗宽度指弧窗在墙基线位置上的宽度。

墙体的相关判断都是依据于基线，比如墙体的连接相交、延伸和剪裁等等，因此互相连接的墙体应当使得它们的基线准确的交接。Arch2006 规定墙基线不准重合，如果在绘制过程产生重合墙体，系统将弹出警告，并阻止这种情况的发生。在用 AutoCAD 命令编辑墙体时产生的重合墙体现象，系统将给出警告，并要求用户排除重合墙体。

通常不需要显示基线，选中墙对象后，表示墙位置的 3 个夹点，就是基线的位置。如果需要的话(例如判断墙是否准确连接)，可以切换墙的二维表现方式：单线/双线/单双线。

4.1.2　墙体类型

作为建筑物中起承载、围护和分隔作用的墙体按用途分为以下几类：

内墙　　建筑物内部的分隔墙；

外墙　　与室外接触，并作为建筑物的外轮廓；

户墙　　户与户之间的分隔墙，或户与公共区域的分隔墙；

虚墙　　用于空间的逻辑分割(如居室中的餐厅和客厅分界)以便于计算面积等功用；

卫生隔断　卫生间洁具隔断用的墙体或隔板；

女儿墙　　建筑物屋顶周边的围墙。

其中内墙、外墙和户墙是真实意义上的墙，在图形表示上它们并没有什么区别，但它们具备其他的辅助作用，例如保温层一般只是加到外墙，这样就可以排除其他墙类型。此外，墙类型还可以为下行专业提供更准确的计算条件，例如空调负荷计算不必考虑内墙。

与内外墙相关的，还有墙的表面特性，例如对于外墙，就应当给出哪个表面朝外，这样加门窗套的时候，就可以自动把门窗套放到室外一侧。墙体选中时，有两个箭头分别指示两侧表面的朝向特性，箭头指向墙内部，表示该表面朝室内；箭头指向墙外部，表示该表面朝室外。

4.1.3　墙体材料

墙体材料，即墙体的主材类型，可以控制墙体的二维表现。相同材料的墙体在二维平面图上连成一体，系统约定不同材料的墙体由优先级高的墙体打断优先级低的墙体。优先级由高到低的材料依次为钢筋混凝土墙、石墙、砖墙、填充墙、玻璃幕墙和轻质隔墙。可以形象地理解为优先级越高其强度越硬。

其中的玻璃幕墙在三维表现上与其他材料的墙体不一样，见下面的一节。

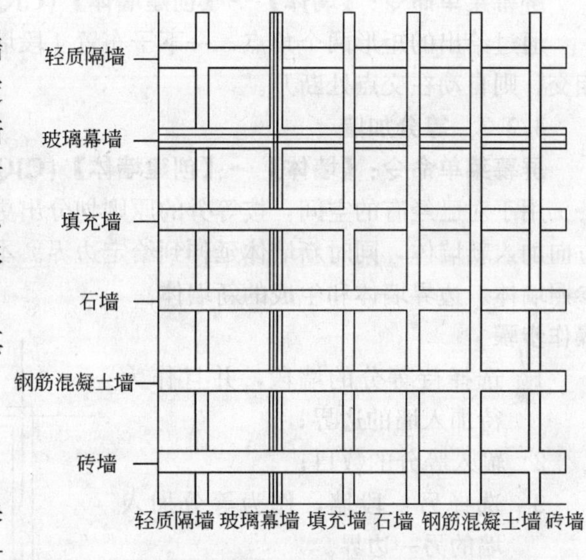

图4-1　不同材质墙体由优先级确定的打断关系

4.2　墙体的创建

墙体可以直接创建，或由单线转换而来。墙体的底标高为当前标高（ELEVATION)，默认的墙高取自当前层高。墙体的所有参数都可以在创建后编辑修改。直接创建墙体有3种方式：连续布置、矩形布置和等分创建。单线转换有两种方式：轴网生墙和单线变墙。

图4-2为直接创建墙体的设置对话框，其中的图标工具栏为创建的方式，总宽/左宽/右宽用来指定墙的宽度和基线位置，三者互动，应当先输入总宽，然后输入左宽或右宽。对于外墙、内墙和户墙，图面表现都一样，如果当时还不太确定，按内墙输入即可，可以在平面墙体布置完成后采用其他辅助工具(如识别内外和套内面积)再次区分。

4.2.1　连续创建墙体

屏幕菜单命令：【墙体】→【创建墙体】(CJQT)

点取本命令后屏幕出现创建墙体的非模式对话框，不必关闭对话框，即可连续绘制直墙、弧墙，墙线相交处自动处理。墙宽、墙高可随时改变，单元段创建有误可以回退。

图 4-2　直接创建墙体

此方式可连续绘制设定的墙体，当绘制墙体的端点与已绘制的其他墙段相遇时，自动结束连续绘制，并开始下一连续绘制过程。

需要指出的是，为了更加准确的定位墙体，系统提供了自动捕捉的功能，即捕捉已有墙基线、轴线和柱子中心。如果有特殊需要，用户可以打开 AutoCAD 的捕捉 F3，这样就自动关闭创建墙体的自动捕捉。换句话说，AutoCAD 的捕捉和系统捕捉是互斥的，并且采用同一个控制键。

4.2.2　矩形布置墙体

屏幕菜单命令:【墙体】→【创建墙体】(CJQT)

通过给出的矩形两个角点，一下子布置 4 段墙，并且自动避免重叠。如果与其他墙有相交，则自动在交点处断开。

4.2.3　等分加墙

屏幕菜单命令:【墙体】→【创建墙体】(CJQT)

用于对已经有的空间，按等分的原则划分出更多的空间。将一段墙在纵向等分，垂直方向加入新墙体，同时新墙体延伸到给定边界。本命令有 3 种相关墙体参与操作过程，有参照墙体、边界墙体和生成的新墙体。

操作步骤

1　选择待等分的墙段，并且作为待加入墙的边界；

2　输入等分的数目；

3　选择另一段墙，作为等分加入墙的另一边界。

图 4-3 展示一个等分墙体的实例：

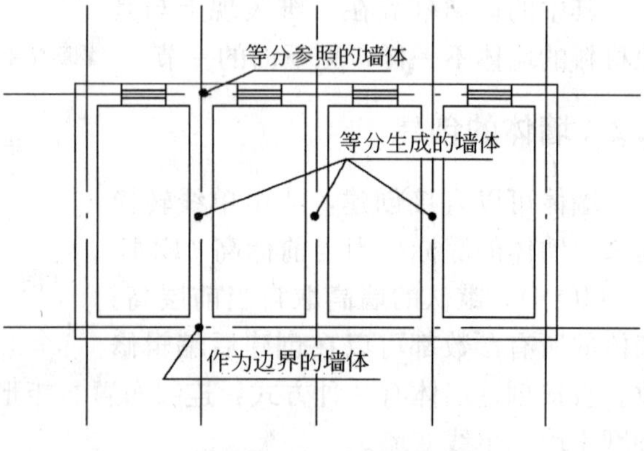

图 4-3　等分加墙实例

4.2.4　单线变墙

屏幕菜单命令：【墙体】→【单线变墙】(DXBQ)

本命令有两个功能：一是将 LINE、ARC 绘制的单线转为 TH 墙体对象，并删除选中单线，生成墙体的基线与对应的单线相重合；二是在设计好的轴网上成批生成墙体，然后进行编辑。

方案设计阶段，用户可以用单线勾勒建筑草图，待方案确定后再将单线变为墙体。草图用 LINE、ARC 绘制，绘制时尽量减少重线，变墙之前采用【工具二】中的“消除重线”清理一次多余线段，尽可能减少变墙体后的编辑修改操作。

轴线生墙与单线变墙操作过程相似，差别在于轴线生墙不删除原来的轴线，而且被单独甩出的轴线不生成墙体。本功能在圆弧轴网中特别有用，因为直接绘制弧墙比较麻烦，批量生成弧墙后再删除无用墙体更方便。

图4-4 单线变墙对话框

4.2.5 偏移生成

右键菜单命令：〈选中墙体〉→【墙体工具】→【净距偏移】(JJPY)

AutoCAD的Offset命令可以按基线间距偏移生成新的墙体，而［净距偏移］则是按墙边线的间距偏移生成新的墙体，即考虑的是净空间距离。

4.3 墙体的编辑

对于单个墙段的参数的修改，使用［对象编辑］或［特性编辑］即可；对于位置的修改，使用AutoCAD通用的夹点和其他编辑命令，包括曲线编辑命令，如Extend、Trim、Break和Offset等。这些通用的编辑工具不再介绍，只介绍墙体的专用编辑工具。

4.3.1 墙体分段

屏幕菜单命令：【墙体】→【墙体分段】(QTFD)

把一段墙分解为两段或三段，以便设置不同的材料，常常用在剪力墙结构的建筑中。

操作步骤

1 选择墙体

2 选择第一个断点

3 选择第二个断点，缺省回答与第一个断点相同

4 用对象编辑或特性编辑设置材料

4.3.2 墙角编辑

屏幕菜单命令：【墙体】→【倒墙角】(DQJ)和【修墙角】(XQJ)

［倒墙角］功能与AutoCAD的倒角(Fillet)命令相似，专门用于处理两段不平行的墙体的端头交角问题。有两种情况：

当倒角半径不为0，两段墙体的类型、总宽和左右宽必须相同，否则无法进行；

当倒角半径为0时，能够用于不平行的两段墙体的连接，此时两墙段的厚度和材料可以不同。

［修墙角］命令提供对属性完全相同的墙体相交处的清理功能，当用户使用AutoCAD的某些编辑命令对墙体进行操作后，墙体相交处有时会出现未按要求打断的情况，采用本命令框选墙角可以轻松处理。

4.3.3 墙边对齐

屏幕菜单命令：【墙体】→【墙边对齐】(QBDQ)

本命令用来对齐墙边，并维持基线不变，边线偏移到给定的位置。换句话说，就是维

持基线位置和总宽不变，通过修改左右宽度达到边线与给定位置对齐的目的。通常用于处理墙体与某些特定位置的对齐，特别是和柱子的边线对齐。

建筑设计实践中，墙体与柱子的关系并非都是中线对中线，常有墙边与柱边对齐的情况。解决此类问题无非两个途径，或者直接对齐绘制，或者先不考虑对齐，而是快速地沿轴线绘制墙体，待绘制完毕后，采用本命令处理。后者更为方便，可以把同一延长线方向上的多个墙段一次取齐，推荐优先使用。

操作步骤

1　点取对齐的目标位置，例如柱边上的一点；

2　点取要取齐的墙边线。

图 4-5 为墙体与柱子对齐前后的关系图。

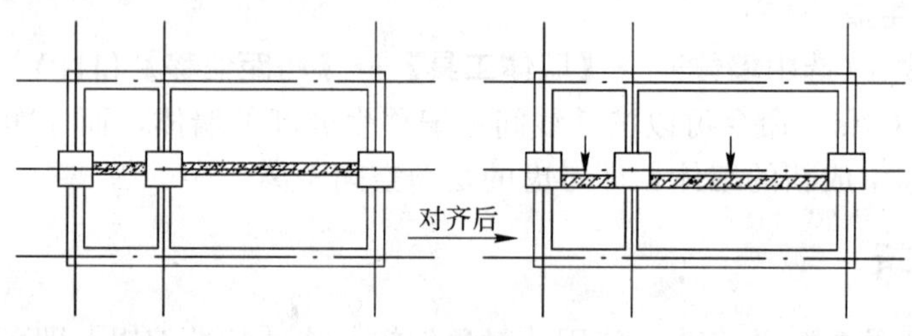

图 4-5　墙与柱边对齐

4.3.4　墙保温层

屏幕菜单命令：【墙体】→【墙保温层】(QBWC)

本命令在图中已有的墙段上加入内外保温层或取消保温层，保温层作为墙体的一个属性，并非添加一个独立的线条。

命令交互

点取墙保温一侧或［内保温(I)/外保温(E)/取消保温(R)/保温层厚：80(T)］〈退出〉：

缺省方式为逐段点取墙边线，在点取侧加入保温层的表达线。

回应 I 或 E，命令行提示：

选择外墙：

框选整栋建筑物，系统自动排除内墙，对选中的外墙的内侧或外侧加保温层线。

回应 T 可以改变保温层厚度。

回应 R 转换到消去保温层模式。

4.3.5　更改墙厚

右键菜单命令：〈选中墙体〉→【墙体工具】→【改墙厚】(GQH)

右键菜单命令：〈选中墙体〉→【墙体工具】→【改外墙厚】(GWQH)

单段修改墙厚使用［对象编辑］即可，这里介绍的是批量修改墙厚的功能。

［改墙厚］命令按照墙基线居中的规则，批量修改多段墙体的厚度，不适合修改偏心墙，因

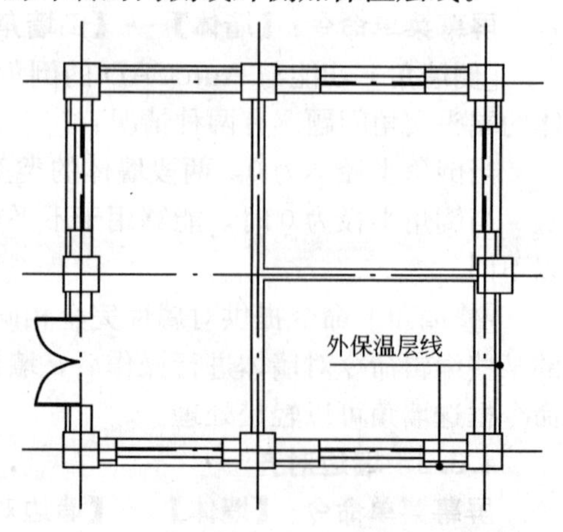

图 4-6　加保温层的墙体实例

此要谨慎使用。

［改外墙厚］只针对外墙，可分别指定内侧厚度和外侧厚度。

特别提示

- 可以用格式刷修改墙厚，规则是：当源对象墙是偏心墙时，目标对象墙需与之平行或同心；当源对象墙是基线居中墙时，对目标对象墙没有要求，但修改后目标对象墙都变成与源对象墙一样居中。此外，内外墙体的属性也一同刷新。

4.3.6　墙体造型

屏幕菜单命令：【墙体】→【墙体造型】（QTZX）

我们创建的墙体外形上都很规矩，如果墙体需要造型花样，墙体造型将用指定的 PLINE 线作边界生成与墙关联的造型，常见的墙体造型是墙垛。

操作步骤

1　如果需要，事先用 PLINE 绘制好造型的外轮廓线；

2　执行命令后，从墙边或墙体内开始绘制造型的轮廓线或选择 PLINE；

3　结束点位于墙边或墙体内。

执行完毕后，系统自动打断相关墙体。墙体造型是附加在墙体上的附属对象，目的是修饰墙体的形状，有一系列夹点用来动态更改形状。

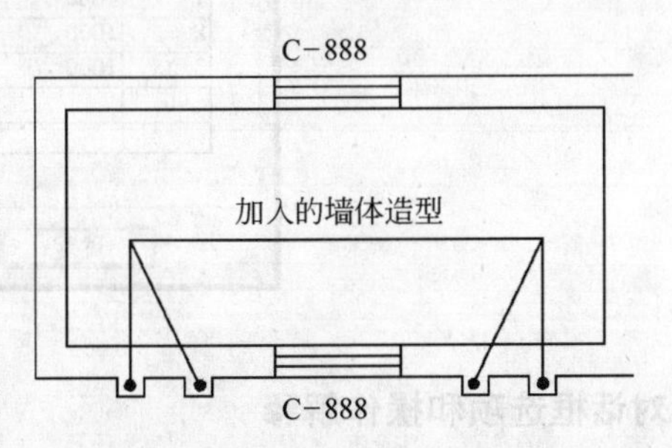

图 4-7　墙体造型实例的平面图

图 4-8　墙体造型实例的渲染图

4.4　三维工具

这里介绍和墙体的三维视图有关的编辑功能和辅助工具。

4.4.1　幕墙分格

右键菜单命令：〈选中玻璃幕墙〉→【对象编辑】（DXBJ）

利用［创建墙体］命令直接生成的玻璃幕墙仅仅能满足平面工程图的表达需求，如果用于三维表现，则应当进行细致分格，进一步设计幕墙的横框、竖梃和玻璃。玻璃幕墙进行细致分格之前，应当用夹点设定外表面，如果没有设定外表面，则按起止点方向，假定右侧为外侧。在玻璃和分格框的设计中，对齐方式和偏移方向均依此为根据。

玻璃幕墙设计对话框，有 3 个选项卡，分别是幕墙分格，竖梃设置和横框设置。

幕墙分格

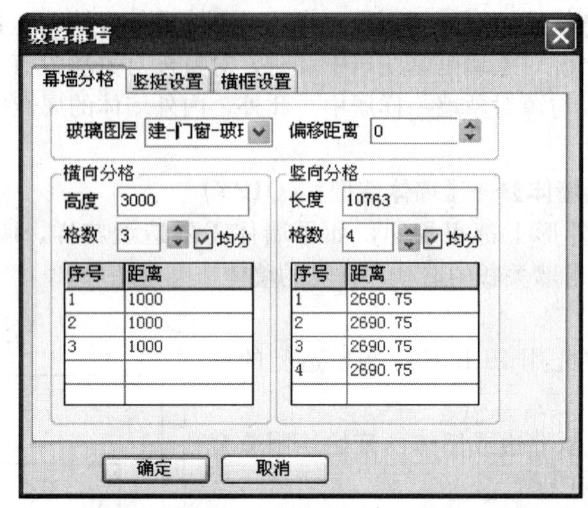

图 4-9　幕墙分格

对话框选项和操作解释

［**玻璃图层**］　确定玻璃放置的图层，如果准备渲染请单独置于一层中，以便附给材质。

［**偏移距离**］　玻璃相对基线的偏移距离。正值为向外偏移，负值表示内偏移。

［**横向分格**］　横格布局设计。

缺省的高度为创建墙体时的原高度，可以输入新高度。

如果均分，系统自动在电子表中算出分格距离。

如果不均分，先确定格数，再从序号 1 开始顺序填写各个分格距离。

［**竖向分格**］　竖格布局设计。操作程序同［横向分格］一样。

完成分格后选取竖梃设置进入下一步。

竖梃设置

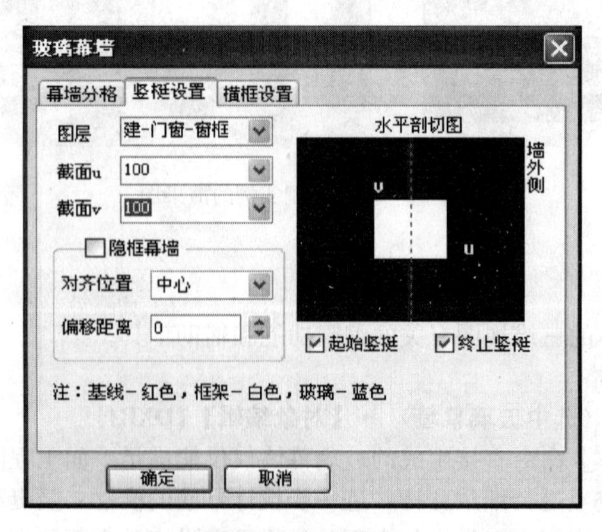

图 4-10　竖梃设置

对话框选项和操作解释

[图层]　确定竖梃放置的图层，如果进行渲染请单独置于一层中，以方便附材质。

[截面 u]/[截面 v]　竖梃的截面尺寸，见图 4-10 示意窗口。

[隐框幕墙]　选择[隐框幕墙]

竖梃向内退到玻璃后面。如果不选择［隐框幕墙］项，分别对［对齐位置］和[偏移距离]进行设置。

[对齐位置]　有内中外 3 种对齐方式，分别表示竖梃的内侧、中线或外侧对齐到基线。

[偏移距离]　竖梃相对基线的偏移距离，正值向外偏移，负值向内偏移。

[起始竖梃] / [终止竖梃]

此两项决定幕墙的两端是否需要竖梃。

横框设置

此对话框与前面的竖梃设置对话框一样，只是面向横框设置而已，参照竖梃设置一节。

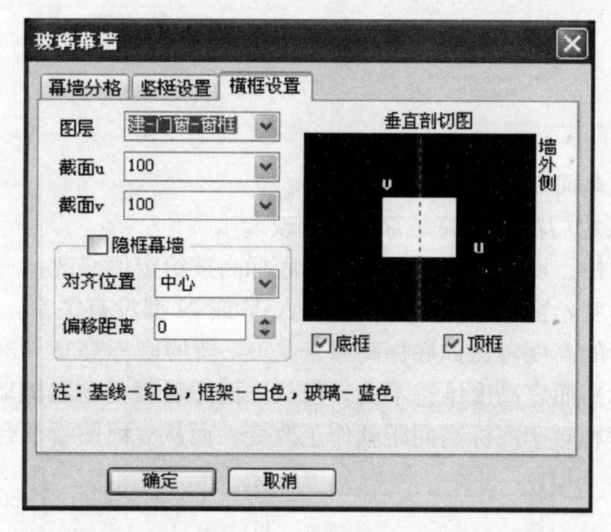

图 4-11　横框设置

图 4-12　玻璃幕墙的渲染实例

特别提示

● 玻璃幕墙与普通墙一样，可以插入门窗。

4.4.2　更改墙高

右键菜单命令：〈选中墙体〉→【改高度】(GGD)

右键菜单命令：〈选中墙体〉→【改外墙高】(GWQG)

对于单个墙对象的高度修改，使用［对象编辑］或［特性编辑］即可，这里介绍的两个命令主要是为了批量修改墙高用的。［改高度］命令可对选中的柱、墙体及其造型的高度和底标高成批进行修改，是调整这些构件竖向位置的主要手段。修改柱、墙体的底标高时门窗底的标高可以和柱、墙联动修改。［改外墙高］命令与［改高度］命令类似，但仅对外墙有效，运行该命令前，应已作过内外墙的识别操作，以便系统能够自动过滤出外墙。通常采用［改外墙高］命令抬高或下延外墙，比如在无地下室的首层平面，把外墙从室内标高延伸到室外地坪标高处。

命令交互

请选择墙体、柱子或墙体造型：

新的高度〈3000〉：

新高度

新的标高〈0〉：

新标高

是否维持窗墙底部间距不变？(Y/N)〈N〉：

回应 Y 或 N，认定门窗底标高是否同时修改。

回应完毕选中的柱、墙体及造型的高度和底标高按给定值修改。

如果墙底标高不变，窗墙底部间距不论输入 Y 或 N 都没有关系，但如果墙底标高改变了，就会影响窗台的高度，比如底标高原来是 0，新的底标高是－300，以 Y 响应时各窗的窗台相对墙底标高而言高度维持不变，但从立面图看就是窗台随墙下降了 300，如以 N 响应，则窗台高度相对于底标高间距就作了改变，而从立面图看窗台却没有下降。

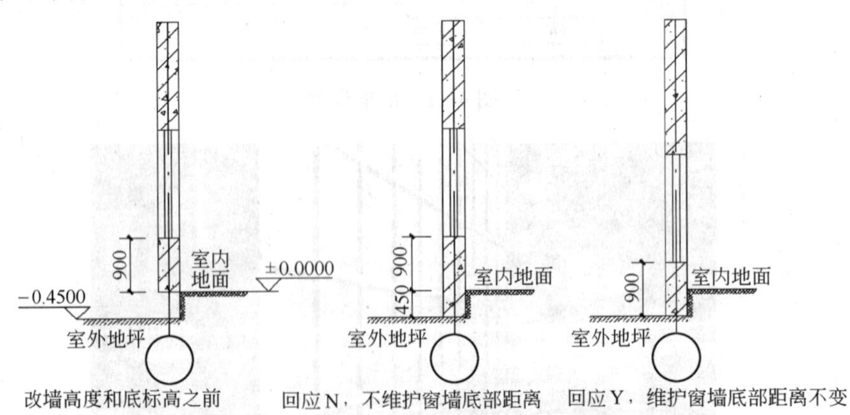

图 4-13　改墙高度和底标高的两种情况

4.4.3　墙面坐标系

屏幕菜单命令：【墙体】→【墙面 UCS】(QMUCS)

有些时候为了在直墙墙面上定位和绘制图元，需要把 UCS 设置到墙面上，例如构造异形洞口或构造异形墙立面。本命令通过选择一直墙的边线，快速的设置UCS。

4.4.4　不规则墙立面

屏幕菜单命令：【墙体】→【墙体立面】(QTLM)

本命令通过对矩形立面墙的适当剪裁构造不规则立面形状的特殊墙体，比如构成不同形状的山墙，获得与坡屋顶准确相连的效果。本命令也可以把不规则的立面变为规则的矩形立面。

墙体变异形立面的要点：

1. 异形立面的剪裁边界依据墙面上绘制的PLINE表述，如果想构造后保留矩形墙体的下部，PLINE从墙两端一边入一边出即可；如果想构造后保留左部或右部，则在墙顶端的PLINE端线指向保留部分的方向。

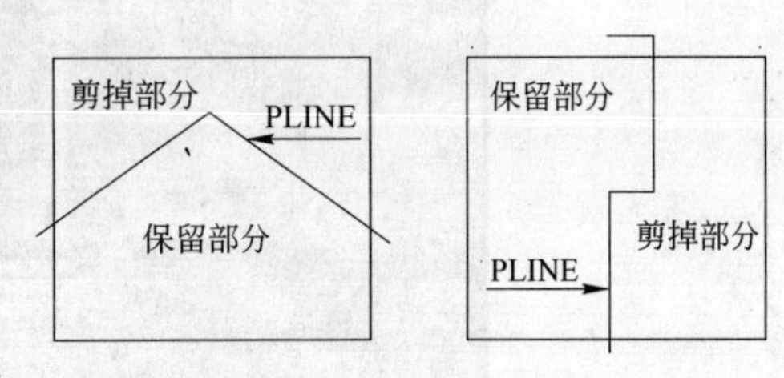

图4-14　剪裁方式与PLINE画法的关系

2. 墙体变为异形立面后，部分编辑功能将失效，如夹点拖动等。异形立面墙体生成后如果接续墙端延续画新墙，异形墙体能够保持原状，如果新墙与异形墙有交角，则异形墙体恢复原形。

3. 运行本命令前，应先用【墙面UCS】临时定义一个基于所选墙面的UCS，以便在墙体立面上绘制异形立面墙边界线，为便于操作可将屏幕置为多视口配置，立面视口中用PLINE命令绘制异形立面墙剪裁边界线。注意多段线的首段和末段不能是弧段。

命令交互

选择墙立面形状(不闭合多段线)或[矩形立面(R)]〈退出〉：

在立面视口中点取轮廓线或键入R恢复矩形立面。

选择墙体：

在平面或轴测图视口中选取要改为异形立面的墙体，可多选。

回应完毕，选中的墙体根据边界线变为异形立面。如墙体已经是异形立面，则更改为新的立面形状。命令结束，多段线仍保留，以备再用。

坡屋顶需要的山墙就要采用这种方式生成，图4-15是一个山墙表现的例子。

4.5　其他工具

4.5.1　识别内外墙

屏幕菜单命令：【墙体】→【识别内外】(SBNW)

右键菜单命令：〈选中墙体〉→【加亮外墙】

[识别内外] 命令对建筑物整层墙体自动识别内墙与外墙。[加亮外墙] 则可以将已经识别定义的外墙重新加亮，以便观察。

命令交互

请选择一栋建筑物的所有墙体(或门窗)：

框选整栋建筑物平面图。

回应完毕，系统自动判断内、外墙，并用红色虚线亮显外墙外边线，用重画

图 4-15　通过异型立面剪裁生成的山墙实例

(Redraw)命令可消除亮显虚线，如果一个 DWG 中有多个楼层平面图要逐个处理。

如果想查看当前图中哪些墙是外墙，哪一侧是外侧，用［加亮外墙］就可以使外墙重新用红色虚线亮显。

特别提示

- 如果建筑楼层有多个建筑轮廓，例如有伸缩缝和沉降缝，则要分多次识别内外墙，因为每一次只能识别出一个外墙轮廓。

4.5.2　偏移生线

右键菜单命令：〈选中墙体〉→【偏移生线】(PYSX)

本命令类似 AutoCAD 的偏移命令 Offset，以墙线作参考生成与墙边或柱边具有一定偏移距离的辅助曲线，以方便在与墙体等距位置上完成其他任务。

如图 4-16，在一带有弧墙的建筑物前准备绘制一条小路，其曲线形状与建筑物外墙同形等距，便可利用［偏移生线］构造小路的辅助红色曲线。

图 4-16　墙体偏移生线的应用实例

4.5.3 墙端封口

右键菜单命令：〈选中墙体〉→【墙端封口】(QDFK)

改变单元墙体两端的二维显示形式，使用本命令可以使其封闭和开口两种形式互相转换。本命令不影响墙体的三维表现。

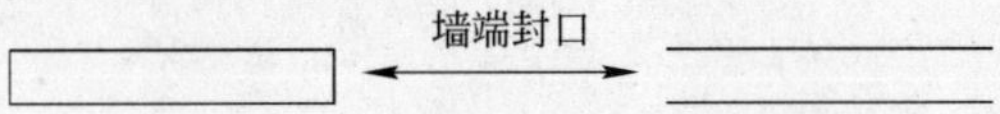

墙端封口

图 4-17 墙体端口的两种形式

第 5 章　门　窗

本章内容包括

- ■ **门窗对象**
- ■ **门窗的创建**
- ■ **门窗的编辑**
- ■ **门窗表**
- ■ **门窗库**

门窗功能模块提供从创建到编辑，从门窗表提取到门窗库维护的全面功能。门窗检查找出相互冲突的门窗供修改。

5.1　门窗对象

门窗是建筑的核心构件之一。Arch2006 采用 TH 对象来表示建筑门窗，因而实现了和墙体之间的智能联动，门窗插入后在墙体上自动按门窗轮廓形状开洞，删除门窗后墙洞自动闭合，这个过程中墙体的外观几何尺寸不变，但墙体对象的相关数据诸如粉刷面积、开洞面积等随门窗的建立和删除而更新。

Arch2006 的门窗是广义上的门窗，指附属于墙体并需要在墙上开启洞口的对象，因此如非特别说明，Arch2006 所提到的门窗包括墙洞在内。需要特别提一下，老虎窗和本章所提的门窗的实现机制不一样，它和屋顶的关系密切，参见第 7 章『屋顶』。

门窗对象附属在墙对象之上，即离开墙体的门窗就将失去意义。按照和墙的附属关系，Arch2006 定义了两类门窗对象：一类是只附属于一段墙体，即不能跨越墙角，对象 DXF 类型 SWR-OPENING；另一类附属于多段墙体，即跨越一个或多个转角，对象 DXF 类型 SWR-CORNER-WINDOW。前者和墙之间的关系非常严谨，因此系统根据门窗和墙体的位置，能够可靠地在设计编辑过程中自动维护和墙体的包含关系，例如可以把门窗移动或复制到其他墙段上，系统可以自动在墙上开洞并安装上门窗；后者比较复杂，离开了原始的墙体，可能就不再正确，因此不能向前者那样可以随意编辑。

门窗创建对话框中提供输入门窗的所有需要参数，包括编号、几何尺寸和定位参考距离，如果把门窗高参数改为 0，系统不绘制门窗的三维。

5.1.1　门窗类型

Arch2006 提供了以下几类门窗：

■ **普通门**

二维视图和三维视图都用图块来表示，可以从门窗图库中分别挑选门窗的二维形式和三维形式，其合理性由用户自己来掌握，例如系统并不知道也不会制止用户为一个门窗对象挑选一个二维双扇平开门和一个单扇的三维平开门。普通门的参数如图 5-1，其中门槛高指门的下缘到所在的墙底标高的距离，通常就是离本层地面的距离。对于无地下室的首层外墙上的门，由于外墙的底标高低于室内地平线，这时门槛高应输入距离室外地坪的高度。

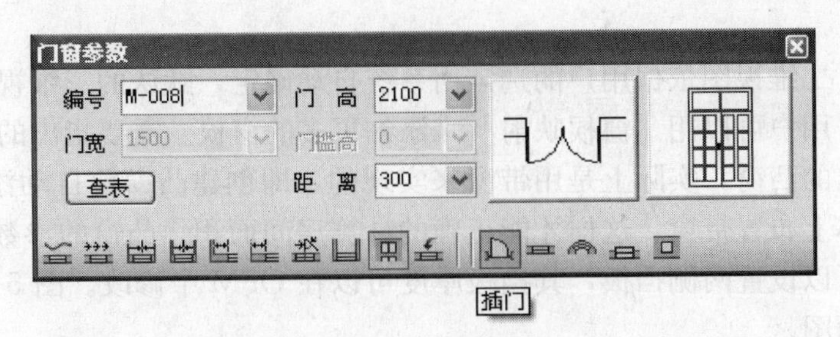

图 5-1　普通门的参数

■　普通窗

其特性和普通门类似，其参数如图 5-2，比普通门多一个［高窗］属性。

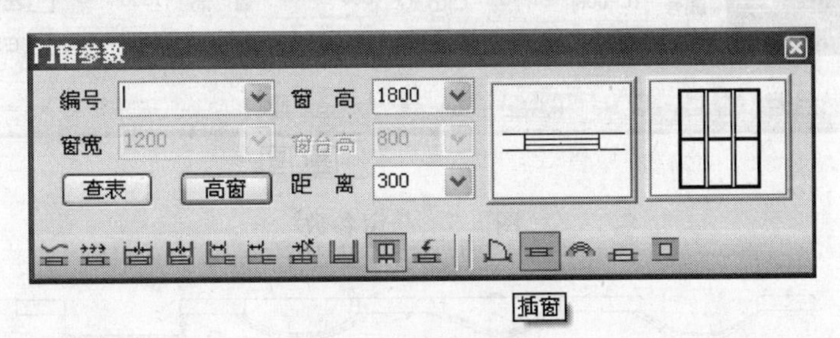

图 5-2　普通窗的参数

■　弧窗

安装在弧墙上，并且和弧墙具有相同的曲率半径。二维用三线或四线表示，缺省的三维为一弧形玻璃加四周边框。用户可以用［窗棂映射］来添加更多的窗棂。弧窗的参数如图 5-3，三维效果如图 5-4。

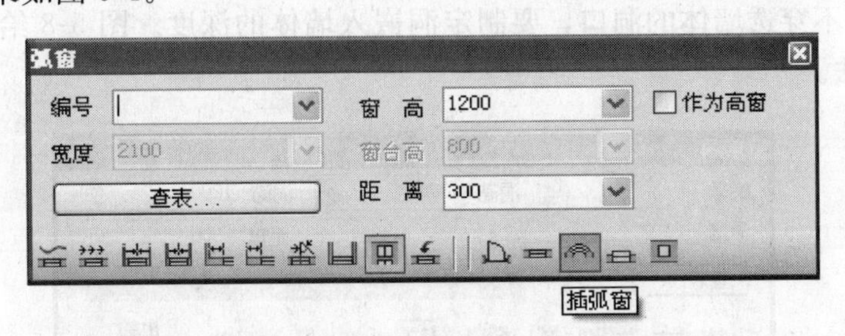

图 5-3　弧窗参数

图 5-4　弧窗效果

■ **凸窗**

即外飘窗。二维视图依据用户的选定由系统自动确定，默认的三维视图有上下板、简单窗棂和玻璃。用户可以用［窗棂映射］来添加更多的窗棂。需要指出的是，对于落地凸窗，即楼板挑出的凸窗，实际上是用带窗来实现的，即创建凸窗前自动添加若干段墙体，然后在这些墙体上布置带窗，这样才能正确的计算房间面积。凸窗的参数如图 5-5，对于矩形凸窗，还可以设置两侧挡板，其挡板厚度可以在 OPM 中修改。图 5-6 给出了四种形式的凸窗的平面图。

图 5-5　凸窗参数

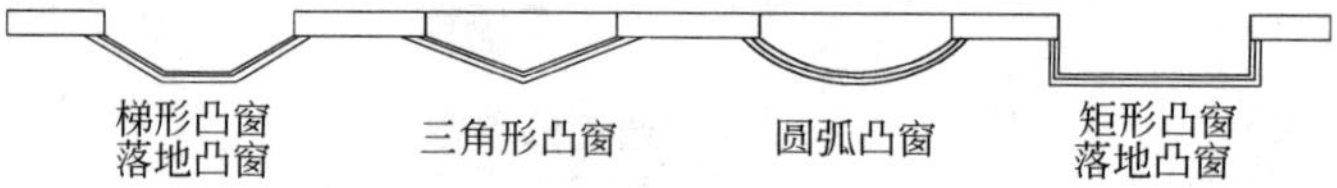

梯形凸窗
落地凸窗
三角形凸窗
圆弧凸窗
矩形凸窗
落地凸窗

图 5-6　凸窗形式

■ **矩形洞**

墙上的矩形空洞，可以穿透也可以不穿透墙体，有多种二维形式可选。矩形洞的参数如图 5-7，对于不穿透墙体的洞口，要制定洞嵌入墙体的深度。图 5-8 给出了平面图各种洞口的表示方法。

图 5-7　矩形洞参数

■ **异形洞**

自由在墙面上绘制轮廓线，然后转成洞口，其平面图与矩形洞一样，有多种表示方法。图 5-9 给出了异形洞的参数。

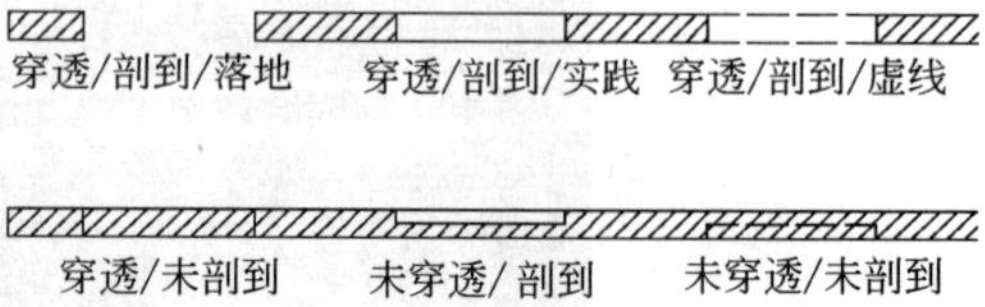

穿透/剖到/落地　穿透/剖到/实践　穿透/剖到/虚线

穿透/未剖到　未穿透/剖到　未穿透/未剖到

图 5-8　矩形墙洞的二维形式

■ **组合门窗**

是两个或更多的普通门和(或)窗的组合，并作为一个门窗对象。居住建筑常见的子母门和门联窗，办公建筑的入口组合大门都可以

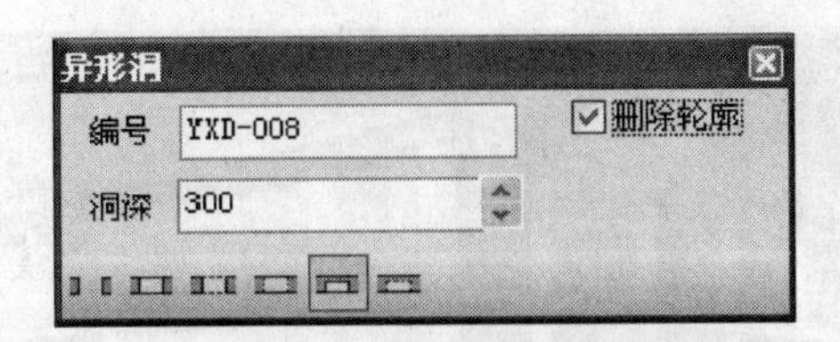

图 5-9　异形洞参数

用组合门窗来表示。图 5-10 给出了门联窗和子母门的三维效果。

图 5-10　门窗组合的实例

■　**转角窗**

一个转角，即跨越两段墙的窗户，可以外飘。二维用三线或四线表示，默认的三维视图简单窗棂和玻璃，如果外飘，还有上下板。转角窗的参数如图 5-11。如果是楼板出挑的落地转角凸窗，则实际上是用带窗来实现的，即创建凸窗前自动添加若干段墙体，然后在这些墙体上布置带窗，这样才能正确地计算房间面积。图 5-12 给出了一个转角凸窗的三维效果，该图用［窗棂映射］完善了窗棂的划分。

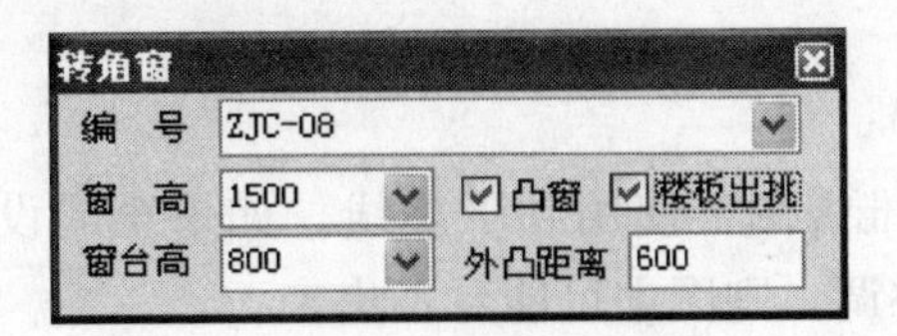

图 5-11　转角窗参数

■　**带窗**

不能外飘，可以跨越多段墙，其他和转角窗相同。图 5-13 给出了带窗的参数，图 5-14给出了带窗的三维效果。

图 5-12 转角凸窗的三维效果

图 5-13 带窗参数

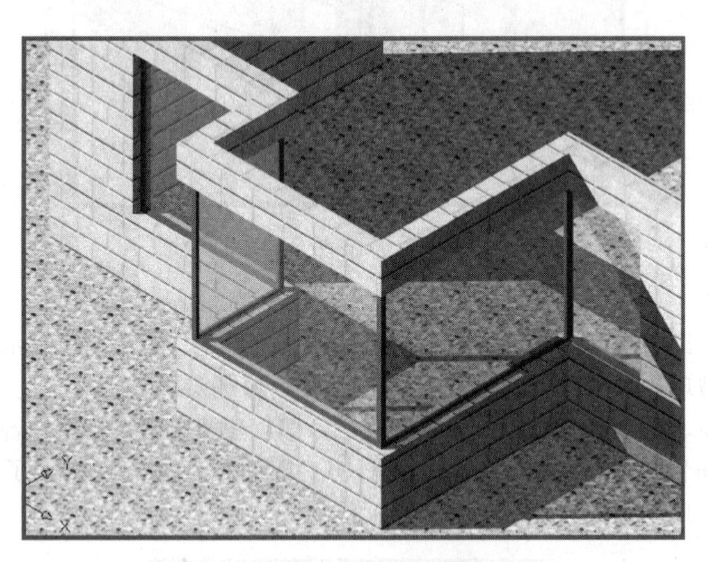

图 5-14 带形窗的三维实例

特别提示

- 高窗和洞口的二维视图，使用到了虚线。如果全局设置的虚线类型和线型比例(LTSCALE)不协调，则图中可能看不出来。

5.1.2 门窗编号

门窗对象有一个特别的属性需要着重说明一下，那就是门窗编号。门窗编号用来标识同类制作工艺的门窗，即同编号的门窗，除了位置不同外，它们的洞口尺寸和三维外观都应当相同。为了灵活地编辑门窗，系统并不确保相同编号的门窗必定具有相同的洞口尺寸和外观，不过 Arch2006 提供了一些工具，来检查图中的门窗编号是否满足这一规定。

5.1.3　高窗和上层窗

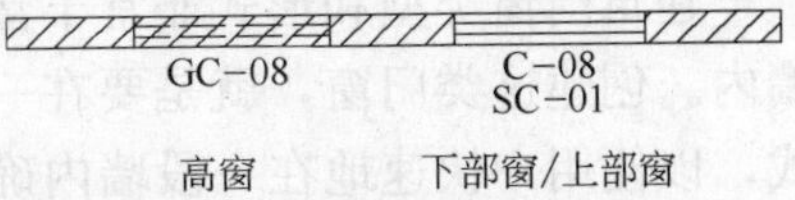

高窗和上层窗是门窗的一个属性，两者都是指在位于楼层视线(水平剖切)以上的窗户。两者还有所区别，前者用虚线表示二维视图，说明同一楼层正下方没有其他门窗；后者在二维视图上只显示一个编号，说明同一楼层正下方还有其他门窗(通常应当等宽)，如厂房等高大空间的上面一排窗户。

GC-08　　C-08
　　　　SC-01

高窗　　下部窗/上部窗

图 5-15　高窗和上层窗平面表示

图 5-16　高窗三维实例

图 5-17　上层窗三维实例

5.2　门窗的创建

前面一节已经介绍了各种类型的门窗特性，这一节要对这些门窗的创建方法，即定位方法做出进一步的叙述。

5.2.1 插入门窗

屏幕菜单命令：【门窗】→【门窗】(MC)

建筑门窗类型和形式非常丰富，然而大部分门窗都是标准的洞口尺寸，并且位于一段墙内。创建这类门窗，就是要在一段墙上确定门窗的位置。Arch2006 提供了多种定位方式，以便用户快速地在一段墙内确定门窗的位置。

普通门、普通窗、弧窗、凸窗和矩形洞，它们的定位方式基本相同，因此 Arch2006 用一个命令就可以完成这些门窗类型的创建。以普通门为例，对话框下有一工具栏，分隔条左边是定位方式的选择，右边是门窗类型的选择，对话框上是待创建门窗的参数。

需要注意的是，在弧墙插入的是普通门窗，当门窗的宽度很大，而弧墙的曲率半径很小，可能导致门窗的中点超出墙体的区域范围，这时不能正确插入。

■ **自由插入**

可在墙段的任意位置插入，利用这种方式插入时，非常快速，但不好准确定位，通常用在方案设计阶段。鼠标以墙中线为分界内外移动控制内外开启方向，单击一次 Shift 键控制左右开启方向，一次点击，门窗的位置和开启方向就完全确定。

命令交互

点取门窗插入位置(Shift-左右开)：

点取要插入门窗的墙体。

■ **顺序插入**

以距离点取位置较近的墙边端点或基线端为起点，按给定距离插入选定的门窗。此后顺着前进方向连续插入，插入过程中可以改变门窗类型和参数。在弧墙顺序插入时，门窗按照墙基线弧长进行定位。

命令交互

点取墙体〈退出〉：

点取要插入门窗的墙线。

输入从基点到门窗侧边的距离〈退出〉：

键入第一个门窗边到起始点的距离。

输入从基点到门窗侧边的距离或［左右翻(S)/内外翻转(D)］〈退出〉：

键入到前一个门窗边的距离。

■ **轴线等分插入**

将一个或多个门窗等分插入到两根轴线之间的墙段上，如果墙段内缺少轴线，则该侧按墙段基线等分插入。门窗的开启方向控制参见自由插入中的介绍。

命令交互

点取门窗大致的位置和开向(Shift-左右开)〈退出〉：

在插入门窗的墙段上任取一点，该点相邻的轴线亮显。

输入门窗个数(1～3)或［参考轴线(S)］〈1〉：

键入插入门窗的个数，括弧中给出可以插入的个数范围，回车插入。回应 S，可选取其他轴线作为等分的依据。

■ **墙段等分插入**

与轴线等分插入相似，本命令在一个墙段上按较短的边线等分插入若干个门窗，开启方向的确定同自由插入。

命令交互

点取门窗大致的位置和开向(Shift-左右开)〈退出〉：

在插入门窗的墙段上单击一点。

门窗个数(1～3)〈1〉：

键入插入门窗的个数，括号中给出可用个数的范围。

■ **垛宽定距插入**

系统自动选取距离点取位置最近的墙边线顶点作为参考位置，快速插入门窗，垛宽距离在对话框中预设。本命令特别适合插室内门，开启方向的确定同自由插入。

命令交互

点取门窗大致的位置和开向(Shift-左右开)〈退出〉：

点取参考垛宽一侧的墙段插入门窗。

■ **轴线定距插入**

与垛宽定距插入相似，系统自动搜索距离点取位置最近的轴线与墙体的交点，将该点作为参考位置快速插入门窗。

■ **角度定位插入**

本命令专用于弧墙插入门窗，按给定角度在弧墙上插入直线型门窗。

命令交互

点取弧墙〈退出〉：

点取弧线墙段。

门窗中心的角度〈退出〉：

键入需插入门窗的角度值。

■ **满墙插入**

门窗在门窗宽度方向上完全充满一段墙，使用这种方式时，门窗宽度参数由系统自动确定。

命令交互

点取门窗大致的位置和开向(Shift-左右开)〈退出〉：

点取墙段，回车结束。

采用上述八种方式插入的门窗实例如图 5-18：

■ **上层插入**

上层窗指的是在已有的门窗上方再加一个宽度相同、高度不同的窗，这种情况常常出现在厂房或大堂的墙体设计中。

在对话框下方选择［上层插入］方式，输入上层窗的编号、窗高和窗台到下层门窗顶的距离。使用本方式时，注意尺寸参数，上层窗的顶标高不能超过墙顶高。

■ **门窗替换**

用于批量修改门窗，包括门窗类型之间的转换。用对话框内的当前参数作为目标参数，替换图中已经插入的门窗。将［替换］按钮按下，对话框右侧出现参数过滤开关，如图 5-20 所示。如果不打算改变某一参数，可将点取清除该参数开关，对话框中该参数按原图保持不变。例如，将门改为窗，宽度不变，应将宽度开关置空。

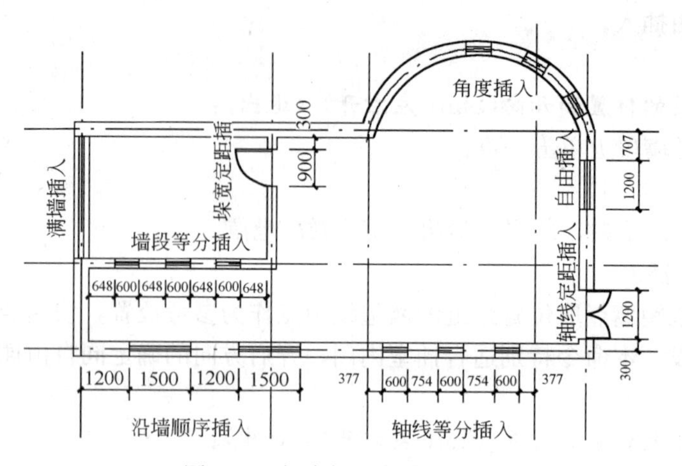

图 5-18　门窗插入方式的实例

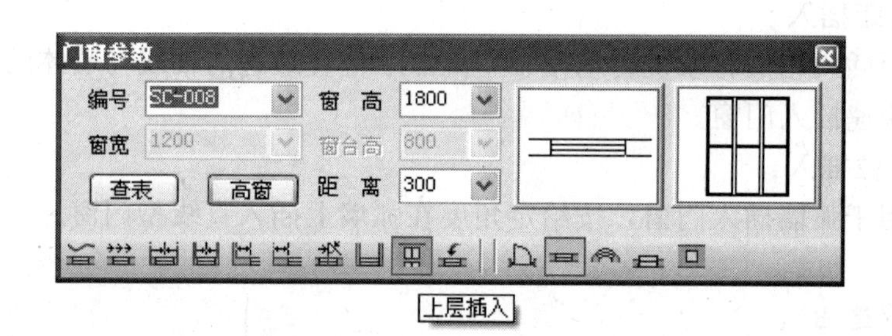

图 5-19　插入上层门窗的选项

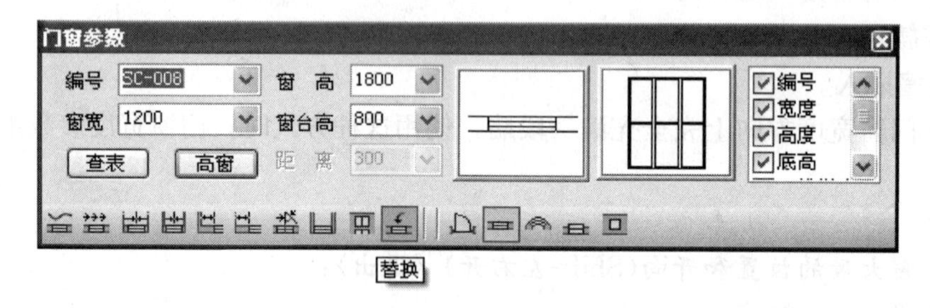

图 5-20　门窗替换对话框

5.2.2　门窗组合

屏幕菜单命令：【门窗】→【门窗组合】(MCZH)

本命令实际上就是在墙体上不留缝隙地连续插入门和窗，插的过程中可以不断变换门窗样式和尺寸以及开启方向，因此可以完成多种任务，比如常见的门联窗和子母门。与分别插入各个门窗不同的是，一次连续插入的门窗为一个整体对象，在门窗表中作为一个“组合门窗”构件进行统计。门窗组合过程与顺序插入普通门窗过程非常类似。

命令交互

点取墙体〈退出〉：

点取准备插门窗的墙体。

输入从基点到门窗侧边的距离或［更换门窗(C)］〈退出〉：

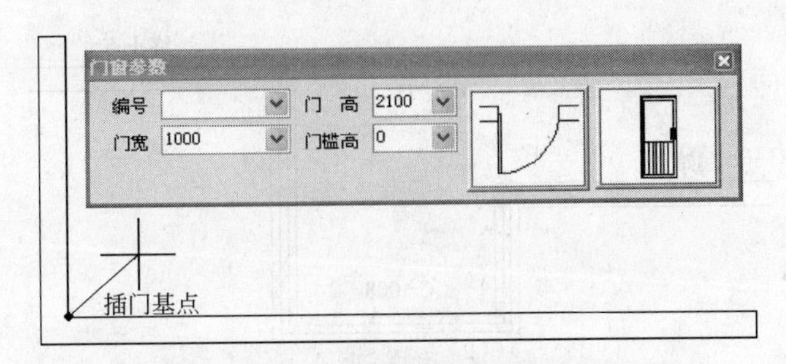

图 5-21　门窗组合对话框和插入基点

图中点取或键盘输入，门插入。

下一个［更换门窗(C)/左右翻转(S)/内外翻转(D)］〈退出〉：

接着点取下一个门窗的位置，回应 C 更换成窗，回应 S 和 D 可以更改前一门窗的开启方向。

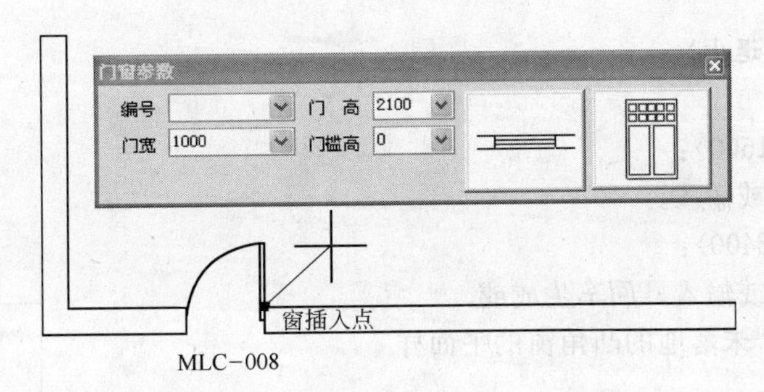

图 5-22　门窗组合的第二个插入基点

5.2.3　带形窗

屏幕菜单命令：【门窗】→【带形窗】(DXC)

本命令用于插入窗高不变，水平方向随墙体而变化的带形窗。点取命令，命令行提示输入带形窗的起点和终点。带形窗的起点和终点可以在一个墙段上，也可以经过多个转角点。

命令交互

起始点或［参考点(R)］〈退出〉：

墙体上点取起始点。

终止点或［参考点(R)］〈退出〉：

墙体上点取终止点。

选择带形窗经过的墙：

框选带形窗经过的所有墙，也可多次选取，回车结束。

5.2.4　转角窗

屏幕菜单命令：【门窗】→【转角窗】(ZJC)

在墙角的两侧插入等高角窗，有 3 种形式：随墙的非凸角窗(也可用带窗完成)、落地的凸角窗和未落地的凸角窗。转角窗的起始点和终止点在一个墙角的两个相邻墙段上，转角窗只能经过一个转角点。

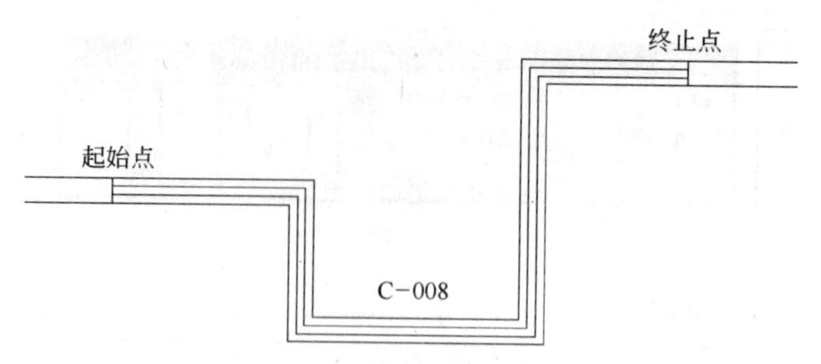

图 5-23　带形窗的插入实例

转角窗的参数如图 5-11，首先在 3 种角窗中确定类型：

1　不选取［凸窗］，就是普通角窗，窗随墙布置；

2　选取［凸窗］，再选取［楼板出挑］，就是落地的凸角窗；

3　只选取［凸窗］，不选取［楼板出挑］，就是未落地的凸角窗。

命令交互

请选取墙角〈退出〉：

点取墙角。

转角距离 1〈1500〉：

图中点取距离或输入。

转角距离 2〈2400〉：

图中点取距离或输入，回车生成或。

图 5-24 是一个未落地的凸角窗的平面样式实例。

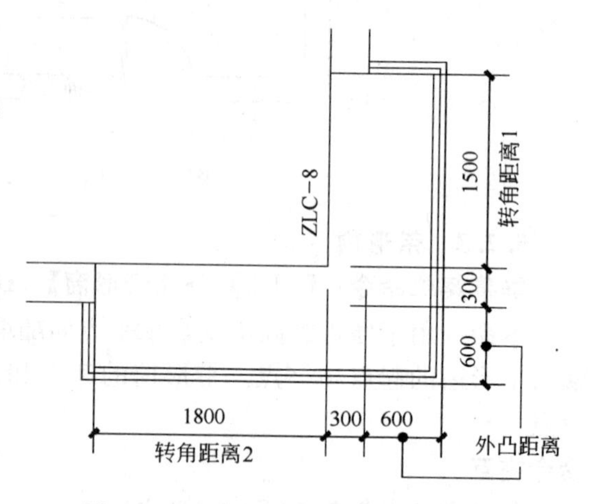

图 5-24　未落地凸角窗的实例平面图

特别提示

- 凸角窗的凸出方向只能是阳角方向。
- 转角窗编号系统不检查其是否有〈冲突〉。
- 凸角窗的两个方向上的外凸距离只能相同。
- 凸角窗的其他参数，比如窗框等由系统默认，如果需要请采用窗棂映射给窗户添加窗棂。

5.2.5　异形洞

屏幕菜单命令：【门窗】→【异形洞】（YXD）

本命令可在任一墙面上按给定的闭合 PLINE 轮廓线生成任意形洞口，在二维上的表达与［矩形洞］完全一致，可以参照理解。为了便于操作，首先最好将屏幕设为两个或更多视口，分别显示平面和正立面，然后用［墙面 UCS］确定一个墙面作为当前的 UCS，接着用闭合多段线画出洞口轮廓线，最后使用本命令转化为异形洞。

命令交互

请点取墙体一侧〈退出〉：

选取墙体一侧。

选择墙面上作为洞口轮廓的闭合曲线〈退出〉：

选择一个准备好的封闭曲线。

5.3　门窗的编辑

对于常规的参数修改，使用［对象编辑］和［特性编辑］即可，或者使用5.2.1介绍的门窗替换。这一节要介绍的是门窗专用的编辑和装饰工具。

5.3.1　夹点编辑

门窗对象提供了6个编辑夹点，如图5-26。需要指出的是，部分夹点用Ctrl来切换功能。对于普通门和普通窗，二维开启方向和三维开启方向是独立控制的，因为二维门窗图块和三维门窗图块是分别独立制作的，系统无法自动保证它们的开启方向是一致的。

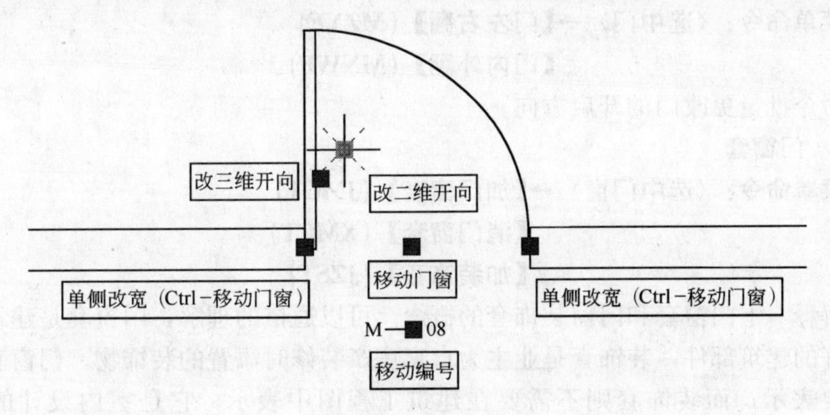

图5-25　门窗的夹点

5.3.2　编号编辑

右键菜单命令：〈选中门窗〉→【改门窗号】(GMCH)

右键菜单命令：〈选中门窗〉→【编号复位】(BHFW)

门窗编号可以在创建门窗时编入，也可以后期添加。［改门窗号］可成批添加或改变编号，分支命令［自动编号］则是按门窗尺寸自动组号，原则是由四位数组成，前两位为宽度后两位为高度，按四舍五入提取，比如900×2150的门编号为M09×22。

出图比例修改后，门窗编号的位置可能变得不合适，［编号复位］可以把门窗编号调整到默认的位置。换句话说，门窗编号的默认位置是和门窗对象的出图比例有关的，如果用户事先可以确定出图比例的话，建议设置好当前出图比例，然后再开始绘图。

5.3.3　门口线

右键菜单命令：〈选中门窗〉→【门口线】(MKX)

当门的两侧地面标高不同，或者门下安装门槛，在平面图中需要加入门口线来描述。

本命令对话框：

图5-26　门口线对话框

操作步骤

1　自　　动：单选或框选门对象，自动删除所有门口线。

2　单侧添加：单选或框选门对象，点取方向确定添加那侧的门口线。

3　双侧添加：单选或框选门对象，添加双侧门口线。

4　单侧删除：单选或框选门对象，点取方向确定删除那侧的门口线。

5　双侧删除：单选或框选门对象，删除所有门口线。

此外，门口线作为门窗的一个属性还可以在［特性表］中编辑。

5.3.4　门开启方向

屏幕菜单命令：【门窗】→【门左右翻】（MZYF）

【门内外翻】（MNWF）

右键菜单命令：〈选中门〉→【门左右翻】（MZYF）

【门内外翻】（MNWF）

本组命令批量更改门的开启方向。

5.3.5　门窗套

右键菜单命令：〈选中门窗〉→【加门窗套】（JMCT）

【消门窗套】（XMCT）

【加装饰套】（JZST）

首先解释一下门窗套和门窗装饰套的概念。可以通俗的理解，门窗套是建筑施工时就必须构造好的建筑部件，装饰套是业主为自家房产装修时添置的装饰物。门窗套在建筑工程图中需要表示，而装饰套则不需要在建筑工程图中表示，它是室内设计的范畴。在 Arch2006 中，门窗套是作为门窗的一个属性参数来实现，而装饰套则是另外构造一个与门窗联动的图形对象，包括门窗洞口的装饰套、窗台与外挑檐板。若要消除门窗套，使用［消门窗套］或［特性编辑］来消除门窗的门窗套特性即可；若要消除装饰套，则直接擦除(Erase)装饰套对象即可。

加门窗套的步骤

1　请选择门窗。

2　输入门窗套参数，即伸出墙的长度和门窗套宽度。

3　如果门窗所在的墙还没有确定外侧，则需要在图中制定朝外的一侧。

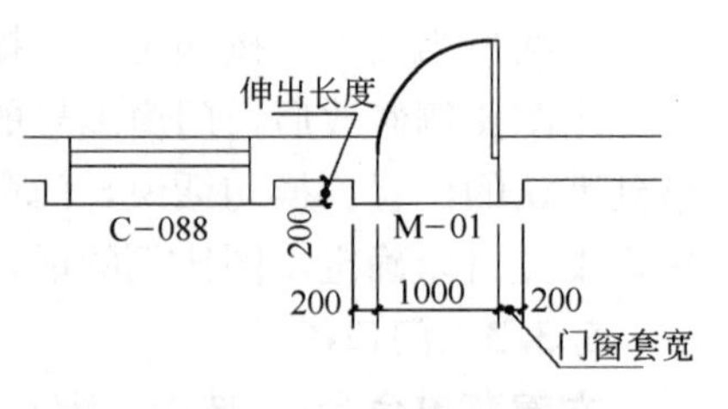

图 5-27　门套的平面图

加装饰套的步骤

1　请选择门或窗。

2　确定指向室内一侧的方向。

3　在创建对话框中确定门窗套需要放置在房间内侧还是外侧。

4　通过三种方式之一确定门窗套截面的形式和尺寸参数。

5　如果需要，进入“窗台/檐板”选项卡进行相应设计。

5.3.6　窗棂分格

右键菜单命令：〈选中门窗〉→【窗棂展开】（CLZK）

【窗棂映射】（CLYS）

图 5-28　门套的三维效果图

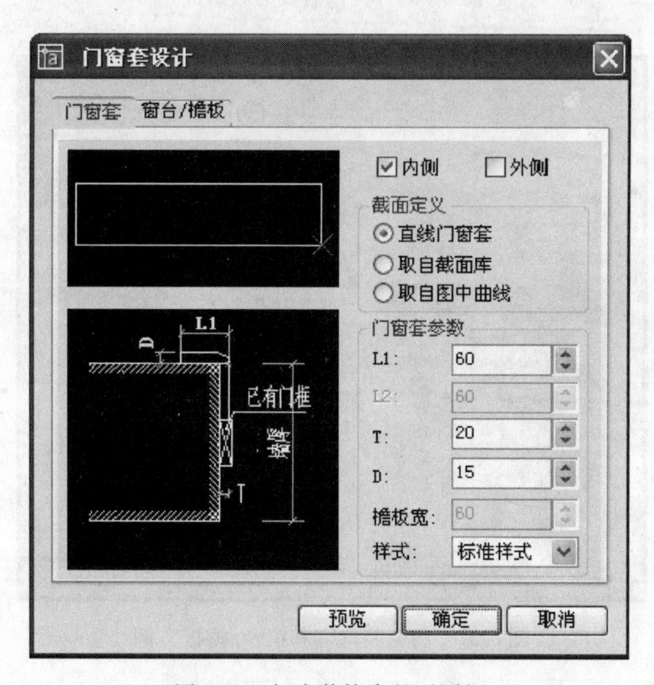

图 5-29　门窗装饰套的对话框

Arch2006 采用一种巧妙的方法设计窗户的窗棂分格，分 3 个步骤实施

1　使用［窗棂展开］，把门窗原来的窗棂展开到平面图上；

2　修改和完善窗棂的展开图，只能使用简单的曲线 LINE、ARC 和 CIRCLE 来表示窗棂；

3　使用［窗棂映射］把窗棂展开图映射成为三维的效果。

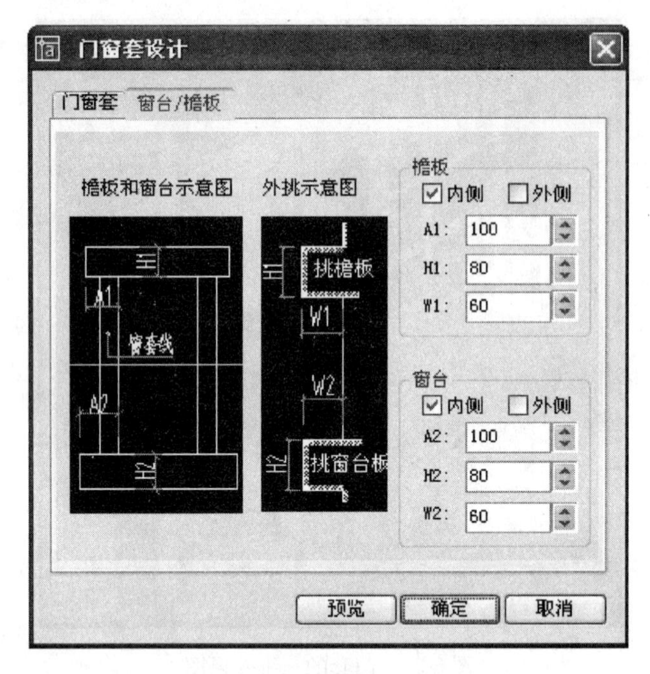

图 5-30　窗台/檐板的对话框

图 5-31　门窗装饰套和窗台/檐板实例

下面以转角窗为例，首先讲述［窗棂展开］。

命令交互

选择展开的窗：

选择要展开的门窗。

展开到位置〈退出〉：

点取图中一个空白位置。

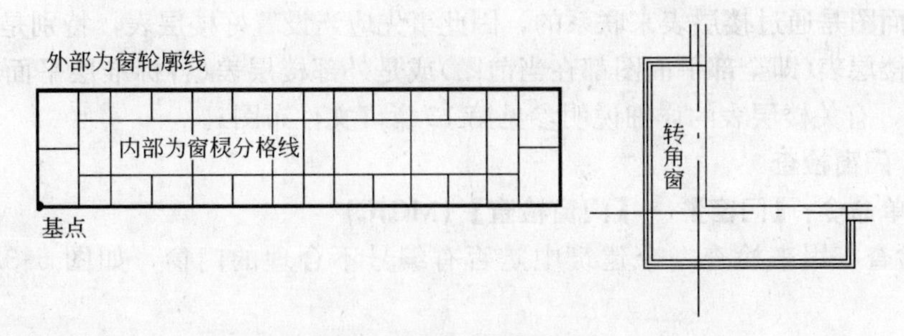

图5-32 转角窗添加窗棂

本命令完成结束后所选中的窗立面轮廓线展开在图中指定位置上，系统容许使用直线和弧线添加窗棂线，作为窗棂的线段要求必须绘制在0图层上。在使用弧线作为窗棂线时，要注意“分弧精度”的设置值不宜太大，以保证窗棂的圆滑。有关分弧精度的说明，请参考1.4.7『全局设置』。

［窗棂映射］使用与［窗棂展开］相反的规则，将绘制设计完毕的窗棂展开图映射到窗体上。

命令交互

选择待映射的窗：

选取要附着窗棂线的窗对象，可多选回车结束。

选择待映射的棱线：

选取用户定义的窗棂分格线或者空回车恢复窗框。

选择待映射的棱线：

回车结束选择。

基点〈退出〉：

点取窗棂展开的基点(轮廓线的左下角)。

特别提示

- 普通门也可以使用这里介绍的窗棂分格的方法；
- 普通门和普通窗使用了窗棂映射后，原来的三维图块表示的三维形状即被新的窗棂映射替换掉。如果要恢复原来的三维图块所表达的形状，在［窗棂映射］时空选窗棂即可；
- 这里介绍的窗棂分格的方法，只适合于门窗洞口为矩形的情况；
- ［窗棂映射］分格好的窗，如果事后修改门窗的尺寸，则窗棂分格并不能自动适应新的尺寸，应当重新进行分格。

5.4 门窗表

有了各层的平面图，就有了完整的门窗信息，因此可以对这些图纸进行统计分析，生成建筑设计工程图纸配套的门窗表。由于设计过程比较复杂，方案阶段往往不编号，施工图阶段的设计变更也常常发生，这些都可能造成门窗编号的错误现象。Arch2006提供［门窗检查］和局部的［门窗表］两个工具来检查门窗编号的正确性，确定正确无误后，便可用［门窗总表］来生成整个建筑的门窗表。

各层平面图是通过楼层表来联系的，因此事先应当设置好楼层表，特别是要正确的设置使用内部楼层表(即全部平面图都在当前图)或是外部楼层表(各标准层平面图为单独的 DWG 文件)，有关楼层表的详细说明参见第 13 章『文件布图』。

5.4.1 门窗检查

屏幕菜单命令:【门窗】→【门窗检查】(MCJC)

[门窗检查] 用来检查一个建筑中是否有编号不合理的门窗，如图 5-33 所示的对话框。

门窗表

编号	总数	本图数	类型	宽度	高度
C1	8	4	窗	1500	1600
C2	5	2	窗	1800	1600
C3	3	1	窗	900	1600
C4	2	0	窗	800	2000
M1	3	1	门	1800	2100
M2	17	5	门	900	2100
M3	3	1	门	2400	2100
M4	1	0	门	1800	2100
M5	1	0	门	1200	2100
M6	2	0	门	900	2100
M7	1	0	门	1800	2500

确定

观察<

本图门窗

图 5-33 门窗检查对话框

对话框选项说明

[编号] 显示图中已有门窗的编号，没有编号的门窗此项空白。

[总数] 本工程同类型门窗的总数量。

[数量] 本图同类型门窗数量。

[类型] 已有门窗类型名称。

[宽度] 门窗宽度尺寸。

[高度] 门窗高度尺寸。

[本图门窗] 在表格中只列出当前图的门窗。

[观察〈] 只对本图的门有效。用来浏览当前编号对应的图中门窗。

浏览门窗

首先在表格中选择一个编号作为当前行，如果该编号在本图中有对应的门窗，则可以点取 [观察〈] 以便浏览该编号的门窗。系统加亮图中具有该编号的其中一个门窗，并提示：

观察第 1/4 个编号为'C1'的门窗或 [上一个(S)/下一个(X)]〈退出〉:

这时，可以在特性表中看到加亮的门窗的属性，并根据需要可以立即修改，以便更正门窗参数。用户可以向前或向后——浏览同编号的其他门窗。更正门窗参数后，回到门窗检查对话框，继续浏览其他有冲突的门窗。

特别提示

- 本命令对转角窗与带形窗无效，请用户自行核对检查。
- 同属于一个工程，但不在本图的门窗不能观察。

5.4.2 局部门窗表

屏幕菜单命令：【门窗】→【门窗表】(MCB)

对选中的门窗进行统计并生成门窗表，通常在［门窗检查］确信无误后生成。用户可以选中部分或一层的门窗，系统统计并生成表格，如图5-34。

门 窗 表

类型	设计编号	洞口尺寸	数量	图集名称	页次	选用型号	备注
窗	C-001	1800×100	3				
窗	C-002	1500×100	3				
转角窗	DC-001	(1000+1000)×1800	1				
转角窗	ZJC-001	(1415+1606)×1500	1				
门	M-001	1000×2100	3				
门	M-002	800×2100	2				
门	M-003	1100×2100	4				
组合门窗	MC-001	2200×1500	1				

图5-34 门窗表

5.4.3 门窗总表

屏幕菜单命令：【门窗】→【门窗总表】(MCZB)

统计同一工程中使用的所有门窗并生成门窗表。本命令与［门窗表］的区别在于面向的统计对象不同，所以表格形式也略有差别，［门窗总表］的数量按楼层分别统计，如图5-35。

门 窗 表

类型	设计编号	洞口尺寸	数量							图集选用			备注
			1层	2层	3层	4，5层	6层	7层	合计	图集名称	页次	选用型号	
窗	C1	1800×1250	1	2					3				
窗	C1	1640×1250	1						1				
窗	C2	1500×1250	2	2					4				
窗	C2	1120×1250	1						1				
窗	C3	800×1250	1	1					2				
窗	C4	2400×1250	1	2					3				
窗	C5	800×1500			2	2×2			6				
窗	C6	1800×1500			2	2×2	1		7				
窗	C7	1500×1500			2	2×2	1		7				
窗	C8	1500×1400			1	1×2	1		4				
窗	M3	1800×2100			1	1×2			3				
门	M1	900×2100	2	1	3	3×2	1		13				
门	M2	3350×2450	1						1				
门	M3	1800×2100		1					1				
门	M4	2400×2100			2	2×2	1		7				
门	M5	800×2100	1	2	2	2×2			9				
门	M6	1400×2150	2						2				
门	M7	1200×2150	2						2				

图5-35 门窗总表

5.5 门窗库

前面已经提到，普通门和普通窗使用图块来表示二维视图和三维视图，Arch2006 预先定义了一系列二维门窗图块和三维门窗图块，分别存放在二维门窗图库和三维门窗图库，以便用户选择使用。用户可对门窗库资源进行编辑修改和扩充，使之符合建筑师的个性需求。

对于图库的使用，请参考第 11 章图库图案，这里只叙述门窗库特殊的地方。

对门窗库新建或重建一个门窗块，需要 3 个步骤

1 使用［门窗原型］，建立初始的构造门窗块的环境；

2 对初始生成的门窗块进行必要的修改和补充；

3 启动图库管理程序并打开相应的门窗库，点取［新建图块］或［重建图块］，选择图中构成门窗块的图形。

5.5.1 二维门窗块

二维门窗块存放在文件名为 Opening2D. tks 的图库集中，该图库集初始时包括 Opening2D. tk 和 U-Opening2D. tk 两个图库，前者由系统维护，后者由用户维护，这样避免在升级和重新安装中被不恰当的覆盖。尽管图库中已经划分好门和窗两个类别，事实上 Arch2006 并不区分它们，换句话说，用户可以把窗块赋给普通门，系统既不知道，更无从拒绝。然而 Arch2006 的二维门窗块并非普通的图块，因此要遵守一定的规则。

- 基点与门窗洞下缘的中心对齐；
- 门窗图块是 1×1 的单位图块，用在门窗对象时按实际尺寸放大；
- 门窗对象用宽度作为图块的 X 放大比例，用宽度或墙厚作为图块的 Y 放大比例。

究竟是使用门窗宽度还是墙厚作为图块 Y 向放大比例呢？这在门窗图块入库时就已经确定。二维图形和墙厚有关的门窗，用墙厚作为图块 Y 缩放比例，如常规的窗和推拉门；二维图形和墙厚无关的门窗，用门窗宽度作为图块 Y 缩放比例，如平开门。

看了这些规则的叙述，好像门窗图块的定义是相当麻烦的一件事。不过还好系统提供了［门窗原型］这个工具，并且在对二维门窗库新建或重建门窗块时，系统自动把门窗原型转化为单位图块。

5.5.2 三维门窗块

三维门窗块存放在文件名为 Opening3D. tks 的图库集中，该图库集初始时包括 Opening3D. tk 和 U-Opening3D. tk 两个图库，和前面提到的二维门窗块一样，一个作为系统图库由系统维护，另一个作为用户图库，由用户维护，维护职责分明，使得扩充修改的劳动得到保护，避免在升级和重新安装时被不恰当的覆盖。和二维门窗图块一样，尽管图库中已经划分好门和窗两个类别，事实上 Arch2006 并不区分它们，但三维门窗块也有一定的规则，并非随便抓一个东西都可以正确的用来表达三维门窗。

- 基点与门窗洞下缘的中心对齐；
- 门窗块不是单位图块，对应的原始洞口尺寸记录在扩展数据中，根据门窗对象实际的洞口尺寸来缩放门窗块；
- 门窗块对应的洞口可以不是矩形，不过这时需要在-TCH-BOUNDARY 图层上用闭合 pline 描出立面边界。

系统提供了［门窗原型］这个工具，并且在对三维门窗库新建或重建门窗块时，系统自动把门窗原型转化为三维门窗图块。为了制作出高质量的三维门窗块，以便后期赋材质和渲染，这里给出一些建议：

- 作为玻璃的图形对象，放在3T-GLASS图层，这样在渲染时可以对按图层赋玻璃材质，此外消隐时，还可以通过冻结玻璃图层获得透明观察的效果。
- 适当的使用［面片合成］，把零碎的三维面合并成复合面。
- 作为门窗框的图形对象，放在0层。尽管可以根据部件的材质划分图层，但这样造成最后的图纸图层很多很乱。通常对于一个门窗对象，门窗框用一种材质即可，这样可以把同门窗框材质的门窗对象都放在某个特定的图层上，按图层赋材质即可。图块中的0层上的图形元素，相当于“始终与门窗对象同图层”。
- 启动［材质附着］面板，对不同材质的部件进行命名，如“窗框”、“把手”和“玻璃”等。这样不管门窗块包含有多少个不同材质的部件，都可以设置相应的材质。根据需要，可以对这些部件赋上初始的材质。这样使用到这个图块的门窗，自动就有了默认的材质。关于材质附着和部件划分请参考第15章『渲染动画』。

5.5.3　门窗原型

屏幕菜单命令：【门窗】→【门窗原型】(MCYX)

门窗原型，一语双关。其一，以图中的门窗对象的当前视图为原型样板，生成初始的门窗块图形；其二，对生成的门窗块图形进行必要的修改补充，作为最终入库的门窗块的原型，由系统转化为图库中的图块。

［门窗原型］是新建或重建库中门窗图块的第一步，首先从图中已有门窗中提取一个样品作为新门窗图块的原型。如果要新增门窗的二维样式，请在二维视图下启动［门窗原型］，或在三维视图下启动［门窗原型］。系统自动打开一个临时文件作为创作门窗新样式的环境，这个文件在退出Arch2006时，自动删除。图5-36分别是二维窗原型和三维窗原型。

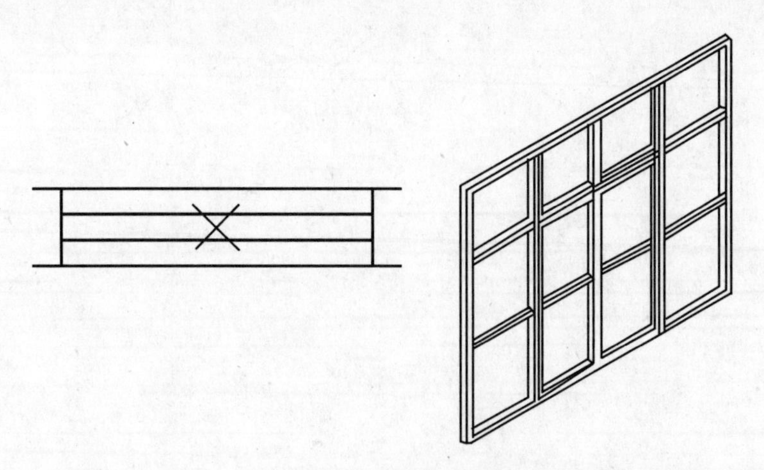

图5-36　二维和三维窗原型

对于三维门窗原型，系统将提问是否按照三维图块的原始尺寸构造原型。如果按照原始尺寸构造原型，能够维持该三维图块的原始大小，即和当前的门窗对象尺寸无关。否则将采用当前门窗对象的三维尺寸，并且门窗图块全部分解为 3DFACE。

三维门窗块在入库时，系统要询问其对应的洞口尺寸，通常就是门窗块的包围盒尺寸，例外的情况是，门窗块包含了门窗套的时候，这时要用户仔细键入正确的洞口尺寸。

门窗入库后可关闭临时的窗口。

第 6 章　建　筑　设　施

本章内容包括

- ■　**楼梯**
- ■　**楼梯附件**
- ■　**其他设施**

建筑物除了墙柱、门窗等主要构件外，还有很多辅助设施，如楼梯、电梯、阳台、台阶坡道和散水等，本章将向您介绍 Arch2006 提供的这方面工具。值得一提的是，楼梯、台阶和坡道都是自定义对象，可以自动被扶手遮挡以及被柱子剪切。

6.1　楼梯

楼梯在建筑物的垂直交通运输中起重要作用，型式也是多种多样，Arch2006 提供直跑、圆弧和异形梯段供用户单独使用或组合成复杂楼梯，提供常见的双跑和多跑楼梯的创建，以及楼梯不可缺少的扶手和栏杆等附件。在楼梯对话框中还可以通过［作为坡道］选项，将楼梯转换成没有踏步的坡道。不管是直接绘制的楼梯还是楼梯组件，都是 TH 对象，分别具备二维视图和三维视图。

楼梯的二维视图与三维模型的关系比较复杂，因为二维视图显示一部分本层楼梯和大部分的下层楼梯，而三维视图只显示本层楼梯。因此楼梯的二维和三维显示并不一一对应，当下层楼梯的形式或布置与本层楼梯不同时，情况就变得更加复杂。楼梯对象的可视特性可以在创建时通过选项控制，或通过 OPM 特性表控制，让楼梯的显示符合复杂的实际需求，甚至可以设定不显示三维视图。

用楼梯的组成构件拼接复杂楼梯，分为二维视图的拼接和三维模型的位置标高调整，最后达到二维和三维一体化的真实楼梯。如果组合而成的楼梯还不能胜任你要表达的工程图，那么你可以把它分解成 AutoCAD 的基本对象，这样就可以任你摆布了。当然，它的三维视图就丢失了，不过你可以创建只有三维视图的楼梯或其组成部件。

其中双跑楼梯和多跑楼梯的剖切位置需要说明一下，缺省状态都是处于第 1 跑的中间，如果要移动到第 2 跑梯段，则需要把剖切位置的 2 个夹点都移动到第 2 跑后才生效。

6.1.1　直线梯段

屏幕菜单命令:【建筑设施】→【直线梯段】(ZXTD)

本命令参数化创建单段直线型梯段，可以单独使用或用于组合复杂楼梯与坡道。

在创建直线梯段对话框中输入楼梯各部位的参数，窗口中动态显示当前参数下的楼梯平面样式，箭头指向为梯段上行方向。

对话框选项和操作解释

［起始高度］　楼梯第一个踏步起始处相对于本楼层地面的高度，梯段高从此处算起。

［梯段高度］　直段楼梯的总高。等于踏步高度的总和，如果改变梯段高度，系统自动按当前踏步高调整踏步数，最后取整，以新的踏步数重新计算踏步高。

［梯 段 宽］　梯段宽度。可直接输入或图中点取两点获得梯段宽。

［踏步宽度］　楼梯段的每一个踏步板的宽度。

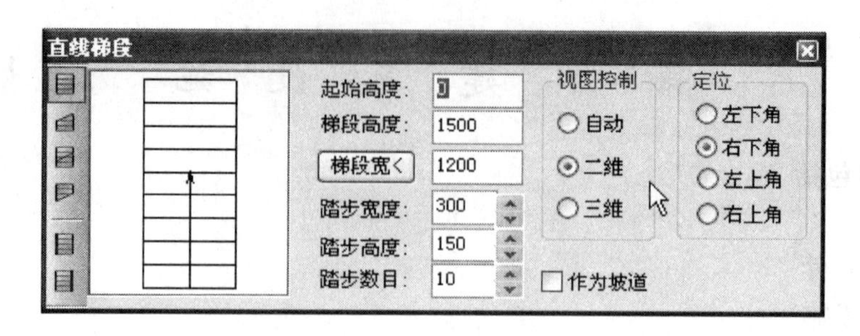

图 6-1 直线梯段对话框

［踏步高度］ 输入一个大约的踏步高初始值，由楼梯总高度推算出最接近初值的设计值。由于踏步数目必须是整数，梯段高度依据楼层高给出一个定数，因此踏步高度并非总是整数。用户给定一个大概目标值，系统经过计算确定踏步高的精确值。

［踏步数目］ 该项可直接输入或由梯段高和踏步高概略值推算取整获得，同时修正踏步高，也可改变踏步数，与梯段高一起推算踏步高。

［视图控制］ 根据需要控制梯段的显示属性，有二维视图、三维视图和依视口自动决定三个选项。

［定　　位］ 在平面图中绘制梯段的开始插入定点，有四种选项。

本软件中凡是梯段都没有提供直接生成扶手和栏杆的功能，因为梯段的主要用途是作为组合楼梯的单元组件，用户可以采用后面章节介绍的［添加扶手］和［添加栏杆］来完善楼梯的设计，给梯段装配上扶手和栏杆。三维表现一个完整的单段直梯段如图 6-2 所示。

图 6-2 直线梯段三维表现

如前所述，Arch2006 的楼梯可以通过［作为坡道］转换成坡道设计，对话框中的参数相应也会有一些小的变化，介绍如下：

［作为坡道］：勾选此复选框，楼梯段按坡道生成，对话框变为图 6-3 样式。

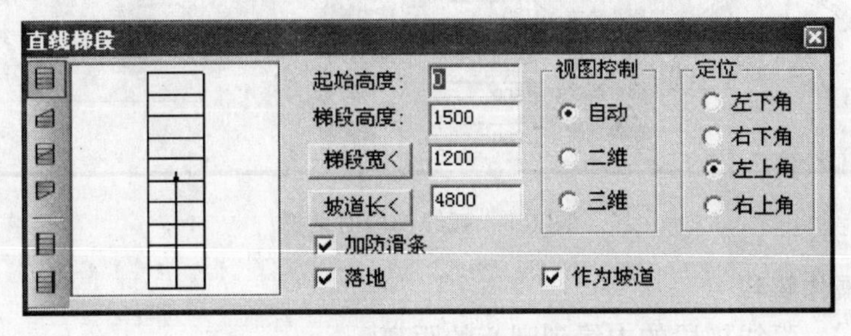

图 6-3　直线梯段作为坡道设计的对话框

对话框选项和操作解释

［起始高度］、［梯段高度］、［梯段宽］以及**［视图控制］、［定位］**等参见前面梯段设计部分的解释。

［坡 道 长］　为坡道的水平投影长度。

［加防滑条］　坡道表面加防滑条。其密度依据在梯段中的踏步参数来设置，设置完毕后转入此界面继续坡道设计。

［落　　地］　选择此项，坡道底部直接落地。

命令交互

输入梯段位置〈退出〉:

按定位的方式在图中点取梯段放置的起点位置。

输入梯段方向〈退出〉:

输入另外一点确定梯段的方向，或拖拽橡皮筋在图中确定。

对话框左侧的图标选项决定了梯段的二维表现形式，注意该选项不影响三维模型的表现形式，各自的名称和表达意义依次如图 6-4 所示：

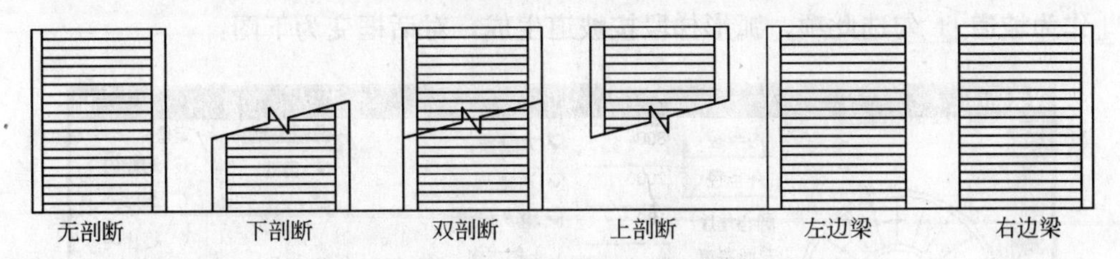

图 6-4　直线梯段平面视图样式

6.1.2　弧线梯段

屏幕菜单命令：【建筑设施】→【弧线梯段】(HXTD)

本命令创建单段弧线形梯段，适合单独的弧线形梯段或用于组合复杂楼梯，还可以用于坡道的设计，尤其是办公楼和酒店的入口处机动车坡道。

弧线梯段的操作与直线梯段相似，可以参照前一章节的叙述内容，创建对话框如图 6-5，输入楼段各部位的相关参数，左侧窗口实时显示梯段平面样式，箭头指向为梯段上行方向。

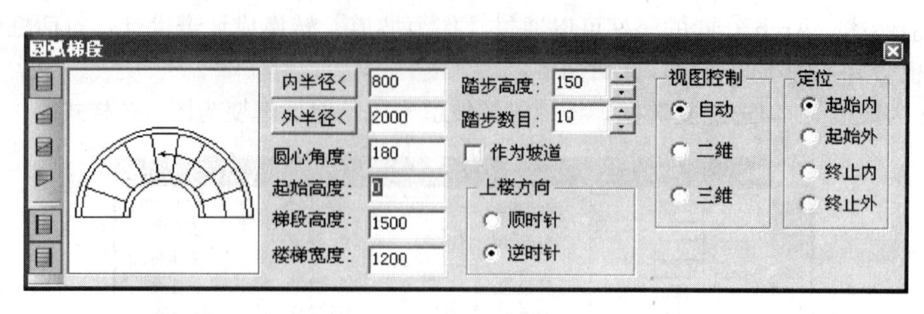

图 6-5　弧线梯段对话框

对话框选项和操作解释

［内 半 径］ 弧线梯段的内缘到圆心的距离。

［外 半 径］ 弧线梯段的外缘到圆心的距离。

［圆心角度］ 弧线梯段的起始边和终止边的夹角，单位为角度。

［起始高度］ 楼梯第一个踏步起始处相对于本楼层地面的高度，梯段高以此算起。

［梯段高度］ 弧线楼梯的总高。等于踏步高度的总和，如果改变梯段高度，系统自动按当前踏步高调整踏步数，最后取整以新的踏步数重新计算踏步高。

［楼梯宽度］ 弧线梯段的宽度。可直接输入或图中点取两点获得梯段宽。

［踏步高度］ 输入一个大约的踏步高初始值，由楼梯总高度推算出最接近初值的设计值。由于踏步数目是整数，梯段高度依据楼层高给出一个定数，因此踏步高度并非总是整数。用户给定一个大概目标值，系统经过计算确定踏步高的精确值。

［踏步数目］ 该项可直接输入或由梯段高和踏步高概略值推算取整获得，同时修正踏步高，也可改变踏步数，与梯段高一起推算踏步高。

［视图控制］ 根据需要控制梯段的显示属性，有二维视图、三维视图和依视口自动决定三个选项。

［定　　位］ 在平面图中绘制弧线梯段的开始插入定点，有四种方式选项。

［作为坡道］ 勾选此项，弧形梯段按坡道生成，对话框变为下图：

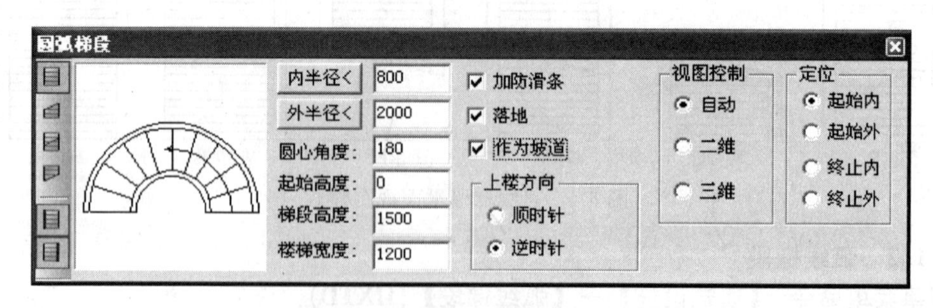

图 6-6　弧线梯段的坡道设计对话框

命令交互

输入梯段位置〈退出〉：

点取楼梯第一个插入定点。

输入另外一点定位〈退出〉：

点取楼梯第二个插入定点。

图 6-7 是写字楼的入口处的坡道设计实例平面图。

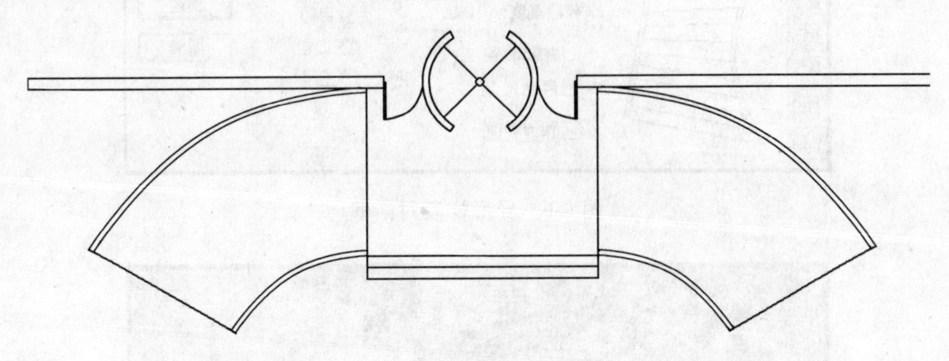

图 6-7　弧线梯段的坡道设计实例

6.1.3　异形梯段

屏幕菜单命令：【建筑设施】→【异形梯段】（YXTD）

本命令以用户给定的直线或弧线作为梯段的两个边线，在对话框中输入踏步参数生成不规则形式的梯段。异形梯段除了两个边线为直线或弧线，并且两个边线可能不对齐外，其余项目与直线梯段无二样，学习过程中请参照直线梯段的讲解。

命令交互

请点取梯段左侧边线(LINE/ARC)：

点取作为梯段左边线的一根 LINE 或 ARC 线。

请点取梯段右侧边线(LINE/ARC)：

点取作为梯段右边线的另一根 LINE 或 ARC 线。

回应完命令行的提示后，弹出图 6-8 的参数对话框，其选项和参数与直线梯段的创建基本相同，请参照阅读和操作。

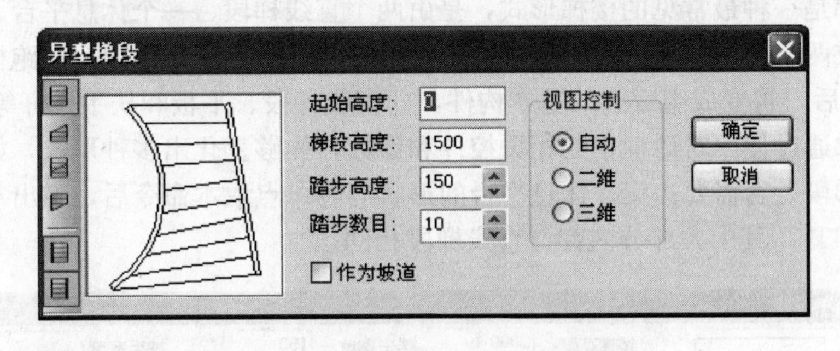

图 6-8　任意梯段的坡道设计对话框

选择［作为坡道］选项后，异形梯段按坡道生成，对话框相应变为图 6-9，各选项的意义和操作同直线梯段的坡道设计，参考该章节。

利用异形梯段可以组合出复杂的楼梯，图 6-10 中的过河小桥是一个典型的组合实例，两端采用异形梯段，中间用平板对象过渡，分别添加三段的扶手，然后连接扶手加栏杆生成。

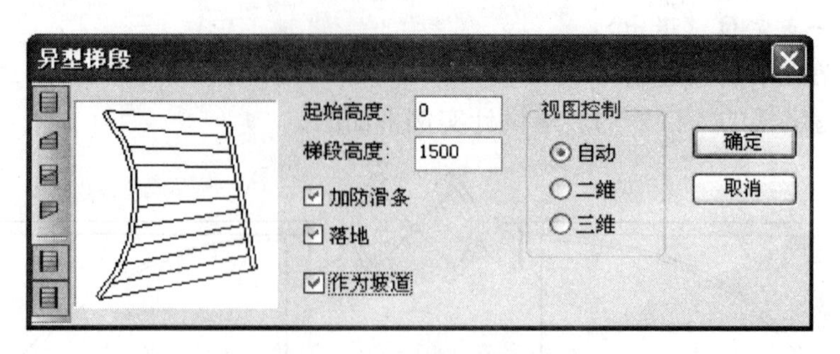

图 6-9　异形梯段对话框

图 6-10　异形梯段组合成的过河桥实例

6.1.4　双跑平行梯

屏幕菜单命令：【建筑设施】→【双跑楼梯】(SPLT)

双跑楼梯是一种最常见的楼梯形式，是由两个直线梯段、一个休息平台、一个或两个扶手和一组或两组栏杆构成的自定义对象，具有二维视图和三维视图。双跑楼梯一次分解(EXPLODE)后，将变成组成它的基本构件，即直线梯段、平板和扶手栏杆等。

双跑楼梯通过使用对话框中的相关控件和参数，能够变化出多种形式，如两侧是否有扶手栏杆、梯段是否需要边梁、休息平台的形状等等。点取本命令后，弹出双跑平行梯的对话框(图 6-11)，其中大部分内容与直线梯段相同。

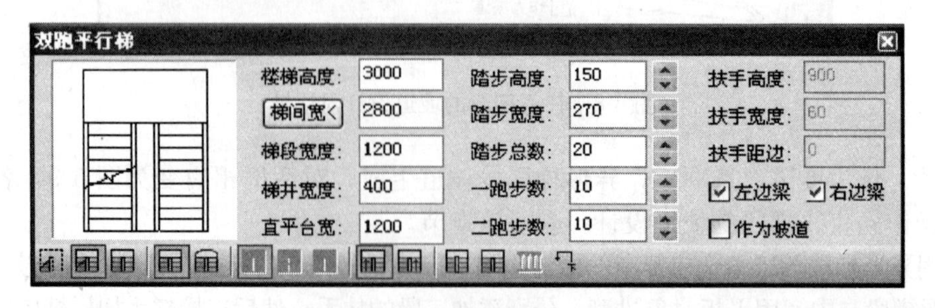

图 6-11　双跑平行梯的对话框

对话框选项和操作解释

［楼梯高度］　双跑楼梯的总高，默认为当前楼层高度。

［梯 间 宽］　双跑楼梯的总宽。可从图中量取楼梯间净宽作为双跑楼梯总宽。

［梯段宽度］　每跑梯段的宽度。可由总宽计算，留楼梯井宽 100，余下二等分作梯段宽初值。可直接输入或图中点取两点获得梯段宽。

［梯井宽度］　两跑梯段之间的间隙距离。

［梯 间 宽］＝2×［梯段宽度］＋［梯井宽度］

［直平台宽］　与踏步垂直方向的休息平台宽度，对于圆弧平台而言等于平直段宽度。
矩形平台时，宽度＝0，为无休息平台；
圆弧平台时，宽度＝0，休息平台为一个半圆形。

［踏步高度］　单个踏步的高度。输入一个大约的踏步高初始值，由楼梯总高度推算出最接近初值的设计值。由于踏步数目是整数，梯段高度依据楼层高给出一个定数，因此踏步高度并非总是整数。用户给定一个大概目标值，系统经过计算确定踏步高的精确值。

［踏步宽度］　楼梯段的每一个踏步板的宽度。

［踏步总数］　默认踏步总数 20。该项可直接输入或由梯段高和踏步高推算一个概略值系统取整获得，同时修正踏步高。也可改变踏步数，与梯段高一起推算踏步高。

［一跑步数］　以踏步总数均分一跑与二跑步数，总数为奇数时先增二跑步数。

［二跑步数］　二跑步数默认与一跑步数相同，两者都允许用户修改。

［扶手高宽］　扶手默认值截面为矩形，高 900，断面尺寸 60×100 的扶手。

［扶手距边］　扶手边缘到梯段边缘的距离。

［左右边梁］　选此复选框，在梯段两侧添加默认宽度的边梁。

［作为坡道］　勾选此项，双跑楼梯按坡道生成，与直线楼段道理一致，请参照学习。

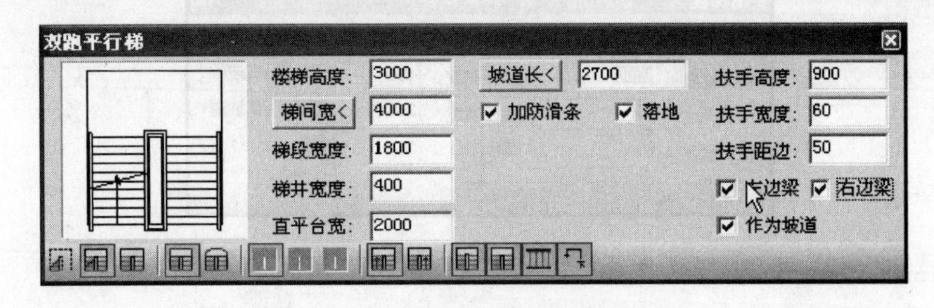

图 6-12　双跑平行梯的坡道创建对话框

创建对话框下方的图标选项能够控制楼梯如下项目

1　二维视图的样式；

2　休息平台的形式；

3　一跑二跑不均等时梯段的对齐方式；

4　是否自动生成扶手和栏杆；

5　是否自动绘制箭头。

其中 1、2、4、5 项在前面已经讲述而且内容简单易懂，在此重点介绍“一跑二跑不均等时梯段的对齐方式”，见图 6-13。

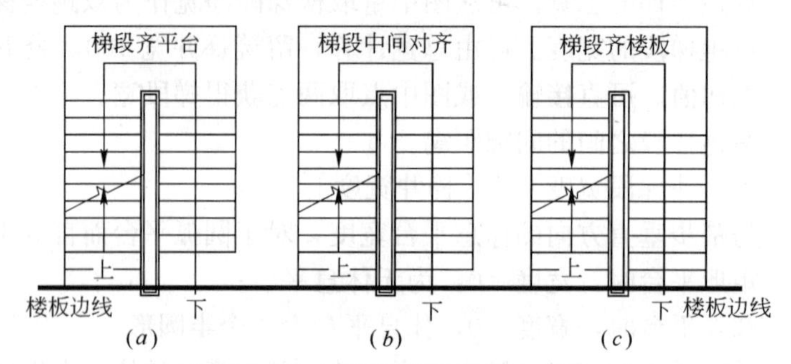

图 6-13 不均等梯段的对齐方式

(a)两梯段对齐到平台；(b)两梯段中间对齐；(c)两梯段对齐到楼板

当双跑楼梯的两个梯段水平长度不相同时，较短的梯段存在一个对齐问题：

图 6-13*a* 是“梯段齐平台”的方式，即短梯段和长梯段都在休息平台处对齐；

图 6-13*b* 是“梯段中间对齐”的方式，即短梯段和长梯段中对中；

图 6-13*c* 是“梯段齐楼板”的方式，即短梯段和长梯段对齐到楼板边界线处。

可以使用 OPM 特性编辑来进一步设置双坡楼梯的细节参数，包括内部图层、边梁参数和视图控制等。

6.1.5 多跑楼梯

屏幕菜单命令：【建筑设施】→【多跑楼梯】(DPLT)

本命令创建由梯段开始且以梯段结束，梯段和休息平台连续交替布置的无分叉的多跑楼梯。对话框如图 6-14。在此重点介绍多跑楼梯的画法，首先在对话框下方的图标中确定采用左定位或右定位做基线的绘制方式。

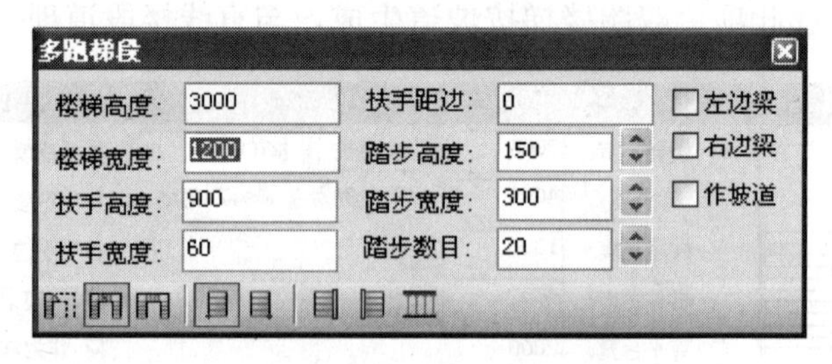

图 6-14 多跑梯段的参数对话框

命令交互

输入起点或［选择路径(S)］〈退出〉：

点取多跑楼梯的起点，即第一跑梯段的起点。

输入梯段的终点〈退出〉：

点取第一跑梯段的终点，也是第一个休息平台的起点，继续拖动多跑梯段预览。

输入休息平台的终点或［撤消上一梯段(U)］〈退出〉：

点取第一个休息平台的终点，也是第二跑梯段的起点，继续拖动多跑梯段预览。

如此在梯段和平台之间交替绘制，直到把对话框中已经设置好的多跑楼梯最后一个梯段绘制完毕为止。注意，必须绘制完最后一个梯段，不能中断，否则绘制将失败。在命令行提示中如果回应［选择路径(S)］，则按图中选取的 PLINE 作为多跑楼梯生成的路径。以右边定位为例，命令行继续提示：

选择楼梯右边路径〈退出〉：

在图中选择已经事先绘制好的 PLINE 线作为多跑楼梯的路径。

选择楼梯右边路径〈退出〉：

可多次选择 PLINE，生成多个多跑楼梯。

多跑楼梯的基线以选定的 PLINE 线作右边界，以梯段开始到梯段结束，按 PLINE 的分段交替生成梯段和休息平台。

多跑楼梯可以创建多种常见的楼梯：直线多跑、L 型 2 跑、U 型 2 跑、Z 型 2 跑、U 型 3 跑、三角形楼梯等。多跑楼梯的休息平台是自动确定的，休息平台的宽度与梯段宽度相同，休息平台的形状由基线决定。因此创建多跑楼梯的关键是确定基线的顶点。基线的顶点数目为偶数，即梯段数目的两倍。图 6-15 给出了常见多跑楼梯的基线的顶点位置。

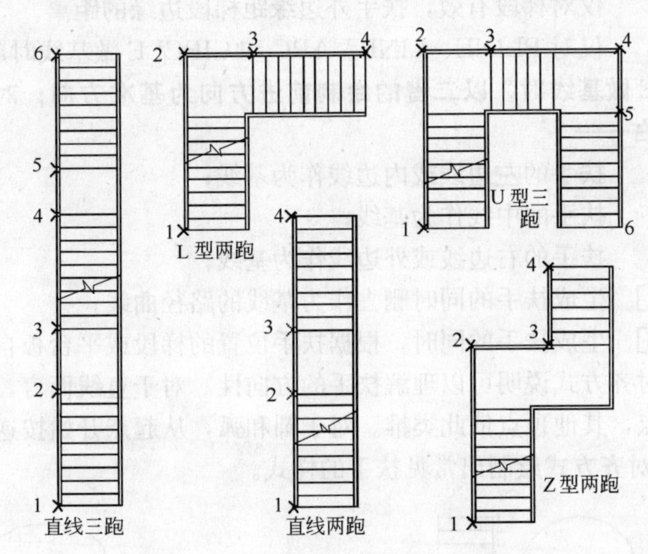

图 6-15　多跑梯段的常见形式

6.2　楼梯附件

前一节介绍了两种完整的楼梯以及三种梯段的创建，对于复杂的楼梯很多时候需要由梯段和其他附属部件组合而成。这一节介绍扶手、栏杆和平台板的创建。对于扶手对象和栏杆对象，比较容易混淆。Arch2006 有特定的规则来区分：

- 扶手对象是截面沿着路径放样的部件，是楼梯栏杆的顶部的构件。
- 栏杆对象是沿着路径阵列一个单元图块，也就是用路径排列对象来表示。

6.2.1　创建扶手

屏幕菜单命令：【建筑设施】→【添加扶手】(TJFS)

本命令能够以 PLINE、LINE、ARC 和 CIRCLE 为路径基线创建常用扶手，特别值得一提的是能够识别梯段的边线作为路径，生成与梯段具有相同倾角的扶手。在二维视图中，梯段上的扶手可以按照制图规律和规范遮挡梯段，也可以被梯段的剖切线剖断。扶手创建对话框(图 6-16)给出了扶手的相关参数。

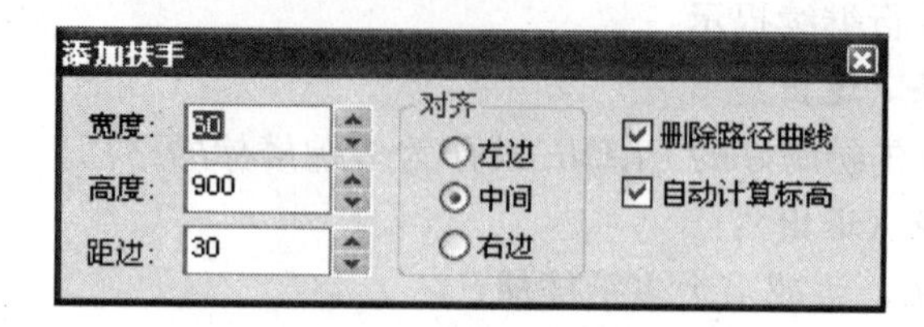

图 6-16　扶手创建对话框

对话框选项和操作解释

［宽度］　扶手矩形截面的宽度，高度的默认值为 120mm。

［高度］　对于梯段而言为踏步中线处扶手顶面距踏步面的高度，常规下为距基线(一般是图中 $Z=0$ 平面)的高度。

［距边］　仅对梯段有效，扶手外边缘距梯段边缘的距离。

［对齐］　仅对 PLINE、LINE、ARC 和 CIRCLE 做基线时起作用。

PLINE 和 LINE 做基线时，以二者的绘制前进方向为基准方向；对于 ARC 和 CIRCLE 内为左，外为右——

［左边］　扶手的左边线或内边线作为基线；

［中间］　扶手的中线作为基线；

［右边］　扶手的右边线或外边线作为基线；

［删除路径曲线］　生成扶手的同时删去作为基线的路径曲线；

［自动计算标高］　生成扶手的同时，根据扶手位置的梯段或平台板自动计算标高。

从上述基线的对齐方式说明可以理解扶手的方向性。对于直线而言，基线的绘制起点就是扶手的第一顶点，其他顶点依此类推。对于圆和弧，从起点开始按逆时针类推。

图 6-17 以右边对齐方式绘制出常见扶手的样式。

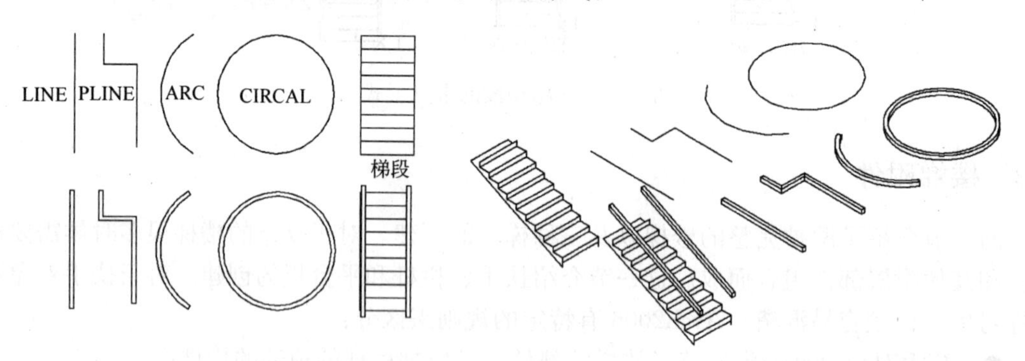

图 6-17*a*　常规扶手的右对齐生成　　　图 6-17*b*　常规扶手的三维视图

6.2.2　修改扶手

扶手创建后，可以用［对象编辑］进行修改。［对象编辑］比创建时，提供了更多的编辑手段，因此有必要说明一下。可以修改扶手的形状样式、尺寸、对齐方式，最重要的是可以对扶手进行顶点编辑。

图 6-18 扶手编辑对话框

对话框选项和操作解释

［形状］/［尺寸］ 扶手截面的形状和形状对应的尺寸大小编辑，形状有矩形、圆形和栏板可供选择。

重点介绍顶点编辑的功用：

1. 顶点的概念

一段扶手默认时在两端和折点上都有一个顶点，用［改顶点］选项进入图中，将鼠标置于端点上，在端点下方会出现一个黄色圆形标志的顶点。每个顶点有标高和水平夹角两个属性。

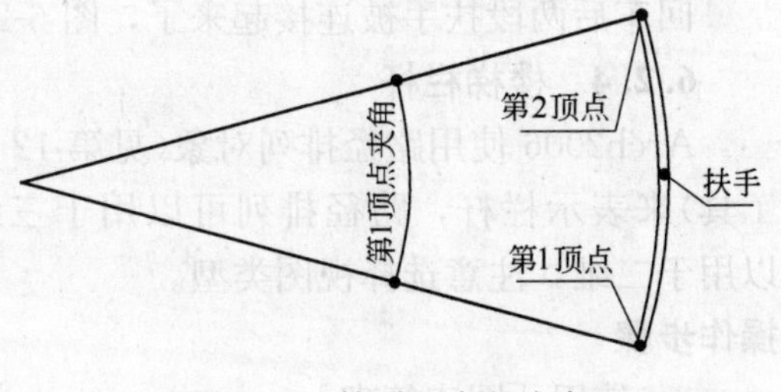

图 6-19 扶手顶点的夹角

顶点的默认标高在 $Z=0$ 处，可以改变其标高。扶手的高度等于顶点到扶手基线的竖向距离。因此，要抬高或降低扶手的某个端部，用［改顶点］来实现。

顶点的默认夹角=0，夹角等于本顶点与下一个顶点之间的圆心角，夹角为0相当于直线连接。

2. 加顶点：

命令交互

点取新的顶点位置或［参考点(R)］〈退出〉：

光标点取扶手上某点，程序自动在该处加入一个顶点。

3. 删顶点：

命令交互

选取顶点：

光标移到扶手上某个准备删除的顶点上，点取删除。

4. 改顶点：

命令交互

选取顶点：

光标移到扶手上准备修改的顶点附近，程序自动显示顶点位置，点取。

输入顶点标高或［改夹角(A)/点取(S)］〈0〉：

输入该顶点新标高。

回应A后，命令行提示：

输入夹角〈0〉：

输入该顶点新的夹角。

上述操作最好在多视口下进行，以便选取和观察。

6.2.3　连接扶手

屏幕菜单命令：【建筑设施】→【连接扶手】(LJFS)

当需要把多个扶手进行彼此相连整合为一个独立扶手时，请应用［连接扶手］来完成。本命令把未连接的扶手彼此连接起来，如果准备连接的两段扶手的样式不同，连接后的样式以第一段为准。

扶手的连接顺序要求是前一段扶手的末端连接下一段扶手的始端，对于线段生成的扶手依据前面介绍的方向性确定首尾顶点，对于梯段的扶手则按上行方向为正向，所以梯段扶手需要从低到高顺序选择扶手的连接。

命令交互

请顺序选择待连接的扶手：

选取前一段的扶手或选取待低端梯段的扶手。

请顺序选择待连接的扶手：

顺序选取待连接的下一段扶手或梯段的高端扶手。

回车后两段扶手被连接起来了，图 6-20 为扶手连接的示意图。

6.2.4　楼梯栏杆

Arch2006 使用路径排列对象（见第 12 章辅助工具）来表示栏杆，路径排列可以用于三维也可以用于二维，注意选择视图类型。

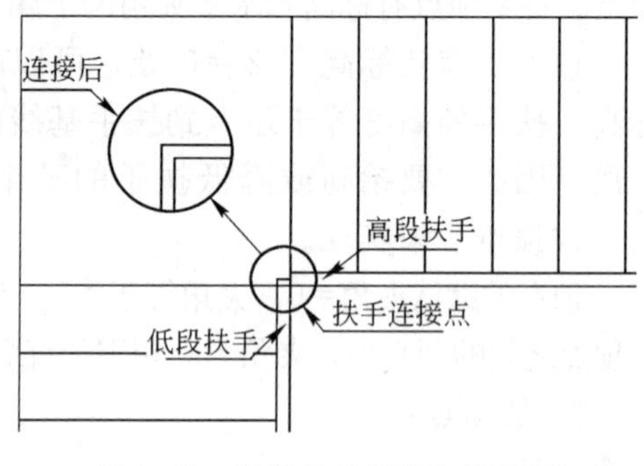

图 6-20　梯段扶手的连接示意图

操作步骤

1　使用［图库管理］；
2　从“常用图库”选择打开栏杆库；
3　插入合适的栏杆单元（注：也可以用其他手段构造栏杆单元）；
4　使用［建筑设施］→［路径排列］来构造楼梯栏杆。

6.2.5　楼梯平台板

Arch2006 并没有专用的楼梯平台板对象，而是使用通用的平板对象作为楼梯平台板。建议用户把平台板放在楼梯图层，尽管不是必须的。关于［平板］功能，请参考第 14 章『三维造型』。

6.3　其他设施

6.3.1　电梯

屏幕菜单命令：【建筑设施】→【电梯】(DT)

本命令在电梯间的墙体上插入电梯门，在井道内绘制电梯简图。电梯由轿厢、平衡块和电梯门组成，其中轿厢和平衡块用矩形对象（参见第 12 章）来表示，电梯门是用门窗对象（参见第 5 章）来表示。

电梯绘制的条件是电梯间已经构成，且为一个闭合区域。电梯间一般为矩形，在弧形和圆形建筑中电梯间可能为扇形，梯井道宽为开门侧墙长，梯井道深为扇形高。在对话框

(图 6-21)中，设定电梯类型、载重量、门形式、轿厢宽、轿厢深和门宽等参数。其中电梯类别分别有客梯、住宅梯、医院梯、货梯四种类别，每种电梯形式均有已设定好的不同的设计参数，确定后，完成电梯的绘制。

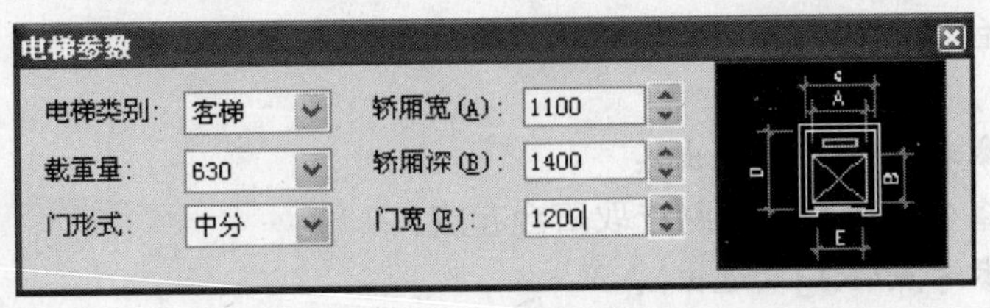

图 6-21　电梯参数对话框

命令交互

请给出电梯间的一个角点或[参考点(R)]〈退出〉：

点取电梯间内墙角作为第一角点。

再给出上一角点的对角点：

点取第一角点的对角作为第二角点。

请点取开电梯门的墙线〈退出〉：

点取一段墙线。

请点取平衡块的所在的一侧〈退出〉：

点取平衡块所在的一侧的墙线。

请点取其他开电梯门的墙线〈无〉：

点取开电梯门的另一段墙体。

回车结束后，即在指定位置绘制电梯图形。

高级用户可考虑用 Arch2006 提供的矩形对象绘制轿厢和平衡锤，绘制后置于电梯图层上，再插入“推拉门”类中的专用电梯门。用此方法设计电梯更加灵活，比如单一井道内设多台电梯，或者电梯井形状不规则等情况。

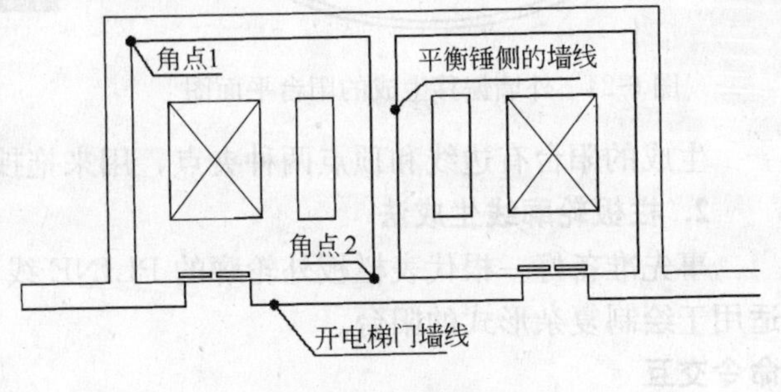

图 6-22　电梯实例

6.3.2　阳台

屏幕菜单命令：【建筑设施】→【阳台】(YT)

本命令专门用于绘制各种形式阳台，自定义对象阳台同时提供二维和三维视图。命令提供三种绘制方式，梁式与板式两种阳台类型。

点取命令后弹出对话框，确定一种阳台类型，再选择一种绘制方式，进行阳台的设计。

图 6-23　阳台创建对话框

在对话框的右下方图标中确定创建方式：

1. 外墙偏移生成法

用阳台的起点和终点控制阳台长度，以墙体向外偏移距离作为阳台宽来绘制阳台。此方法适合绘制阳台栏板形状与墙体形状相似的阳台。

命令交互

起始点或［参考点(R)］〈退出〉：

在外墙上准备生成阳台的那侧点取阳台起点。

终止点或［参考点(R)］〈退出〉：

在外墙上准备生成阳台的那侧点取阳台终点。

选择经过的墙：

选取阳台经过的墙体，不要选择可能影响系统进行判断的多余墙体。

偏移距离〈1000〉：

阳台栏板外侧距墙体外皮的偏移距离。

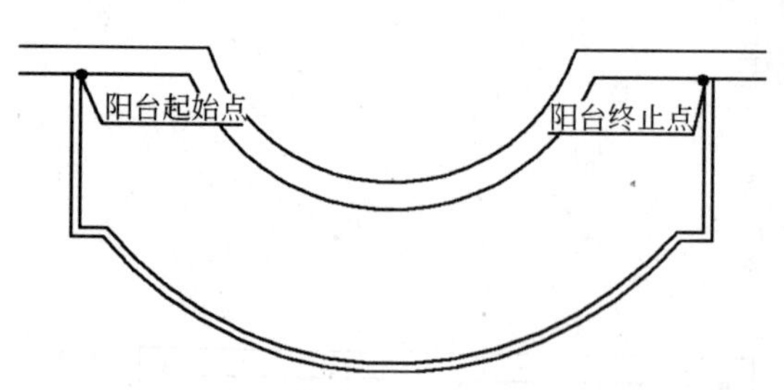

图 6-24 外墙偏移生成的阳台平面图

图 6-25 外墙偏移生成的阳台三维图

生成的阳台有边线和顶点两种夹点，用来拖拽编辑。

2. 栏板轮廓线生成法

事先准备好一根代表栏板外轮廓的 PLINE 线，两个端点必须与外墙线相交。本方法适用于绘制复杂形式的阳台。

命令交互

选择平台轮廓〈退出〉：

选取已经准备好的一根代表栏板外轮廓的 PLINE 线。

选择经过的墙：

选择与阳台相关的墙体，不要选择可能影响系统进行判断的多余墙体。

回车生成阳台，采用阳台特性夹点可以拖拽编辑。

3. 直接绘制法

依据外墙直接绘制阳台，适用范围比较广，可创建直线阳台、转角阳台、阴角阳台、凹阳台和弧线阳台，以及直弧阳台。

命令交互

起点或［参考点(R)］〈退出〉：

在外墙上准备生成阳台的那侧点取阳台起点。

直段下一点［弧段(A)/回退(U)］〈结束〉：

点取阳台的第一个转折点。

直段下一点［弧段(A)/回退(U)］〈结束〉：

继续点取阳台的转折点，或回应 A 转换成弧段。

直段下一点［弧段(A)/回退(U)］〈结束〉：

继续点取阳台的转折点，直到终点，必须交在墙体外皮上，回车结束。

图 6-26 的阳台实例的创建中，栏板轮廓的每个转折点都要点取，对应命令行提示的“下一点”，终点点取结束后回车生成。

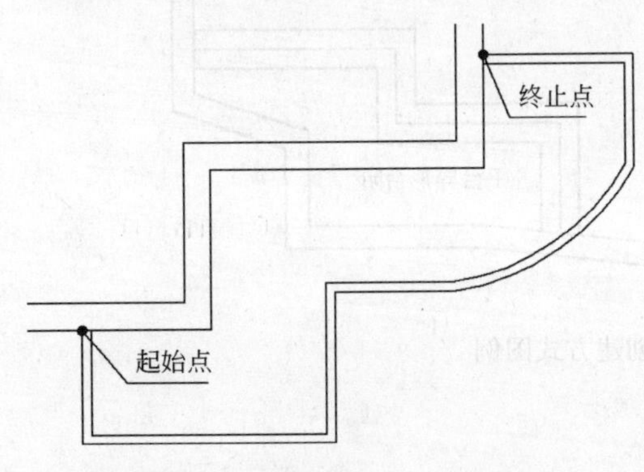

图 6-26　直接绘制阳台的平面图

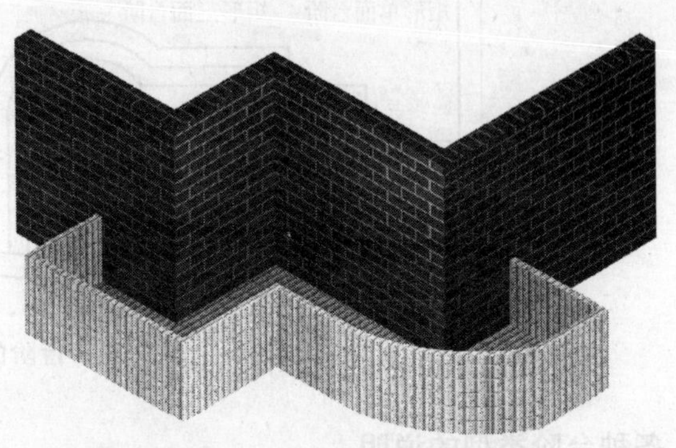

图 6-27　直接绘制阳台的三维图

6.3.3　台阶

屏幕菜单命令：【建筑设施】→【台阶】(TJ)

本命令提供多种手段创建台阶，既有常见的上行台阶也有下行台阶。台阶的绘制原理与阳台非常相似，创建对话框见图 6-28。

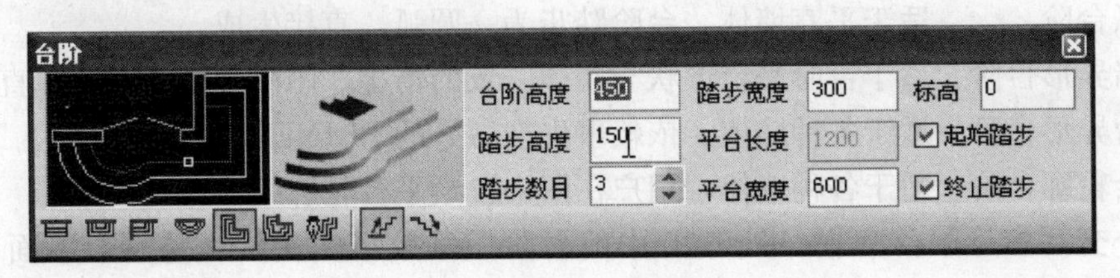

图 6-28　台阶对话框

对话框选项和操作解释

［台阶高度］　台阶总高度。

［踏步高度］　每个踏步的高度，踏步高度只能等高。

［踏步数目］　由台阶高度和踏步高度计算出的踏步数目，必须为整数。

［踏步宽度］　踏步平台的水平宽度。

［平台长度］/［平台宽度］

面对着门时，左右方向为长度，前后方向为宽度。

［标　　高］　台阶平台的标高，上行台阶为顶平台标高，下行台阶则是底平台的标高。

［起始踏步］/［终止踏步］

本选项只对“沿墙异形台阶”模式有效，表示台阶首尾两端是否建造踏步。

系统提供七种创建台阶模式，在图 6-29 中列出：

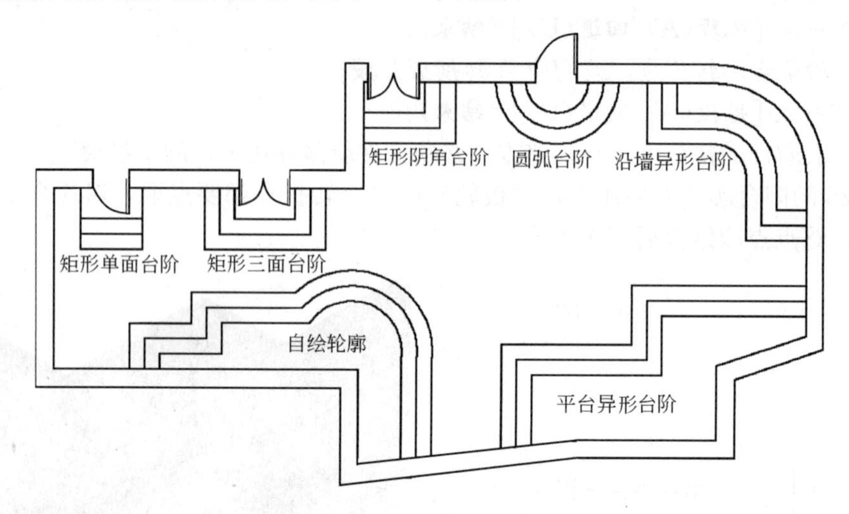

图 6-29　台阶的创建方式图例

各种台阶类型的说明

矩形单面台阶　适于平直墙体，只有台阶正面有踏步，在对话框中设置有关参数，直接生成。

矩形三面台阶　适于平直墙体，台阶三面都有踏步，按对话框中设置的参数直接生成。

矩形阴角台阶　正交阴角专用，台阶两面有踏步，直接生成。

圆弧台阶　　　适于平直墙体，台阶踏步为一圆弧，直接生成。

沿墙异形台阶　适于台阶平台形状与墙体一致的情况，图中确定始终点，直接生成。

平台异形台阶　适于各种墙体，依赖事先准备好的 PLINE 和墙体。

自绘轮廓台阶　适于各种墙体，用户在图中自绘平台轮廓线。

命令交互参见阳台章节。图 6-30 中的台阶三维效果实例依次是矩形单面台阶、矩形三面台阶、矩形阴角台阶、圆弧台阶、沿墙异形台阶、平台异形台阶、自绘轮廓台阶。

台阶作为自定义的构件对象，可以用夹点来编辑修改平台的轮廓形状。对于前四种类型，即矩形单面台阶、矩形三面台阶、矩形阴角台阶和圆弧台阶，有移动平台和改平台尺寸两种夹点可用。后三种模式，即沿墙异形台阶、平台异形台阶和自绘轮廓台阶，则有更改顶点位置和更改各边位置两种编辑夹点。

6.3.4　坡道

屏幕菜单命令：【建筑设施】→【坡道】(PD)

本命令通过参数构造直线型单跑室外坡道。多跑、曲边与圆弧等复杂坡道由前面介绍的梯段或楼梯中的“作为坡道”功能创建完成。

点取命令弹出坡道设置对话框：

图 6-30　台阶实例三维效果图

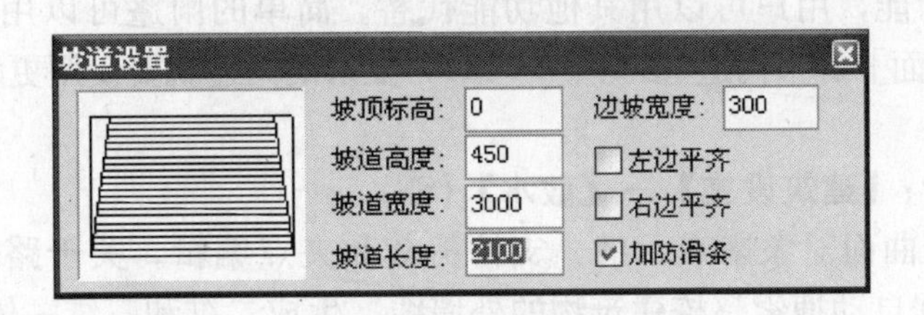

图 6-31　坡道对话框

命令交互

门口左侧〈退出〉：

点取准备插入坡道的大门左侧墙体角点。

门口右侧〈退出〉：

点取准备插入坡道的大门右侧墙体角点。

选取的门口左右侧两点只是插入方式的参考点，两点连线决定插入方向，插入位置在两点连线的中点处。准确的位置调整可以用坡道的特征夹点拖拽实现。

对话框中选项的意义

［**坡顶标高**］ 坡道最高点的标高，此参数确保坡道与门口竖向对齐。

各平面尺寸在模型上的对应关系：

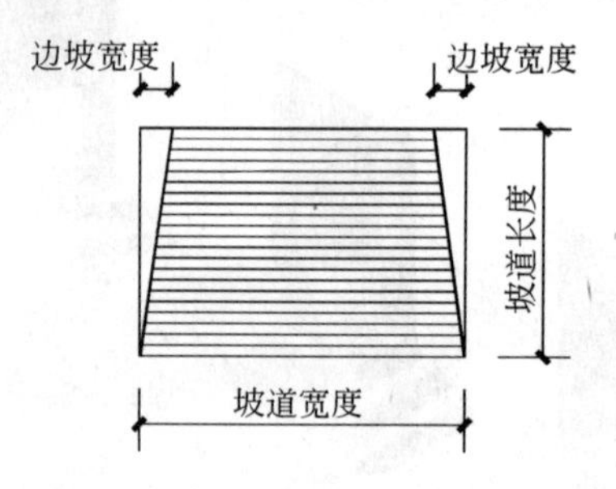

图 6-32 坡道尺寸参数的对应关系

坡道共计有如下八种变化形式：

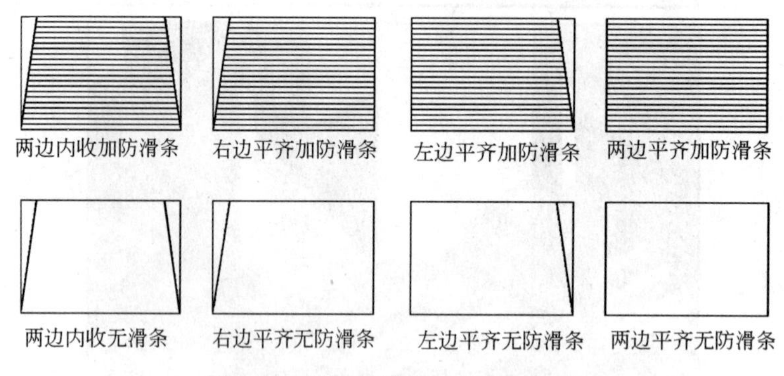

图 6-33 平面坡道的几种类型示意

6.3.5 雨篷

雨篷的形式很多样，特别是公共建筑的雨篷形式，往往非常复杂。Arch2006 没有提供专用的雨篷构造功能，用户可以用其他功能代替。简单的雨篷可以用［三维工具］下的［平板］和［路径曲面］等来构造(参见第 14 章)，复杂的雨篷就要使用更多的功能来组合。

6.3.6 散水

屏幕菜单命令：【建筑设施】→【散水】(SS)

散水是用路径曲面对象来表示的，支持剪裁和夹点编辑。关于路径曲面，请参见第 14 章。本命令依据自动搜索整栋建筑物的外墙线，生成二维和三维一体化的散水。

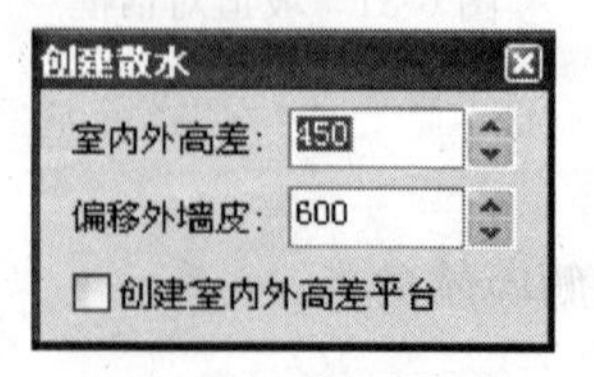

图 6-34 散水对话框

对话框选项和操作解释

［**室内外高差**］ 室内地面标高和室外地坪标高之差，通常散水的底面落在室外地坪上。

[偏移外墙皮] 散水外缘到外墙外皮的距离，即散水水平宽度。

[创建室内外高差平台]

首层地面的室内外高差平台，在外墙墙身最底处形成勒脚，适于无地下室的房屋。该平台为平板对象，可双击对其进行编辑。

如果有地下室或首层各房间地面标高不同(比如车库的地面常比其他房间低)，则不适合用本命令来构造，而应当改外墙底标高使墙体下延，参见第4章所介绍的［改外墙高］。

命令交互

请选择构成一完整建筑物的所有墙体：

框选构成建筑物某层的全部墙体，可多次选取，回车生成散水。

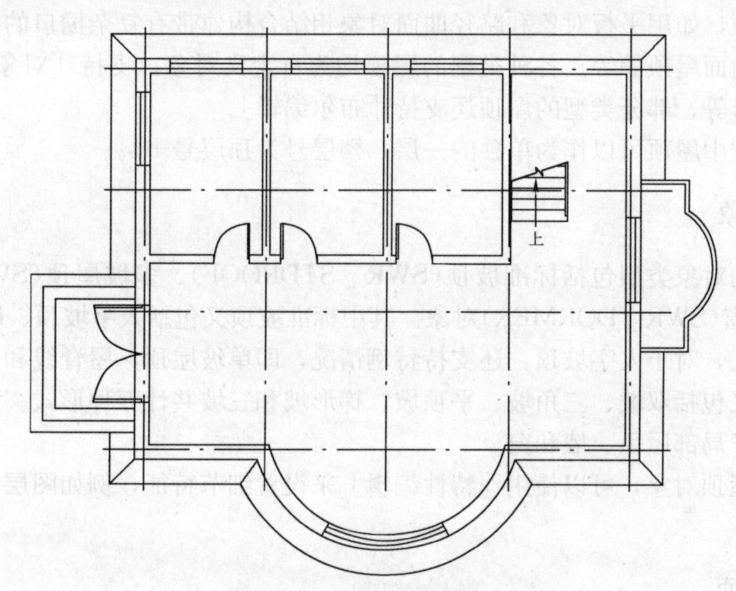

图 6-35 散水的二维视图

图 6-36 散水的三维视图

第7章 屋　　顶

本章内容包括

■ **屋顶对象**

■ **创建屋顶**

屋顶除了承担建筑物的顶部围护作用外，还是建筑风格的重点表现部位，是业主和建筑师都十分重视的重要设计环节。Arch2006提供了多种三维屋顶造型功能，有人字屋顶、多坡屋顶、歇山屋顶和攒尖屋顶等，软件还提倡用户利用Arch2006的三维造型工具自建其他形式的屋顶，如用平板对象和路径曲面对象相结合构建带有复杂檐口的平屋顶，利用路径曲面构建曲面屋顶等等。各种类型的屋顶均为自定义对象，支持［对象编辑］、特性编辑和夹点编辑等，部分类型的屋顶还支持［布尔编辑］。

在楼层组合中屋顶可以作为单独的一层，楼层号为顶层号+1。

7.1 屋顶对象

屋顶有关的对象类型包括标准坡顶(SWR _ STDROOF)、多坡屋顶(SWR _ SLOPE-ROOF)和老虎窗(SWR _ DORMER)对象。其中标准坡顶又包括人字坡顶、歇山坡顶和攒尖屋顶三种形式，对于人字坡顶，还支持特例情况，即单坡屋顶，屋脊线和一侧边界重合即可。老虎窗又包括双坡、三角坡、平顶坡、梯形坡和三坡共计五种形式。老虎窗对象比较复杂，包括了局部屋顶、墙和窗。

对于这些屋顶对象，可以使用［特性编辑］来设置细节特征，例如图层的细分、脊瓦特性等。

7.2 创建屋顶

7.2.1 生成屋顶线

屏幕菜单命令:【房间屋顶】→【搜屋顶线】(SWDX)

本命令搜索整栋建筑物的所有墙线，按外墙的外皮边界生成屋顶平面轮廓线。屋顶线在属性上为一个闭合的PLINE线，既可以作为屋顶轮廓线加以细化绘制出屋顶的平面施工图，也可以用于构造屋顶的辅助边界或路径。

命令交互

请选择构成一完整建筑物的所有墙体:

选择组成建筑体的所有墙体，系统自动判断建筑外轮廓。

偏移建筑轮廓的距离〈600〉:

输入轮廓线偏移数值或回车接受默认值结束。

7.2.2 人字坡顶

屏幕菜单命令:【房间屋顶】→【人字坡顶】(RZPD)

以闭合的PLINE为边界，并指定屋脊位置，生成标准人字坡屋顶。屋顶坡面的坡度可输入角度或坡度，可以指定屋脊的标高值。由于允许两坡具有不同的底标高，因此使用屋脊标高来确定屋顶的标高。

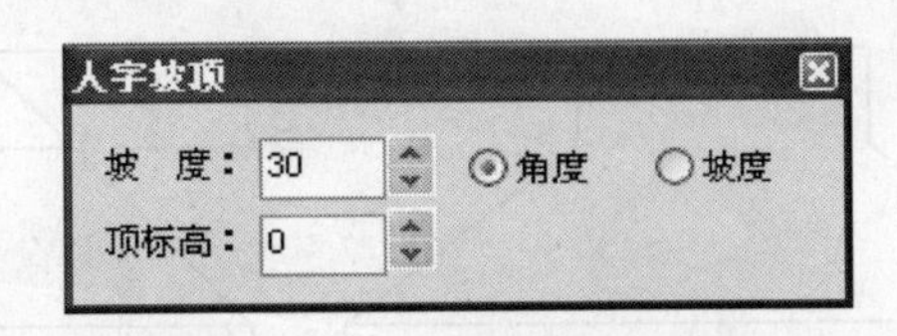

图 7-1　人字屋顶的创建对话框

操作步骤

1　准备一封闭的 PLINE，或利用【搜屋顶线】生成的屋顶线作为人字屋顶的边界；

2　执行命令，在对话框中输入屋顶参数，图中点取 PLINE；

3　分别点取屋脊线起点和终点，如取边线则为单坡屋顶。

理论上只要是闭合的 PLINE 就可以生成人字坡屋顶，用户依据屋顶的设计内容需求选择边界的形式，也可以生成屋顶后，再使用［布尔编辑］制作出边界更复杂的屋顶。图 7-2 是几个非四边形的例子。

图 7-2　非四边形人字屋顶的实例

7.2.3　歇山式屋顶

屏幕菜单命令:【房间屋顶】→【歇山屋顶】(XSWD)

本命令按对话框给定的参数，用鼠标拖动在图中直接建立歇山屋顶。

对话框如图：

图 7-3　歇山屋顶的创建对话框

对话框选项和操作解释

［檐标高］　檐口上沿的标高。

［屋顶高］　屋脊到檐口上沿的竖向距离。

［歇山高］　歇山底部到屋脊的竖向距离。

［主坡度］　屋面主坡面的坡角，单位角度或坡度。

［侧坡度］　屋面侧坡面的坡角，单位角度或坡度。

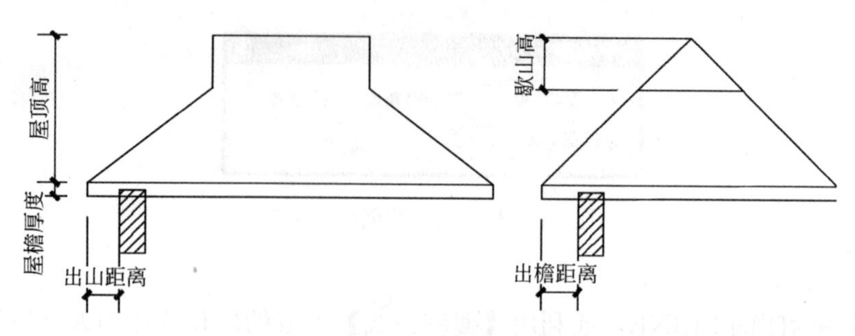

图 7-4　歇山屋顶参数的意义

命令交互

点取主坡的左下角点〈退出〉：

点取主坡的左下角，位置如图图 7-5 所示。

点取主坡的右下角点〈退出〉：

点取主坡的右下角，位置如图图 7-5 所示。

点取侧坡角点〈退出〉：

点取侧坡的角点，位置如图图 7-5 所示。

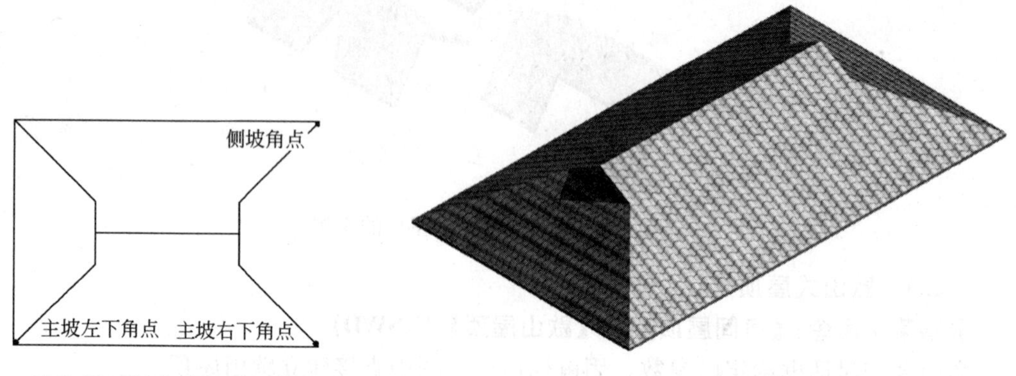

图 7-5　歇山屋顶创建时点取的参考点示意　　图 7-6　歇山屋顶的三维表现

7.2.4　攒尖形屋顶

屏幕菜单命令：【房间屋顶】→【攒尖屋顶】(CJWD)

本命令依据给定参数生成对称的正多边锥形攒尖屋顶。

创建尖屋顶对话框：

图 7-7　攒尖屋顶创建对话框

对话框中的选项一看即明，不再解释，一般需要下部墙体确定之后再设计屋顶，按要求输入参数，在图中拖动即时预览攒尖屋顶，点击即生成。

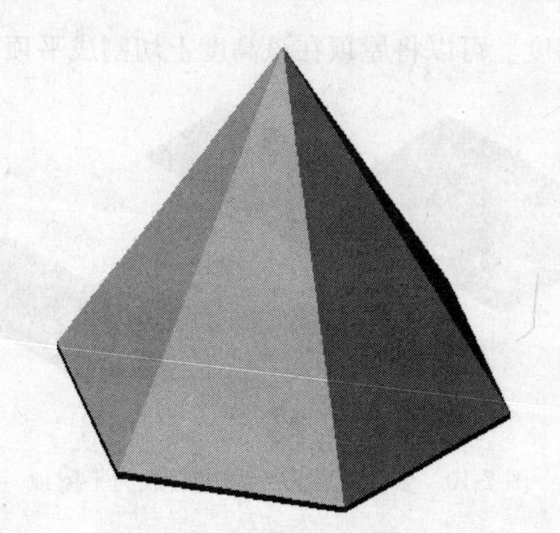

图 7-8　攒尖屋顶三维样式

通常攒尖屋顶的顶尖部为小圆球或半圆球，请用体量建模中的基本体形建立（参见第 14 章『三维造型』），并放置到顶部正确的位置。

7.2.5　多坡屋顶

屏幕菜单命令：【房间屋顶】→【多坡屋顶】（DPWD）

由封闭的任意形状 PLINE 线生成指定坡度的坡形屋顶，可采用对象编辑单独修改每个边坡的坡度，以及用限制高度切割顶部为平顶形式。

操作步骤

1　准备一封闭的 PLINE，或利用【搜屋顶线】生成的屋顶线作为屋顶的边线；

2　执行命令，图中点取 PLINE；

3　给出屋顶每个坡面的等坡坡度或接受默认坡度；

4　回车生成；

5　选中“多坡屋顶”通过右键对象编辑命令进入坡屋顶编辑对话框，进一步编辑坡屋顶的每个坡面，还可以通过屋顶的夹点修改边界。

在坡屋顶编辑对话框中，列出了屋顶边界编号和对应坡面的几何参数。单击电子表格中某边号一行时，图中对应的边界用一个红圈实时响应，表示当前处理对象是这个坡面。用户可以逐个修改坡面的坡角或坡度，修改完后请点取［应用］使其生效。［全部等坡］能够将所有坡面的坡度统一为当前的坡面。坡屋顶的某些边可以指定坡角为 90°，对于矩形屋顶，表示双坡屋面的情况。

坡屋顶

边号	坡角	坡度	边长
1	30.00	57.7%	1453
2	30.00	57.7%	5699
3	30.00	57.7%	1453
4	30.00	57.7%	5699

☑限定高度　600

全部等坡　应用　确定　取消

图 7-9　多坡屋顶编辑对话框

对话框中的［限定高度］可以将屋顶在该高度上切割成平顶，效果如图 7-10：

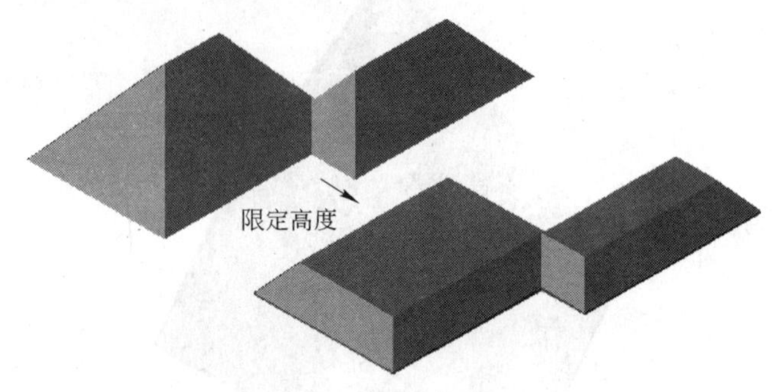

图 7-10　多坡屋顶限定高度后成为平屋顶

7.2.6　老虎窗

屏幕菜单命令:【房间屋顶】→【加老虎窗】(JLHC)

本命令在三维屋顶坡面上生成参数化的老虎窗对象，控制参数比较详细。老虎窗与屋顶属于父子关系，必须先创建屋顶才能够在其上正确加入老虎窗。门窗表的统计包含老虎窗在内。

老虎窗创建对话框：

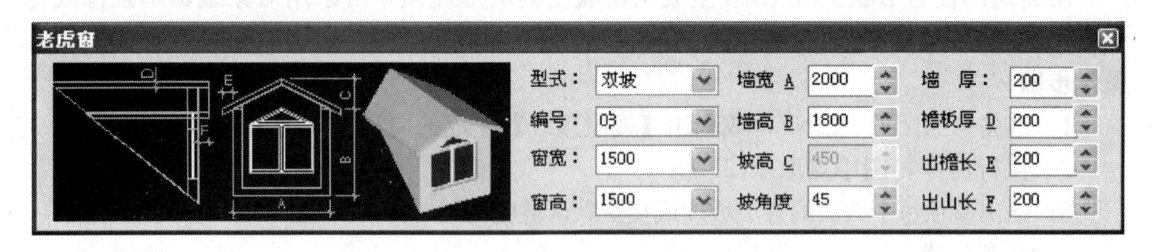

图 7-11　老虎窗的创建对话框

根据移动光标的位置，系统自动确定老虎窗的方向和标高。在屋顶坡面点取放置位置后，系统插入老虎窗并自动求出与坡顶的相贯线，删掉相贯线以下部分实体。

对话框选项和操作解释

请对照对话框左侧的示意图理解下列参数的意义。

[型式]　有双坡、三角坡、平顶坡、梯形坡和三坡共计五种类型，如图 7-12 和 7-13所示。

[编号]　老虎窗编号，用户给定。

[窗宽]　老虎窗的小窗宽度。

[窗高]　老虎窗的小窗高度。

[墙宽 A]　老虎窗正面墙体的宽度。

[墙高 B]　老虎窗侧面墙体的高度。

[坡高 C]　老虎窗屋顶高度。

[坡角度]　坡面的倾斜坡度。

[墙厚]　老虎窗墙体厚度。

[檐板厚 D]　老虎窗屋顶檐板的厚度。

[出檐长 E]　　老虎窗侧面屋顶伸出墙外皮的水平投影长度。

[出山长 F]　　老虎窗正面屋顶伸出山墙外皮长度。

必须指出，上述有些参数对于某些型式的老虎窗来说没有意义，因此被置为灰色无效。

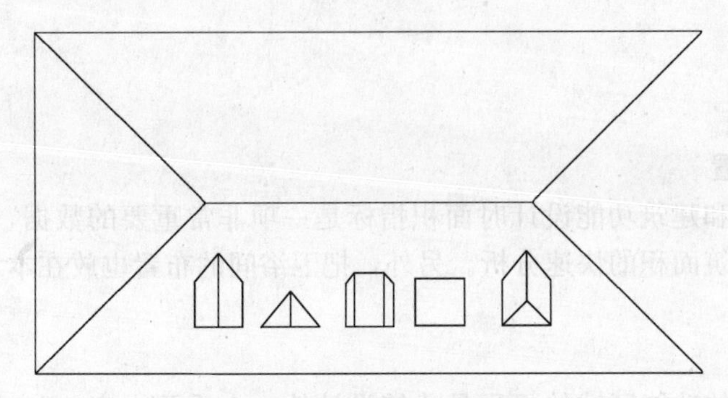

图 7-12　老虎窗的二维视图

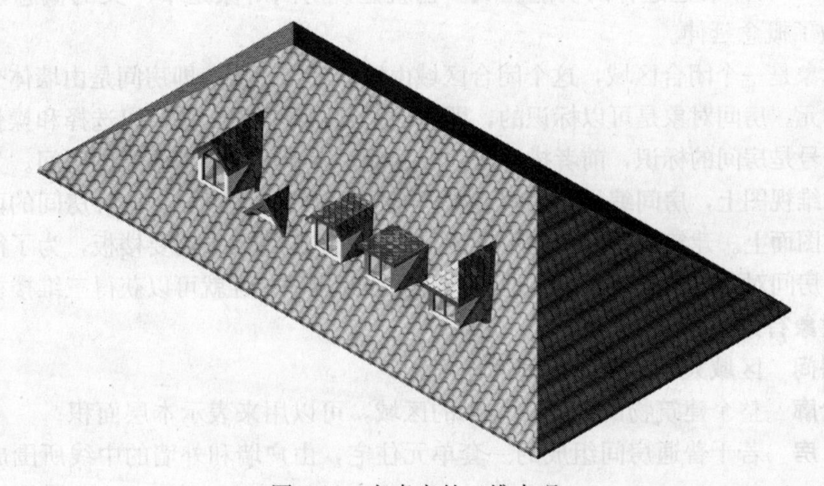

图 7-13　老虎窗的三维表现

第8章 房 间

本章内容包括

- **房间对象**
- **创建房间**
- **房间工具**
- **卫浴间布置**

在房地产开发和建筑功能设计时面积指标是一项非常重要的数据，Arch2006引入房间对象并实现了建筑面积的快速分析。另外，把卫浴间的布置也放在本章进行介绍。

8.1 房间对象

确定建筑各个的功能区域的面积是建筑设计的一个重要内容，Arch2006用房间对象(SWR _ SPACE)来表达这样的功能区域。也就是说房间对象是个广义的概念，对日常生活的房间做了概念延伸。

房间对象是一个闭合区域，这个闭合区域由墙体围合而成，即房间是由墙体分割构成的基本空间单元。房间对象是可以标识的，即图面上可以看得见，并可以选择和操作。房间名称和房间编号是房间的标识，前者描述房间的功能，后者用来区别不同的房间。为了图面的简洁，在二维视图上，房间编号和房间名称只能选择其中一个可见。此外房间的面积也可以选择标注在图面上。建筑工程图不表示楼板，但室内的三维效果需要楼板，为了简化楼板模型的创建，房间对象提供了一个三维地面的特性，开启该特性就可以获得三维楼板。

房间对象有如下几种类型：

普通房间 区域大小为每个房间的净面积；

建筑轮廓 整个建筑物的外墙皮构成的区域，可以用来表示本层面积；

套　　房 若干普通房间组成的一套单元住宅，由户墙和外墙的中线所围成的区域。

8.2 创建房间

8.2.1 批量创建

屏幕菜单命令：【房间屋顶】→【搜索房间】(SSFJ)

本命令可用来批量搜索建立或更新已有的普通房间和建筑轮廓，建立房间信息并标注室内使用面积，标注位置自动置于房间的中心。如果用户编辑墙体改变了房间的逻辑边界，房间信息不会自动更新，可以通过再次执行本命令，更新房间或拖动边界夹点保持和逻辑边界的一致性，对于复杂形状的边界改变可以利用闭合PLINE与房间对象的边界进行布尔编辑获得新的边界。

房间生成对话框(图8-1)。

对话框选项和操作解释

[标注面积]/[标注单位]　　房间使用面积的标注形式，确定显示面积数值还是面积加单位。

[显示房间名称]/[显示房间编号]　　房间的标识形式，二者选一。

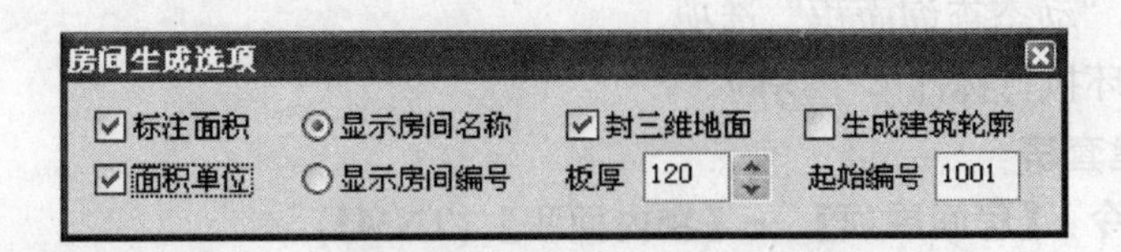

图 8-1　房间生成对话框

［封三维地面］/［板厚］　是否同时延伸对象边界生成三维地面，并给出地面的厚度。

［生成建筑轮廓］　是否生成整个建筑物的室外空间对象。

特别提示

- 如果搜索的区域内已经有房间标识，则更新房间的边界，否则创建新的房间；
- 如果有多个外墙围合区域，即有多个建筑轮廓，则应当分别搜索；
- 对于敞口房间或具有逻辑分区的房间，如客厅和餐厅，可以用虚墙来分隔；
- 新创建的房间处于未命名的状态，请用在位编辑或［对象编辑］修改房间名称。

图 8-2 为在一平面图中，采用本命令批量建立的房间对象。

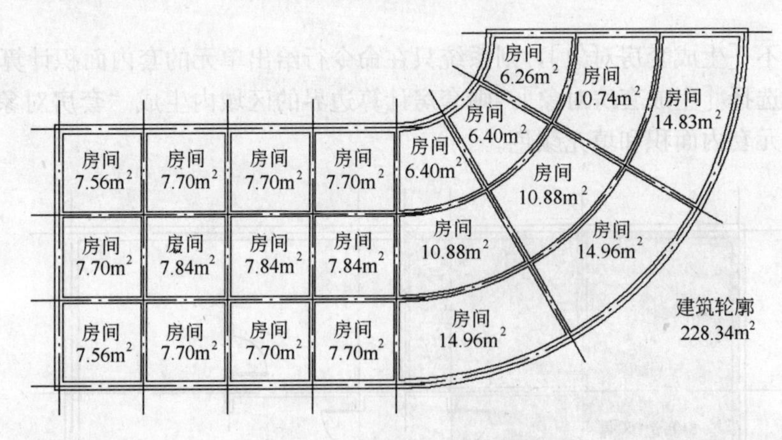

图 8-2　房间对象生成实例

8.2.2　逐个创建

屏幕菜单命令:【房间屋顶】→【房间面积】(FJMJ)

本命令查询面积，并根据需要创建房间对象。

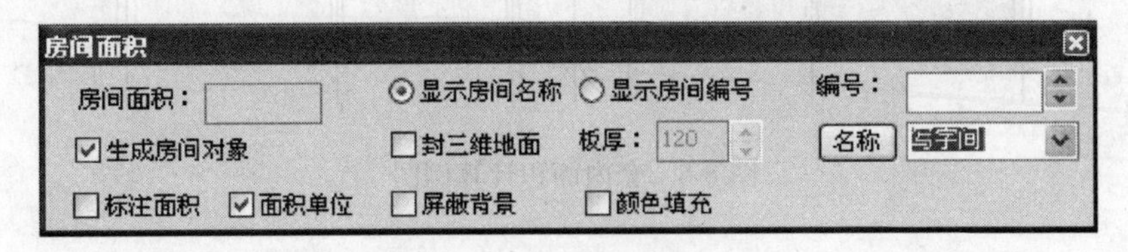

图 8-3　房间面积对话框

本对话框的选项和操作与［搜索房间］类似，请参考上一节内容。

命令交互

点取标注位置或［动态开关(D)］〈退出〉:

点取房间按对话框选择的内容生成房间对象，

回应 D 开关“动态查询面积”选项。

本命令可循环执行标注多个房间。

8.2.3　创建套房

屏幕菜单命令：【房间屋顶】→【套内面积】(TNMJ)

本命令计算单元的套内面积，并可以生成套内房间对象。按照房产测量规范的要求，自动计算分户单元的套内面积，该面积以墙中线计算，选择墙体时应只选择该户套房的墙体。

命令对话框：

图 8-4　套内面积对话框

操作要点

- 如果不［生成套房对象］，则系统只在命令行给出单元的套内面积计算结果提示。
- 如果选择［生成套房对象］，则套房计算边界的区域内生成“套房对象”，并标注有单元套内面积和填充颜色。

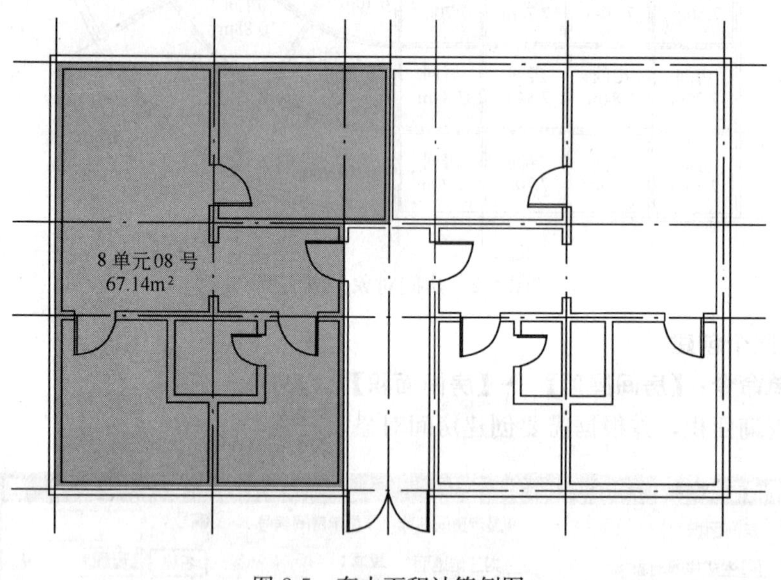

图 8-5　套内面积计算例图

特别提示

- 本命令所计算的套内面积不包括阳台面积，封闭阳台可以考虑用墙体和插窗绘制。

8.3　房间工具

房间对象创建后，可以使用［布尔编辑］或夹点来修改房间的边界，同时更新房间的面积。可以使用［对象编辑］或［特性编辑］来修改房间的特性。这些通用的方法不再叙述，这里介绍若干和房间有关的辅助工具。

8.3.1　面积累加

屏幕菜单命令：【房间屋顶】→【面积累加】（MJLJ）

本命令是一个累加器，可以与上述房间对象功能命令配合使用，用于统计各房间面积的总和。事实上其他数值型的文字也可以进行累加。

命令交互

请选择数值型的文字：

逐一点选图中已经标注的数值文字。

请选择数值型的文字：

回车结束选择

命令行提示报告结果：

共选中了 2 个对象，求和结果=13.3851

8.3.2　加踢脚线

屏幕菜单命令：【房间屋顶】→【加踢脚线】（JTJX）

本命令自动搜索房间轮廓，按指定截面生成房间内二维和三维一体化的踢脚线，门和洞口处自动断开，可用于室内装饰设计建模，也可以作为室外的勒脚模型。

踢脚线使用浮动对话框，用来设置当前截面的参数，在图中点取房间位置(不需要实现创建房间对象)，程序自动搜索出踢脚线。

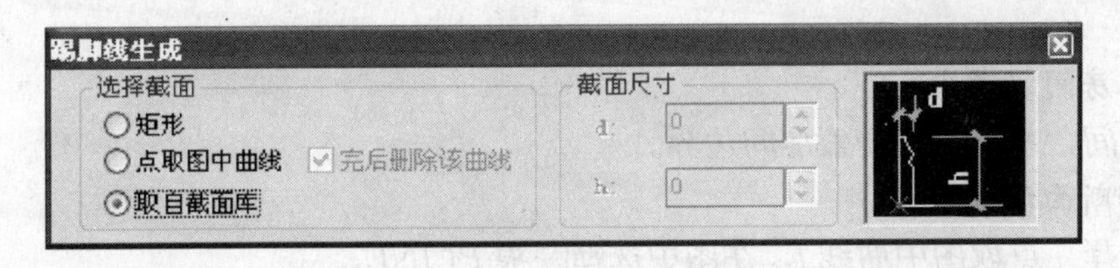

图 8-6　踢脚线对话框

对话框选项和操作解释

［选择截面］	选择踢脚线的截面样式，提供［矩形］、［点取图中曲线］和［取自截面库］三种获取截面的方法。
［截面尺寸］	截面的高度和厚度尺寸，默认为选取的截面的实际尺寸，用户可修改，字母与踢脚的对应关系见右侧示意图片。
［矩形］	截面为矩形，尺寸大小由 d 和 h 控制确定。
［点取图中曲线］	截面形状来自图中，要求必须是 PLINE 线。图形的 X 方向与地面平行，Y 方向与墙面平行。默认尺寸 d 和 h 与图形在 X 和 Y 方向的最外缘大小对应，用户可修改该值。
［取自截面库］	点取本选项后系统自动打开 Arch2006 系统图库的 polyshape 部分，见下图，点击选择进入“踢脚线”类型，在右侧预览区双击选择需要的截面样式。

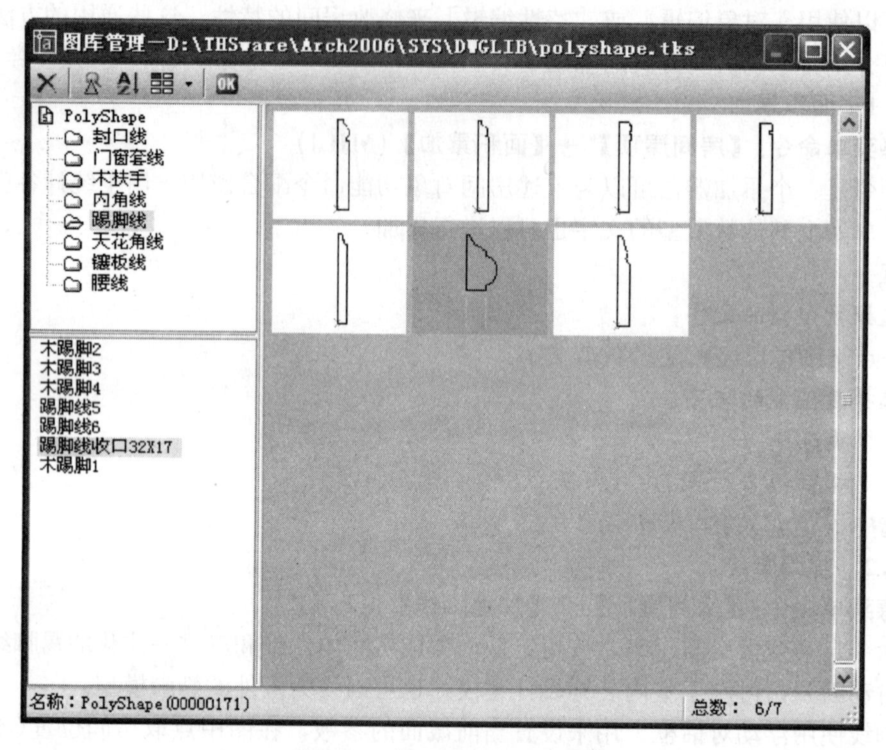

图 8-7　截面选择的对话框

命令交互

请点取房间〈退出〉：

点取房间，系统自动搜索房间边界。

请选择断面形状：

如果选择［点取图中曲线］，在图中选择一根 PLINE。

请点取房间或［连接房间踢脚线(C)］〈完成〉：

逐个点取房间，回车完成。

回应 C，连接由落地门洞相连的两房间之间的踢脚线，如图。命令行提示：

第一点〈退出〉：

点取要连接的第一点。

下一点〈退出〉：

点取要连接的第二点。

特别提示

- 踢脚线为路径曲面对象，支持剪裁、延伸和偏移编辑，还可以对象编辑加顶点延伸。

8.4　卫浴布置

8.4.1　洁具管理

屏幕菜单命令：【房间屋顶】→【洁具管理】(JJGL)

本命令在卫生间或浴室中按选取的洁具类型的不同，智能布置卫生洁具等设施。本软件的洁具采用二维表现形式，凡是从图库调用的洁具都是 TH 图块对象，其他辅助线采用了 AutoCAD 的基本图元对象。

洁具管理对话框如图 8-8，本对话框为专用的洁具管理器，界面与库图管理器大同小异，请参看第 11 章『图库图案』。

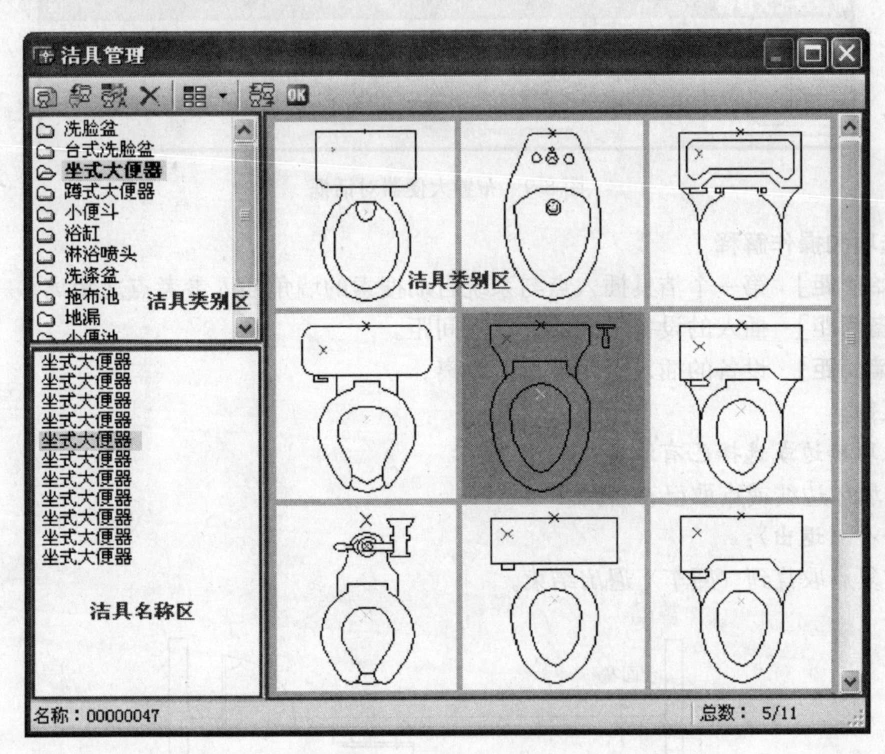

图 8-8　洁具管理对话框

洁具管理器各区域名称

［洁具预览区］　显示当前库内所有卫生洁具图块幻灯片。被选中的图块呈现紫罗兰色，同时名称区内该项洁具名称亮显。

［洁具类别区］　显示卫生洁具库的类别树状目录。其中黑体字形代表当前类别。

［洁具名称区］　显示卫生洁具库当前类别下的图块名称。

洁具布置方法

选取不同类型的洁具后，系统自动给出与该类型相适应的布置方法。在预览框中双击所需布置的卫生洁具，根据弹出的对话框和命令行提示在图中布置洁具。

按照布置方式分类，本命令通常用于布置以下洁具：

普通洗脸盆、大小便器、淋浴喷头、洗涤盆；

台式洗脸盆；

浴缸、拖布池；

地漏；

小便池；

盥洗槽。

1. 布置普通洗脸盆、大小便器、淋浴喷头和洗涤盆

洁具管理的预览框中双击所需布置的卫生洁具，屏幕弹出相应的布置洁具对话框，以布置大便器为例(图 8-9)。

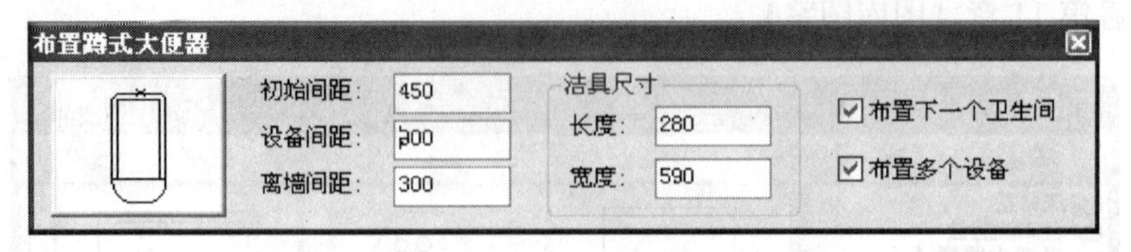

图 8-9　布置大便器对话框

对话框选项和操作解释

[**初始间距**]　第一个洁具插入点与系统自动搜索的墙角插入参考点之距离。

[**设备间距**]　插入的设备之间的插入点间距。

[**离墙间距**]　设备的插入点距墙边的距离。

命令交互

请点取墙边或选择已有洁具：

点取墙体边线或点取已有洁具。

下一个〈退出〉：

可重复点取直到〈回车〉退出结束。

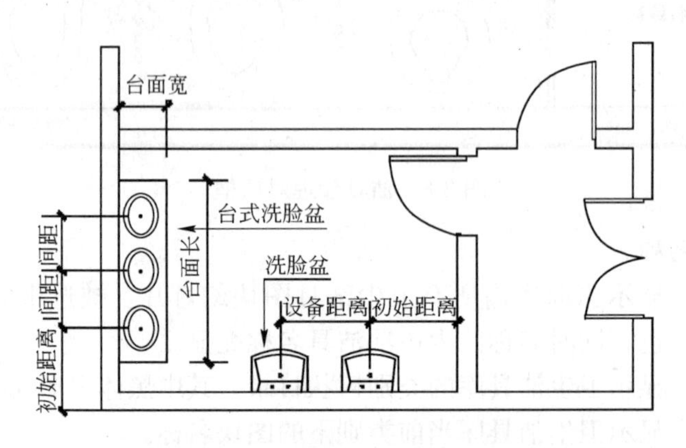

图 8-10　台式洗脸盆和单体洗脸盆实例

2. 布置台式洗脸盆

在洁具管理对话框中选中台式洗脸盆，双击提取指定样式。对话框与前面的相同。

命令交互

请点取墙体边线或选择已有洁具：

依照 1. 中所述方法选取布置参考基点。

回车后命令行提示：

台面宽度〈600〉：

键入新值或回车接受默认值。

台面长度〈900〉：

键入新值或回车接受默认值。

操作结束后，沿墙生成由若干个洗脸盆组成的台式洗脸盆。

3. 布置浴缸

在洁具对话框中选中浴缸双击图中相应的样式，即进入布置浴缸对话框(图 8-11)

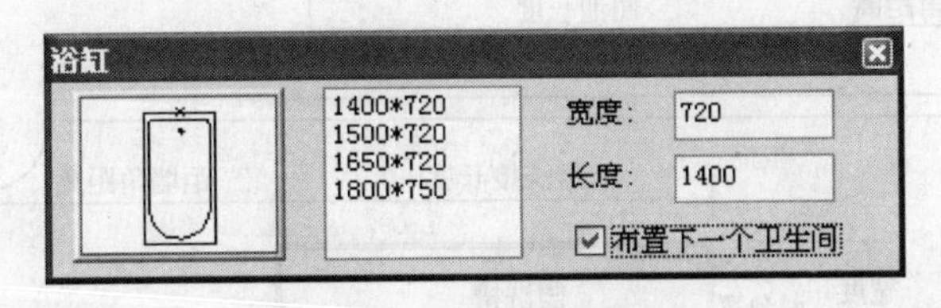

图 8-11　布置浴缸对话框

可直接在参数表中点取浴缸尺寸或直接输入尺寸。

命令行显示

请点取墙体一侧〈退出〉:

点取墙体一侧。

插入相应的洁具后退出，生成如图 8-12 所示的布置。

4. 布置地漏

直接在插入点点取插入，可连续操作。

5. 布置小便池

在洁具管理对话框中选中小便池双击图中相应的样式。

命令行显示

请点取墙体一侧〈退出〉:

点取墙体一侧。

小便池离墙角距离〈0〉:

键入新值或回车接受默认值。

小便池的长度〈3000〉:

输入小便池的新长度或回车接受默认值。

小便池宽度〈400〉:

键入新值或回车接受默认值。

台阶宽度〈250〉:

键入新值或回车接受默认值。

生成小便池，如图 8-12 所示。

6. 布置盥洗槽

在洁具管理对话框中选中盥洗槽双击图中相应的样式。

命令交互

点取墙体一侧〈退出〉:

点取墙体一侧。

盥洗槽离墙角距离〈1639〉:

键入新值或回车接受默认值。

盥洗槽的长度〈5300〉:

键入新值或回车接受默认值。

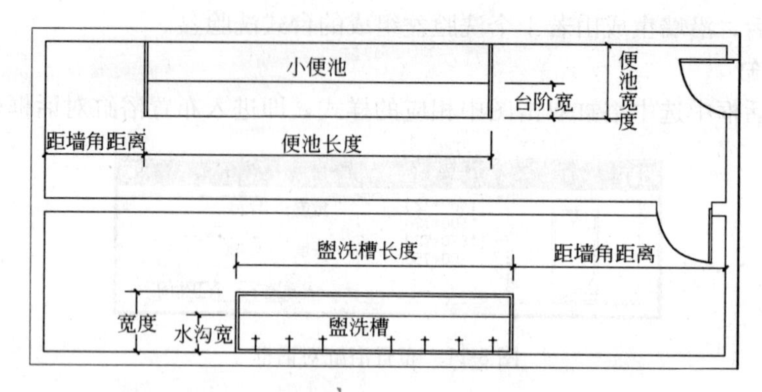

图 8-12　布置小便池、盥洗槽等洁具

盥洗槽的宽度〈690〉：

键入新值或回车接受默认值。

排水沟宽度〈100〉：

键入新值或回车接受默认值。

请输入水龙头的数目〈8〉：

键入新值或回车接受默认值。

结果生成如图 8-12 所示的盥洗槽。

8.4.2　洁具制作

屏幕菜单命令：【房间屋顶】→【洁具管理】(JJGL)

Arch2006 的洁具库是开放式的图库，除了盥洗槽和小便池不是采用事先预制的图块外，其他都是可以定制的图块。

制作洁具的步骤

1　在图面上准备好要入库的图形；

2　启动［洁具管理］；

3　选择洁具类别和样板洁具(即选中一个洁具)，样板洁具的属性将作为新洁具的缺省属性；

4　点取［新建洁具］图标；

5　选择要入库的图形；

6　输入基点和给排水点，给排水点对于建筑设计而言没有用，但建筑图纸的洁具有了给排水点，设备软件布置管道就非常方便了；

7　输入洁具属性。

8.4.3　卫生隔断

屏幕菜单命令：【房间屋顶】→【卫生隔断】(WSGD)

本命令通过两点一线串选已经插入的洁具，自动成批布置卫生间隔断。系统给出两种隔断方式，有隔断门或仅仅插入隔板。

对话框如图 8-13。

在对话框中设置参数，然后再图中点取两点，两点联线必须穿过所有需要隔断的洁具。

图 8-13　卫生间隔断的创建对话框

隔板与门采用了墙对象和门窗对象，支持［对象编辑］修改。

命令交互

请用两点连线来选洁具。

起点〈退出〉：

点取穿过洁具的连线起点。

终点〈退出〉：

点取穿过洁具的连线终点。

系统依据对话框中给定的参数和样式自动批量生成洁具隔断。

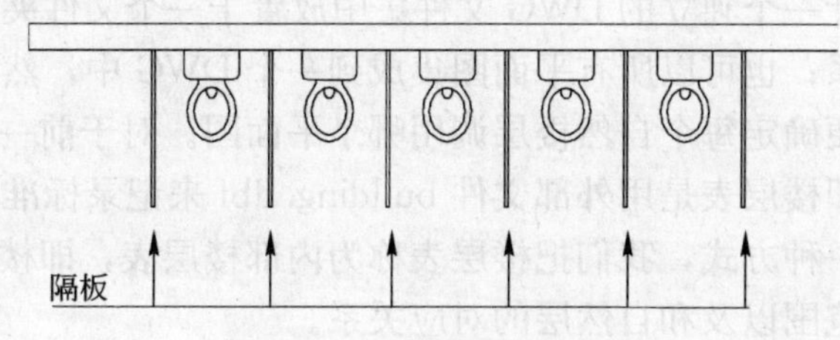

图 8-14　卫生间隔断的实例

特别提示

- 也可以直接用［创建墙体］来布置卫生隔断，只要指定墙体类型为“卫生隔断”即可。

第9章　立　剖　面

本章内容包括

- ■　**立剖面综述**
- ■　**立面图**
- ■　**剖面图**

立剖面的图形表达和平面图有很大的区别，立剖面表现的是建筑物的一个局部视图，受三维变化形式和遮挡的影响，没有事先可遵循的规则，按构件的方式来表达立剖面视图。因此 Arch2006 的立剖面图形是纯粹的二维图形，除了标注类对象是自定义对象外，其他图形构成元素都是 AutoCAD 的基本对象。

9.1　立剖图综述

设计好一套工程的各层平面图后，需要继续设计立剖面图来交待建筑物的竖向设计环节。可以每层平面设计一个独立的 DWG 文件集中放置于一个文件夹中，用［楼层表］设置平面图与楼层的关系；也可以所有平面图集成到一个 DWG 中，然后为这些平面图设置好［楼层框］属性以便确定每个自然楼层调用哪个平面图。对于前一种方式，我们把楼层表称为外部楼层表，即楼层表是用外部文件 building. dbf 来记录标准层图形文件和自然层之间的关系；对于后一种方式，我们把楼层表称为内部楼层表，即楼层表是用楼层框对象来记录标准层的图形范围以及和自然层的对应关系。

设计平面图时，三维构件必须设定正确的三维信息，以便正确生成立面图，如楼层高度，门窗、阳台和台阶等建筑设施的几何尺寸及标高等等。

剖面图的剖切位置依赖于剖面符号，所以事先必须在首层建立合适的剖切符号。

9.2　立面图

立面生成功能依据［楼层表］或［楼层框］中给定的各层平面图之间的关系，采用三维投影消隐算法快速准确生成立面图，在立面图中保留了图形对象的分类信息，方便立剖面图的修改补充。生成的立面图中的门窗和阳台为图块型式，以便用图库中其他样式进行替换。

9.2.1　建筑立面

屏幕菜单命令：【立剖面】→【建筑立面】(JZLM)

按照［楼层表］或［楼层框］的组合数据，一次生成多层建筑的立面图。

操作步骤

完成各层平面图设计：

1　设定［楼层表］或［楼层框］的组合数据；

2　点击［建筑立面］命令按提示回应生成哪个视方的立面；

3　在平面图中选取立面图中需要对应生成的轴线；

4　设定［生成立面］对话框中的选项和参数；

5　按［确定］按钮完成立面图。

建筑立面的设置对话框，如图 9-1。

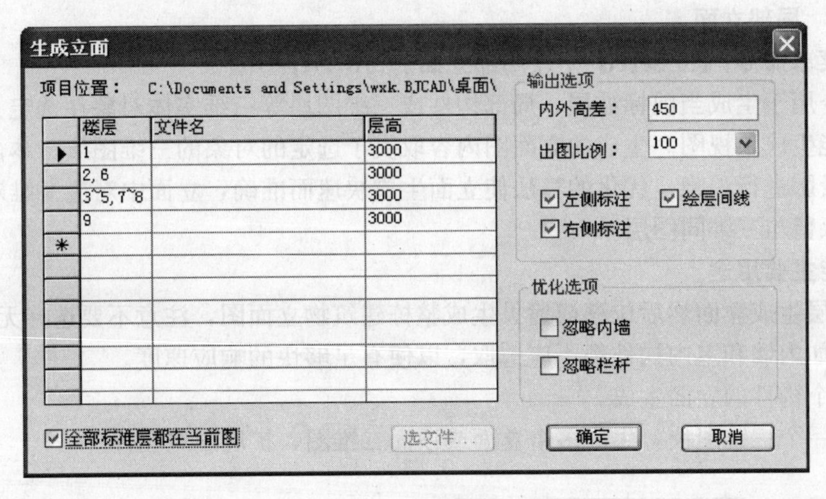

图 9-1　立面设置

对话框选项和操作解释

［楼 层 表］　左侧电子表格部分，表达楼层之间关系，参见第 13 章『文件布图』；

［内外高差］　室内地面与室外地坪的高差；

［出图比例］　立面图的打印出图比例；

［左侧标注］/［右侧标注］

是否标注立面图左右两侧的竖向标注，含楼层标高和尺寸；

［绘层间线］　楼层之间的水平横线是否绘制；

［忽略内墙］/［忽略栏杆］

为了优化计算，忽略内墙和栏杆的生成。

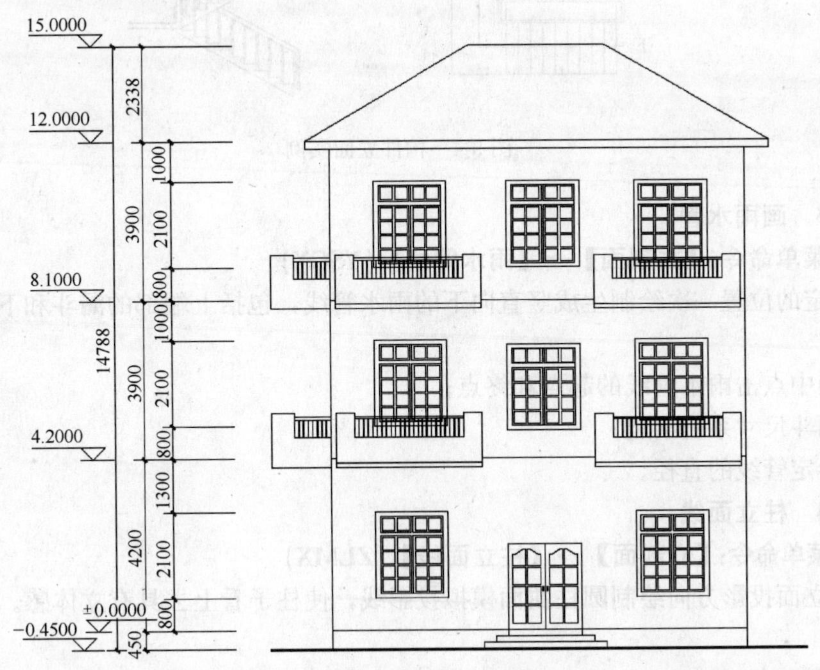

图 9-2　建筑立面生成实例

9.2.2　局部立面

屏幕菜单命令:【立剖面】→【局部立面】(JBLM)

本命令用于生成当前标准层、局部构件或三维图块等三维实体对象在选定方向上的立面图，也能生成顶视图。生成的立面图内容取决于选定的对象的三维图形。本命令按照三维的视图投影进行消隐，优化的算法使立面生成快速而准确，立面中对应三维对象的二维表达线段保留与三维同图层。

本功能主要用途

1　逐层生成立面然后位移或拷贝生成整栋建筑物立面图，注意不要选择无关的物体，例如内墙和室内构件都不应选取，以便有足够快的响应速度。

2　单个构件的立面生成。

3　用一个三维图块，生成多个立面或顶面二维图，扩展二维图库。

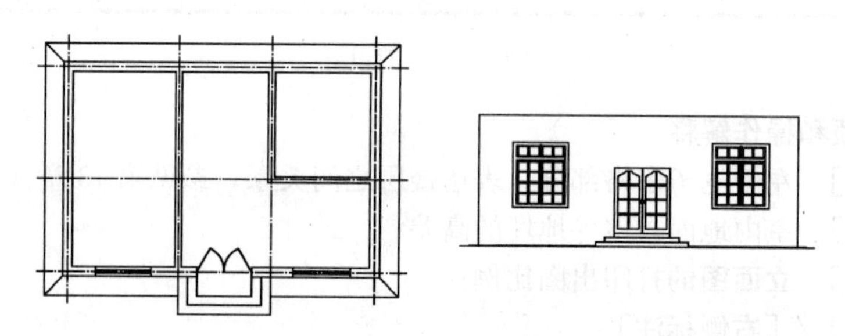

图 9-3　单层正立面实例

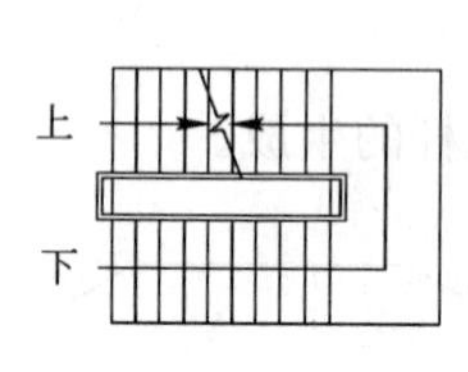

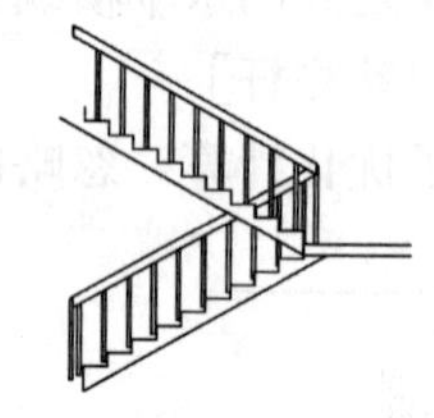

图 9-4　构件立面实例

9.2.3　画雨水管

屏幕菜单命令:【立剖面】→【雨水管线】(YSGX)

在给定的位置一次绘制生成竖直向下的雨水管线，包括上端部的漏斗和下部的导管。

操作步骤

1　图中点击雨水管线的起点和终点;

2　漏斗尺寸系统给定;

3　给定管线的直径。

9.2.4　柱立面线

屏幕菜单命令:【立剖面】→【柱立面线】(ZLMX)

在正立面投影方向绘制圆柱曲面模拟投影线，使柱子看上去具有立体感。

命令交互

输入起始角〈180〉:

输入平面圆柱的起始投影角度或取默认值。

输入包含角〈180〉:

输入平面圆柱的包角或取默认值。

输入立面线数目〈12〉:

输入立面投影线数量或取默认值。

输入矩形边界的第一个角点〈选择边界〉:

给出柱立面边界的第一角点。

输入矩形边界的第二个角点〈退出〉:

给出柱立面边界的第二角点。

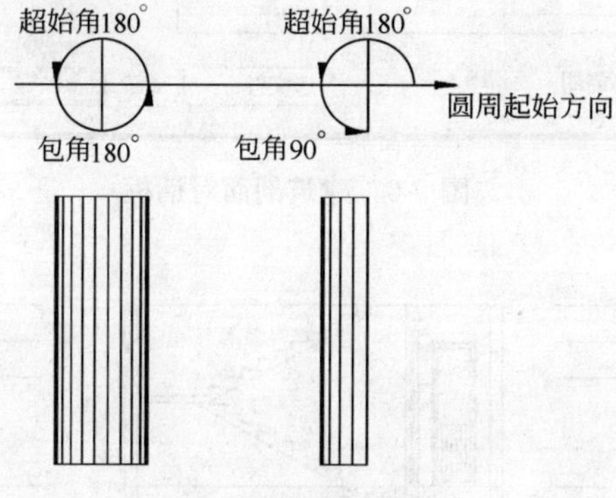

图 9-5 圆柱立面线

9.3 剖面图

剖面的生成与立面有些相似，区别在于立面只需确定投影方向，而剖面除了投影方向尚需指定剖切位置，因此生成剖面之前，必须建立剖切号。

9.3.1 建筑剖面

屏幕菜单命令:【立剖面】→【建筑剖面】(JZPM)

根据楼层表的层高定义和用户选择的平面剖切线，生成建筑剖面图。

操作步骤

1 完成各层平面图设计；

2 设定［楼层表］或［楼层框］的组合数据；

3 点击［建筑剖面］命令按提示选择参考剖切线；

4 平面图中选取剖面图中需要对应生成的轴线；

5 设定［生成剖面］对话框中的选项和参数；

6 按［确定］按钮完成剖面图。

生成剖面对话框。

对话框选项和参数与［建筑立面］基本一致，参见前一章节。

如果在设计平面图时建立了房间对象的三维封地面，或者用平板代替楼板，则在剖面图中有双楼板线生成，属于普通的 LINE，可编辑和充填。

9.3.2 局部剖面

屏幕菜单命令:【立剖面】→【局部剖面】(JBPM)

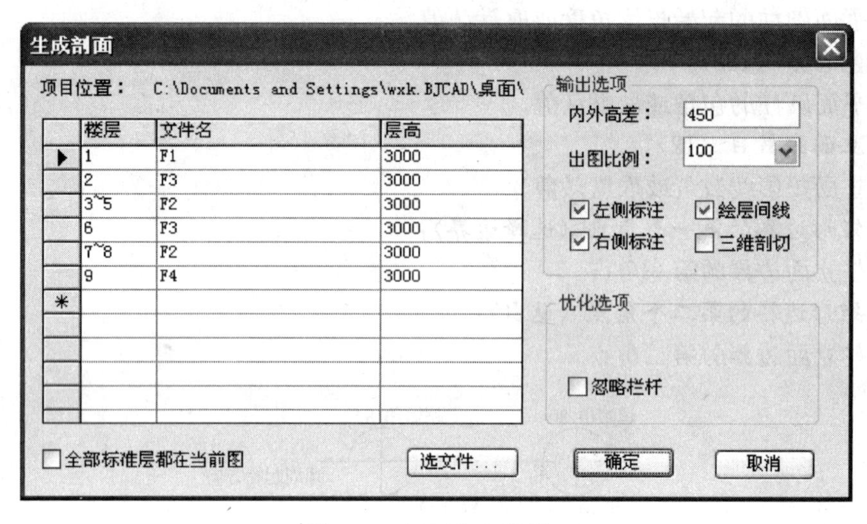

图 9-6　建筑剖面对话框

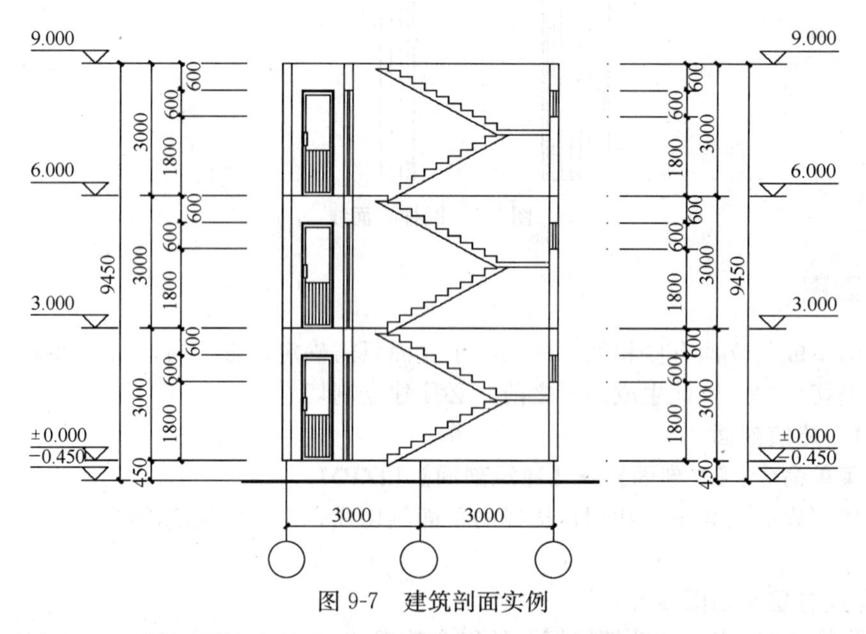

图 9-7　建筑剖面实例

根据选定的平面剖切线确定的位置和方向，生成当前标准层、局部构件或三维图块等三维实体对象的剖面图。

与建筑剖面生成一样，事先必须建立剖切线。本命令结合［局部立面］和［建筑剖面］

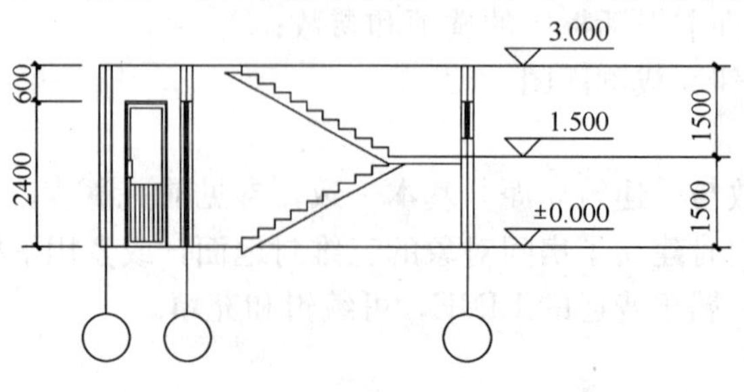

图 9-8　单层剖面实例

理解。

9.3.3　剖面墙

屏幕菜单命令：【立剖面】→【剖面墙】(PMQ)

本命令在系统指定的图层内绘制双直线剖面墙。

剖面墙对话框：

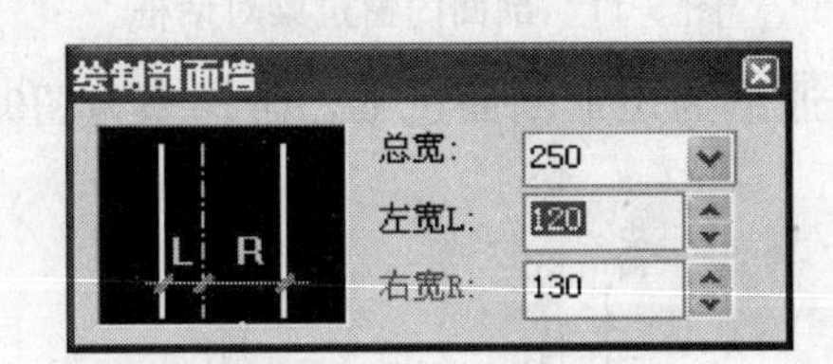

图 9-9　剖面墙对话框

剖面墙由两根 LINE 线组成，绘制在剖面墙图层内以便后续命令能够识别。

9.3.4　剖面门窗

屏幕菜单命令：【立剖面】→【剖面门窗】(PMMC)

本命令自动识别剖面墙线并完成插入、替换和修改剖面门窗功用。剖面门窗的对话框，如图 9-10。

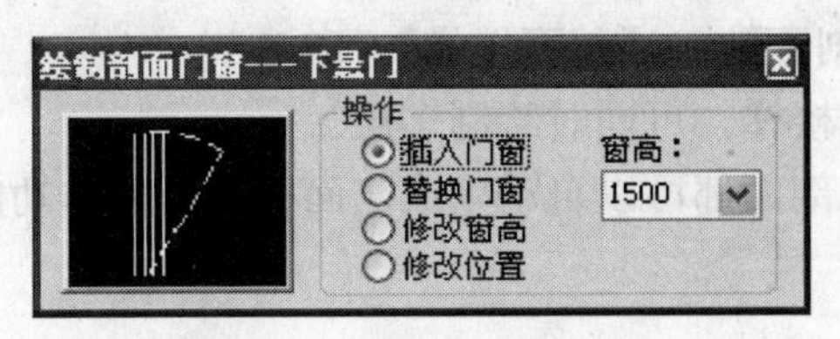

图 9-10　剖面门窗对话框

插入门窗操作步骤

1　在对话框中选定门窗样式，确定门窗高度；

2　点选剖面墙，系统自动搜索墙底部；

3　从墙体底部开始按提示的间距逐个向上插入门窗。

替换门窗操作步骤

1　在对话框中选定新的门窗样式；

2　图中选取准备替换掉的原门窗，新门窗自动代替之。

修改窗高操作步骤

1　在对话框中设定新的门窗高度；

2　图中选取准备修改高度的门窗，门窗的底部不动，上部按新高度改变。

修改位置操作步骤

1　图中点选准备修改底标高的门窗；

2　输入新的标高或间距，门窗整体移动到新位置。

9.3.5　门窗过梁

屏幕菜单命令：【立剖面】→【门窗过梁】(MCGL)

本命令自动识别剖面墙线和剖面门窗，在门窗上部按给定的类型和尺寸添加门窗过梁，过梁剖面内部自动填充实体图案。

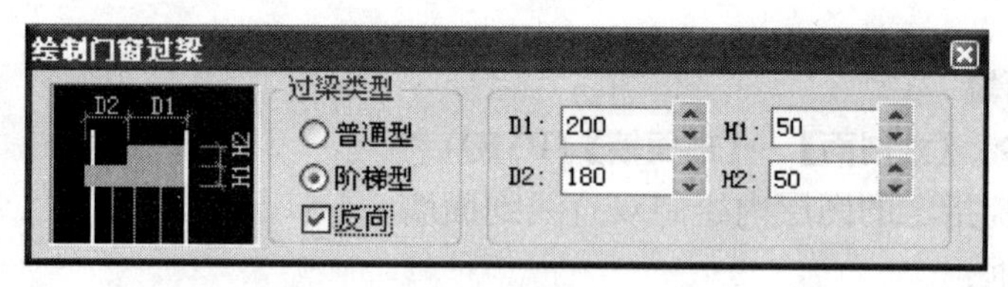

图 9-11　剖面门窗过梁对话框

提供两种过梁类型，普通型为矩形断面过梁，阶梯型为图9-12中(*a*)所示样式。

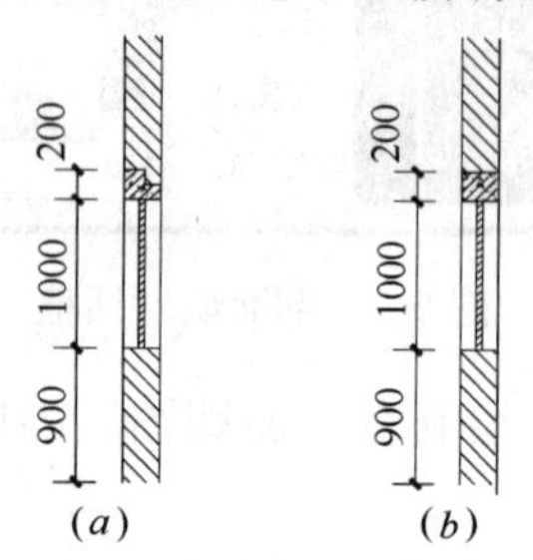

图 9-12　剖面门窗过梁实例
(*a*)阶梯型；(*b*)普通型

9.3.6　剖面楼梯

屏幕菜单命令：【立剖面】→【剖面楼梯】(PMLT)

本命令快速绘制剖面楼梯，可同时绘制多层。

虽然建筑剖面和局部剖面都可以自动生成剖面楼梯，但本功能作为专用工具提供的类型和参数更加丰富。

剖面楼梯对话框：

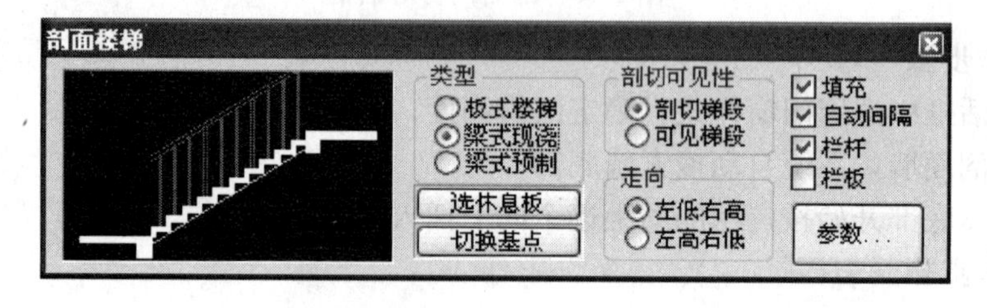

图 9-13　剖面楼梯对话框

对话框选项和操作解释：

［类型］	提供三种类型楼梯样式；
［剖切可见性］	确定绘制的梯段是剖切段还是可见段；
［走向］	绘制的梯段的走向；
［选休息板］	休息平台在四种方式之间切换；
［切换基点］	两种插入基点的切换；
［填充］	确定剖切断面是否填充；
［自动间隔］	可见性和走向两个选项自动间隔切换；
［栏杆］/［栏板］	随同楼梯一同自动绘制栏杆或栏板。

点取［参数］按钮，进入梯段参数设置对话框：

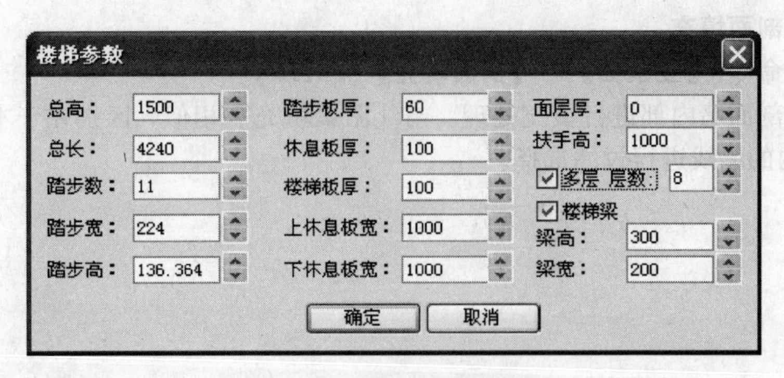

图 9-14 楼梯参数对话框

楼梯参数对话框除了提供参数设置外，还可选择参数相同的多层楼梯同时生成，大大提高绘图效率。

9.3.7 楼梯栏杆

屏幕菜单命令：【立剖面】→【楼梯栏杆】(LTLG)

本命令依据已有剖面楼梯生成栏杆扶手。系统以一个梯段的起始和终止台阶顶点为参照，在每个踏步上生成一个给定高度的栏杆，并在顶部加扶手。

9.3.8 扶手接头

屏幕菜单命令：【立剖面】→【扶手接头】(FSJT)

［剖面楼梯］和［楼梯栏杆］生成的扶手采用本命令进行接头的连接。

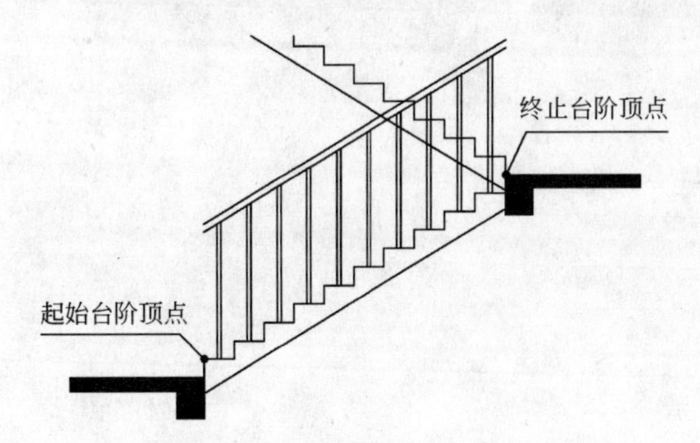

图 9-15 栏杆扶手生成示意图

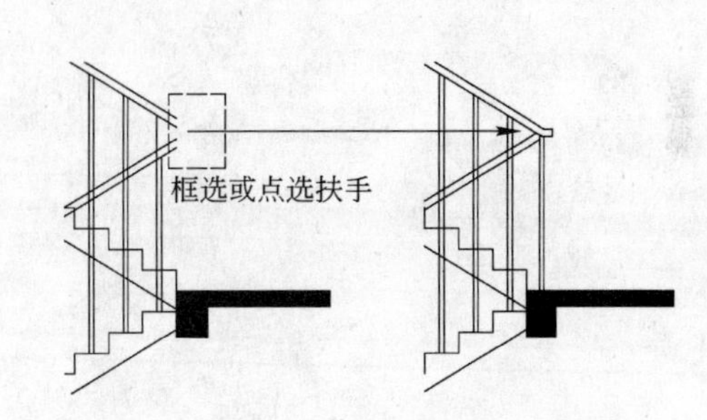

图 9-16 扶手接头的连接操作示意图

9.3.9 剖面加粗

屏幕菜单命令：【立剖面】→【剖面加粗】(PMJC)

本命令对剖面墙线进行加粗处理。与［工具二］的加粗曲线命令的区别仅在于本命令对“建-剖-墙”图层内的墙线进行过滤选择。可选择向内加粗，缺省为两侧加粗。

图 9-17 剖面墙加粗对话框

9.3.10　剖面填充

屏幕菜单命令:【立剖面】→【剖面填充】(PMTC)

本命令在剖面墙内部进行填充处理。与［图案填充］相似，区别在于本命令对“建-剖-墙”图层内的墙线进行过滤选择。

第 10 章　注　释　系　统

本章内容包括

- 文字
- 表格
- 工程符号
- 尺寸标注
- 创建尺寸标注
- 编辑尺寸标注
- 坐标和标高

工程图纸中除了设计构件对象外，还需要大量注释类对象来辅助表达工程信息，如文字、表格、符号和尺寸标注等等。这些 TH 对象在本软件中组成了注释系统。

10.1　文字

设计图纸中存在大量的文字，因此书写和编辑文字的能力是衡量一个工程设计软件易用性的重要指标。AutoCAD 本身提供的文字功能仅适于西文，对于经常需要使用中西文混排的中国用户十分不便。尽管 AutoCAD 文字能够支持大字体(bigfont)样式，但无法分别控制中西文的宽高比例，即使采用中西文合成的字体文件，中西文的宽度比例也不尽人意。

Arch2006 为此采用了必要的 TH 文字对象，将中西文合二为一的同时又能分别调整二者的高宽比例，使中西文的外观协调一致，能够方便地输入文字的上下标和工程特殊字符。

10.1.1　文字样式

屏幕菜单命令：【文表符号】→【文字样式】(WZYS)

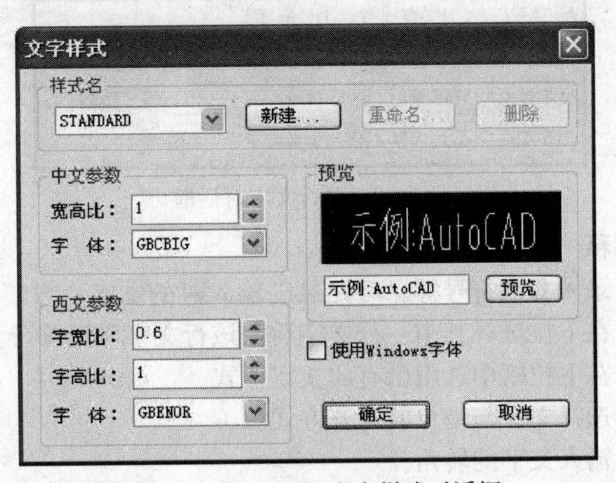

图 10-1　Arch2006 文字样式对话框

对话框选项和操作解释

［新　建］　新建文字样式，首先给新文字样式命名，然后选定中西文字体文件和高宽参数。［确定］生效，并作为当前文字样式。

［重命名］　给文件样式赋予新名称。

[删　除] 删除样式仅对图中没有使用的样式起作用，已经使用的样式不能被删除。

[样式名] 显示当前文字样式名，可在下拉列表中更换其他样式。

中文参数栏

[宽高比] 表示中文字宽与中文字高之比。

[字　体] 设置组成文字样式的中文字体。

西文参数栏

[字宽比] 表示西文字宽与中文字宽的比。

[字高比] 表示西文字高与中文字高的比。

[字　体] 设置组成文字样式的西文字体。

[使用 Windows 字体]

文字样式默认采用矢量字体（shx 字体），用户可使用 Windows 的系统 turetype 字体，如“宋体”和“楷体”等，这些系统字体文件包含中文和英文，只须设置中文参数即可。

[预览] 使新字体参数生效，浏览字体效果。

[确定] 系统将样式名称栏中的样式作为当前样式。

文字样式由中西文字体组成，中西文字体分别设定参数，达到两者统一大小。事实上是对 AutoCAD 的文字样式进行了必要的扩展，使得可以分别控制中英文字体的宽度和高度。

10.1.2 单行文字

屏幕菜单命令：【文表符号】→【单行文字】(DHWZ)

本命令能够单行输入文字和字符，输入到图面的文字独立存在，特点是灵活，修改编辑不影响其他文字。

单行文字输入对话框：

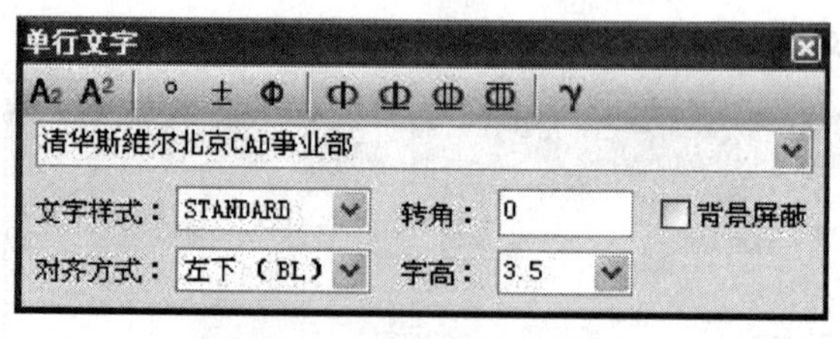

图 10-2　单行文字对话框

对话框选项和操作解释

[文字输入框] 录入文字符号等。可记录已输入过的文字，方便重复输入同类内容，在下拉选择其中一行文字后，该行文字移至首行。

[文字样式] 在下拉框中选用已有的文字样式。

[对齐方式] 选择文字与基点的对齐方式。

[转　　角] 输入文字的转角。

[字　　高] 最终图纸打印的字高，而非在屏幕上测量出的字高数值，两者相差绘图比例值。

[特殊符号] 在对话框上方选择特殊符号的输入内容和方式。

[上下标输入方法]

鼠标选定需变为上下标的部分文字，然后点击上下标图标；

［钢筋符号输入］　在需要输入钢筋符号的位置，点击相应得钢筋符号；

上标：388m² 钢筋符号：二级钢ф18和三级钢ф32

图 10-3　特殊文字符号实例

［其他特殊符号］　点击 r 进入特殊字符集。

图 10-4　特殊字符选取对话框

［背景屏蔽］　为文字增加背景屏蔽功能，用于剪切复杂背景，例如存在图案填充等场合，本选项利用 AutoCAD 的 WIPEOUT 图像屏蔽特性，屏蔽作用随文字移动存在。打印时如果不需要屏蔽框，右键点击【屏蔽框关】。

10.1.3　多行文字

屏幕菜单命令：【文表符号】→【多行文字】

使用已经建立的 Arch2006 文字样式，按段落输入多行文字，可以方便设定页宽与硬回车位置，并随时拖动夹点改变页宽。

多行文字的对话框：

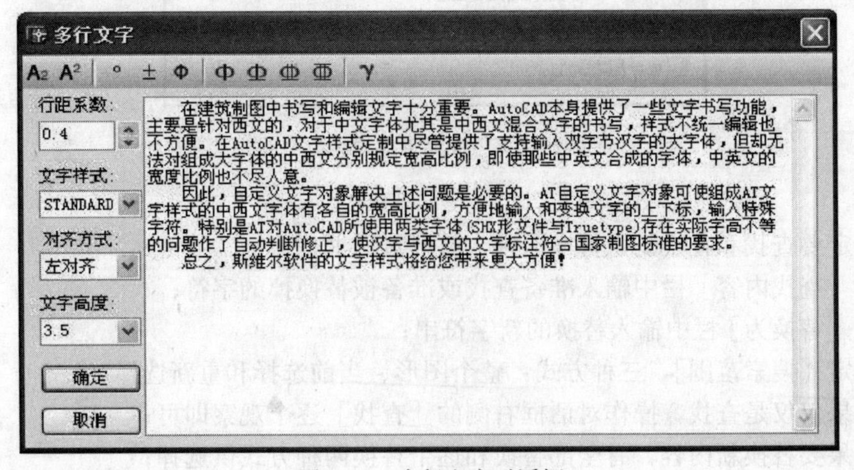

图 10-5　多行文字对话框

对话框选项和操作解释

［**文字输入区**］　在其中输入多行文字，也可以接受来自剪裁板的其他文本编辑内容，如由 Word 编辑的文本可以通过〈Ctrl＋C〉拷贝到剪裁板，再由〈Ctrl＋V〉输入到文字编辑区，在其中随意修改其内容。允许硬回车，也可以由页宽控制段落的宽度。

［**行距系数**］　与 AutoCAD 的 MTEXT 中的行距有所不同，本系数表示的是行间的净距，单位是当前的文字高度，比如 1 为两行间相隔一空行，本参数决定整段文字的疏密程度。

［**字　　高**］　打印出图后的实际文字高度。

［**对齐方式**］　决定了文字段落的对齐方式，共有左对齐、右对齐、中心对齐、两端对齐 4 种对齐方式。

输入文字内容编辑完毕以后，按［确定］按钮完成多行文字输入。

多行文字拥有两个夹点，左侧的夹点用于拖动文字整体移动，而右侧的夹点用于拖动改变对象宽度，当宽度小于设定时，多行文字对象会自动换行，而最后一行的结束位置由该对象的对齐方式决定。

10.1.4　文字编辑

屏幕菜单命令：【文表符号】→【查找替换】(CZTH)

【文表符号】→【繁简转换】(FJZH)

文字编辑的最常规的方法是采用［在位编辑］、［OPM 特性编辑］和［对象编辑］，这些方法在第 1 章中已经有总体交待，在此不赘述。

在此介绍其他两个编辑功能：

查找替换

本命令类似于一般文档编辑软件的查找和替换功能。对当前图形中所有的文字，包括 AutoCAD 文字、Arch2006 文字和包含在其他对象中的文字均有效。

图 10-6　查找替换对话框

操作步骤

1　确定要查找和替换的字符串内容，打开对话框；

2　在［查找内容］栏中输入准备查找或准备被替换掉的字符；

3　在［替换为］栏中输入替换的新字符串；

4　确定［搜索范围］，三种方式：整个图形、当前选择和重新选择；

5　如果仅仅是查找，操作对话框右侧的［查找］逐个观察即可；

6　如果要替换新内容，有全部替换和逐个替换两种方式供选择；

7　勾选［包含图块属性值］，可对图块的属性值进行替换。

特别提示

- 应用本命令前适当缩放视图以便看清文字。系统在找到平面外的文字时自动移动视图，使得文字在屏幕内，但并不缩放视图。

繁简转换

由于大陆与港台地区的文字内码不同，给双方的图纸交流带来很大困难，繁简转换能够将当前图档的内码在 Big5 与 GB 之间转换。

必须确保当前环境下的字体支持路径内，即 ACAD 的 fonts 或 Arch2006 的 sys 目录下存在内码为 Big5 字体文件，才能获得正常显示与打印效果。并注意重新设置文字样式，使用与目标内码一致的字体。

10.2　表格

10.2.1　表格对象

Arch2006 表格是一个层次结构严谨的 TH 对象。除了作为工程设计的各种表格外，还在门窗表和日照分析表格等处发挥作用。

表格的构成：

- 表格的功能区域组成：标题、表头和内容三部分。
- 表格的层次结构：由高到低的级次为：1. 表格；2. 标题、表头、表行和表列。3. 单元格和合并格。

外观表现：文字、表格线、边框和背景。

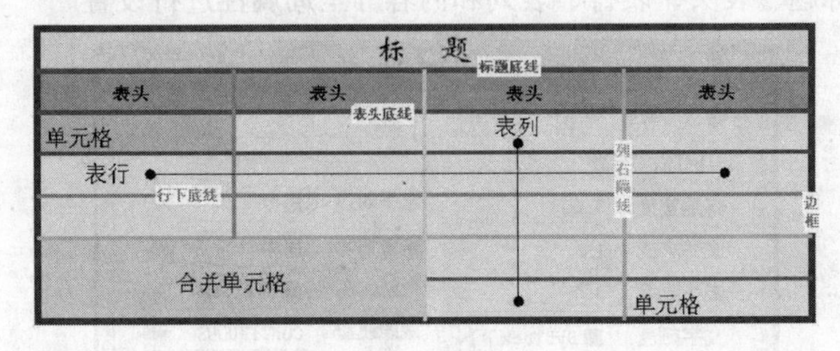

图 10-7　表格的构成

表格的特性设定：

- 全局设定：表格设定。控制表格的标题、表头、外框、表行和表列和全体单元格的全局样式。
- 表行：表行属性。控制选中的某一行或多个表行的局部样式。
- 表列：表列属性。控制选中的某一列或多个表列的局部样式。
- 单元：单元编辑。控制选中的某一个或多个单元格的局部样式。

10.2.2　创建表格

屏幕菜单命令：【文表符号】→【新建表格】(XJBG)

本命令依据对话框提供的参数在图纸内建立一个空白新表格。

创建表格对话框：

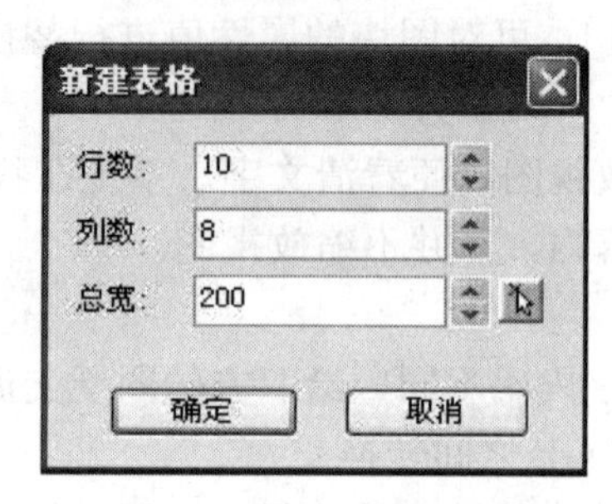

图 10-8　新建表格对话框

生成图 10-9 样式的空表格。

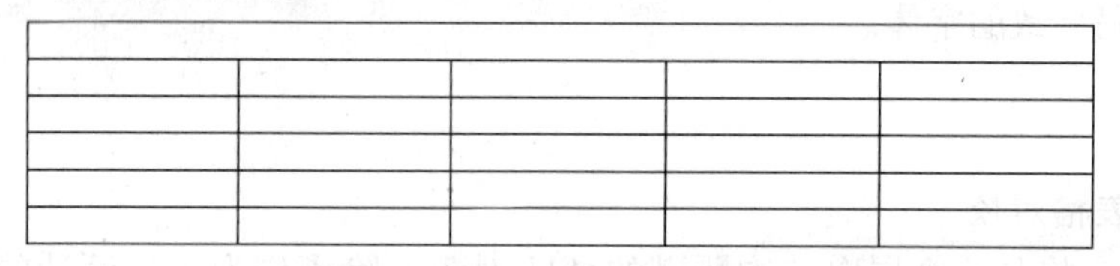

图 10-9　新建的空白表格

表格的标题、表头和单元的字符输入采用下列方法：

- 标题和表头的内容采用“在位编辑”的输入方式。
- 单元格的内容采用“在位编辑”或右键的【单元编辑】输入方式。

10.2.3　表格属性

右键菜单命令：〈选中表格〉→【对象编辑】(DXBJ)

分别可以对标题、表头、表行、表列和内容等全局属性进行设置。

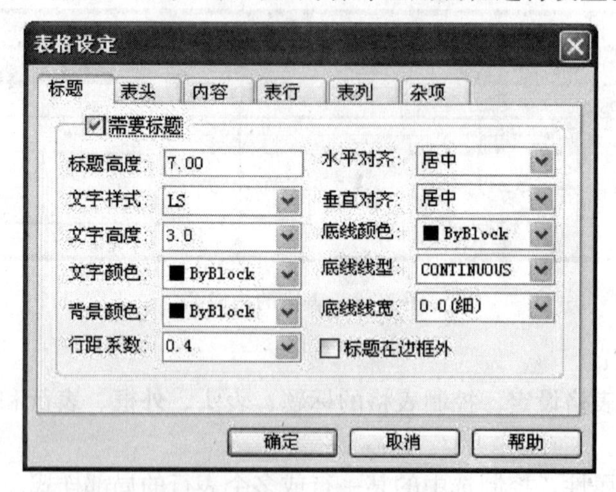

图 10-10　表格设定对话框

表格的“统一/继承/个性”之间的关系：

- ［表格设定］中的全局属性项如果勾选了［统一...］选项，则影响全局；不勾选此项只影响未设置过个性化的单元格。
- 在［行列属性］中，如果勾选了［继承...］选项，则本行或列的属性继承［表格设定］中的全局设置；不勾选则本次设置生效。
- 个性化设置只对本次选择的单元格有效。

1. 标题属性

表格编辑中的［标题］选项卡，如图10-10，部分内容略作解释：

［需要标题］ 确定是否需要标题选项，如果不需要，下面的所有参数都无效。

［标题高度］ 打印输出的标题栏高度，与图中实际高度差一个当前比例系数。

［行距系数］ 标题栏内的标题文字的行间的净距，单位是当前的文字高度，比如1为两行间相隔一空行，本参数决定文字的疏密程度。

［标题在边框外］ 选此项，标题栏取消，标题文字在边框外。

2. 表头属性

表格编辑中的［表头］选项卡：

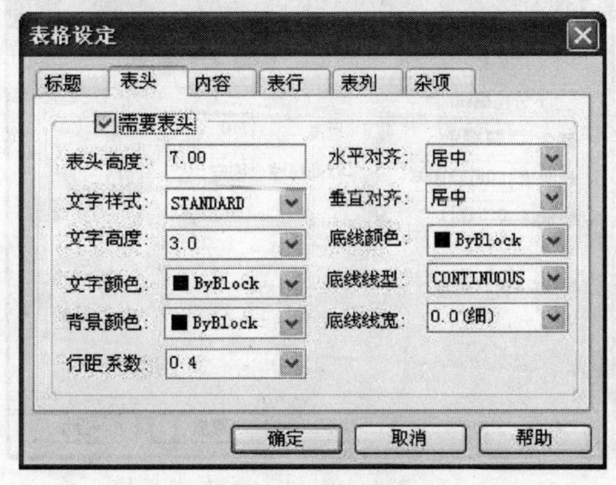

图10-11 表头设置

对话框选项和操作解释

［需要表头］ 决定是否需要表头选项，如果不需要，下面的所有参数都无效。

［表头高度］ 打印输出的表头栏高度，与图中实际高度差一个当前比例系数。

［行距系数］ 表头栏内的表头文字的行间的净距，单位是当前的文字高度，比如1为两行间相隔一空行，本参数决定文字的疏密程度。

3. 内容属性

内容编辑是对单元格内文字属性的全局缺省设置。

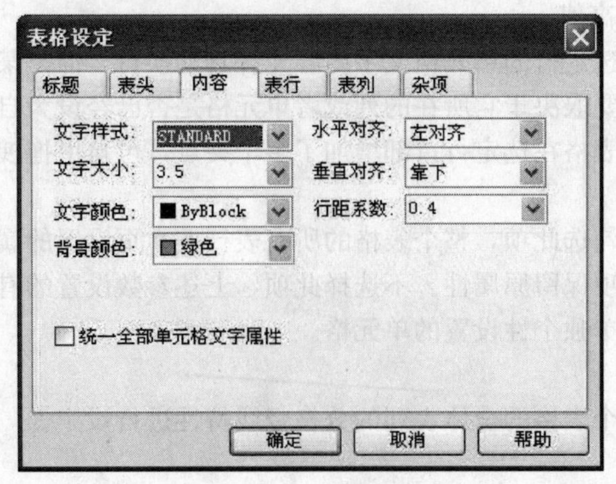

图10-12 内容设置

对话框选项和操作解释

[行距系数]　单元格内的文字的行间的净距，单位是当前的文字高度。

[统一全部单元格文字属性]

选此项，单元格内的所有文字强行按本页设置的属性显示，未涉及的选项保留原属性。不选择此项，上述参数设置的有效对象不包括进行过单独个性设置的单元格文字。

4. 表行属性

表行选项卡用来控制表格的行特征，包括分格横线特性、行的高度和特性。

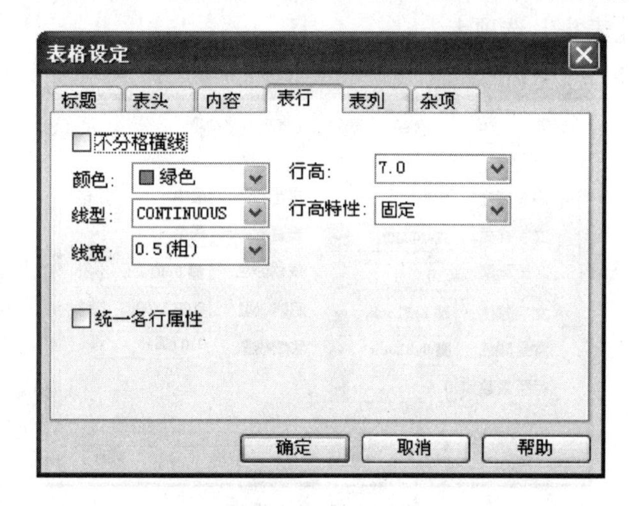

图 10-13　表行编辑的对话框

对话框选项和操作解释

[不分格横线]　选此项，整个表格的所有表行均没有横格线，其下方参数设置无效。

[行高特性]　设置行高与其他相关参数的关联属性，有五个选项，默认是“继承”，“继承”表示采用全局表格设定里给出的全局行高设定值。

固定　行高固定为[行高]设置的高度不变。

至少　表示行高无论如何拖动夹点，不能少于全局设定里给出的全局行高值。

自动　选定行的单元格文字内容允许自动换行，但是某个单元格的自动换行要取决于它所在的列或者单元格是否已经设为自动换行。

自由　表格在选定行首部增加了多个夹点，可自由拖拽夹点改变行高。

[统一各行属性]

勾选此项，整个表格的所有表行按本页设置的属性显示，未涉及的选项保留原属性。不选择此项，上述参数设置的有效对象不包括进行过单独个性设置的单元格。

5. 表列属性

表列编辑针对某个表格的全体表列的分格竖线特性进行设定。

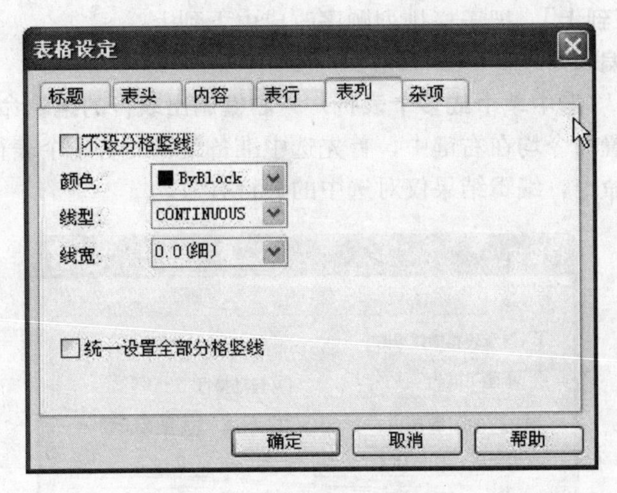

图 10-14 表列编辑的对话框

对话框选项和操作解释

［不分格竖线］ 选此项，整个表格的所有表行的均没有竖格线，其下方参数设置无效。

［统一设置全部分格竖线］

选此项，整个表格的所有表列按本页设置的属性显示，未涉及的选项保留原属性。不选择此项，上述参数设置的有效对象不包括进行过单独个性设置的单元格。

6. 杂项属性

本项目主要是设置表格的最外边框、文字边距和表格的排列方向。

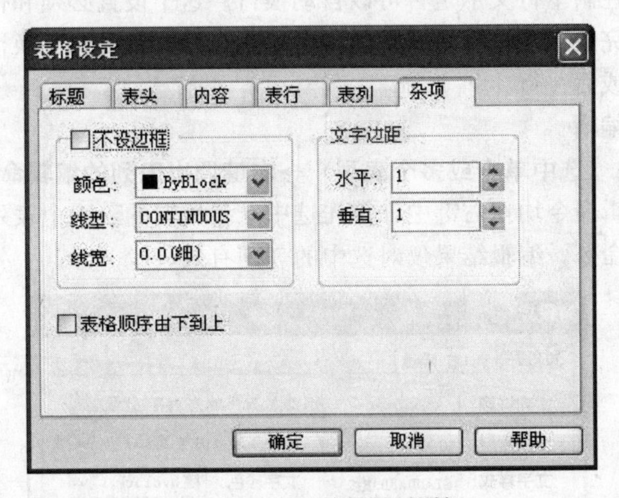

图 10-15 杂项编辑的对话框

对话框选项略解释

［不设边框］ 选择此项不设置边框，下方边框内容灰掉无效。

［文字边距］

［水 平］ 文字水平方向距边框的净距离。

［垂 直］ 文字垂直方向距边框的净距离。

［表格顺序由下到上］　把表格排列顺序改成由下到上。

10.2.4　表行编辑

右键菜单命令：〈选中单个或多个表行〉→右键调出表行的编辑命令

表行的局部设置命令均在右键中，首先选中准备编辑的若干个表行，然后在右键中找到准备采用的编辑命令，编辑结果仅对选中的表行有效。

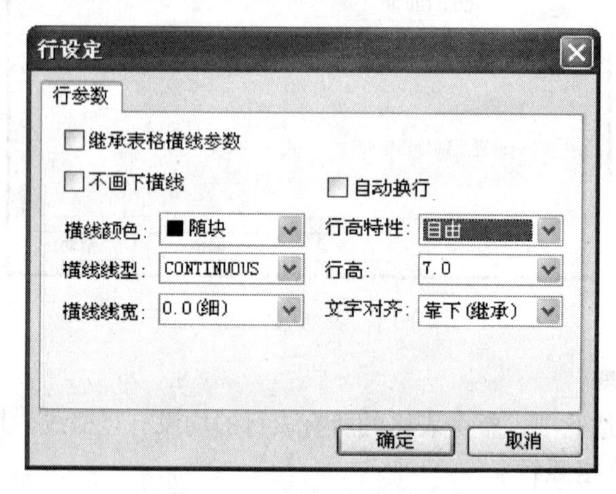

图 10-16　表格的行编辑对话框

对话框选项略做解释

［继承表格横线参数］

　　勾选此项，本次操作的表行对象按全局表行的参数设置显示。

［自动换行］　控制本行文字是否可以自动换行。这个设置必须和行高特性配合才可以完成，即行高特性必须为自由或自动。否则文字换行后覆盖表格前一行或后一行。

10.2.5　表列编辑

右键菜单命令：〈选中单个或多个表列〉→右键调出表列的编辑命令

表列的局部编辑命令均在右键中，首先选中准备编辑的若干个表列，然后在右键中找到准备采用的编辑命令，编辑结果仅对选中的表列有效。

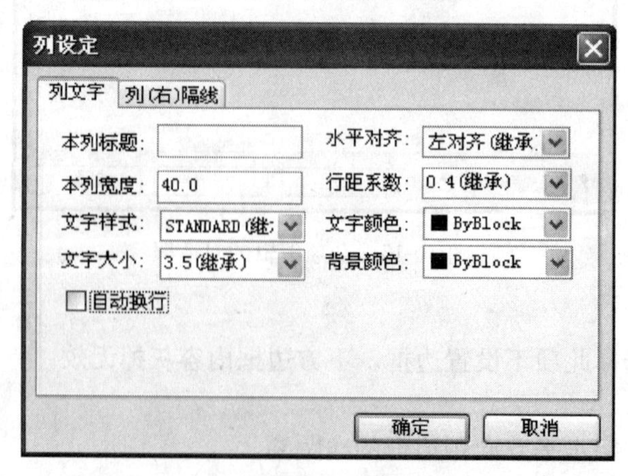

图 10-17　表格的列编辑对话框

对话框选项略做解释

Arch2006 赋予表列比表行更多的属性编辑，因为实际应用中表列更重要。下列参数只面向本次操作选中的所有表列有效。

[本列标题] 只有当表格全局中设置"需要表头"，且本次操作仅仅编辑单列时本选项才可用。标题内容为对应表头内的文字内容。

[自动换行] 表列内的文字超过单元宽后自动换行，必须和前面提到的行高特性结合才可以完成。

10.2.6　单元格编辑

● 单格编辑

右键菜单命令：〈选中一个单元〉→【单元编辑】

图 10-18　单个单元格编辑的对话框

可以对单元内的文字进行编辑(和"在位编辑"效果等同)，输入特殊符号以及文字、背景、对齐方式等方面的修改。

● 多格属性

右键菜单命令：〈选中多个单元〉→【单元属性】

本命令对同时选取的多个单元格进行编辑，与前一个命令相似，只是由于面向多个单元，不能编辑单元文字内容。

● 单元合并

右键菜单命令：〈选中多个单元〉→【单元合并】

本命令将选中的相邻的多个单元格合并为一个独立的单元格，合并后的单元格文字内容取合并前左上角单元格的内容。

● 单元拆分

右键菜单命令：〈选中 1 个单元〉→【单元拆分】

把合并格拆分成合并前的样子。

10.2.7　与 Excel 交换数据

屏幕菜单命令：【文表符号】→【导出 Excel】(DCEX)

【文表符号】→【导入 Excel】(DREX)

考虑到设计师常常使用微软强大的表格处理软件 OFFICE Excel 来统计工程数据，本软件及时提供了 Arch2006 与 Excel 之间交换表格文件的接口。可以把 Arch2006 的表格输出到 Excel 中进一步编辑处理，然后再更新回来；还可以在 Excel 建立数据表格，然后以 TH 表格对象的方式插入到 AutoCAD 中。

导出 Excel

本命令将把图中的 Arch2006 表格输出到 Excel。执行命令后系统自动开启一个 Excel 进程，并把所选定的表格内容输入到 Excel 中，导出到 Excel 的内容包含 TH 表格的标题。

导入 Excel

本命令即把当前 Excel 表格中选中的数据区域内容更新到指定的表格中或导入并新建表格，注意不包括标题，即只能导入表格内容。如果想更新图中的表格要注意行列数目匹配。

特别提示

- 为了实现与 Excel 交换数据，事先必须在系统内安装 Microsoft Excel，并且 AutoCAD必须安装 VBA 部件。

10.2.8　夹点编辑

与其他 TH 对象一样，表格对象也提供了专用夹点用来拖拽编辑，各夹点的用处如下图：

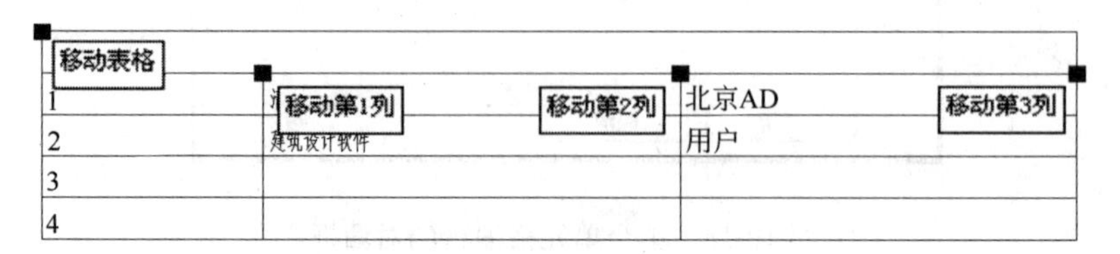

图 10-19　表格的夹点用途示意图

10.2.9　自动编号

选中多个单元格时，选中区域的右下角，有个圆圈。拖放这个圆圈，可以实现自动递增或递减编号，放开鼠标的时候注意使得关闭位置落到最后一个要自动编号的单元格内。这点和 Excel 的自动编号类似。

房间统计表格			
序 号	房间编号	面积	备注
1			
2	圆圈		
3　拖	放		
4			
合计			

图 10-20　表格自动编号

10.3 工程符号

10.3.1 箭头引注

屏幕菜单命令：【文表符号】→【箭头引注】(JTYZ)

本命令在图中以国标规定的样式标出箭头引注符号。

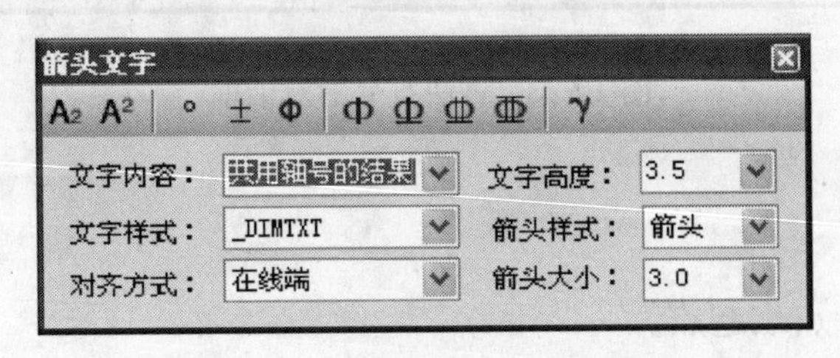

图 10-21　箭头引注符号的对话框

命令交互

起点〈退出〉：

标注从箭头开始，点取起点。

下一点〈退出〉：

鼠标拖动连线，点取第一个折点。

下一点或［弧段(A)/回退(U)］〈退出〉：

继续点取折点。

下一点或［弧段(A)/回退(U)］〈退出〉：

也可回应 A 变连线为弧线，位置合适后回车结束。

对话框选项和操作解释

［文字内容］　符号中的说明文字内容，特殊符号点取上方图标输入。

［文字高度］　说明文字打印输出的实际高度。

［箭头样式］　采用何种箭头样式。

［箭头大小］　箭头的打印输出尺寸大小。

箭头引注符号由箭头、连线和说明文字组成，样式如图：

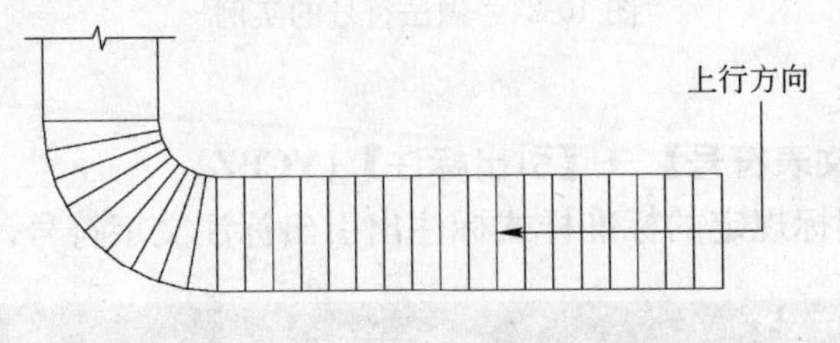

图 10-22　箭头引注符号的标注实例

10.3.2 做法标注

屏幕菜单命令：【文表符号】→【做法标注】(ZFBZ)

本命令在图中以国标规定的样式标注出做法标注符号。

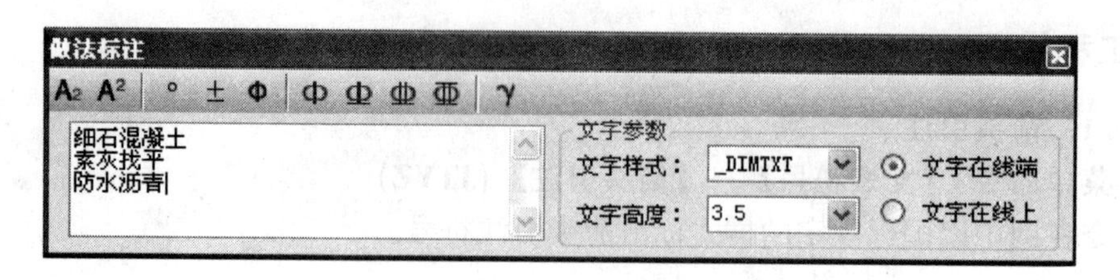

图 10-23 做法符号的对话框

命令交互

起点〈退出〉：

标注从箭头开始，点取起点。

下一点〈退出〉：

鼠标拖动连线，点取第一个折点。

下一点或［弧段(A)/回退(U)］〈退出〉：

继续点取折点。

下一点或［弧段(A)/回退(U)］〈退出〉：

也可回应 A 变连线为弧线，位置合适后回车结束。

对话框选项和操作解释

［输入框内］ 按行输入做法说明文字，特殊符号点取上方图标输入。

做法标注符号由连线和说明文字组成，样式如图：

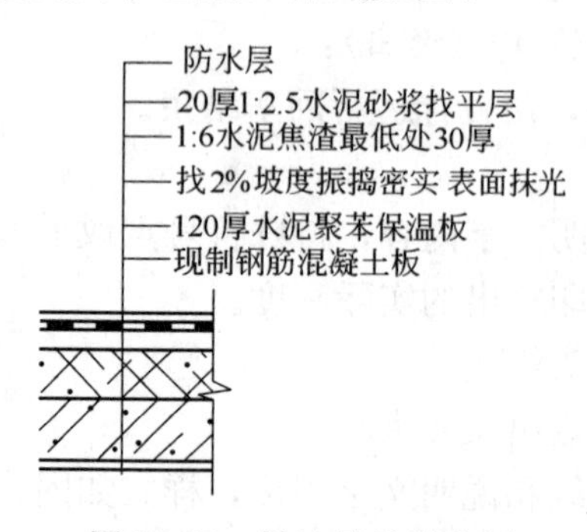

图 10-24 做法符号的实例

10.3.3 引出标注

屏幕菜单命令：【文表符号】→【引出标注】(YCBZ)

本命令在图中以国标规定的标准样式标注出引出标注文字符号。

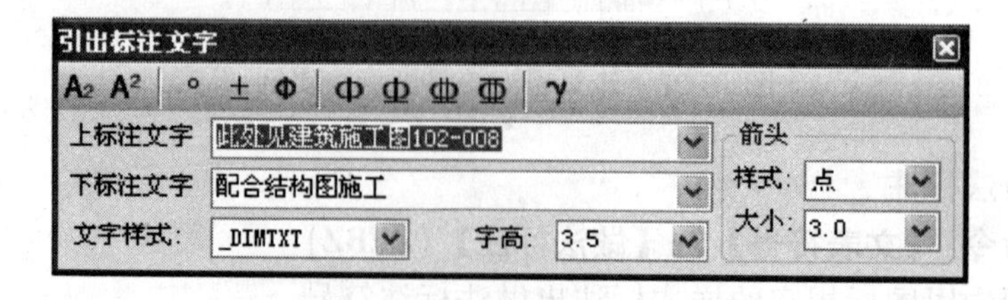

图 10-25 引出标注符号的对话框

对话框选项和命令行提示以及如何回应，与前述内容基本一致，不再赘述。典型的标注样式如图 10-26。

引注点的编辑

按一下 Ctrl 键，引注点的编辑状态在增加和移动之间切换，如图 10-27。

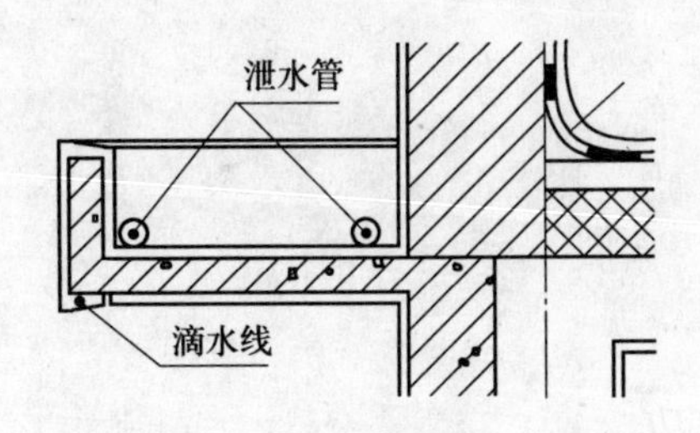

图 10-26 引出标注符号的实例

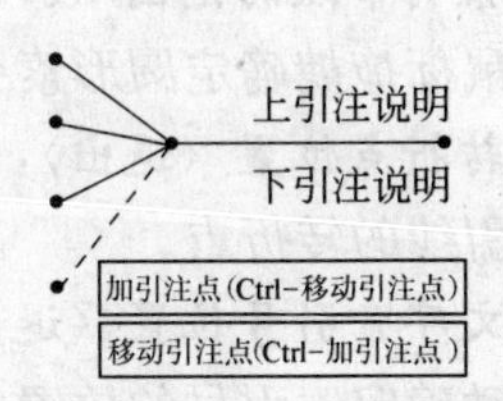

图 10-27 引注点的编辑

10.3.4 图名标注

屏幕菜单命令：【文表符号】→【图名标注】(TMBZ)

本命令在图中按国标和传统两种方式自动标出图名。

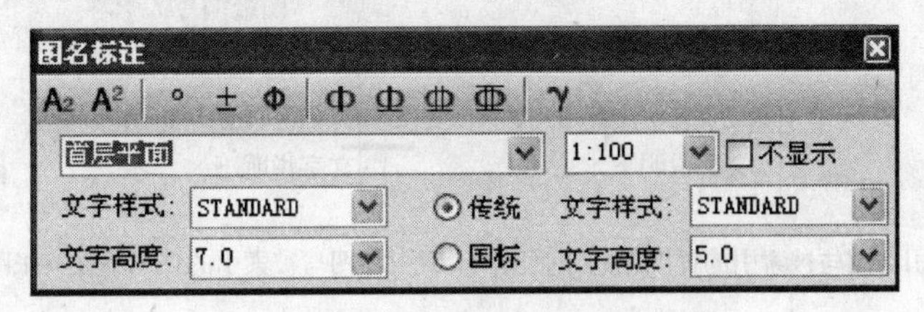

图 10-28 图名标注的对话框

标注样式有两种形式可以选择，一种是传统样式，另一种是国标样式，都可以选择是否附带出图比例。图名标注样式如图：

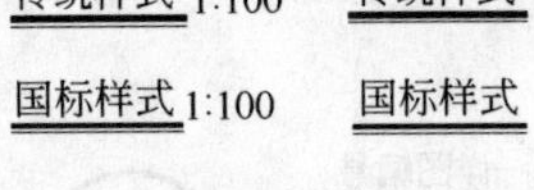

传统样式 1:100　　传统样式

国标样式 1:100　　国标样式

图 10-29 图名标注的四种实例

10.3.5 索引符号

屏幕菜单命令：【文表符号】→【索引符号】(SYFH)

本命令在图中以国标规定的样式标出指向索引和剖切索引符号。

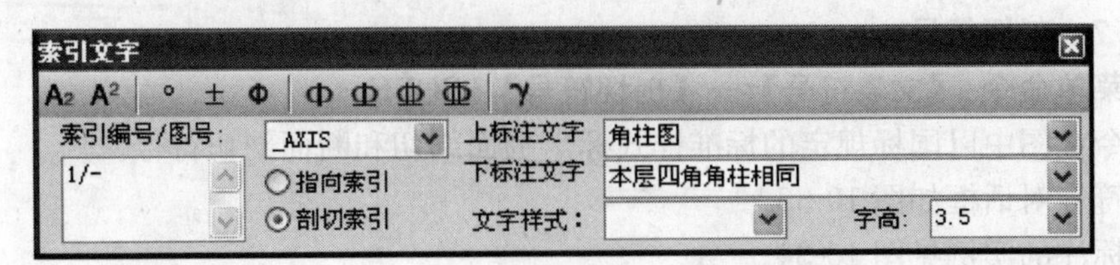

图 10-30 索引符号的对话框

对话框选项和命令行提示以及如何回应，与前述内容基本一致，不再赘述。索引符号有两种样式供选用，注意剖切索引的方向，引出线所在一侧为投射方向。

命令交互

请给出索引节点的位置〈退出〉：

在图中准备索引的范围的中心部位点取。

请给出索引节点的范围〈0.0〉：

输入或鼠标拖拽确定圆形索引范围的大小。

请给出转折点位置〈退出〉：

点击索引线的转折点。

请给出文字索引号位置〈退出〉：

鼠标拖动确定索引号的放置位置，点取标注成功。

四个标注实例见图 10-31。

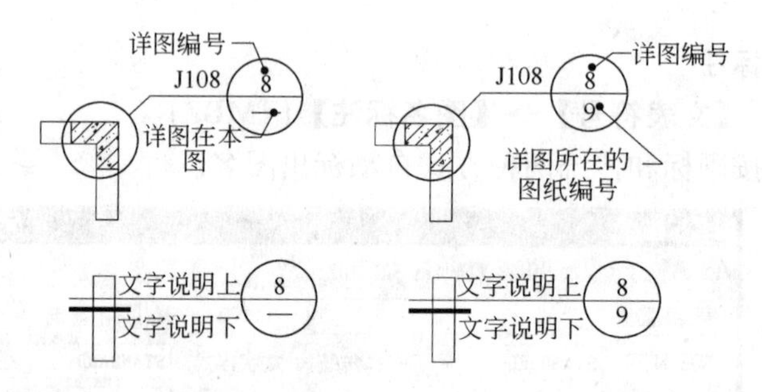

索引详图与被索引的详图在同一张图内　索引详图与被索引的详图不在一张图内

图 10-31　两种索引符号的实例

10.3.6　详图符号

屏幕菜单命令：【文表符号】→【详图符号】(XTFH)

本命令在图中以国标规定的样式标出详图符号。分为详图与被索引的图样在一张图内或不在一张图内两种情况，标法见实例图 10-32 所示。

典型的标注样式如图：

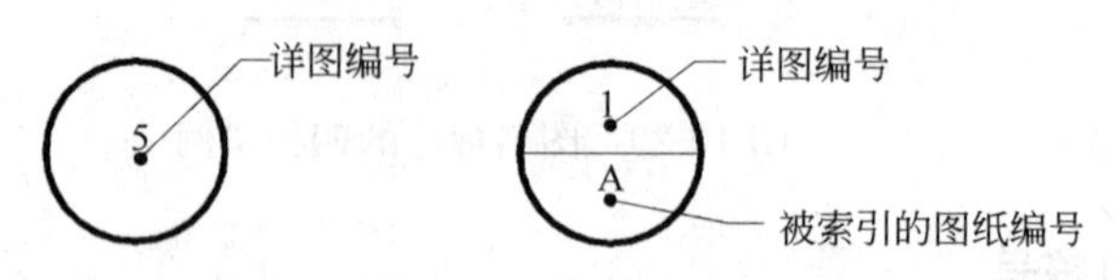

详图与被索引的图样在同一张图内　详图与被索引的图样不在一张图内

图 10-32　详图标注的两种实例

10.3.7　剖切符号

屏幕菜单命令：【文表符号】→【剖切符号】(PQFH)

本命令在图中以国标规定的标准样式标出剖面剖切和断面剖切符号。

剖切符号对话框如图 10-33。

剖切标注的实例见图 10-34。

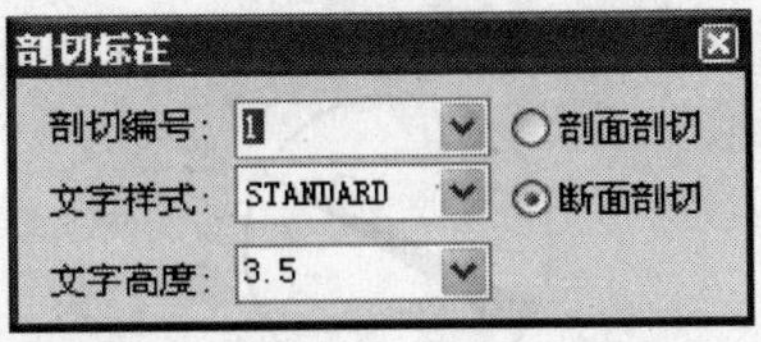

剖切标注
剖切编号: 1
剖面剖切
文字样式: STANDARD
断面剖切
文字高度: 3.5

图 10-33 剖切标注的对话框

6
3
8
4
P3
8
1
P1
2
P2
6

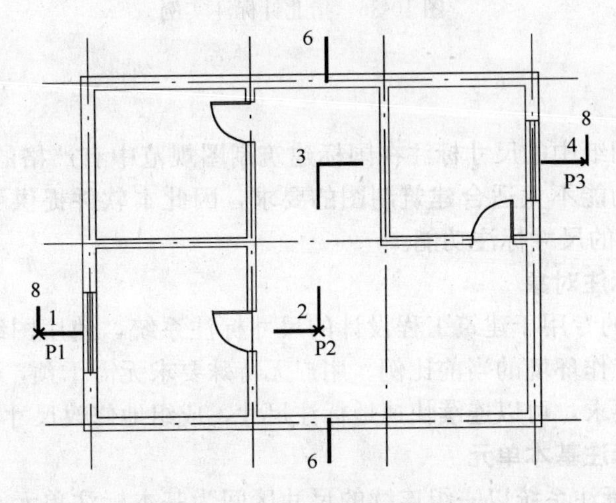

图 10-34 剖切标注的两种实例

特别提示

- 请注意转折剖切符号的绘制顺序，如图 10-34 实例，点取顺序为 P1，P2，P3，……，顶点 3 不必点取。

10.3.8 折断符号

屏幕菜单命令:【文表符号】→【折断符号】(ZDFH)

本命令在图中以国标规定的样式标出折断符号。

典型的标注样式如图:

两端自动外延
两端自动外延折断数量 3 个
两端不外延

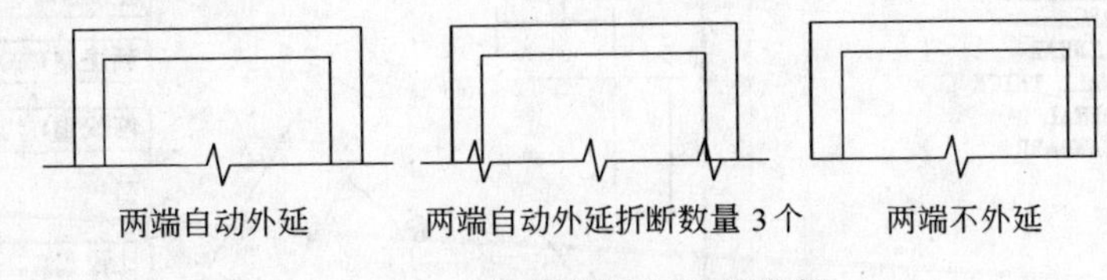

图 10-35 折断符号标注的实例

10.3.9 对称符号

屏幕菜单命令:【文表符号】→【对称符号】(DCFH)

本命令在图中给对称结构图形以国标规定的样式标注出对称符号。

10.3.10 指北针

屏幕菜单命令:【文表符号】→【指北针】(ZBZ)

本命令在图中以国标规定的样式标出指北针符号。标注出的指北针由两部分组成，指北符号和文字“北”，两者一次标注出，但属于两个不同对象，文字“北”为单行文字对象。

典型的标注样式如图：

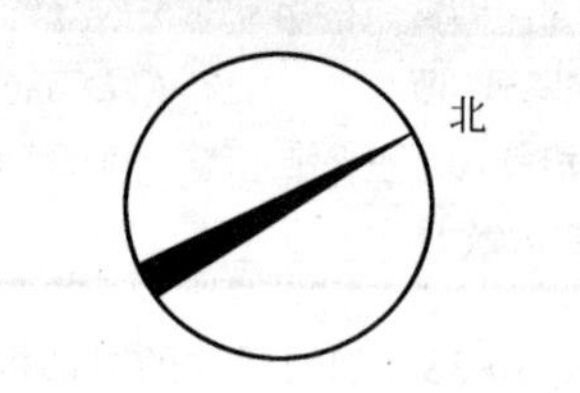

图 10-36 指北针标注实例

10.4 尺寸标注

关于建筑工程图纸中的尺寸标注在国标建筑制图规范中有严格的规定。AutoCAD 本身提供的尺寸标注功能不太适合建筑制图的要求，因此本软件提供了专门的尺寸标注系统，取代 AutoCAD 的尺寸标注功能。

10.4.1 尺寸标注对象

Arch2006 提供的专用于建筑工程设计的尺寸标注系统，使用图纸单位度量，标注文字的大小自动适应工作环境的当前比例。用户无特殊要求无需干预，配合布图功能完全满足不同出图比例的要求，可以连续快速地标注尺寸，成组地修改尺寸标注。

10.4.2 尺寸标注基本单元

Arch2006 尺寸标注系统以一组连续的尺寸区间为基本标注单元，相连接的多个标注区间为一个整体，属于一个尺寸标注对象，并具有诸多用于编辑的特殊夹点。而 AutoCAD 的标注线是分散的，这是 Arch2006 标注系统自动化的基础。

10.4.3 标注样式

为了兼容起见，Arch2006 的尺寸标注对象是基于 AutoCAD 的标注样式发展而成的，因此，用户可以利用 AutoCAD 标注样式命令修改 Arch2006 尺寸标注对象的特性。

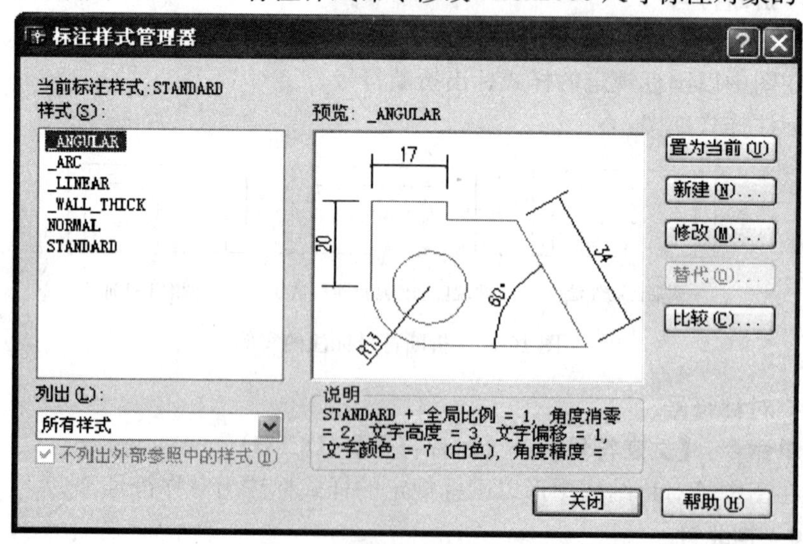

图 10-37 标注样式管理器对话框

Arch2006 自动按需创建 5 种标注样式：

1 _LINEAR——用于直线型的尺寸标注，如门窗标注和逐点标注等。

2 _ANGULAR——用于对角度标注。

3 _ARC——用于对圆弧形对象的直径、半径和弧长。

4 _WALL _THICK——用于墙厚标注。

5 _DOTDIM——用于尺寸箭头为圆点的直线标注或角度标注。

- _LINEAR—线性标注样式

用于直线型的尺寸标注，诸如轴网的尺寸标注、门窗标注和逐点标注等都采用本样式，如下图中的三道尺寸标注，每道连续的尺寸标注都是一个整体。

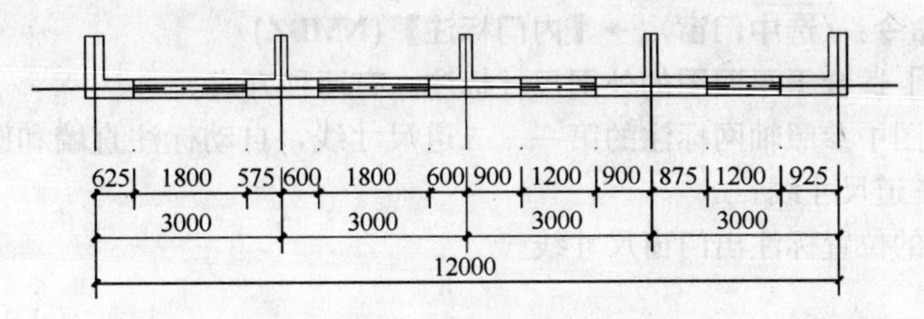

图 10-38 _LINEAR 标注样式的标注实例

- _ANGULAR—角标注样式

ANGULAR 样式用于角度标注与弦长标注。两者可以由右键命令“切换角标”互相转换。

- _ARC—弧形标注样式

用于标注圆弧形对象的直径标注和半径标注。

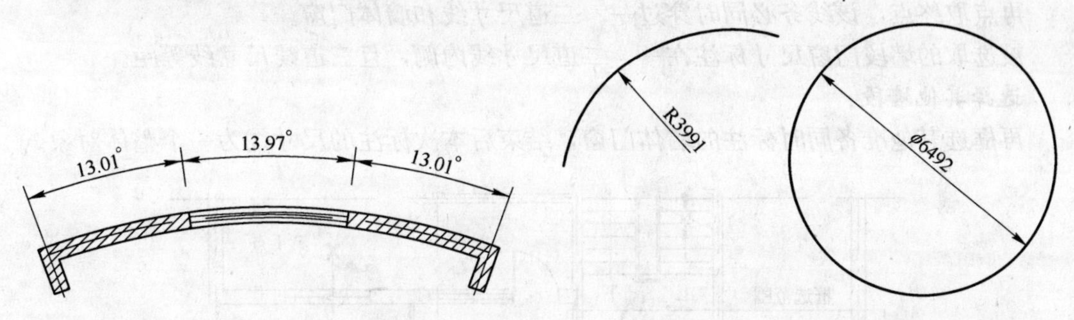

图 10-39 _ANGULAR 标注样式的标注实例　　图 10-40 _ARC 标注样式的标注实例

- _WALL _THICK—墙厚标注样式

专用于对墙厚标注，可以一次选多个墙体对象，标注系统自动判断墙体方向。

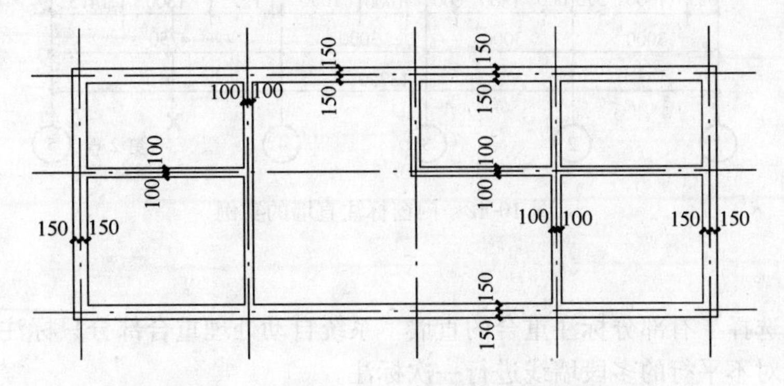

图 10-41 _WALL _THICK 标注样式的标注实例

● _DOTDIM—圆点样式

本样式是为特殊需求提供的。当标准区间很小的时候，可以用圆点代替箭头样式，使得图面更加整洁，特别在标注弧线轴网内侧的角度时。

10.5 创建尺寸标注

10.5.1 门窗标注

屏幕菜单命令:【尺寸标注】→【门窗标注】(MCBZ)

右键菜单命令:〈选中门窗〉→【内门标注】(NMBZ)

[门窗标注] 适合于平面图的外围尺寸标注，有两种方式。

1 在平面图中参照轴网标注的第一、二道尺寸线，自动标注直墙和圆弧墙上的门窗尺寸，生成第三道尺寸线；

2 在选定的位置标注出门窗尺寸线。

命令交互

点取两点，让该线穿过轴网标注的一、二道尺寸线和墙体门窗，提示如下：

请线选墙段(和第 1、2 道尺寸)，然后选同时标注的其他墙段。

起点〈退出〉:

在墙段内侧或二道尺寸外侧点取一点。

终点〈退出〉:

再点取终点，该线务必同时穿过一、二道尺寸线和墙体门窗。

被选取的墙段门窗尺寸标注在一、二道尺寸线内侧，且三道线尺寸线等距。

选择其他墙段:

再框选其他准备同时标注的墙体门窗，结束后本次标注的尺寸线为一个整体对象。

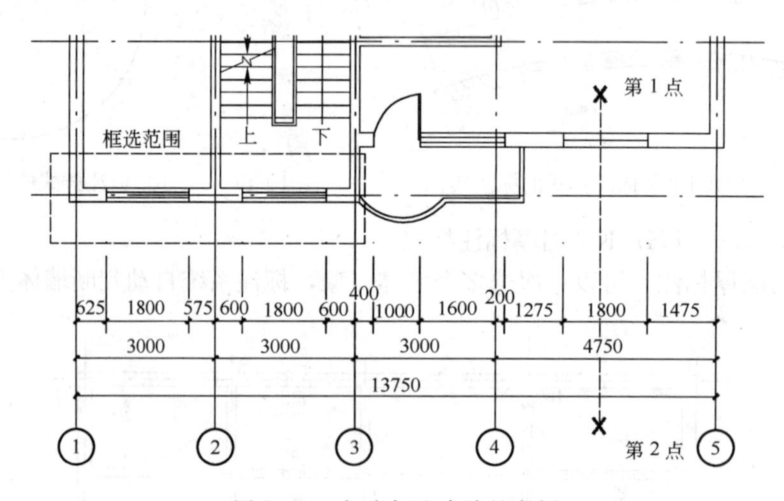

图 10-42　门窗标注直墙的实例

特别提示

● 如果选择了有部分标注重合的直墙，系统自动处理重合部分只标注一次。

● 不能对不平行的多段墙线进行一次标注。

［内门标注］专用于内门的尺寸标注，有两种定位方式。

1 垛宽定位：两点一线穿过内门，第二点作为尺寸线位置，尺寸定位点以线选内门时，直线偏向的那侧垛宽为参考。

2 轴线定位：原理同上，但定位点以轴线为参考。

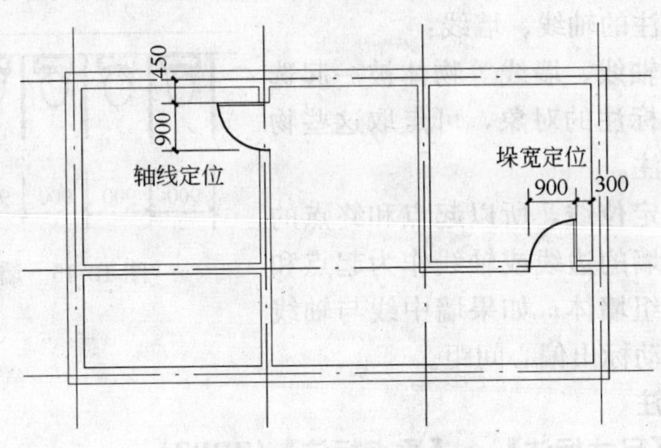

图 10-43 内门标注的实例

10.5.2 墙厚标注

屏幕菜单命令：【尺寸标注】→【墙厚标注】(QHBZ)

本命令在图中一次完成标注一组双线墙体的墙厚尺寸。

需要指出，第一点和第二点之间的连线所穿过的所有墙体，将全部在墙上标出墙厚尺寸，如图 10-44 所示。

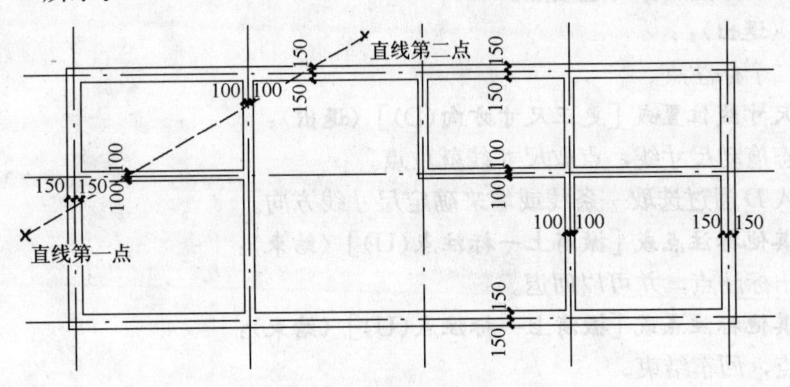

图 10-44 墙厚标注实例

本命令可以智能识别墙体的方向，标注出与墙体正交的墙厚尺寸。在墙体内有轴线存在时标注以轴线分割的左右墙宽，墙体内没有轴线存在时标注墙体的总宽。

10.5.3 墙中标注

屏幕菜单命令：【尺寸标注】→【墙中标注】(QZBZ)

本命令取穿过的所有双线墙的中线进行尺寸标注。主要用于标注隔墙和卫生间隔断等非承重墙体的定位关系，不对墙厚进行标注。

命令交互

起点〈退出〉：

在第一道墙外面定一点。

终点〈退出〉:

在第若干道墙外面或墙中定点。

命令行提示:

请点取不需要标注的轴线、墙线:

两点之间所有的轴线、墙线等物体被一起选中，如果有不想参与标注的对象，可点取这些物体排除，回车进行标注。

本程序自动生成定位线，所以起点和终点的点取有讲究，可点取墙的边线或轴线作为起点和终点，也可以跨过一组墙体；如果墙中线与轴线不重合，程序还能自动标出偏心间距。

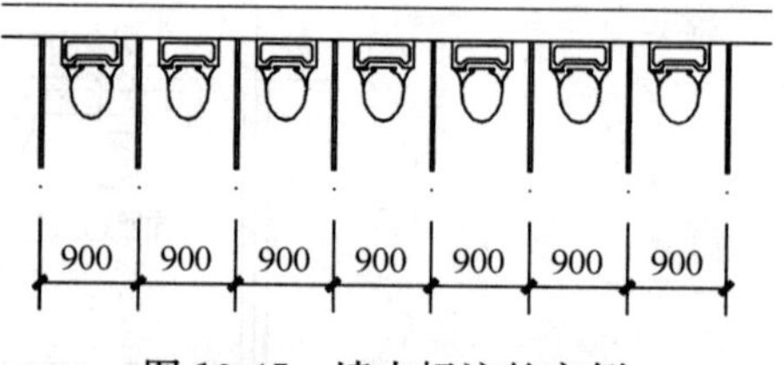

图 10-45　墙中标注的实例

10.5.4　逐点标注

屏幕菜单命令:【尺寸标注】→【逐点标注】(ZDBZ)

本命令是一个通用的灵活标注工具，对选取的一串给定点沿指定方向和选定的位置标注尺寸。特别适用于需要取点定位标注的情况，以及其他标注命令难以完成的尺寸标注。

命令交互

起点或［参考点(R)］〈退出〉:

点取第一个标注点作为起始点。

第二点〈退出〉:

点取第二个标注点。

请点取尺寸线位置或［更正尺寸方向(D)］〈退出〉:

这时动态拖动尺寸线，点取尺寸线就位点。

或者键入 D 通过选取一条线或墙来确定尺寸线方向。

请输入其他标注点或［撤消上一标注点(U)］〈结束〉:

逐点给出标注点，并可以回退。

请输入其他标注点或［撤消上一标注点(U)］〈结束〉:

反复取点，回车结束。

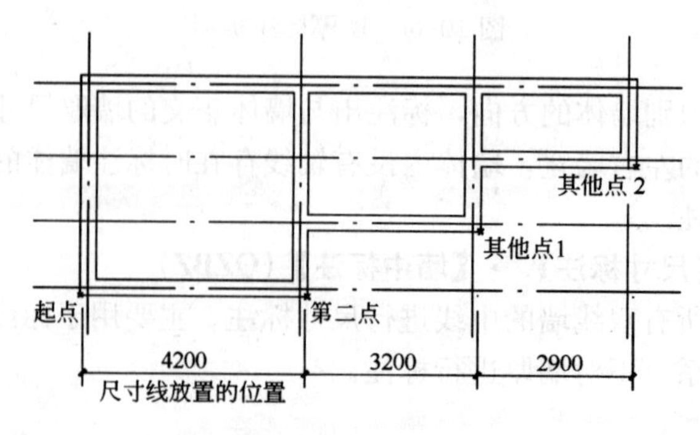

图 10-46　逐点标注实例 1

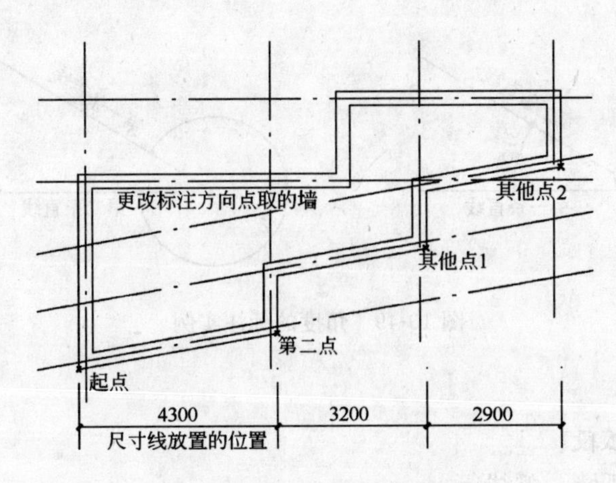

图 10-47　逐点标注实例 2

10.5.5　半径直径标注

屏幕菜单命令：【尺寸标注】→【半径标注】(BJBZ)

【直径标注】(ZJBZ)

在图中标注弧线或圆弧墙的半径和直径。

标注符号默认在内，如果内部放置不下，系统自动放于圆弧外侧，可以采用夹点拖拽改变符号的内外放置。图 10-48 为半径和直径的标注实例。

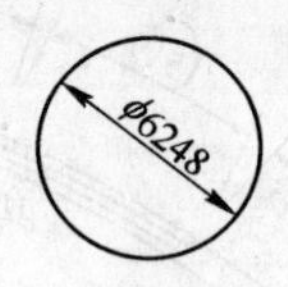

图 10-48　半径和直径的标注实例

10.5.6　角度标注

屏幕菜单命令：【尺寸标注】→【角度标注】(JDBZ)

本命令按逆时针方向标出两根直线之间的夹角角度。

命令交互

请选择第一根直线：

点取第一根准备的直线。

请选择第二根直线：

点取第二根准备的直线。

请注意按逆时针方向顺序选择直线，图 10-49 是两个角度标注实例，选取直线顺序的不同，标注样式也不同。

10.5.7　弧长标注

屏幕菜单命令：【尺寸标注】→【弧长标注】(HCBZ)

以建筑制图标准弧长标注画法分段标注弧长，尺寸标注是一个连续的整体对象。该标注样式可以在三种状态下相互转换，即弧长、角度和弦长三种标注方式。

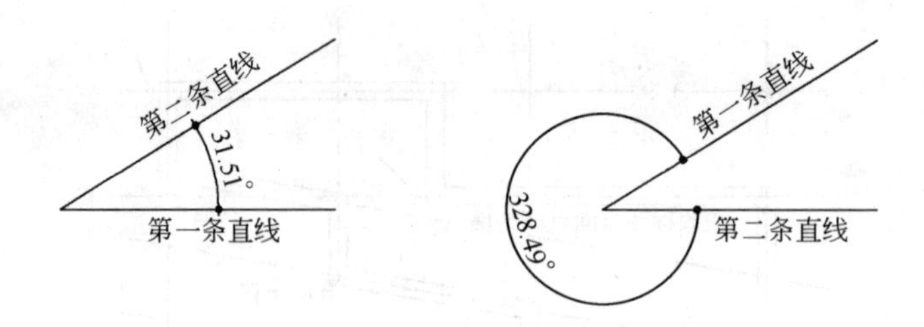

图 10-49 角度的标注实例

命令交互

请选择要标注的弧段：

点取准备标注的弧墙、弧线等。

请点取尺寸线位置〈退出〉：

类似逐点标注，点取尺寸标注放置的位置。

请输入其他标注点〈结束〉：

继续点取其他标注点，回车结束。

图 10-50 给出了操作图示和实例。

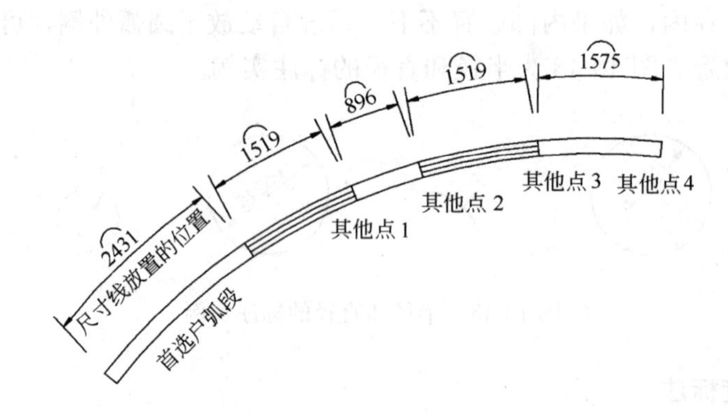

图 10-50 弧长的标注实例

10.6 编辑尺寸标注

Arch2006 的尺寸标注对象是自定义对象，支持曲线编辑命令，如 Extend、Trim、Break。这些通用的编辑手段不再介绍，这里只介绍其中专门针对尺寸标注的编辑手段。

10.6.1 编辑样式

右键菜单命令：〈选中尺寸〉→【标注样式】(DDIM)

用户可以对标注样式进行个性化修改，比如规划图需要改成以米为单位的标注，加入前后缀等。必须指出，Arch2006 标注样式中的距离、大小等是指打印输出的图面尺寸，与电脑中的图形相差一个绘图比例关系。图 10-49 给出了直线标注的各个控制参数，这些参数都可以通过修改标注样式而生效。

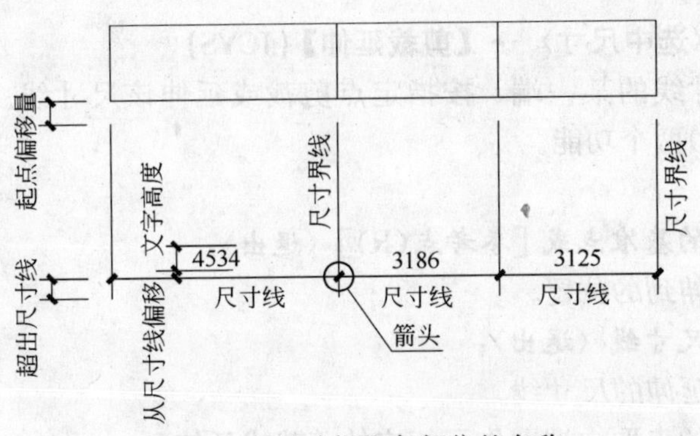

图 10-51 尺寸标注各部位的名称

实例：米制单位标注

Arch2006 要求绘图要以 mm 为单位，而总图和规划图则要求以 m 为单位进行标注。下面列举如何修改标注样式以适合 m 制标注。

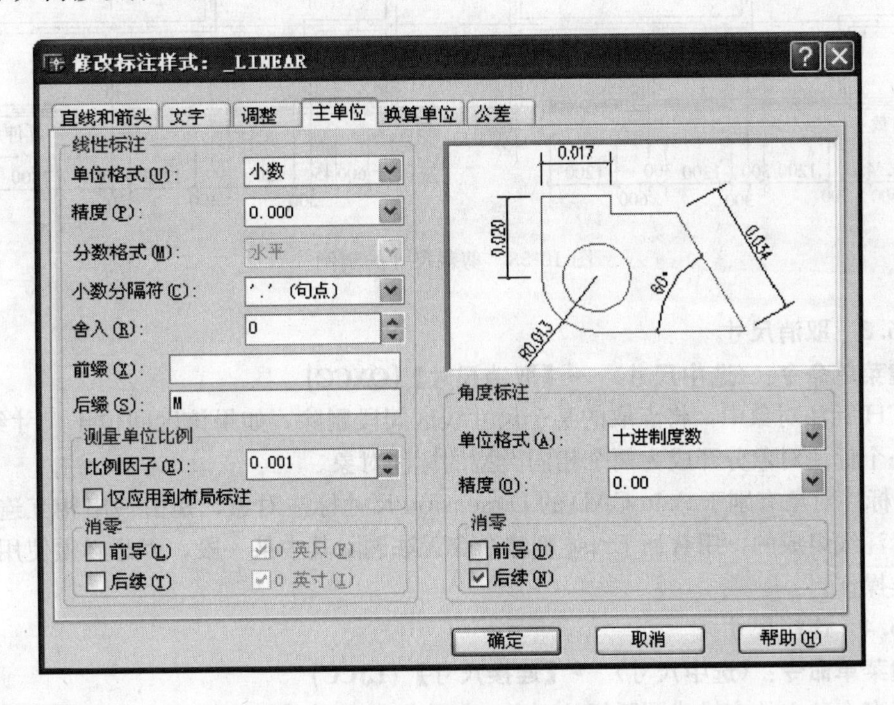

图 10-52 米制标注样式

操作要点

- 比例因子设置为 0.001，即把 mm 转换为 m。
- 设置精度，比如 0.000，即小数点后保留三位，依据用户需求而定。
- 如果需要后缀，在后缀栏中输入表示单位米的 m。

特别提示

- 永远不要更改“换算单位”和“公差”这 2 个标签；
- 更改标注样式后，REGEN 使得修改对 TH 标注对象生效。

10.6.2　剪裁延伸

右键菜单命令：〈选中尺寸〉→【剪裁延伸】(JCYS)

在 Arch2006 尺寸线的某一端，按指定点剪裁或延伸该尺寸线。本命令综合了剪裁(trim)和延伸(extend)两个功能。

命令交互

请给出裁剪延伸的基准点或［参考点(R)］〈退出〉：

点取剪裁线要延伸到的位置。

要裁剪或延伸的尺寸线〈退出〉：

点取准备剪裁或延伸的尺寸线。

被选取的尺寸线的点取一端即作了相应的剪裁或延伸。

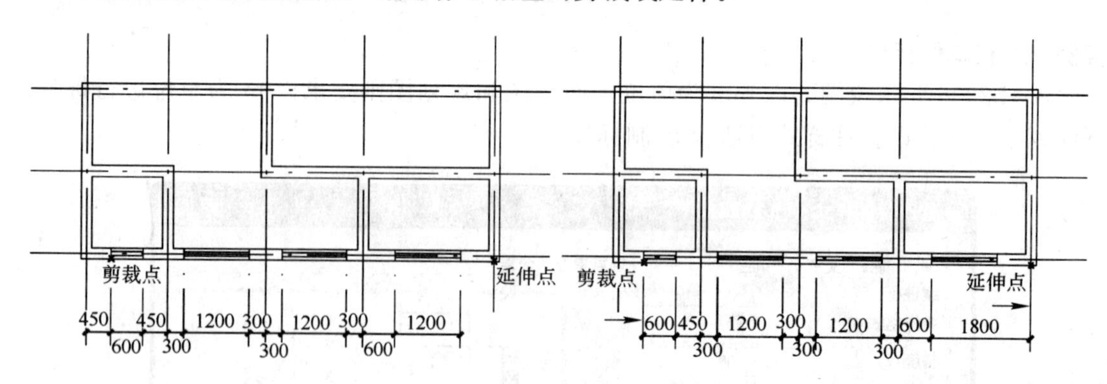

图 10-53　剪裁尺寸的实例

10.6.3　取消尺寸

右键菜单命令：〈选中尺寸〉→【取消尺寸】(QXCC)

在 TH 标注对象中，将点取的某个尺寸线区间段删除，如果该区间位于尺寸线中段，原来的一个标注对象分开成为两个相同类型的标注对象。

TH 标注对象有别于 AutoCAD 的 Dimension 尺寸标注对象，是由一串相互连接的多个区间标注线组成的，用普通 Erase 删除命令无法删除其中某一段，因此必须使用本命令完成此类操作。

10.6.4　连接尺寸

右键菜单命令：〈选中尺寸〉→【连接尺寸】(LJCC)

连接多个独立的直线或圆弧标注对象，将点取的尺寸线区间段加以连接，合并成为一个标注对象。如果准备连接的标注对象之间的“尺寸线”不共线，连接后的标注对象以第一个点取的标注对象为主标注尺寸对齐。本命令通常用于把 AutoCAD 的尺寸标注转为 TH 尺寸标注对象。

命令交互

请选择主尺寸标注〈退出〉：

点取要对齐的尺寸线作为主尺寸。

选择需要连接的其他尺寸标注〈结束〉：

点取其他要连接的尺寸线。

选择需要连接的其他尺寸标注〈结束〉：

继续执行，回车结束。

10.6.5 增补尺寸

右键菜单命令：〈选中尺寸〉→【增补尺寸】(ZBCC)

本命令在一个 Arch2006 整体标注对象中增加新的尺寸标注点和区间。新增点既可以在原尺寸标注区间内，也可以位于原尺寸标注界限的外侧。

命令交互

请选择尺寸标注〈退出〉：

点取要在其中增补的尺寸线分段。

点取待增补的标注点的位置或［参考点(R)］〈退出〉：

点取准确增补的标注点或键入 R 选择参考点。

点取待增补的标注点的位置或［参考点(R)］〈退出〉：

继续点取新增标注点，回车退出。

如果给出了参考点，这时命令提示：

参考点：

点取参考点，然后从参考点引出定位线。

点取待增补的标注点的位置或［参考点(R)］〈退出〉：

用鼠标引导方向，键入相对于参考点的准确数值定位增补点。

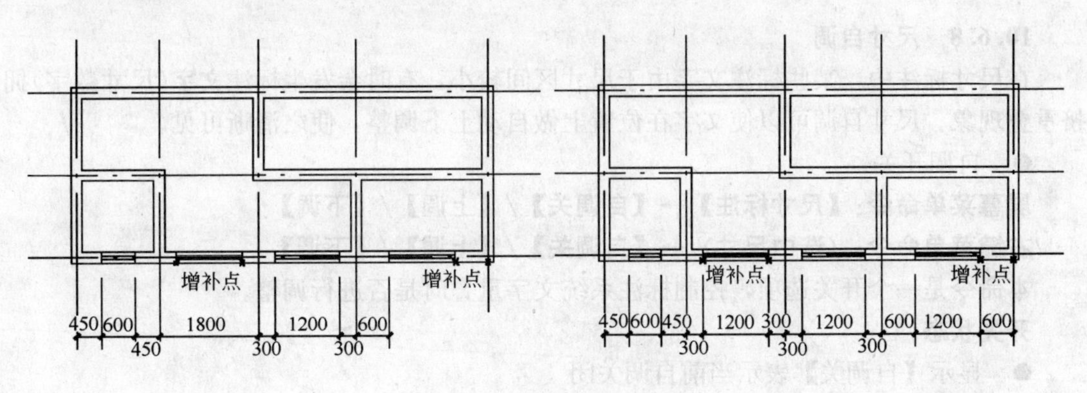

图 10-54 增补尺寸的实例

特别提示

- 尺寸合并采用夹点拖拽编辑方法，参见尺寸标注的夹点编辑章节。

10.6.6 切换角标

右键菜单命令：〈选中尺寸〉→【切换角标】(QHJB)

Arch2006 的弧段尺寸标注缺省模式为角度标注，本命令在角度标注、弦长标注和弧长标注三种模式之间循环切换。

图 10-55 为切换角标的一个实例。

10.6.7 夹点编辑

TH 尺寸标注对象的编辑夹点意义见图 10-56。相邻两个夹点重叠时，可以合并标注区间。

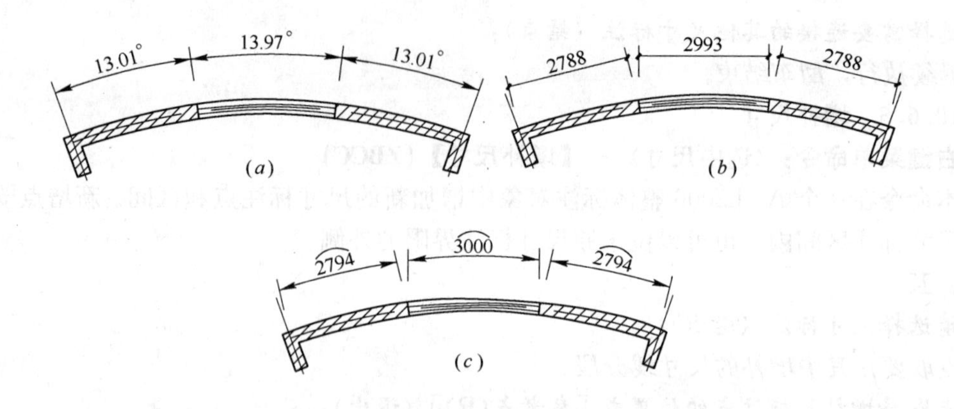

图 10-55　切换角标的实例

(a)角度标注；(b)切换为弦长标注；(c)切换为弧长标注

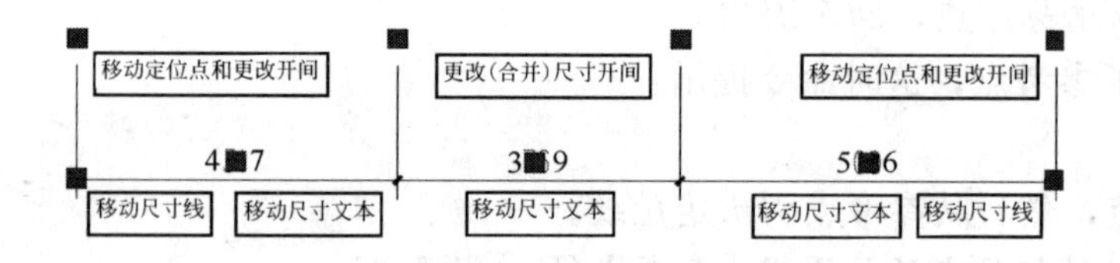

图 10-56　尺寸标注的夹点说明

10.6.8　尺寸自调

在尺寸标注中，某些标注文字由于尺寸区间较小，有时会发生标注文字(尺寸数字)拥挤重叠现象。尺寸自调可以使文字在位置上做自动上下调整，使之清晰可见。

- 自调开关

屏幕菜单命令：【尺寸标注】→【自调关】/【上调】/【下调】

右键菜单命令：〈选中尺寸〉→【自调关】/【上调】/【下调】

本命令是一个开关选项，控制标注系统文字重叠时是否进行调整。

开关状态

- 显示【自调关】表示当前自调关闭
- 显示【上调】表示文字拥挤重叠时向上调整
- 显示【下调】表示遇到文字重叠时向下调整

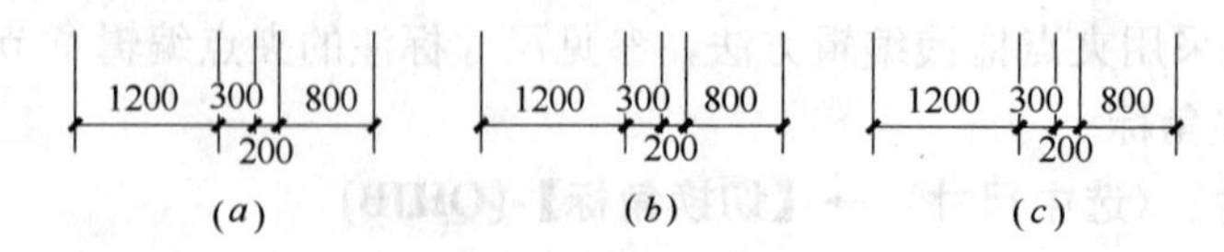

图 10-57　自调开关对标注的影响

(a)自调关闭；(b)上调；(c)下调

特别提示

- 后创建和修改的标注有效，对已有标注请使用手动。
- 手动自调

屏幕菜单命令：【尺寸标注】→【尺寸自调】（CCZT）

右键菜单命令：〈选中尺寸〉→【尺寸自调】（CCZT）

缺省情况下 Arch2006 标注系统的自调开关是打开的。本命令不管自调开关与否，强制对选中的尺寸标注对象进行上下文字的调整，排除拥挤重叠现象。

● 取消自调

右键菜单命令：〈选中尺寸〉→【取消自调】

本命令将尺寸标注中经过自调或被拖动夹点移动过的“跑位”文字恢复到原始位置。在实际设计中，设计师很容易把同属于一个标注对象的一些标注文字的位置搞混乱，引起标注文字与所属的区间无法一一对应，本命令帮助用户在发生问题时恢复文字回到原始位置。

10.6.9　尺寸检查

右键菜单命令：〈选中尺寸〉→【尺寸检查】（CCJC）

在尺寸标注数值经人工修改后与测量值不符时，打开本开关进行检查核对，检查结果以红色文字显示在尺寸线下括号中。本命令有开关两种状态，缺省为关闭状态。命令左侧的图标处于勾选为打开，否则为关闭状态。打开状态下，图上正确的尺寸值以红色标注在尺寸线下方括号内，尺寸线上以黑色显示的尺寸值为修改过的名义尺寸值。

特别提示

● 把检查出来的名义尺寸值改回正确的尺寸值可采用“在位编辑”，用光标清除所有数值后，正确的尺寸值将重现。

10.7　坐标和标高

坐标标注用来描述水平位置，标高标注用来描述垂直位置，Arch2006 分别定义了坐标对象和标高对象来实现位置的标注。

10.7.1　标高标注

屏幕菜单命令：【尺寸标注】→【标高标注】（BGBZ）

本命令立面图中以国标规定的样式标出一系列给定点的标高符号。

标高标注对话框：

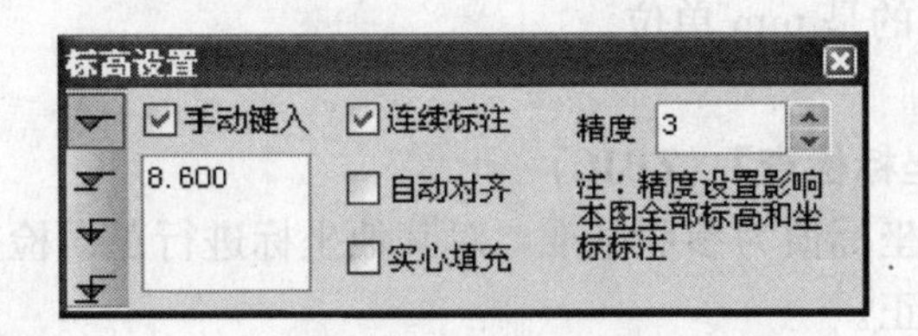

图 10-58　标高标注对话框

对话框选项和操作解释

［手动键入］　选择本项后，标高值由手工输入到对话框数据栏内。不选此项，标高值参考前一个点自动产生，但点取标注点后也容许改值。

［连续标注］　标注连续进行，每个标注点的标高值以前一个点做参考点。

［自动对齐］　按第一个标注符号的位置使后续标注纵向强行对齐。

[实心充填]　标注符号的三角部分以实心方式显示。

[精　　度]　标高值的精度，为小数点后保留的位数。

10.7.2 坐标标注

屏幕菜单命令：【尺寸标注】→【坐标标注】(ZBBZ)

本命令在平面图中以国标规定的样式标出一系列给定点的坐标符号。

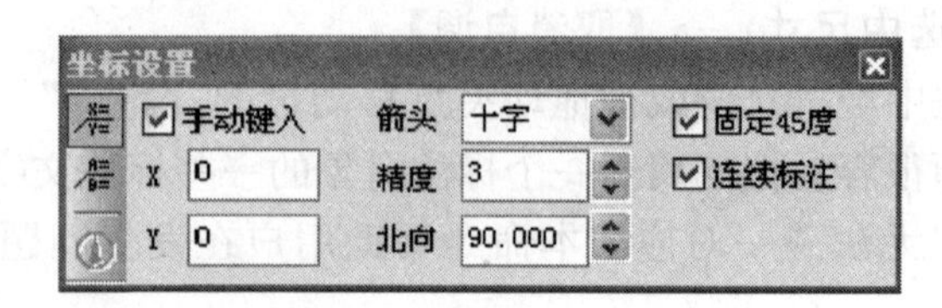

图 10-59　坐标标注对话框

对话框选项和操作解释

[手动键入]　选择本项后，坐标值由手工输入。不选此项，坐标值参考前一个点自动产生。

[连续标注]　标注连续进行，每个标注点的坐标值以前一个点做参考点。

[X] / [Y]　标注点的 XY 坐标值。

[箭头]　标注符号的标注点显示样式，有箭头、十字、圆点或无。

[精度]　坐标值的精度，为小数点后保留的位数。

[北向]　北向的方位角，键入或选取指北针确定。

[固定 45°]　选此项，标注符号的斜线强行为 45°。

操作步骤

1　点取第一个坐标点，作为参考坐标，键入坐标数值

2　如果北向与 WCS-Y 不一致，插入指北针确定北向

3　在图中点取标注位置，系统自动计算坐标数值

特别提示

- 不要把 WCS 的原点作为测量(施工)坐标的原点，否则图形对象的内部定位坐标数值非常大，经常导致运算溢出。
- Arch2006 使用的是 mm 单位

10.7.3 坐标检查

屏幕菜单命令：【坐标检查】(ZBJC)

本命令以图中一个坐标值为参照基准，对其他坐标进行正误检查，并根据需要决定是否对错误的坐标进行纠正。

操作步骤

1　选择一个你认为正确的坐标作为参考

2　选择其他待检查的坐标

3　根据提示纠正坐标，可以全部一次纠正

第11章　图　库　图　案

本章内容包括

- ■　**图块**
- ■　**图库管理**
- ■　**图案**

设计绘图需要使用那些可以重复使用的素材，包括图块和图案。Arch2006提供高效易用的图块和图案管理系统，以便有效地组织、管理和使用这些设计素材，并且采用风格一致的用户界面。

11.1　图块

11.1.1　图块的概念

为了叙述方便，并且避免理解上的混淆，首先澄清一下有关图块的若干概念。图块的使用涉及到块定义和块参照，前者是可以重复使用的素材，后者是具体使用的实例。

块定义的作用范围可以在一个图形文件内有效(简称内部图块)，也可以对全部文件都有效(简称外部图块)。如非特别申明，块定义一般指内部图块。外部图块就是DWG文件，外部图块通过有关的命令插入图内，生成内部图块，才可以被参照使用；内部图块可以通过Wblock导出外部图块。

块参照有多种方式，最常见的就是块插入(INSERT)，如非特别申明，块参照就是指块插入。此外，还有外部参照，外部参照自动依赖于外部图块，即外部文件变化了，外部参照可以自动更新。

块参照还有其他更多的形式，例如门窗对象也是一种块参照，而且它还参照了两个块定义(一个二维的块定义和一个三维的块定义)。这里要特别说明的是，Arch2006特别定义了一种块参照对象(简称TH图块)，它和AutoCAD块插入类似，它扩展了夹点功能，以便通过包围盒来修改块参照的大小。但是TH图块不支持图块属性。

11.1.2　TH图块夹点

TH图块有5个夹点，四角的夹点用于图块的拉伸，以实时地改变图块的大小，要精确地控制图块的大小，可以通过右键的对象编辑命令来实现，中间的夹点用于图块的旋转。点中任何一个夹点后都可以通过单击〈Ctrl〉键切换夹点的操作方式，把相应的拉

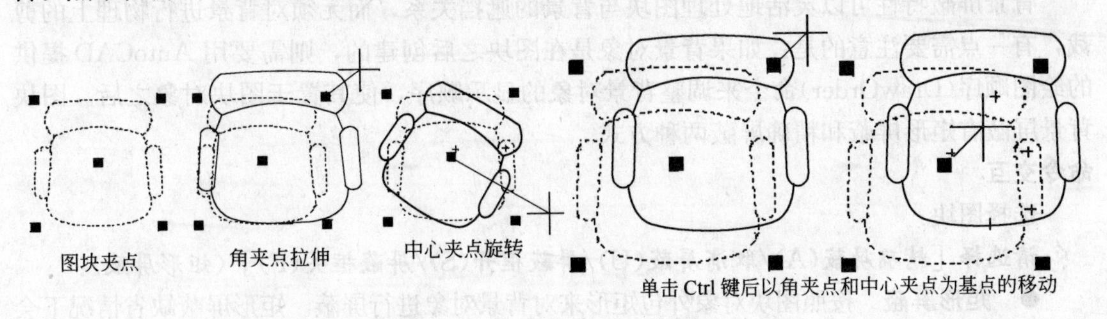

图11-1　TH图块夹点操作示意图

伸、移动操作变成以此夹点为基点的移动操作。

11.1.3　对象编辑

无论是 TH 图块还是 AutoCAD 块参照，可以通过［对象编辑］快捷地修改尺寸大小。选中图块，右键菜单［对象编辑］可以调出对话框对图块进行编辑和修改。

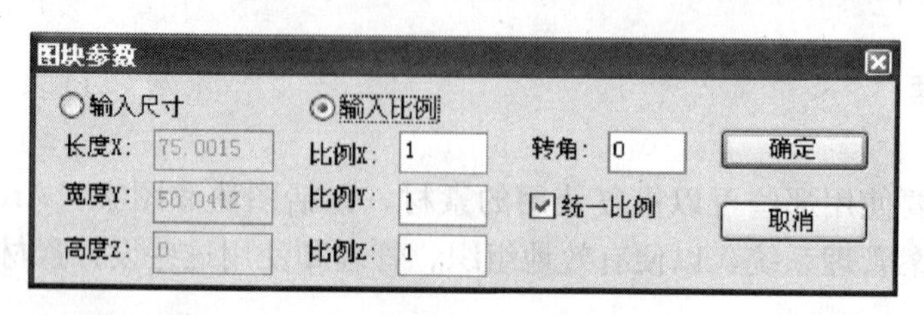

图 11-2　图块参数编辑对话框

11.1.4　图块转化

屏幕菜单命令：【图块图案】→【图块转化】(TKZH)

AutoCAD 命令：Explode

TH 图块和块参照之间可以互相转化。［图块转化］命令将 AutoCAD 图块转化为 TH 图块，使其具有 TH 图块的特性；Explode 命令可以将 TH 图块转化为 AutoCAD 块参照。它们在外观上完全相同，TH 图块的突出特征是具有五个夹点，用户可以采用选中图块并查看夹点数目的办法判断其是否是 TH 图块。

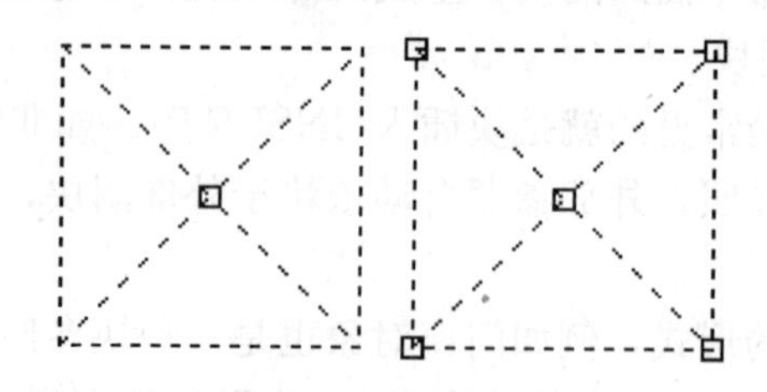

图 11-3　转化前后图块夹点的变化

11.1.5　图块屏蔽

屏幕菜单命令：【图块图案】→【图块屏蔽】(TKPB)

右键菜单命令：〈选中图块〉→【矩形屏蔽】(JXPB)

右键菜单命令：〈选中图块〉→【精确屏蔽】(JQPB)

右键菜单命令：〈选中图块〉→【取消屏蔽】(QXPB)

背景屏蔽特性可以灵活地处理图块与背景的遮挡关系，而无须对背景进行物理上的剪裁，有一点需要注意的是：如果背景对象是在图块之后创建的，则需要用 AutoCAD 提供的绘图顺序(DrawOrder)命令来调整背景对象的显示顺序，使其置于图块对象之后。图块背景屏蔽有矩形屏蔽和精确屏蔽两种方式。

命令交互

选择图块：

请选择［精确屏蔽(A)/取消屏蔽(U)/屏蔽框开(S)/屏蔽框关(F)］〈矩形屏蔽〉：

- **矩形屏蔽**　按照图块对象外包矩形来对背景对象进行屏蔽。矩形屏蔽缺省情况下会有一个外框，如果打印时不需要，可以用右键中的［屏蔽框关］关掉。

- **精确屏蔽** 按照图块对象的精确外形轮廓对背景对象进行屏蔽。精确屏蔽只对二维图块有效，系统暂时不提供对三维对象的精确屏蔽操作。

矩形屏蔽

以图块包围盒的长度 X 和宽度 Y 为矩形边界，对背景进行屏蔽。

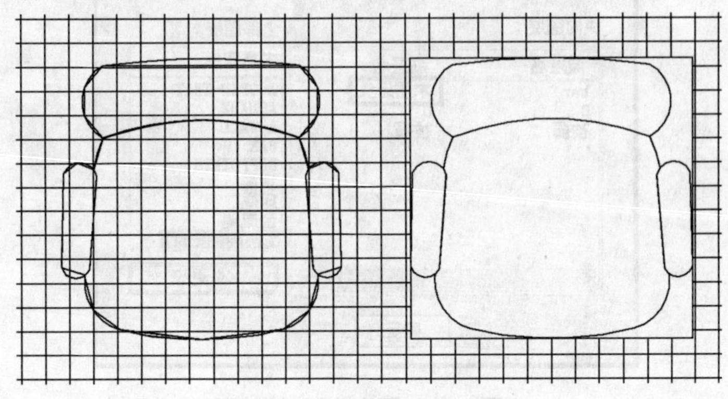

图 11-4 矩形屏蔽前后对照

精确屏蔽

只对二维图块有效，以图块的轮廓为边界，对背景进行精确屏蔽。对于某些外形轮廓过于复杂或者制作不精细的图块而言，图块轮廓可能无法搜索出来，系统会给出提示。

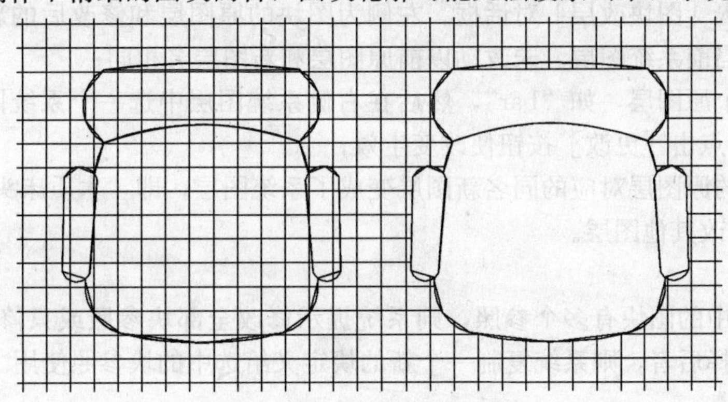

图 11-5 精确屏蔽前后对照

取消屏蔽

对设置了屏蔽的图块取消其对背景的屏蔽。

屏蔽框开关

系统缺省情况下在矩形屏蔽的边界处显示屏蔽框，控制屏蔽框的显示。顺便指出，屏蔽框开关每开关一次，系统都要调用对图形进行重新生成，图形很大时需要等待。

11.1.6 图块改层

屏幕菜单命令：【图块图案】→【图块改层】(TKGC)

右键菜单命令：〈选中 TH 图块〉→【图块改层】(TKGC)

本命令用于修改块定义的内部图层，以便能够区分图块不同部位的性质。

图块内部往往包含不同的图层，在不分解图块的情况下无法更改这些图层，而在有些情况下需要改变图块内部的图层。比如渲染时，为了给一个三维图块不同部位赋予不同的材质。

图 11-6　图块改层对话框

操作步骤

1　用 ACAD [图层特性管理] 新建准备采用的新图层“木质床头”；

2　打开一个准备改变内部图层的图块，比如准备将上图的“bar”改成“木质床头”；

3　点取进入 [图块改层] 对话框。左侧为图块的原图层和修改后的新图层；右侧为可用的当前系统图层。未改动以前原图层和新图层名相同；

4　选中一个原图层，如“bar”，然后在右侧系统图层中选一个系统图层，如“木质床头”，点击 [更改] 按钮使改变生效；

5　与选中的原图层对应的同名新图层变成了系统图层，即“木质床头”。

如此反复修改其他图层。

特别提示

● 如果选中的图块有多个参照，则系统提示修改全部块参照或只修改当前块参照。如果选择后者，则系统复制一个新的块定义给选中的块参照使用。

11.2　图库管理

图库就是外部图块组成的素材库，这些图库有些是系统必备的，用于专门目的的图库(专用图库)。专用图库可以被特定的命令调用，这些图库位置固定(SYS\DWGLIB)，文件名称也固定；有些图库的有无不影响其他系统功能的使用，文件命名和存放位置不受约束，这些图库称通用图库。不论是专用图库还是通用图库，这些随 Arch2006 安装包提供，且由开发商维护的图库统称为系统图库。用户在使用过程中自建的图库称为用户图库。

Arch2006 使用开放的图库管理体系结构，使得专用图库可以同时包含系统图库和用户图库，在使用时可以逻辑地统一在一起，而维护修改的时候，开发商和用户各自维护自己的图库，避免其他许多软件在升级时遇到的尴尬境地：要么使用旧的经过用户修改补充的图库，要么使用系统提供的更新的内容，更丰富但不包括用户花费心血补充素材的图库。

11.2.1 图库结构

Arch2006 图库的逻辑组织结构层次为：图库集—图库—类别—图块。物理结构如下：

- **图库** 由文件主名相同的 TK、DWB 和 SLB 3 个类型文件组成，必须位于同目录下才能正确调用。其中 DWB 文件由许多外部图块打包压缩而成；SLB 为幻灯库，存放图块包内的各个图块对应的幻灯片；TK 为这些外部图块的索引文件，包括分类和图块描述信息。
- **图库集(TKS)** 是多个图库的组合索引文件，即指出由哪些 TK 文件组成。

11.2.2 界面介绍

屏幕菜单命令：【图块图案】→【图库管理】(TKGL)

Arch2006 图库的管理功能都集中在［图库管理］对话框(图 11-7)中。

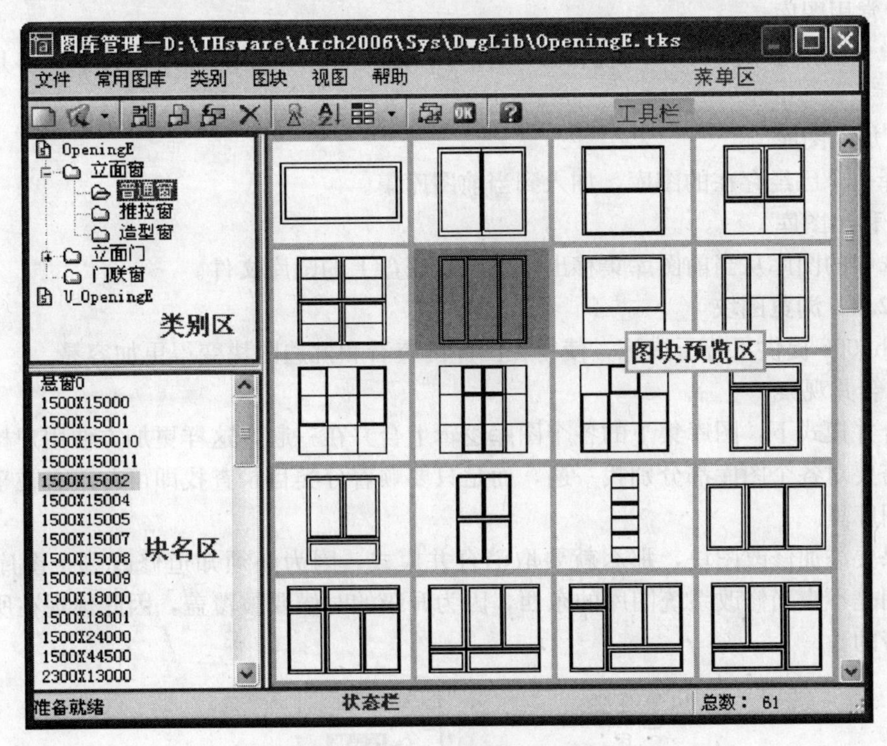

图 11-7 图库管理操作界面

［菜单区］ 以下拉菜单形式提供的图库操作命令，也可以在不同的区域内通过右键快捷菜单来执行这些命令。

［工具栏］ 提供部分常用图库操作的按钮命令。

［类别区］ 显示当前图库或图库组文件的树形分类目录。

［块名区］ 图块的描述名称(并非插入后的块定义名称)，与图块预览区的图片一一对应。选中某图块名称，然后单击该图块可重新命名。

［图块预览区］ 显示类别区被选中的类别下的图块幻灯片，被选中的图块会被加亮显示，可以使用滚动条或鼠标滚轮翻滚浏览。

［状态栏］ 根据状态的不同显示图块信息或操作提示。

可以通过拖动对话框右下角来调整整个界面的大小；也可以通过拖动区域间的分割线

来调整各个区域的大小。系统根据为各个不同功能的区域，提供了相应的右键菜单。

11.2.3　文件管理

可以新建图库集(TKS)，往图库集中添加新图库或加入已有的图库，也可以把图库从图库集中移出(并不从磁盘上删除文件)。进行文件操作的时候，注意“合并观察”不要启用，否则目录区看不到图库文件，无法看到文件操作的结果。

● 新建

新建一个图库集文件(并打开)或新建一个图库文件并加入到当前图库集。

● 打开

打开一个已有的图库集或图库。如果选择的是一个图库(TK)文件，系统则自动为它创建一个同名的图库集(TKS)文件。也可以通过单击▾展开最近打开过的图库集。

● 常用图库

菜单上列出了 Arch2006 提供的常用图库，以便可以快捷地打开。其中许多是专用的图库。

● 加入图库

选择一个已经存在的图库，加入到当前图库集。

● 移出图库

将选中的图库从当前图库集移出，不删除磁盘上的图库文件。

11.2.4　浏览图块

Arch2006 提供了若干措施，使得在图库内查看和挑选图块变得更加容易。

● 合并观察

在合并模式下，图库集下的各个图库逻辑上合并在一起，这样更加方便用户检索，即用户不需要对各个图库都分别找一遍，而是只要顺着分类目录查找即可，不必在乎图块是在哪个图库里。

如果要添加修改图块，那么就要取消合并模式，因为必须知道修改哪个图库里的东西，特别是不应当修改系统图库的东西，因为升级的时候要被覆盖，因此你现在所做的修改是徒劳的。

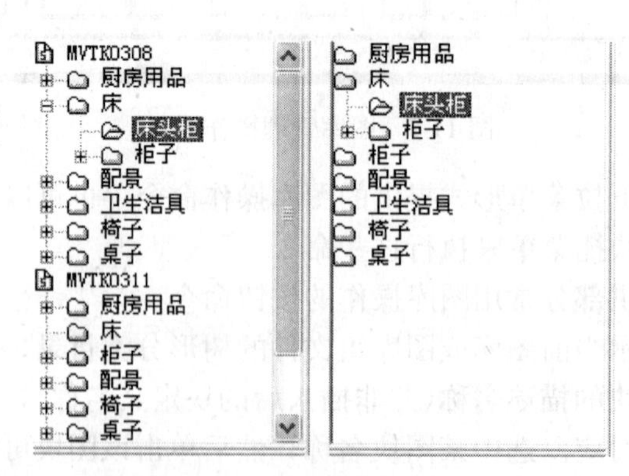

图 11-8　合并观察前后对比

● 排序

将当前类别下的图块按图块描述名称的字母从小到大排序，以方便用户检索。

● 图标布局

设置预览区内的图块幻灯片的显示行列数，以利于用户观察。

● 翻页滚动

可以使用滚动条或鼠标滚轮来翻滚浏览，也可以使用光标键和翻页键(PageUp/PageDown)，来滚动图片。

特别提示

● 单击类别区图库的图标，用来展开或合并图库内的分类目录。

11.2.5 添加图块

可以把磁盘上已有外部图块批量地加入图库，也可以把当前图中的局部图形转为外部图块并加入到图库或替换图库中的已有图块。

● 批量入库

将磁盘上已经存在的多个外部图块(DWG文件)增加到当前图库中。

操作要点

● 入库过程中，按〈ESC〉键终止操作。

● 对于三维图块应选择消隐选项，以达到良好的可视效果。

● 在选择需入库的DWG文件对话框中，结合〈Shift〉和〈Ctrl〉键选择多个DWG文件一同入库。

● 以原DWG文件名作为入库后的默认图块描述名，用户可以更改。

需要注意的是，如果同目录下存在与DWG文件同名的幻灯片(SLD)文件，系统将不制作新的幻灯片，需要自己把这些幻灯片加入幻灯库。

● 新建图块

把当前图形中已经存在的图形对象作为图块增加到当前图库中。

操作步骤

1 执行新建图块命令；

2 根据命令行提示选择构成图块的图元；

3 根据命令行提示输入图块基点(默认为选择集中心点)；

4 根据命令行提示调整视图，完成幻灯片制作；

5 新建图块被系统命名为“新图块”，建议立即重命名为便于理解的图块名。

● 重建图块

与新建图块类似，只是替换图库中某个图块或只是重建幻灯片：

1 按命令提示取图中的图元，重新制作一个图块，代替选中的图块，同时修改幻灯片。

2 命令提示时不选取图元，空回车，则只提取当前视图显示的图形制作新幻灯片代替旧幻灯片，块定义不更新。

11.2.6 组织图块

图库内的素材，可以重新命名和分类，也可以库间复制或移动到另外一个类别，也可以删除。这些和Windows的资源管理器对文件的管理是相似的，包括使用拖放(Drag-Drop)和图块多选。可以这样做个类比，图库集相当于“我的电脑”，图库相当于盘符，类别相当于文件夹，图块相当于文件。

拖放操作规则

- 图库内的拖放为移动操作，不存在库内复制，因为毫无意义。
- 库间的拖放为拷贝操作，除非按住 Shift 键。

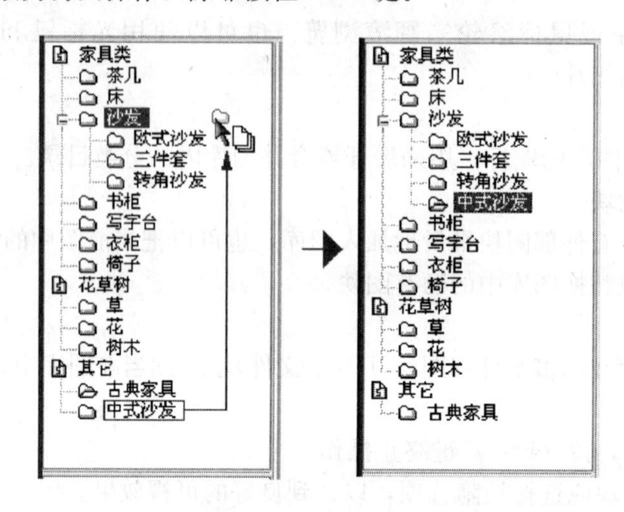

图 11-9　类别拖放操作

特别提示

- 图块从图库中删除后无法恢复！

11.2.7　使用图块

用图库组织管理这些外部图块，是为了更好地使用这些图块。专用图库有专门的方法来调用这些图块，各自有专门的描述。这里介绍一般性的使用。

- 插入图块

双击预览区内的图块或选中某个图块后单击OK按钮，系统返回到图形操作区，命令行进行图块的定位，并有浮动对话框(图 11-10)可以设置图块的大小。

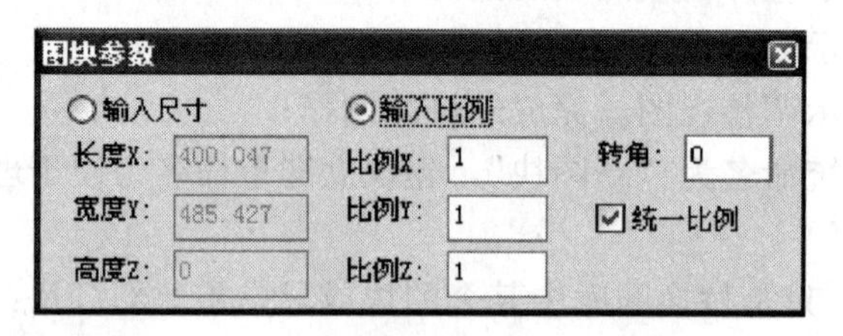

图 11-10　插入图块对话框

对话框说明

[输入尺寸]　直接给出块参照的尺寸大小。

[输入比例]　按插入比例给出块参照的尺寸大小。

[统一比例]　保持图块三个方向等比缩放。

- 图块替换

用选中的图块替换当前图中已经存在的块参照，可以选中保持插入比例不变或保持块参照大小，即包围盒尺寸不变(如图 11-11)。

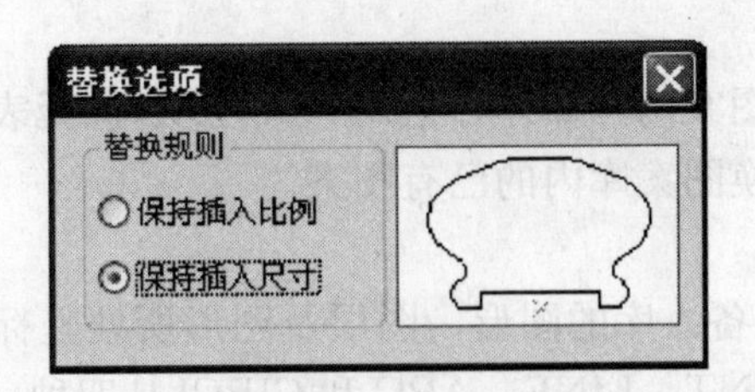

图 11-11　替换规则对话框

11.3　图案

Arch2006 强大的填充图案和线性图案系统可以完全取代 AutoCAD 的简单填充命令并克服了其很多不足之处。本系统能够方便地管理图案资源，创建新图案，填充时支持动态预览和自动闭合边界线。系统附带的图案资源十分丰富，涵盖建筑制图常用的各种图案样式，并且图案比例与 mm 制图标准相匹配。

11.3.1　图案管理

屏幕菜单命令：【图块图案】→【图案管理】(TAGL)

对填充图案库 acad. pat 进行管理，并保持 acadiso. pat 与 acad. pat 的一致性。Arch2006 提供的图案库，不仅包括了 AutoCAD 提供的基本图案，而且补充了建筑制图需要的许多常用图案，这些图案都有专门的标记，使得 Arch2006 只管理这些符合中国建筑制图标准的图案，对于其他 AutoCAD 的基本图案，系统自动过滤掉，不予理会。

图案管理的界面(图 11-12)和图库管理有很多相似之处，请参考前面一节。这里介绍图案管理特殊的功能。

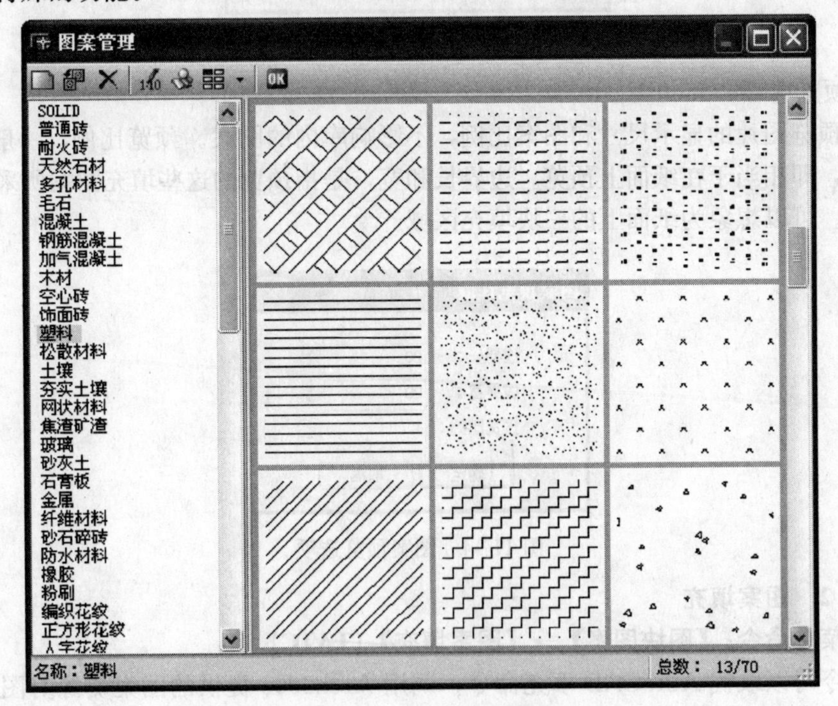

图 11-12　图案管理界面

● 建立图案

包括新建图案和重建图案两种操作，把用 AutoCAD 图元表示的图案单元转化为图案样式并加入到图案库或替换图案库内的已有图案。

操作步骤

1 先在屏幕上绘制准备入库的图形，图层及图形所处坐标位置和大小不限。构成图形的图元只限 POINT、LINE、ARC 和 CIRCLE 四种；

2 按命令行提示输入图案名称，〈回车〉；

3 按命令行提示，选定准备绘制成新图案的图形对象；

4 选择图案基点，尽量选在一些有特征的点上，比如圆心或直线和弧的端点；

5 确定基本图元的横向重复间距，可用光标点取两点确定间距，此间距指所选中的图案图形在水平方向上的重复排列间隔；

6 同理，确定基本图元的竖向重复间距；

7 等待系统生成过程，生成后在图案管理的最后位置可找到新建的图案。

● 修改图案比例

调整图案样式的比例，以便和制图标准相适应。对于已有的图案，如果使用出图比例作为填充比例的时候，仍然与制图不适应的话，可以在此更改，即进行放大或缩小。

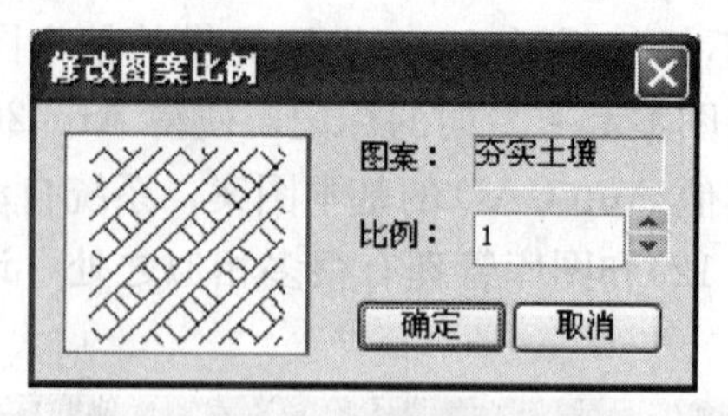

图 11-13　修改图案比例

● 预览选项

修改预览图片的显示尺寸和图案比例，不影响库内的图案。预览比例，一般取 1，不需要更改，即相当于在纸面上预览。边界长和宽，是指预览的这些填充图案所采用的矩形边界大小。可以想象为纸面上的一块填充区域。

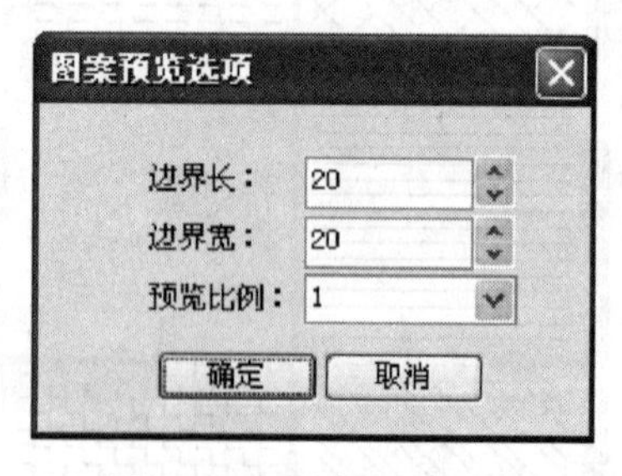

图 11-14　图案预览选项

11.3.2　图案填充

屏幕菜单命令：【图块图案】→【图案填充】（TATC）

本命令可以取代 AutoCAD 填充命令，调用 Arch2006 提供的图案资源对图中需要进行填充的区域进行图案填充。

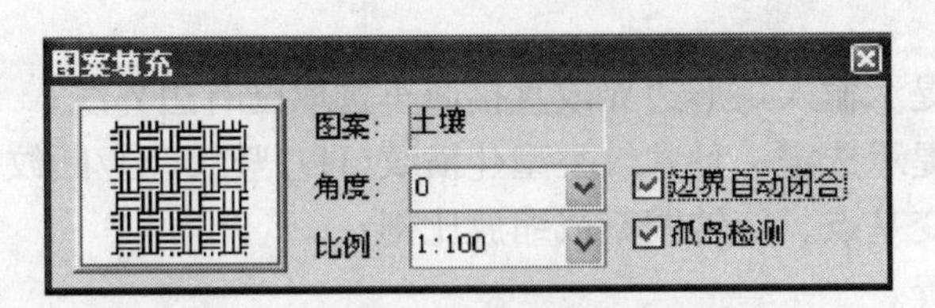

图 11-15 图案填充

操作步骤

1 点取左侧图案预览图片进入图案管理对话框选择需要的图案；
2 图案比例缺省为当前图案的当前比例，根据需要输入新值或接受缺省值；
3 确定是否准备填充不闭合的区域；
4 确定是否需要孤岛检测；
5 如果需要，旋转图案的角度；
6 根据命令行的提示，在图中选取准备填充的区域的组成图元；
7 在填充区域上移动鼠标，系统动态显示图案填充范围和效果，满意后直接点取完成填充。

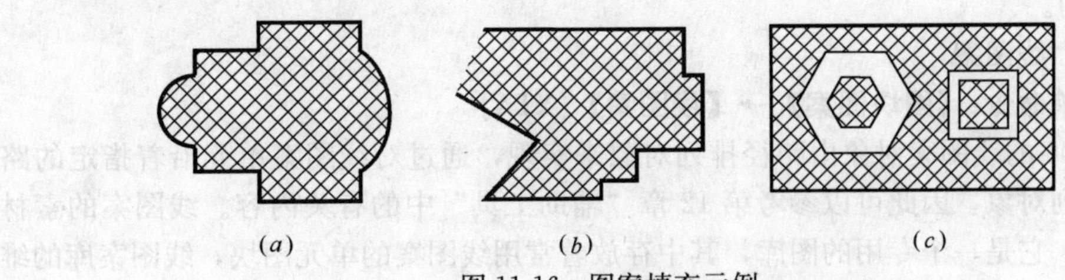

图 11-16 图案填充示例
(a)常规填充；(b)边界自动闭合填充；(c)孤岛检测填充

11.3.3 图案编辑

右键菜单命令：〈选中图案〉→【图案加洞】(TAJD)

右键菜单命令：〈选中图案〉→【图案消洞】(TAXD)

这两个命令在已有的填充图案中添加或消除空洞，参考的边界或者按［圆形裁剪和多边形裁剪］，或者以［多段线和图块定边界］。

图 11-17 图案中加洞的四种方式

11.3.4 木纹填充

屏幕菜单命令：【图块图案】→【木纹填充】(MWTC)

木纹图案和其他图案的特征不一样，不适合用图案对象(HATCH)来表示。事实上，Arch2006 使用具有木纹纹理的图形来剪切。

操作步骤

1　根据命令行提示输入矩形边界或直接回车选取已有边界线；

2　根据命令行提示选定一种木纹类型([横纹(H)/竖纹(S)/断纹(D)/自定义(Z)])；

3　根据需要改变基点、旋转图案或缩放比例；

4　点取插入位置。

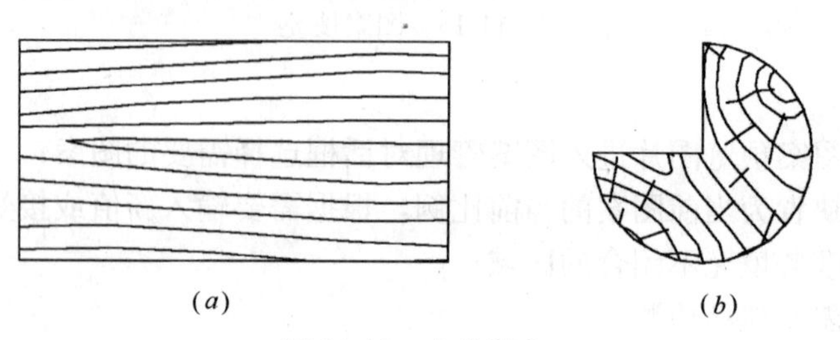

图 11-18　木纹填充

(a)矩形填充；(b)自选边界填充

特别提示

● 木纹图案采用了 TH 图块，可采用［工具二］下的［图形剪裁］对图案进行再次剪切。

11.3.5　线图案

屏幕菜单命令：【图块图案】→【线图案】(XTA)

Arch2006 的线图案对象由路径排列对象来实现，通过对线图案单元沿着指定的路径生成路径排列对象，因此可以参考第 12 章“辅助工具”中的有关内容。线图案的素材来自线图案库，它是一个专用的图库，其中存放着常用线图案的单元图块，线图案库的维护操作，请参考前面的一节。

图 11-19　绘制线图案

操作步骤

1　点取［线图案］对话框的左侧图案图片进入线图案库，如图 11-20，选择需要的线图案；

2　确定图案的填充宽度，为图中的实际尺寸；

3　确定图案的生成基点，以预览图案的上中下位置作参考；

4　按动态选点方式输入线图案的路径；

5　或选择已有曲线(LINE、PLINE 或 ARC)作为路径，系统支持动态观察基点对齐的位置，可以在上中下之间切换，回车确定；

6　在图中［选线］作路径参考线时，图案与路径线的对齐关系与路径线的绘制方向有关，图 11-21 给出了路径绘制方向与基点对齐的几种关系实例；

7　当弧线 ARC 作路径时，基点在上，图案基点与弧线对齐且图案始终置于弧线外侧；基点在下，图案基点与弧线对齐且图案始终置于弧线内侧。

图 11-20　线图案库

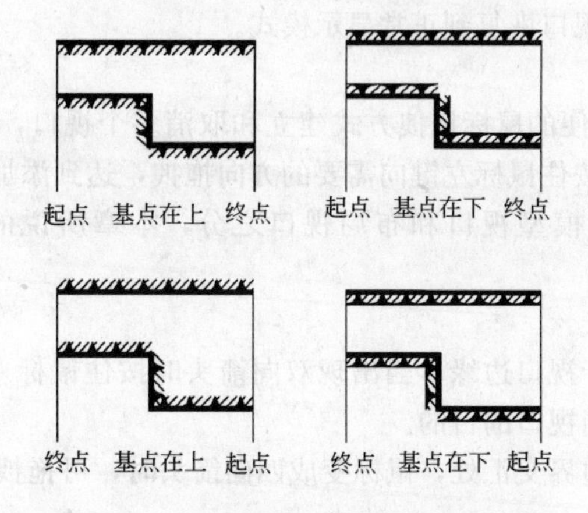

图 11-21　路径绘制方向与基点对齐关系

特别提示

- 线图案入库的时候，幻灯片是单元图片，不能直观地反映线图案，应当重建幻灯片，即重建图块的时候空选对象。

第12章 辅 助 工 具

本章内容包括

- **视口工具**
- **对象工具**
- **绘图辅助工具**

本章介绍 Arch2006 提供的辅助工具，包括视口工具、对象工具和绘图辅助工具，其中有些非常有用，甚至必不可少。这些功能比较零碎，各个功能之间也相对比较独立，不便归纳到其他章节中。

12.1 视口工具

12.1.1 满屏观察

屏幕菜单命令:【工具一】→【满屏观察】(MPGC)

本功能将屏幕绘图区放大到屏幕最大尺寸，便于更加清晰地观察图形，ESC 退出满屏观察状态。需要特别指出，在 AutoCAD 2006 平台下，满屏观察下，也可以键入命令，进行编辑。其他 AutoCAD 平台，由于用来交互的命令行窗口被关闭，因此不适合编辑。

12.1.2 满屏编辑

屏幕菜单命令:【工具一】→【满屏编辑】(MPBJ)

关闭 AutoCAD 所有其他子窗口，只保留屏幕菜单和命令行，形成屏幕最大化的编辑模式。再次点击本命令视口恢复到正常显示模式。

12.1.3 视口拖放

Arch2006 采用最方便的鼠标拖拽方式建立和取消多个视口，将鼠标指针置于视口边缘，当出现双向箭头时按住鼠标左键向需要的方向拖拽，达到添加或取消视口的目的。从概念上讲，AutoCAD 有模型视口和布局视口之分，本章所说的视口专指模型空间的视口。

操作要点

- 将鼠标指针置于视口边缘，当出现双向箭头时按住鼠标左键向需要的方向拖拽，达到添加或取消视口的目的。
- 在多个视口的边界交汇处，鼠标变成四向箭头时，可拖拽交汇相关的视口边界同时移动。
- 按住〈Ctrl〉键可以只拖拽当前视口边界而不影响与其并列的其他视口。

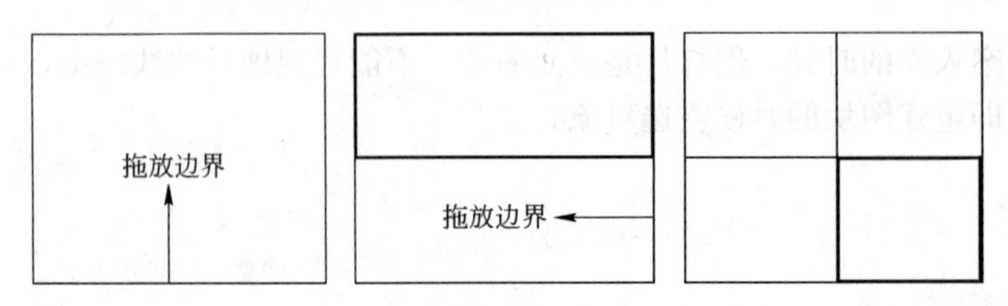

图 12-1　拖动建立视口

12.1.4　视口放大与恢复

屏幕菜单命令:【工具一】→【视口放大】(SKFD)

【工具一】→【视口恢复】(SKHF)

［视口放大］　在模型空间多视口的模式下，将当前视口放大充满整个 AutoCAD 图形显示区，以便更清晰地观察视口内的图形。

［视口恢复］　将放大的视口恢复到原状。

12.2　对象工具

12.2.1　测包围盒

屏幕菜单命令:【工具一】→【测包围盒】(CBWH)

本命令测定对象集的外边界，命令行给出选择的对象集在 WCS 三个方向的最大边界 X、Y 和 Z 值，同时在平面图中显示一个外边界虚框。

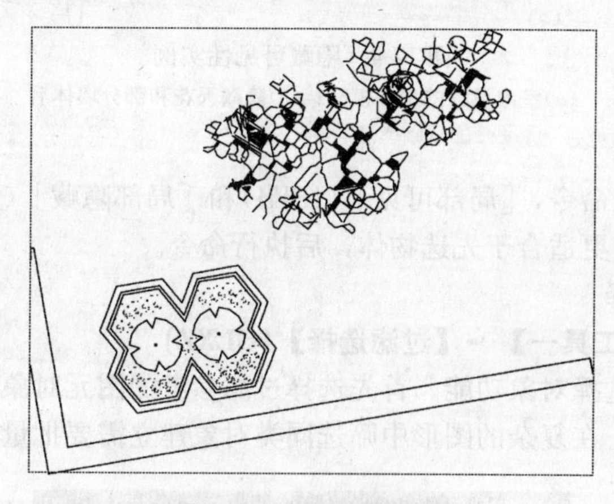

图 12-2　测量边界实例

12.2.2　对象可见性

屏幕菜单命令:【工具一】→【隐藏可见】(YCKJ)

【工具一】→【恢复可见】(HFKJ)

［隐藏可见］　能够把妨碍观察和操作的对象临时隐藏起来，利用［恢复可见］可以重新恢复可见性。

在三维操作中，经常会遇到前方的物体遮挡了想操作或观察的物体，这时可以把前方的物体临时隐藏起来，以方便观察或其他操作。例如，室内渲染的房间通常为一个封闭的空间，如果需要修改或观察房间内的某个家具，就需要把天花或侧墙临时隐藏起来，以方便操作。在二维应用中，本命令也可以发挥作用，例如搜索立面轮廓前，先可以把无关的物体(如立面门窗)隐藏起来，以便更准确地选择参加搜索的对象。

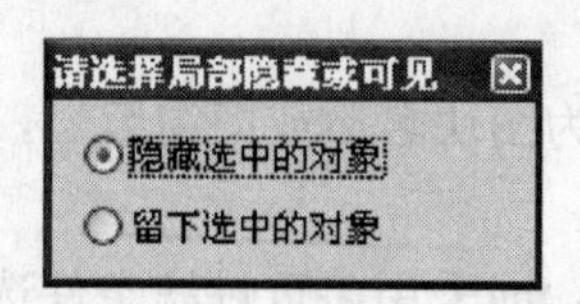

图 12-3　隐藏可见选项

对话框中的两个选项是为解决选取对象难易设定的，假如要隐藏的对象数量比较少，选取又很方便，以［隐藏选中的对象］为佳，相反，如果准备隐藏的对象很难选取，数量又很多，［留下选中的对象］的方式更方便。

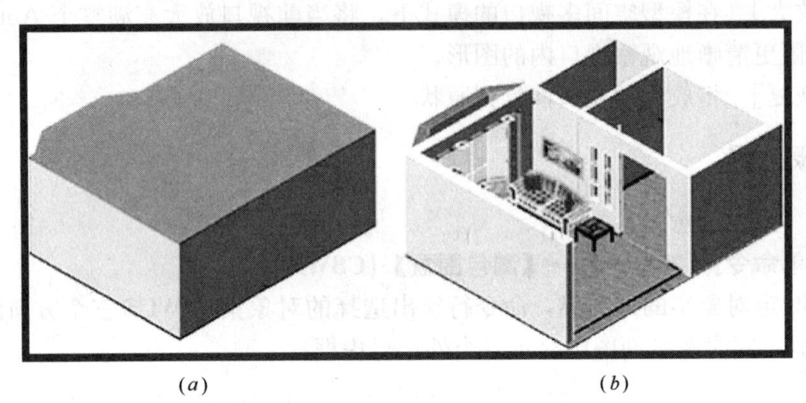

(a)　　(b)

图 12-4　隐藏可见性实例

(a)室内设计的房间模型；(b)隐藏天花和部分墙体后

特别提示

- 另有 2 个快捷命令，［局部可见］(JBKJ)和［局部隐藏］(JBYC)可以用来控制对象的可见性，更适合于先选物体，后执行命令。

12.2.3　过滤选择

屏幕菜单命令：【工具一】→【过滤选择】(GLXZ)

本命令提供过滤选择对象功能。首先选择过滤参考的图元对象，再选择其他符合参考对象过滤条件的图形，在复杂的图形中筛选同类对象建立需要批量操作的选择集。

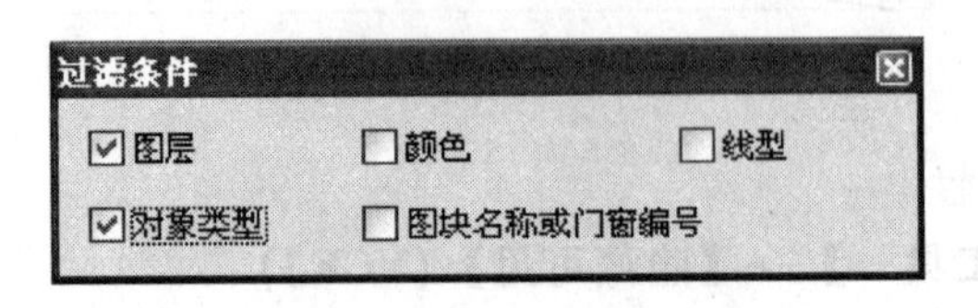

图 12-5　过滤选择对话框

对话框选项和操作解释：

［图层］　过滤选择条件为图层名，比如过滤参考图元的图层为 A，则选取对象时只有 A 层的对象才能被选中。

［颜色］　过滤选择条件为图元对象的颜色，目的是选择颜色相同的对象。

［线型］　过滤选择条件为图元对象的线型，比如删去虚线。

［对象类型］　过滤选择条件为图元对象的类型，比如选择所有的 PLINE。

［图块名称］/［门窗编号］

过滤选择条件为图块名称或门窗编号，快速选择同名图块，或编号相同的门窗时使用。

过滤条件可以同时选择多个，即采用多重过滤条件选择。也可以连续多次使用［过滤选择］，多次选择的结果自动叠加。

命令交互

在对话框中选择过滤条件，命令行提示：

请选择一参考对象〈退出〉：

选取需修改的参考图元

提示：空选即为全选，中断用ESC!

选择图元：

选取需要所有图元，系统自动过滤。直接回车则选择全部该类图元。

命令结束后，同类对象处于选择状态，可以继续运行其他编辑命令，对选中的物体进行批量编辑。

12.2.4　对象查询

屏幕菜单命令：【工具一】→【对象查询】(DXCX)

利用光标在各个对象上面的移动，动态查询显示其信息，并可以点击对象进入对象编辑。

本命令与AutoCAD的List命令相似，但比List更加方便实用。调用命令后，光标靠近对象屏幕就会出现数据文本窗口，显示该对象的有关数据，此时如果点取对象，则自动调用对象编辑功能进行编辑修改，修改完毕继续进行对象查询。

对于TH对象，将有反映该对象的详细的数据；而对于AutoCAD的标准对象，只列出对象类型和通用的图层、颜色、线型等信息。

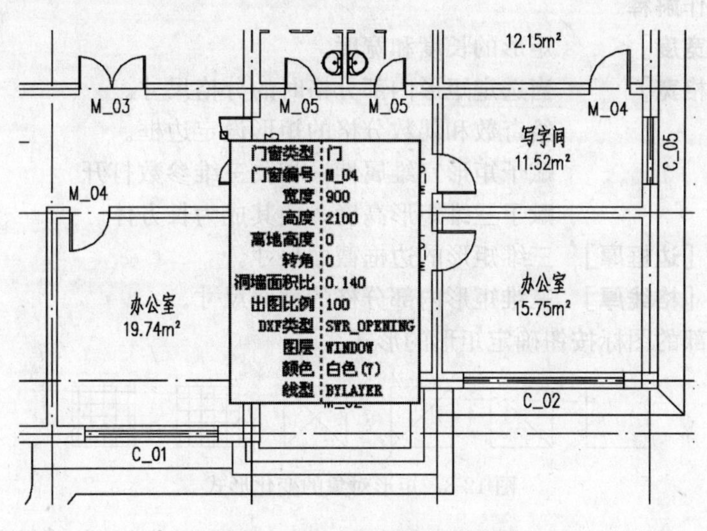

图12-6　对门的对象查询实例

12.2.5　对象编辑

屏幕菜单命令：【工具一】→【对象编辑】(DXBJ)

本命令依照所面向的自定义对象，自动调出对应的编辑功能进行编辑，几乎所有的TH对象都支持本功能，第1章已经给出了介绍。

12.2.6　布尔编辑

屏幕菜单命令：【工具一】→【布尔编辑】(BEBJ)

本命令用布尔交、并、差的方法修改对象的边界，功能强大。

目前支持如下对象：

TH 对象：平板/双跑楼梯/房间/柱子/人字坡顶；

ACAD 对象：封闭的 PLINE 和 CIRCLE。

12.3　绘图辅助工具

12.3.1　新建矩形

屏幕菜单命令：【工具二】→【新建矩形】(XJJX)

矩形对象是 Arch2006 定义的通用对象，具有二维和三维两种特征，能够表现丰富的二维和三维形态，外轮廓在拖动夹点改变时始终保持矩形形状。矩形用于多种场合，除了简单的矩形外，还可以表达各种设备、家具以及三维网架等等。比如本软件中的电梯、地面分格等都采用了矩形对象。

图 12-7　新建矩形对话框

对话框选项和操作解释

[长度]/[宽度]　　矩形的长度和宽度。

[格长]/[格宽]　　当选定矩形内部分格时的分格尺寸。

[需要边框]　　给奇数和偶数分格的矩形设定边框。

[需要三维]　　赋予矩形三维属性，相关三维参数打开。

[厚度]　　赋予三维矩形高度，使其成为长方体。

[边框宽]/[边框厚]　　三维矩形的边框截面尺寸。

[格线宽]/[格线厚]　　三维矩形内部分格的截面尺寸。

用对话框下部的图标按钮确定矩形的形式：

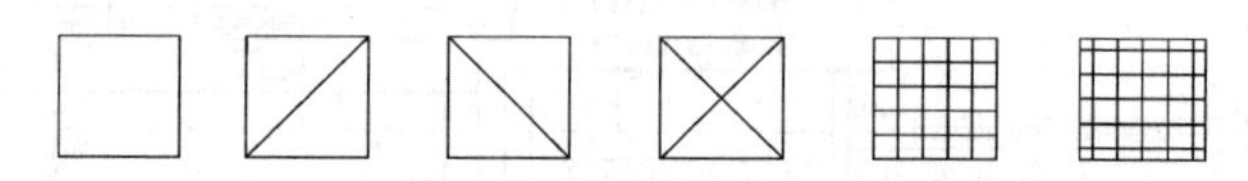

图 12-8　矩形对象的变化形式

矩形对象具有五个与 TH 图块类似的夹点，其意义和操作规则也相同。〈Ctrl〉键控制夹点在“移动”和“对角拉伸”/“中心旋转”之间切换。

特别提示

- 矩形具有二维对象和三维对象的属性，二维矩形在三维视图中不可见，而三维矩形在二维视图下均可见。

12.3.2　路径排列

屏幕菜单命令：【工具二】→【路径排列】(LJPL)

本功能沿着选定的路径排列生成指定间距的单元对象(图块或图元)，常用于为楼梯扶手生成栏杆。

操作步骤

1 准备好作为路径的曲线：线/弧/圆/多段线或可绑定对象（路径曲面/扶手/坡屋顶）；

2 从图库中调出单元图块，例如从栏杆库中调出栏杆单元。也可以创建新的排列单元，如圆柱体等；

3 如果需要，用［对象编辑］修改单元图块的尺寸；

4 点取本命令，按命令行提示选取排列路径；

5 选取准备在路径上排列的单元对象。

路径排列的对话框：

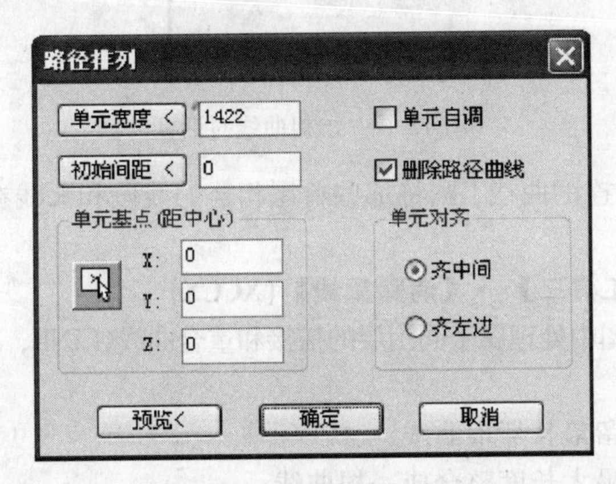

图 12-9 路径排列对话框

对话框选项和操作解释：

［单元宽度］ 排列单元对象时的单元间距。由选中的单元对象获得单元宽度的初值。

［初始间距］ 栏杆沿路径生成时，第一个单元与起始端点的水平间距、初始间距与单元对齐方式有关。

［单元基点］ 缺省单元基点位于单元对象的外包轮廓的形心。在二维视图中点取单元基点更准确。单元间距取栏杆单元的宽度，而不能仅仅是栏杆立柱的尺寸。

［单元自调］ 单元对象排列时如果不能刚好排满，会剩余小于一个单元宽度的空白段。选择本项后，单元对象将进行微小“挤压和拉伸”排满到路径上。

［齐中间］ 单元对象的基点与路径起点对齐。

［齐左边］ 单元对象的基点与路径起点的半个单元宽度处对齐。

特别提示

- 路径排列的单元对象是从路径的起始点开始顺序进行排列的，所以要正确把握路径创建时的起点和方向。

12.3.3 线段处理

屏幕菜单命令：【工具二】→【线变 PL】(XBPL)

本命令将若干段彼此衔接的 LINE、ARC 和 PLINE 连接成整段的 PLINE。

屏幕菜单命令：【工具二】→【连接线段】(LJXD)

本命令将两根位于同一直线上的线段，或两段同心等半径的弧段，或相切的直线与弧相连接。

屏幕菜单命令:【工具二】→【交点打断】(JDDD)

本命令对同一平面内的 LINE、PLINE 和 ARC，在交点处进行打断处理。

屏幕菜单命令:【工具二】→【加粗曲线】

将 LINE、ARC 和 PLINE 按指定宽度加粗，对于 LINE 和 ARC 线自动转变为 PLINE。

加粗曲线对话框

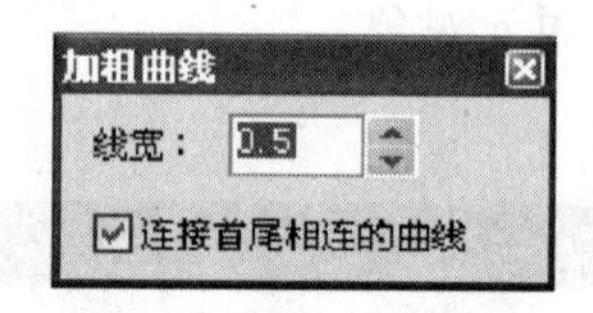

图 12-10　加粗曲线对话框

选择［连接首尾相连的曲线］则将那些首尾相连的线段和弧线在加宽的同时连接成为整根的 PLINE。

屏幕菜单命令:【工具二】→【消除重线】(XCCX)

本命令用于在二维图中处理属于同图层的搭接和重合曲线(LINE、ARC 和 CIRCLE)对象。

处理原则

- 完全重合的保留最长那根曲线。
- 部分重合的按最大长度整合成一根曲线。
- 搭接的自动合成一整根曲线。
- PLINE 须先将其分解为 LINE 才能参与处理。

12.3.4　统一标高

屏幕菜单命令:【工具二】→【统一标高】(TYBG)

本命令用于整理平面图中二维图形对象各节点 Z 坐标不一致的问题，避免出现错乱的捕捉和数据错误。命令能够处理包含在图块内的图元。

12.3.5　搜索轮廓

屏幕菜单命令:【工具二】→【搜索轮廓】(SSLK)

本命令智能搜索二维图的外轮廓，并将轮廓线加粗为实线。可以搜索三种类型的轮廓：

- 最外轮廓：即选中对象的包络线；
- 指定轮廓：对选中的对象进行区域分析，由用户点取指定，鼠标移动的时候，动态给出反馈；
- 立面轮廓：和最外轮廓相似，只是轮廓为开口，把 Y 值最小的边给去掉。

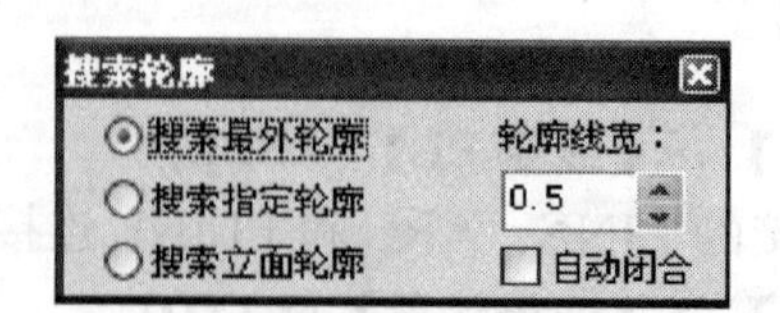

图 12-11　搜索轮廓对话框

图 12-12　搜索轮廓实例

12.3.6　图形裁剪

屏幕菜单命令：【工具二】→【图形裁剪】(TXCJ)

本命令以选定的矩形窗口、封闭曲线或图块边界作参考，对平面图内的 TH 图块和 ACAD 二维图元进行剪裁删除。主要用于立面图中的构件的遮挡关系处理。

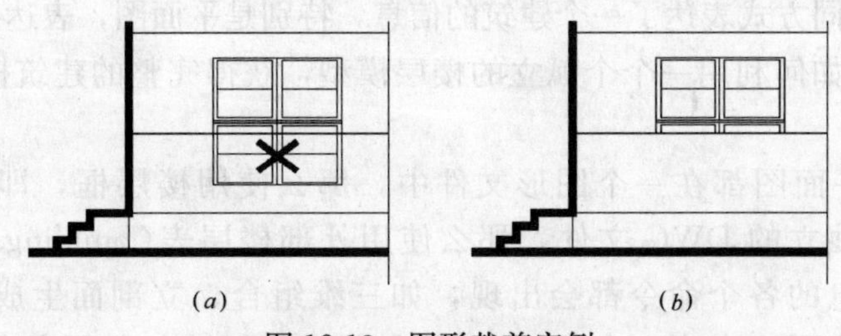

图 12-13　图形裁剪实例
(a)立面窗裁剪前；(b)立面窗裁剪后

12.3.7　图形切割

屏幕菜单命令：【工具二】→【图形切割】(TXQG)

本命令以选定的矩形窗口、封闭曲线或图块边界作参考，在平面图内切割并提取一部分图形作为详图的底图。图形切割不破坏原有图形的完整性。

操作步骤

1　确定切割边界。直接在平面图中按矩形边界切割，或按系统提示在［多边形裁剪］/［多段线定边界］/［图块定边界］中选择一种剪切边界。

2　提取切割出来的部分图形，插入到合适的位置备用。

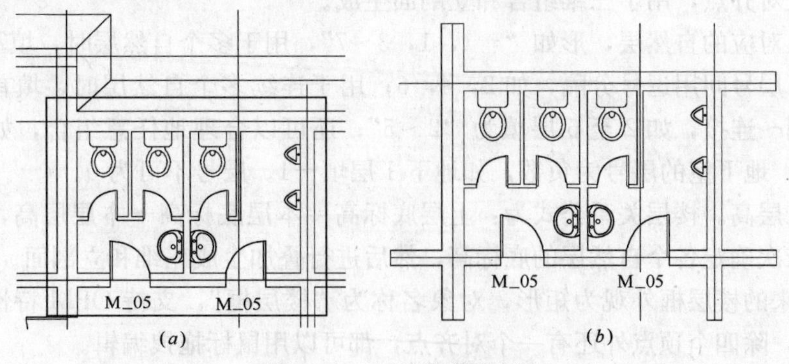

图 12-14　图形切割实例
(a)确定切割范围；(b)切割提取的图形

第 13 章　文 件 与 布 图

本章内容包括

- **楼层信息**
- **格式转换**
- **布置图纸**

设计完成后，需要提交给有关的合作方，或打印输出。不同的设计师操作图档的环境不尽相同，因此需要格式转化。设计的最终产品是工程图纸，设计好的图纸如何输出到打印设备上，并不是一件容易的事情，Arch2006 提供一套适合中国用户需要的布图打印解决方案。

13.1　楼层信息

建筑图纸以不同方式表达了一个建筑的信息，特别是平面图，表达了一个楼层空间内的建筑信息模型。如何利用一个个孤立的楼层模型，获得完整的建筑模型呢？这就是楼层表。

如果全部的平面图都在一个图形文件中，那么使用楼层框，即内部楼层表；如果各个平面图是独立的 DWG 文件，那么使用外部楼层表(building. dbf)。楼层表在需要使用楼层信息的各个命令都会出现，如三维组合、立剖面生成和门窗总表。使用外部楼层表时，要注意定义各个平面图的基点，即对齐点，在命令行键入 BASE 即可。

13.1.1　建楼层框

屏幕菜单命令:【文件布图】→【建楼层框】(JLCK)

一套工程图的各层平面集成在一个 DWG 文件中的时候，用本命令定义每个平面图的楼层属性，建立平面图之间的联系，即标准层和自然层的对应关系，为后续的门窗表、立剖面生成和三维组合做准备。

操作步骤

用矩形框确定平面图的范围；

1　确定对齐点，用于三维组合和立剖面生成。

2　输入对应的自然层，形如“－1，1，3～7”，用于多个自然层时，填写各自然层层号，层号间用逗号分隔，如 2，4，6；用于连续多个自然层时，填首尾层号，中间用～连接，如 2 至 5 层填为“2～5”；还可以合理地任意组合，如“2，6～9，13”。地下室的层号为负数，如地下 1 层填－1。层号不可为 0。

3　输入层高。楼层关系公式为：上层底标高＝本层底标高＋本层层高，由首层到顶层依次确定各个自然层的底标高，然后进行叠加生成三维和立剖面。

建立起来的楼层框外观为矩形，对象名称为“楼层框”，支持 OPM 特性表编辑，具有五个夹点，除四个顶点外还有一个对齐点，都可以用鼠标拖拽编辑。

图 13-1 为一个楼层框的实例图。

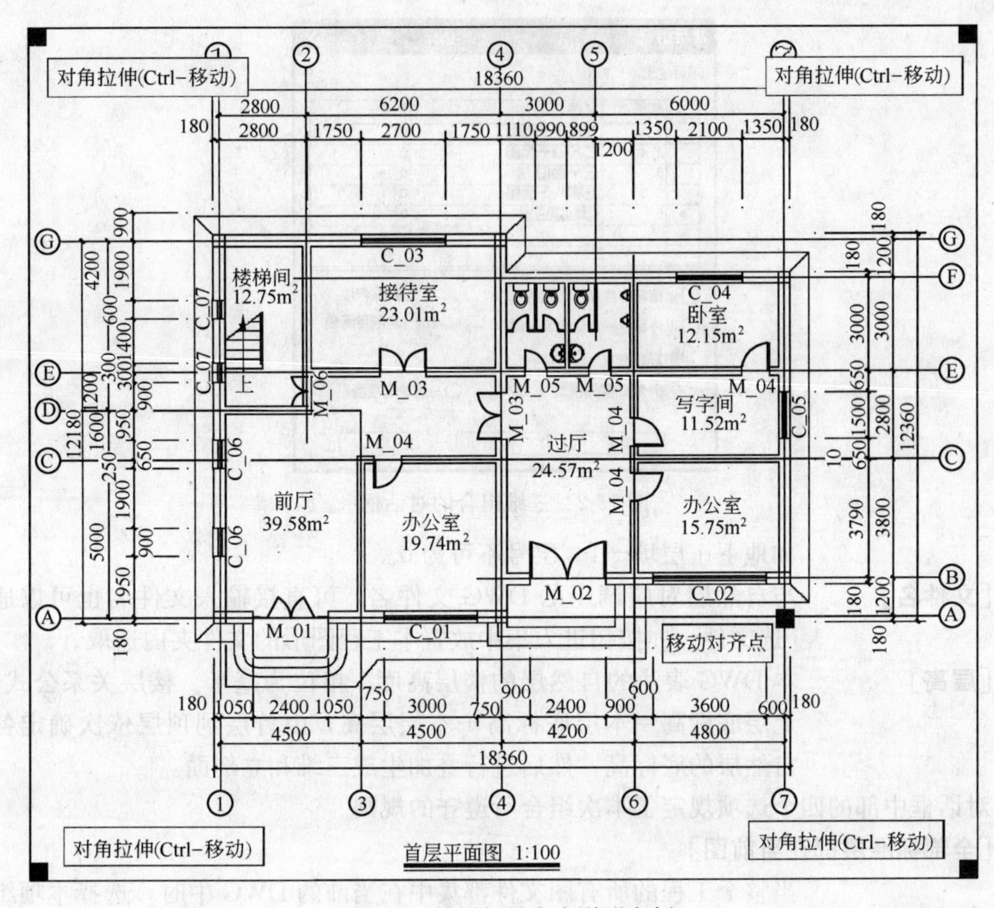

图 13-1 楼层框的夹点说明实例

13.1.2 三维组合

屏幕菜单命令:【文件布图】→【三维组合】(SWZH)

本命令依据楼层表的结构和参数，调用包含三维信息的各层DWG文件，叠加构造完整的三维建筑模型。如果使用外部楼层表，则在楼层组合对话框中，可以添加或修改楼层定义。否则提取楼层框信息完成楼层表，不可修改。

本软件对工程图形文件管理的要求与用户的习惯是一致的，通常采取如下两种方式。一种是把一个工程的所有图形集中到一个DWG文件中，另一种就是把每个标准层单独保存成一个DWG，整个工程所有的DWG集中放置到一个文件夹中。本软件的立剖图生成和三维组合能够处理上述两种图形管理形式。

对话框选项和操作解释:

电子表格中每个单行内调用一个DWG文件，该DWG适用的自然楼层在［楼层］项中填写。

［楼层］　自然楼层号。根据楼层的多少可以有多种格式，单个自然层只写层号；多个不连续自然层层号间用逗号分隔，如2，4，6；连续多个自然层时，填首尾层号，中间用～连接，如2至5层填为“2～5”；还可以合理地任意组合，如“2，6～9，13”。地下室的层号为负数，

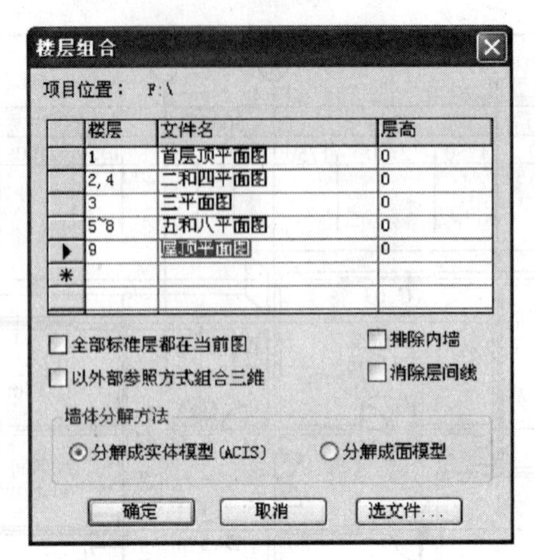

图 13-2　三维组合的对话框

如地下 1 层填－1。层号不可为 0。

[文件名]　与自然层对应调用的 DWG 文件名，可直接输入文件名也可以通过[选文件…]按钮进入集中放置本工程图形的文件夹内选取。

[层高]　本 DWG 表达的自然层的楼层高度，单位为毫米。楼层关系公式为：上层底标高＝本层底标高＋本层层高，由首层到顶层依次确定各个自然层的底标高，然后进行叠加生成三维和立剖面。

对话框中部的四个选项规定了本次组合所遵守的规则。

[全部标准层都在当前图]

当整个工程的所有图文件都集中在当前的 DWG 中时，选择本项组合三维模型。选择后部分无用的选项变灰不能被采用。

[以外部参照方式组合三维]

勾选此项，建筑模型中每层 DWG 图形以外部参照(Xref)方式插入。拷贝到其他电脑中必须将分层的 DWG 一同拷入，才能确保正确显示本文件的建筑模型。优点是显示速度快，各平面图修改后三维模型能够自动更新，三维模型文件很小。

[排除内墙]　选中此项，生成三维模型时系统自动排除内墙。事先需要对各标准层进行内外墙区分。

[消除层间线]　本选项仅对“外部参照(Xref)”和“分解成面片”有效，选择此项，三维模型之间的层间线不再显示。

[墙体分解方法]

决定了墙柱转换成 AutoCAD 图元的对象类型，其他构件对象系统自动转换成面模型(PFACE)。

[分解成实体模型(ACIS)]

系统把各个标准层内的墙体和柱子分解成三维实体(3DSOLID)，用户可以使用相关的命令进行编辑，如需要消除层间线，分解后可以对相邻的各个实体进行布尔“并”(UNION)运算。

［分解成面模型(PFACE)］

系统把各个标准层内的墙体分解成网格面。

13. 2　格式转换

13. 2. 1　局部转换

屏幕菜单命令:【文件布图】→【局部转换】(JBZH)

将天正 3 或由普通 ACAD 图元组成的图形局部转换为 Arch2006 图形。

首先框选准备转换的区域，弹出如图 13-3 的对话框：

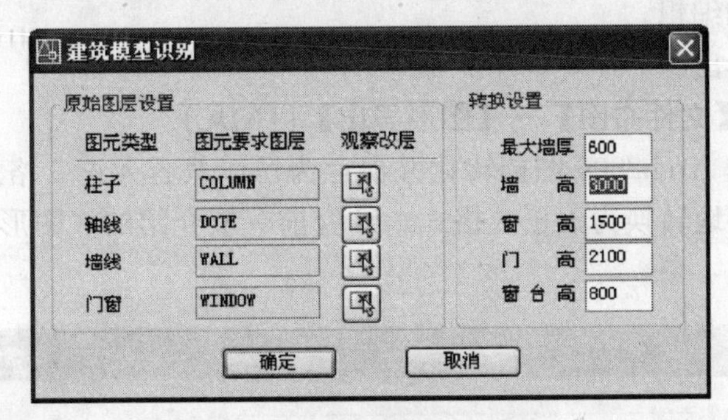

图 13-3　局部转换的对话框

局部转换主要是面向“柱子、轴线、墙线和门窗”，按图层进行过滤转换。如果待转换的图元所在图层名称与系统的缺省图层名称一致，设置好［转换设置］内的参数后按［确定］按钮转换即告成功；如果名称不一致，使用［观察改层］下的按钮进入图纸内，点取对应的图元获得正确的图层名称，然后再转换。

13. 2. 2　图形导入

屏幕菜单命令:【文件布图】→【图形导入】(TXDR)

为了满足用户交换图形文件的方便，特设本命令将标准的天正 3、天正 5 和 6 格式的

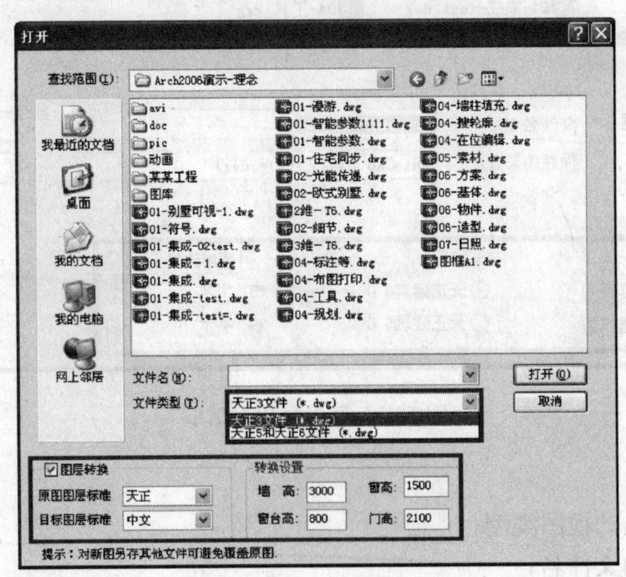

图 13-4　图形导入对话框

图形文件转换为本软件的自定义对象格式。转换的基本原则由系统内定，用户不必干预。

操作步骤

1　在打开文件对话框中选择准备转换的文件；

2　输入文件类型：天正 3 或天正 5 和 6；

3　确定是否需要转换图层标准；

4　如果导入天正 3 的图形，需要设置墙高等三维参数；

5　按［打开］按钮完成，系统自动转换成功。

转换后原图形的图层和对象属性都变成了 Arch2006 格式，用户可以无障碍地在本软件环境下继续设计和编辑。

13.2.3　图形导出

屏幕菜单命令：【文件布图】→【图形导出】(TXDC)

本命令将当前的 Arch2006 图档转化并保存为可以兼容天正 3 格式的 AutoCAD 基本对象，还可以无障碍地转换为天正 6 格式。结合前一节介绍的［图形导入］，可以达到与天正 6 双向兼容。

图 13-5　图形导出对话框

操作步骤

1　选择要导出的视图类型；

2　输入导出的文件名；

3　选择要保存的文件类型：可以是与当前 AutoCAD 平台同格式，或降低一个版本；

4　确定兼容天正3或天正6，是否转换图层标准。

13.2.4　分解对象

屏幕菜单命令:【文件布图】→【分解对象】(FJDX)

本命令提供了将图中选中的自定义对象分解为AutoCAD普通图元的转换手段。适于需要在纯AutoCAD下进行浏览和出图或者准备将三维模型导入其他渲染器进行渲染时，由于其他渲染软件不支持自定义对象，需要采用本命令完成分解转换。

自定义对象分解后彻底失去了先前的智能化特征，因此建议用户务必备份分解前的图档，以便今后编辑修改，把分解后的图另存为新的文件。

特别提示

- 分解的结果与当前视图有关，如果要获得三维图形(墙体分解成Pface或Solid)，必须先把视口设为某个方向的轴测视图，在平面视图中分解只能获得AutoCAD的二维平面图。
- 本命令不能分解包含在图块中的对象，因此要彻底转换整个文件，应当使用图形导出。

13.2.5　图形变线

屏幕菜单命令:【文件布图】→【图形变线】(TXBX)

本命令用来把选定的三维视图中三维模型“压扁”转成二维图形，并另存成新图。通常用来生成透视角度的二维线框图，以便与平面图布置在一张图纸中，或用于其他二维状态下。

操作步骤

1　调整三维视口获得需要的视图观察角度；

2　赋名保存转换后的二维DWG文件；

3　等待系统转换处理；

4　进行消除重线。

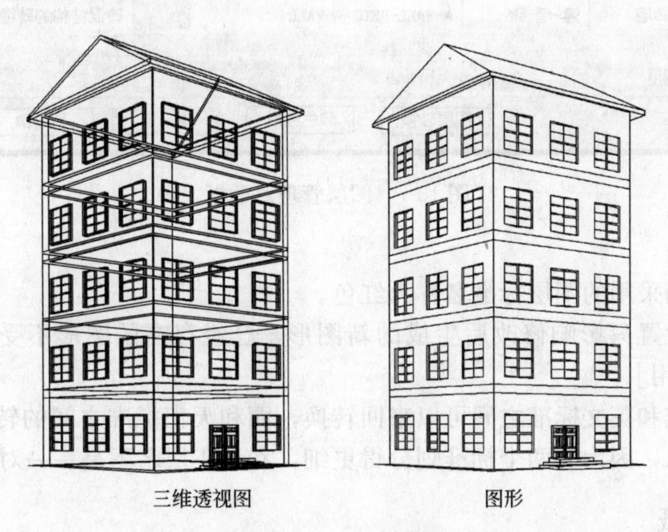

图13-6　图形变线

特别提示

- 分解转换后绘图精度将稍有损失。

13.2.6　图层管理

屏幕菜单命令：【文件布图】→【图层管理】(TCGL)

本命令提供对图层设定的管理手段，有以下功用：

1　设置图层的颜色(外部文件)；

2　把颜色应用于当前图；

3　对当前图的图层标准进行转换(层名转换)。

系统提供中英文两种标准图层，同时附加天正的标准图层。用户可以在图层管理器中修改上述三种图层的名称和颜色，以及对当前图档的图层在三种图层之间进行即时转换。

图层管理对话框，如图 13-7。

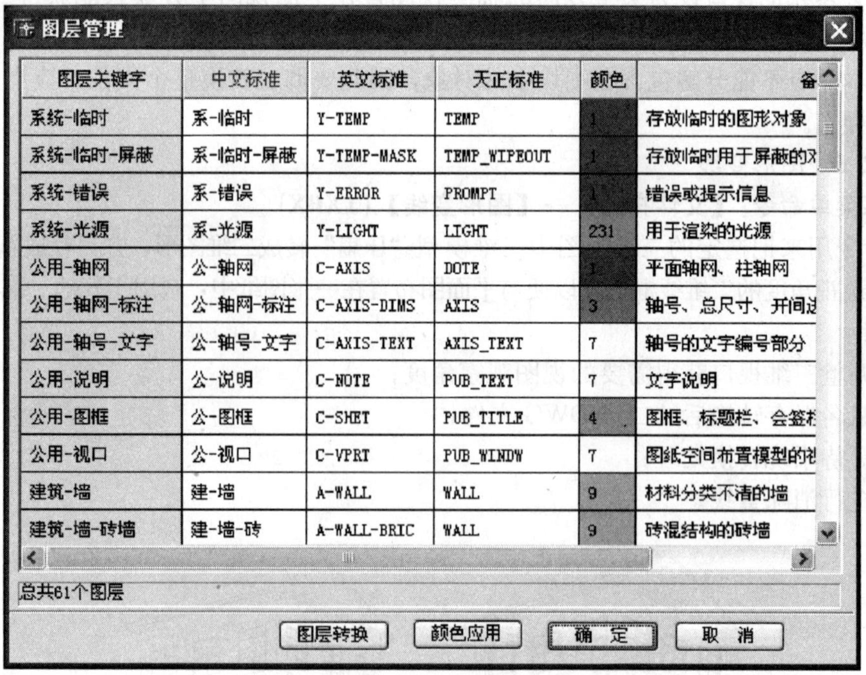

图层管理

图层关键字	中文标准	英文标准	天正标准	颜色	备
系统-临时	系-临时	Y-TEMP	TEMP	1	存放临时的图形对象
系统-临时-屏蔽	系-临时-屏蔽	Y-TEMP-MASK	TEMP_WIPEOUT	1	存放临时用于屏蔽的对
系统-错误	系-错误	Y-ERROR	PROMPT	1	错误或提示信息
系统-光源	系-光源	Y-LIGHT	LIGHT	231	用于渲染的光源
公用-轴网	公-轴网	C-AXIS	DOTE	1	平面轴网、柱轴网
公用-轴网-标注	公-轴网-标注	C-AXIS-DIMS	AXIS	3	轴号、总尺寸、开间进
公用-轴号-文字	公-轴号-文字	C-AXIS-TEXT	AXIS_TEXT	7	轴号的文字编号部分
公用-说明	公-说明	C-NOTE	PUB_TEXT	7	文字说明
公用-图框	公-图框	C-SHET	PUB_TITLE	4	图框、标题栏、会签栏
公用-视口	公-视口	C-VPRT	PUB_WINDW	7	图纸空间布置模型的视
建筑-墙	建-墙	A-WALL	WALL	9	材料分类不清的墙
建筑-墙-砖墙	建-墙-砖	A-WALL-BRIC	WALL	9	砖混结构的砖墙

总共61个图层

图层转换　颜色应用　确定　取消

图 13-7　图层管理对话框

特别提示

- 当前图档采用的图层标准名称为红色。
- 图层的设置只影响修改后生成的新图形，已经存在的图形不受影响。除非点取[颜色应用]。
- 中文标准和英文标准之间可以来回转换，而和天正标准之间的转换，不一定能完全转回来，因为前两个标准划分得更细，和天正层名不是一一对应的关系。

13.3　布置图纸

13.3.1　布图原理

所谓布图就是把多个选定的模型空间的图形分别按各自的出图比例倍数缩小，以视口方式放置到图纸空间中，以备打印输出。Arch2006 规定，在模型空间绘图的时候，

WCS-X方向为观看图纸时的右手方向，即面朝着 WCS-Y 方向阅读图纸。因此不管最后图纸怎么布置，创建图形的时候都要遵守这个规则。

在本软件中，建筑构件在模型空间设计时都是按 1∶1 的实际尺寸创建，布图后在图纸空间中这些构件对象相应缩小了出图比例的倍数，换言之，建筑构件无论当前比例多少，都是按 1∶1 创建，当前比例和改变比例并不影响和改变构件对象的大小。而对于图中的文字、符号和标注，以及断面充填和带有宽度的线段等注释性对象，则情况有所不同，它们在创建时的尺寸大小相当于输出图纸中的大小乘以当前比例，可见它们与比例参数密切相关，因此在设定当前比例和改变比例时，只有这类注释性对象被影响。

TH 对象都有出图比例的参数，在布图时要保证出图比例与当初的绘图比例一致是必要的。

简而言之，布图后系统自动把图形中的构件和注释等所有选定的对象，“缩小”一个出图比例的倍数，放置到给定的一张图纸上。重复对不同比例的图形操作这个过程，就是多比例布图。

13.3.2　设置当前比例

使用 AutoCAD 的［选项］（Options），可以设置当前图的全局设置，包括当前出图比例。参见第 1 章的说明。不过这不是最快的方法，最快的方法是在命令行键入快捷命令 DQBL。

当前比例显示在状态条的左下角，新创建的对象都使用当前比例。

13.3.3　改变出图比例

屏幕菜单命令：【文件布图】→【改变比例】

本命令改变模型空间中某一个范围的图形的出图比例，使其图形内的文字符号注释类对象与输出比例相适应，同时系统自动将其置为新的当前比例。

本命令可以在模型空间使用，也可以在图纸空间使用。如果图形尚未用［布置模型］布置到图纸空间，用该命令可以改变选定图形的出图比例，图中文字符号线宽填充的大小将发生改变；如果图形已经布置到图纸空间，可以删除图纸空间生成的布图视口，然后在模型空间改变出图比例，接着重新用［布置模型］布置到图纸空间。

在模型空间改变比例步骤：

1　输入新的出图比例；

2　请选择要改变比例的图元；

3　请提供原有的出图比例。

在图纸空间改变比例步骤：

1　选择要改变比例的视口；

2　输入新的出图比例；

3　选择要改变比例的图元。

这时，视口中图形与比例不符的轴圈、尺寸标注、文字、符号等都得到更新。

13.3.4　布置图形

屏幕菜单命令：【文件布图】→【布置图形】(BZTX)

将模型空间的某个范围的图形以给定的出图比例布置到图纸空间。无论当前处于模型空间还是图纸空间，本命令都是进入模型空间选取图形，然后切换到图纸空间等待插入视口。

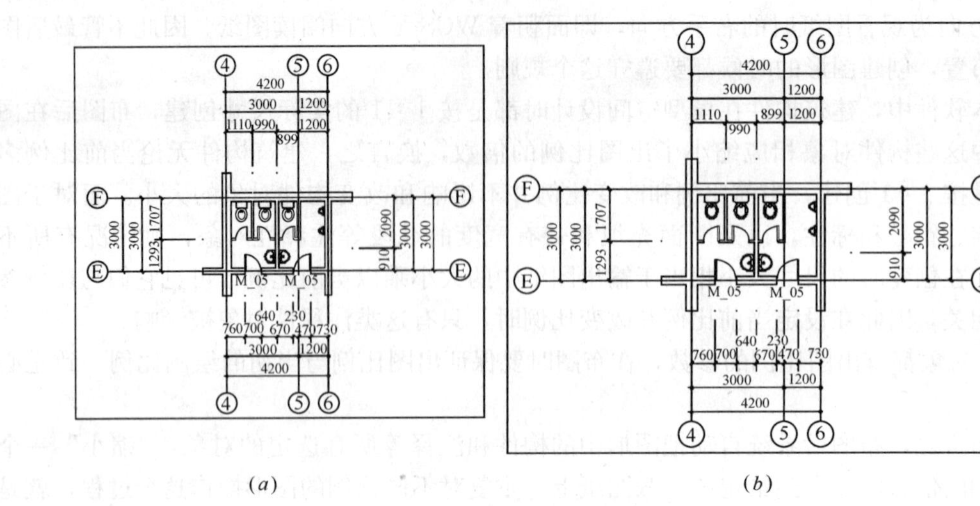

图 13-8　改变比例实例

(a)原视口比例 1∶100；(b)视口比例改为 1∶80

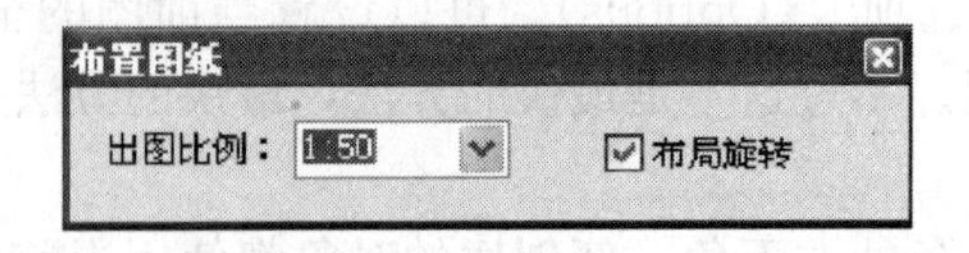

图 13-9　布置图形设置

操作步骤

1　进入布局空间，删除系统自动插入的视口；

2　选定绘图仪型号，设定图纸大小和打印比例 1∶1；

3　点取命令，在布置图纸对话框中给定［出图比例］；

4　根据需要选择［布局旋转］；

5　在模型空间框选等待布局的图形范围；

6　系统自动切换到布局空间，插入包含图形的视口；

7　反复 4～6 步骤，插入其他图形布置的视口；

8　调整各个视口的位置和确定准备打印的可见部分。

［布图旋转］　使得视口中的图形在无任何改变的情况下被旋转 90°。本选项为打印输出时多张图纸优化布局节省纸张服务。系统等待点取布图视口左下角的插入位置时，直接回车视口左下角，与图纸有效打印区域的左下角对齐。

布图视口也具有 AutoCAD 对象的属性，可以像其他图元一样进行复制、移动等编辑，最实用的属性是利用夹点编辑改变显示打印内容，点击激活视口，鼠标拖拽四角夹点来改变视口的大小，进而控制图形的可见内容和确定打印范围。

13.3.5　插入图框

屏幕菜单命令：【文件布图】→【插入图框】(CRTK)

本命令在模型空间或图纸空间插入“标准图框”或“用户图框”，并可预览图幅。

标准图框由 Arch2006 系统提供。标题栏和会签栏为常见形式，用户可定制修改二者的样式，即 Sys 下 _ LABEL2 和 _ LABEL1 两个图形文件，原则是保持右下角不动或 XY 坐标始终处于 0，0。标题栏中需要用户填写的内容，比如图名、设计人等均采用属性文字，在命令行键入 Attdef 创建，_ LABEL2 中的序号和图幅为两个不可见属性，创建［图纸目录］时会用到。

标准图框的对话框如图 13-10。

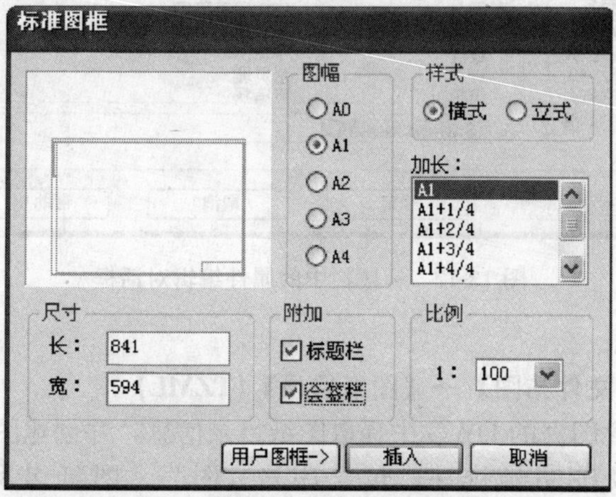

图 13-10　标准图框的对话框

用户图框由用户在“Sys \ 图框”下按图纸尺寸 1：1 自建，包括标题栏和会签栏，建议设置在 0 层上。与标准图框相似，标题栏中需要用户填写的部分用 Attdef 命令创建，“序号和图幅”为两个不可见属性，专用于［图纸目录］。

用户图框的对话框如图 13-11。

图 13-11　用户图框的对话框

图框插入后，双击标题栏弹出如图 13-12 的“增强属性编辑器”对话框，填入该工程和本图的正确标题信息值，如工程名称、设计人等。

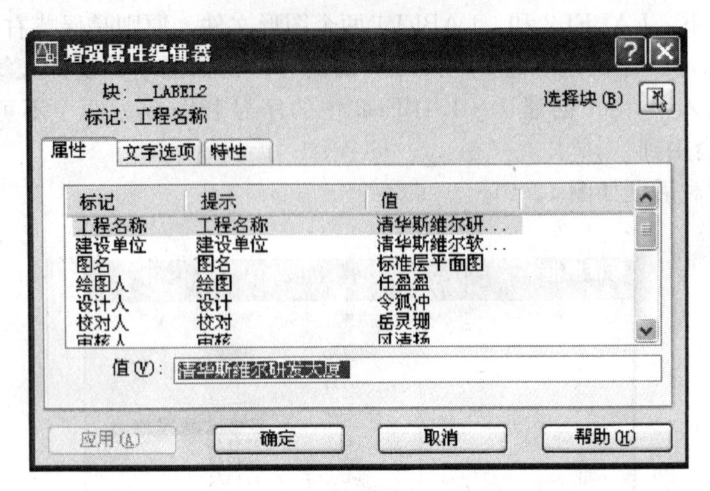

图 13-12　标题栏中的属性编辑对话框

13.3.6　图纸目录

屏幕菜单命令:【文件布图】→【图纸目录】(TZML)

本命令从多个包含图框的 DWG 中提取图纸目录信息，并创建图纸目录表格。

生成的图纸目录按序号排序，包含序号、图号、图纸名称、图幅和备注，为 Arch2006 表格对象，因此支持［在位编辑］。

插入图框时，注意正确填写序号和图幅的信息，二者虽然在标题栏中无用武之地，但在图纸目录中不可缺少。

图纸目录的样例如图 13-13。

序　号	图　号	图纸名称	图　幅	备　注
1	建初-01	首层平面图	A0+1/2	
2	建初-02	二～六层平面图	A0+1/4	
3	建初-03	七、九层平面图	A1	
4	建初-04	八、十层平面图	A0	

图 13-13　图纸目录的样例

13.3.7　编辑图纸

屏幕菜单命令:【文件布图】→【视口放大】(SKFD)

图形布置到图纸空间后，只能在图纸空间观察，不可修改。如果要修改就要回到模型空间，点取“模型”标签回到模型空间时，需要视图操作(平移缩放)才能定位到目标图形，［视口放大］提供了一个快捷的方法，在图纸空间选择视口即可立即把该视口内的图形放大到绘图区。

13.3.8　打印输出

AutoCAD 打印图纸有多种方法，不过我们推荐使用颜色对应线宽的方法来输出图形。在缺省状态下，Arch2006 的二维图形使用的颜色范围是 1～9 号颜色，并且为这 9 个颜色配置了相应的线宽，即打印样式表 arch2006. ctb。如果用户更改了颜色的设置，请使用自己的打印样式表。

第 14 章　三　维　造　型

本章内容包括

- **特征造型**
- **面造型工具**
- **三维编辑工具**
- **创建体量模型**
- **编辑体量模型**

Arch2006 提供三维工具和体量建模两个三维造型系统。前者根据三维物体的特征进行建模，包括板类模型、三维地面模型、网架模型和曲线放样模型等。体量建模使用参数化的基本形体和特征放样模型，通过布尔运算和三维切割生成复杂的三维物体，无论基本形体还是复合形体，都支持反复的编辑，编辑方式和创建方式完全一致。

这些通用三维对象在使用上没有场合限制，设计师需要发挥丰富的想象力，充分利用这些对象构建建筑场景。

14.1　特征造型

Arch2006 根据建筑设计中常见的三维特征，专门定义了若干对象，以满足这些常用特征的建模。

14.1.1　平板

屏幕菜单命令：【三维工具】→【平板】(PB)

构造广义的"板"构件，可用作楼板、平屋顶、楼梯休息平台、镂空的装饰板和平板玻璃等。本命令的使用需要充分发挥空间想象力，事实上任何平板状和柱状的物体都可以用它来构造。平板对象不只支持水平方向的板式构件，其他方向的斜板和竖板也可以，只要事先设置好 UCS。平板的上下面和侧面的图层可以单独控制，以便渲染时赋给不同材质以表达复杂的物体。

平板对话框如图 14-1：

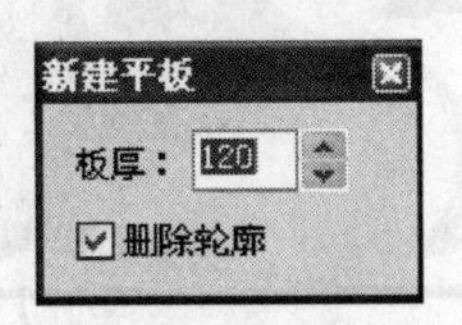

图 14-1　平板的创建对话框

对话框选项和操作解释：

[板厚]　平板的厚度。正数表示平板向上生成，负数向下生成。厚度为 0 表示一个薄片。

[删除轮廓]　生成平板后删除所有轮廓线。

平板的生成操作很简单，框选一组闭合曲线，系统搜索最外的闭合曲线作为平板边界线，内部的闭合曲线作为开洞的边界。

平板的编辑采用右键的［对象编辑］或双击平板进行，命令行提示：

请选择［加洞(A)/减洞(D)/标高(E)/偏移(F)/板厚(T)/边可见性(V)］〈退出〉：

按需求选择回应进行参数编辑。

● 加洞口 A

选择平板中定义洞口的闭合 PLINE 或圆，在平板上增加若干洞口。

● 减洞口 D

鼠标点击平板中定义的洞口，从平板中移除该洞口。

● 改标高 E

根据命令行提示，输入新的标高值，更改平板基面的标高。

● 偏移 F

根据命令行提示，输入偏移值，使平板各边界产生偏移，正值向外偏移，负值向内。

● 改板厚 T

根据命令行提示，输入新的厚度值，更改板的厚度。

● 边可见性 V

控制二维视图中，哪些边是可见的，如果不需要二维视图，则让所有边都不可见。其中洞口的边无法逐个控制可见性。

还可以采用［布尔编辑］修改边界或添加洞口，也可以用夹点拖拽改变边界的位置。

可以说，平板用途很广，需要用户发挥想象，不拘泥和受限于“平板”二字，图 14-2 中的顶盖就是平板的实例。

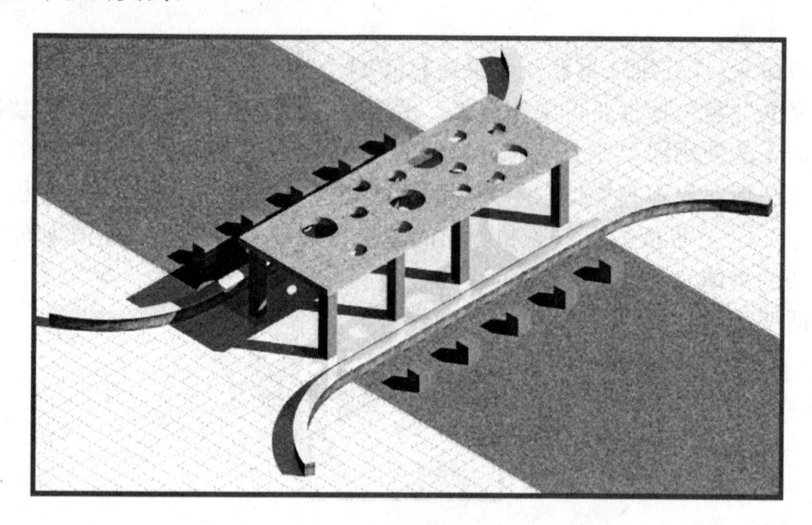

图 14-2　平板应用实例

14.1.2　竖板

屏幕菜单命令：【三维工具】→【竖板】(SB)

构造竖向的板件，用做装饰板、隔板等。与平板不同，竖板无需事先绘制 PLINE 线，系统依据输入的参数生成竖板。依据命令行提示，依次输入起点、终点、起点标高、终点标高、起边高度、终边高度以及板厚等参数，根据需要确定是否显示二维图形，即可完成一块竖板的创建工作。

图 14-3 是一个综合应用实例，涵盖了竖板、平板、网架和路径曲面的应用，正南向的竖向遮阳板为竖板，横向遮阳板为平板，屋顶檐口采用了路径曲面对象，左侧为空间网架。

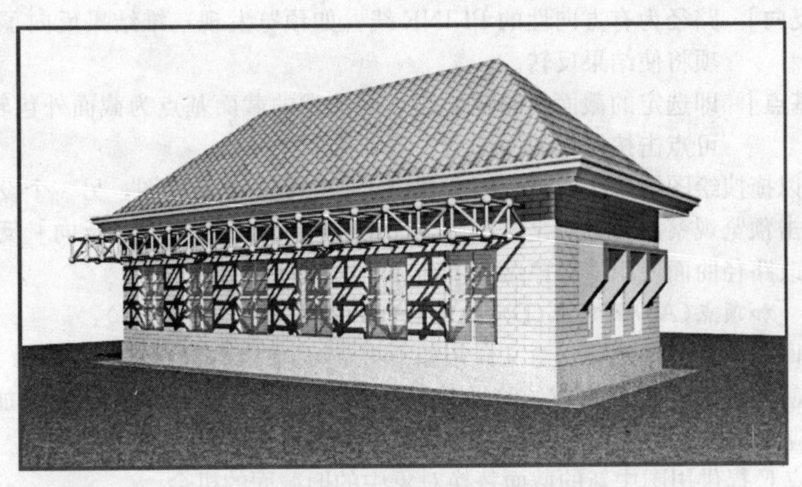

图 14-3　竖板、网架和路径曲面等三维工具的应用实例

14.1.3　路径曲面

屏幕菜单命令：【三维工具】→【路径曲面】（LJQM）

本命令采用"路径＋截面"的造型方式，以 PLINE 或圆为路径生成等截面的三维对象。

路径曲面是最常用的造型方法之一，在三维构建中大量应用。路径可以是三维 PLINE 或二维 PLINE 和圆，PLINE 不要求必须封闭。生成后的路径曲面可以再编辑修改，支持裁剪延伸。

路径曲面对话框如图 14-4：

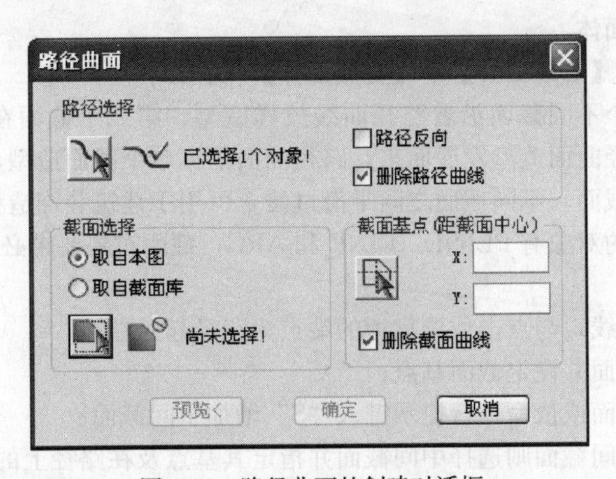

图 14-4　路径曲面的创建对话框

对话框说明

［路径选择］　点击选择按钮进入图中选择路径，选取成功后图标变为对号且有文字提示。路径可以是 LINE、ARC、CIRCLE、PLINE 或可绑定对象路径曲

面、扶手和多坡屋顶边线。

［截面选择］　图中选取或进入图库选择，选取成功后图标变为对号并有文字提示。截面可以是 LINE、ARC、CIRCLE、PLINE 等对象。

［路径反向］　路径为有方向性的 PLINE 线，如预览发现三维结果反向了，选择该选项将使结果反转。

［截面基点］　即选定的截面与路径的交点，缺省的截面基点为截面外包轮廓的形心，可点击按钮在截面图形中重新选取。

用户可以拖拽绘图屏幕区域打开两个视口，一个置为平面视图，另一个设定为三维透视窗口，点击预览观察放样方向是否正确，如果反向了，选择［路径反向］反转过来。

编辑修改路径曲面使用［对象编辑］命令，命令行提示：

请选择［加顶点(A)/删顶点(D)/改顶点(S)/改截面(C)］〈退出〉：

按需求回应命令行的选项，意义介绍如下：

- 回应 A 或 D 可以在完成的路径曲面对象上增减顶点。参见第 6 章添加扶手章节。
- 回应 S 可以设置顶点的属性、标高和夹角。
- 回应 C 提供用图中新的截面替换对象中的旧截面的机会。

路径曲面的特点

截面是路径曲面的一个剖面形状，截面没有方向性，路径有方向性，路径曲面的生成方向总是沿着路径的绘制方向，截面基点对齐起始点开始生成。

- 截面曲线封闭时，形成的是一个有体积的对象。
- 路径曲面的截面显示出来后，可以拖动夹点改变截面形状，路径曲面动态更新。
- 路径曲面可以在任何 UCS 下使用，但是作为路径的曲线和断面曲线的构造坐标系必须平行。

路径曲面用途很广，常常用来构建屋顶檐口、家具缝边等。图 14-3 中的檐口就是用路径曲面创建而成。

14.1.4　变截面体

屏幕菜单命令：【三维工具】→【变截面体】(BJMT)

本命令调用三个不同截面沿着路径曲线放样造型，第二个截面在路径上的位置可选择。变截面体由路径曲面造型发展而来，路径曲面依据单个截面造型，而变截面体采用三个或两个不同形状截面，不同截面之间平滑过渡，可用于建筑装饰造型等。

可以作为路径的对象有 PLINE、LINE 和 ARC，截面对象要求必须是封闭的 PLINE。

操作步骤

1　指定路径曲线，与点击位置靠近的端点为路径起始端；

2　选取起始截面并设定截面基点；

3　选取终止截面或依命令行提示键入“S”增加中间截面；

4　如果需要中间截面则选择中间截面并指定其基点及在路径上的位置；

5　选取终止截面并设定其基点。

图 14-5 是一个古建筑亭子的屋顶造型，采用了变截面体放样对象，图中展示了二维的路径和截面，以及最终生成的三维模型。图 14-6 的炭火棒也是采用变截面体放样而成，为了表现炭火棒的自然随意性，每个炭火取三个不规则截面，路径也要随意弯曲。

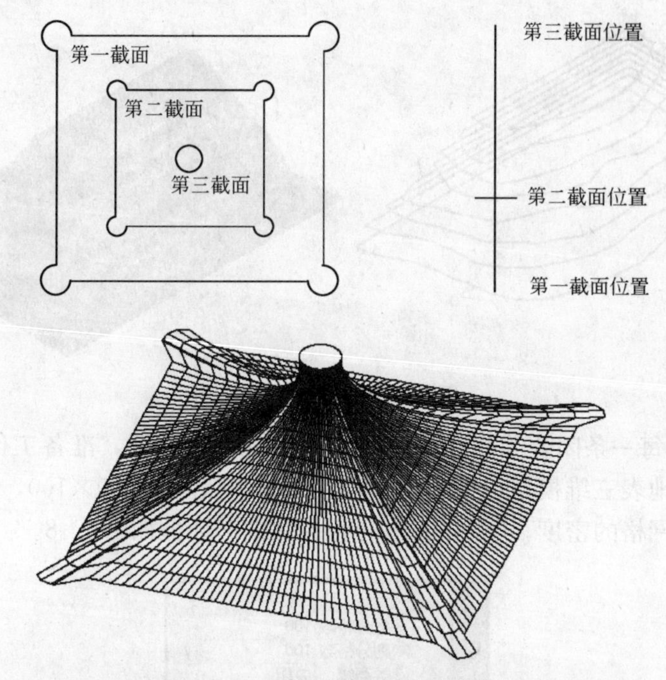

图 14-5　变截面体的古建筑实例

图 14-6　变截面体的炭火实例

特别提示

- 选取路径曲线时与点击位置靠近的端点为第一个截面的起始点。

14.1.5　地表模型

屏幕菜单命令：【三维工具】→【地表模型】（DBMX）

本命令将一组封闭的 PLINE 绘制的等高线生成自定义对象的三维地面模型，用于规划设计的三维可视化设计环境。

在进行［地表模型］建立之前，首先绘出全部的闭合等高线，移动这些等高线到其相应的高度位置，可以使用 Arch2006 的［Z 向编辑］命令、特性表或 ACAD 的 Move 命令完成等高线 Z 标高的设置。

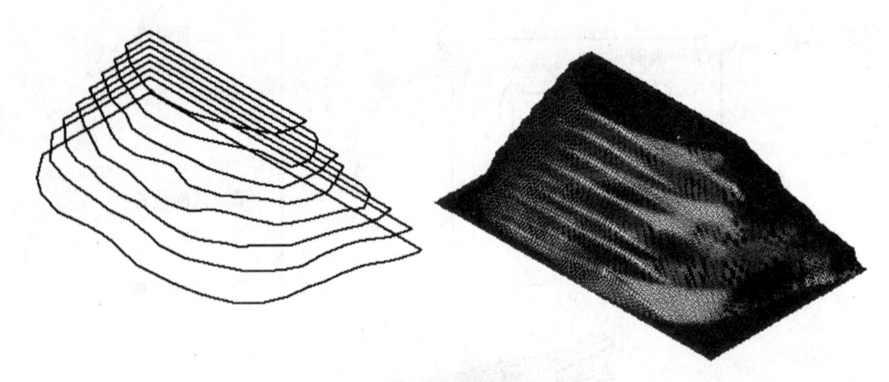

图 14-7　地表模型的实例

在图 14-7 中每一条闭合等高线均移位到相对标高的位置，准备工作完成后，采用本命令生成右侧的地表三维模型。地表模型对象的网格默认为 100×100，进入 OPM 对象特征表中可以修改网格的密度，OPM 表中的相关数据对话框如图 14-8。

图 14-8　OPM 中的地表模型网格参数

地表模型创建后，仍然可以使用原来的等高线来修改，应当在屏幕上开辟一个二维视口和一个三维视口，打开地表模型的等高线，在二维视口上更改等高线的形状或 Z 标高，三维视口上立刻反映出更改后的地表模型。修改完毕请关闭地表模型的等高线。

14.1.6　三维网架

屏幕菜单命令：【三维工具】→【三维网架】(SWWJ)

把沿着网架杆件中心绘制的一组空间关联直线(PLINE 和 LINE)转换为有球节点的等直径空间网架模型。

网架设计对话框如图 14-9 所示。

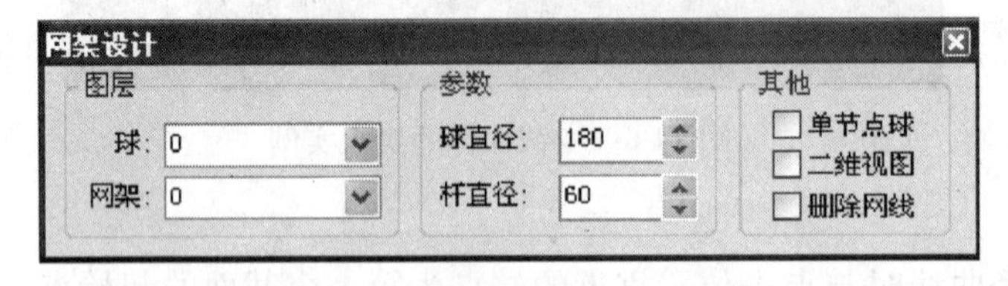

图 14-9　三维网架设计对话框

对话框说明

[图层]　球和网架的所在图层，如果材质不同，需单独定义二者的图层，以便渲染。

[参数]　球和杆的直径。

[单节点球]　不选择此项，系统只在两根以上直线交汇节点处生成球节点。选择此项后，单根直线的两个端点也生成球节点。

［二维视图］ 是否需要网架中心线的二维视图。不选此项，二维视图中仅有生成网架的参考线组，如果在二维视图中进行操作，不能选中三维网架，需注意。

［删除网线］ 三维网架生成后，删去参考线组。

本命令生成的空间网架的杆件和球节点规格都是统一的，不能单个指定某个杆件与球节点的直径尺寸，而且一次生成的网架为一个。

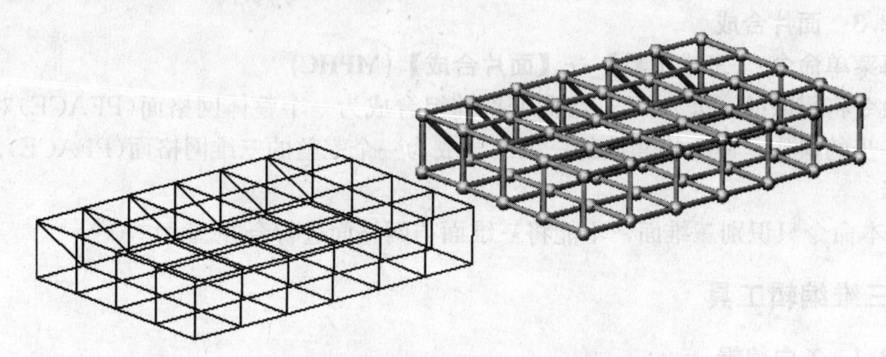

图 14-10 事先准备好的参考线组和生成的网架三维图

14.2 面模型工具

AutoCAD 的面模型(3DFACE 和 PFACE)非常通用，被各种应用程序广泛支持，尽管用户要直接创建 AutoCAD 的面模型对象非常不容易。或者可以这么说，面模型对象是用来存档和交流使用的。事实上，Arch2006 的三维门窗库内的块定义都是由面模型构成的。

14.2.1 线转面

屏幕菜单命令:【三维工具】→【线转面】

本命令将把由多个直线段构成的二维视图生成三维网格面(PFACE)。

命令执行结束后，可以对网格面的顶点进行位移编辑，激活某个顶点后，命令行提示：

指定拉伸点或［基点(B)/复制(C)/放弃(U)/退出(X)］: *回应@0，0，Z值，回车生效。*

此时该顶点的 Z 值被抬高，使原本平铺的网格面变为三维形体的面。

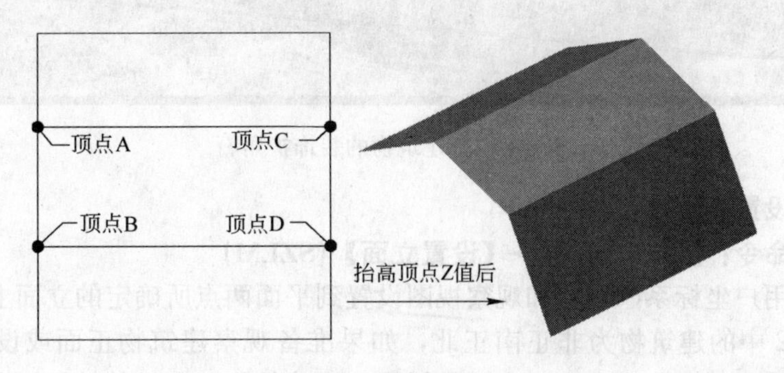

图 14-11 线变面的实例

14.2.2　实体转面

屏幕菜单命令：【三维工具】→【实体转面】(STZM)

本命令用于将 ACIS 实体(包括 3DSOLID 和 REGION)转化为网格面对象(PFACE)。实体模型的好处是编辑比较容易，特别是后面要介绍的体量模型，支持交并差这类强大的编辑。如果一个造型已经完成，不需要继续修改，那么可以把它转化为面模型，以便拥有更快的速度、更小的存储空间和更广泛的兼容性。

14.2.3　面片合成

屏幕菜单命令：【三维工具】→【面片合成】(MPHC)

本命令将零散的 3DFACE 三维面变换并组合成为一个整体网格面(PFACE)对象，以方便进一步的操作。命令将邻接的三维面合成为一个完整的三维网格面(PFACE)。

特别提示

- 本命令只识别三维面，不能将三维面与网格面进行合并。

14.3　三维编辑工具

14.3.1　Z 向编辑

屏幕菜单命令：【三维工具】→【Z 向编辑】(ZXBJ)

本命令在 Z 轴方向编辑对象，由位移和阵列两个分支命令组成。此命令便于用户在平面视图下在 Z 方向上移动对象或阵列对象。

像图 14-12 中建筑物的装饰护角石采用本命令的 Z 向阵列就十分方便，三维操作中的竖向移动最为频繁，[Z 向编辑] 比任何一个工具都方便。

图 14-12　建筑物的装饰护角石

14.3.2　设置立面

屏幕菜单命令：【三维工具】→【设置立面】(SZLM)

本命令将用户坐标系(UCS)和观察视图设置到平面两点所确定的立面上。

在图 14-12 中的建筑物为非正南正北，如果准备观察建筑物正面或设置正面为当前 UCS，采用 [设置立面] 来实现，右侧的插图即为建筑物正立面的结果视图。

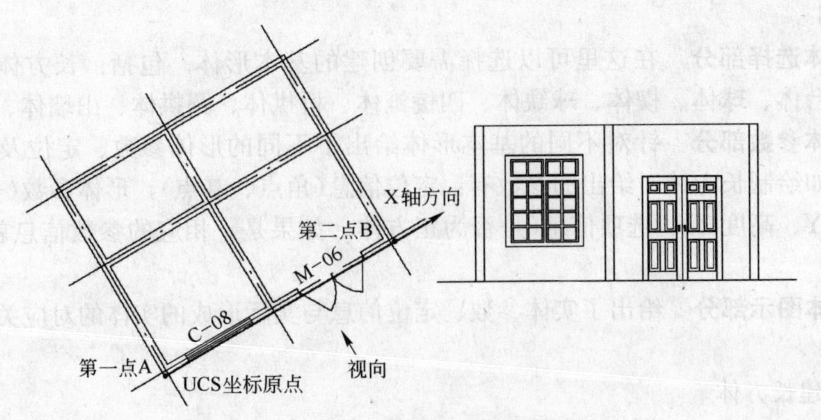

图 14-13　设置立面的实例

14.3.3　三维切割

屏幕菜单命令：【三维工具】→【三维切割】(SWQG)

本命令支持任意 UCS 下(包括立面 UCS 下)，按给定的界线切割任何三维模型，包括三维实体(3DSOLID)、面对象(3DFACE)与网格面对象(PFACE)等，切割后生成两个结果图块方便用户移动或删除。使用的是面模型，分解(EXPLODE)后全部是 3DFACE。切割处自动加封闭的红色面。切割界线可以理解为由水平两点确定的垂直切割面。

三维切割除了可以用来造型外，还可以用来形象地观察模型的内部，例如对一个完整的建筑模型做三维切割，就可以看到建筑内部的构造，比建筑剖面更加直观地表达建筑的内部特征，事实上［建筑剖面］就有个三维剖切的选项，即可以生成三维剖面图。

14.4　创建体量模型

有四种创建实体的方法：根据基本实体形(长方体、圆锥体、圆柱体、球体、圆环体和楔体)创建实体，通过对截面拉伸的方式创建实体，截面沿路径放样形成实体，通过使截面绕固定轴旋转形成实体。

14.4.1　基本形体

屏幕菜单命令：【体量建模】→【基本形体】(JBXT)

通过屏幕选定和手工输入等方式给出形体参数，建立基本的实体模型。形体参数由对话框统一定义。

命令交互和回应：执行命令后出现如下对话框：

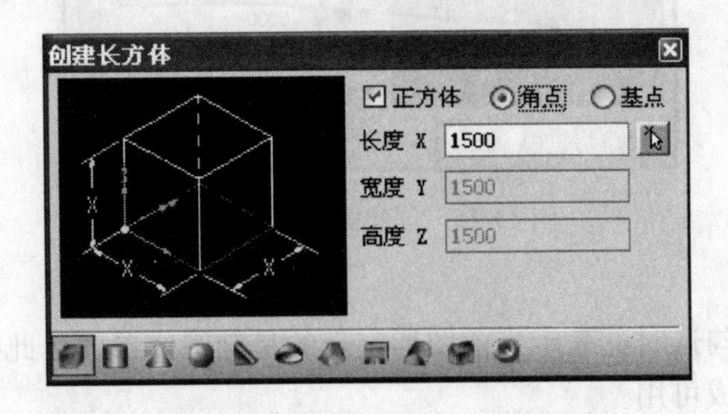

图 14-14　创建基本形体对话框

对话框说明

1 **形体选择部分** 在这里可以选择需要创建的基本形体。包括：长方体、圆柱体、圆台体、球体、楔体、球缺体、四棱锥体、桥拱体、圆拱体、山墙体、圆环体。

2 **实体参数部分** 针对不同的基本形体给出了不同的形体参数、定位及选项信息。例如绘制长方体时给出的参数有：定位信息(角点、基点)，形体参数(长度 X、宽度 Y、高度 Z)、选项信息(是否为正方体，如果是，相应的参数信息就会发生变化)

3 **实体图示部分** 给出了实体参数、定位信息与实际形成的实体的对应关系。

对话框操作

● 创建长方体

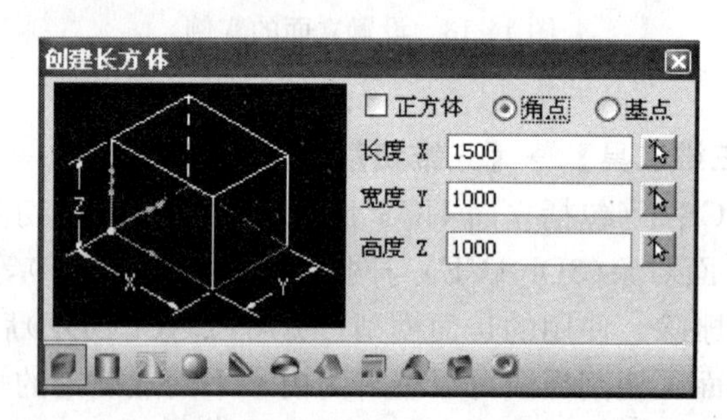

图 14-15 创建长方体对话框

选项功能及参数意义

[**正方体**] 勾选此复选框，表示强制以 X 长度为边长定义一个正方体，此时参数“宽度 Y、高度 Z”变成不可用。

[**角点/基点**] 互锁按钮，决定长方体的插入基点，角点是长方体底面的左下角点，基点是长方体底面的中点。

[**长/宽/高度**] 长方体沿 X/Y/Z 方向的边长。单击右侧按钮可以进入屏幕点取两点获得长度。

● 创建圆柱体

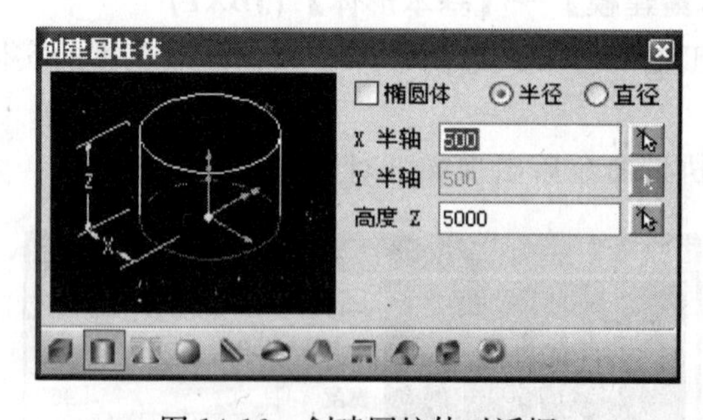

图 14-16 创建圆柱体对话框

选项功能及参数意义

[**椭圆体**] 勾选时，表示当前图形定义的是椭圆体参数。此时参数“Y 半轴”变成可用。

[半径/直径]　互锁按钮，决定输入的参数 X、Y 为半径还是直径。

[X 半轴]　圆柱体的半径或直径长度，选中直径时显示为“X 轴”。当椭圆体选项选中后表示椭圆体 X 方向长度。

[Y 半轴]　椭圆体的 Y 方向长度，选中直径时显示为“Y 轴”。

[高度 Z]　圆柱体的高度。

● 创建圆台体

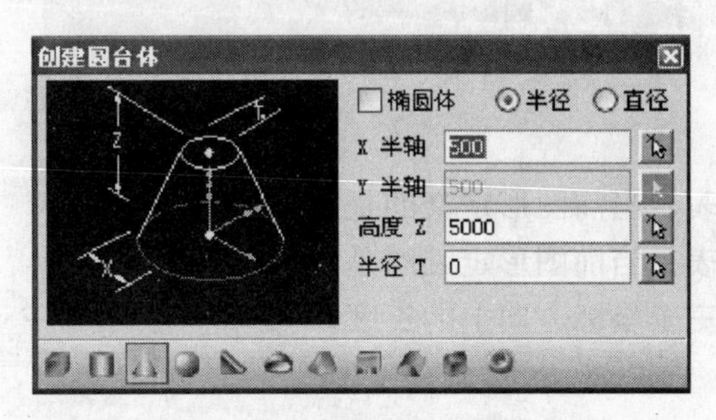

图 14-17　创建圆台体对话框

选项功能及参数意义

[椭圆体]　勾选时，表示当前图形定义的是椭圆台体参数。此时参数“Y 半轴”变成可用。

[半径/直径]　互锁按钮，决定输入的参数 X、Y 为半径还是直径。

[X 半轴]　圆台体底面的半径或直径长度，选中直径时显示为“X 轴”。当椭圆台体选项选中后表示椭圆台体底面 X 方向长度。

[Y 半轴]　椭圆台体底面的 Y 方向长度，选中直径时显示为“Y 轴”。

[半径 T]　圆台体顶面的半径或直径长度，选中直径时显示为“直径 T”。当椭圆台体选项选中后表示椭圆台体顶面 X 方向长度。注：顶面与底面两半轴比例相同。

[高度 Z]　圆台体的高度。

● 创建球体

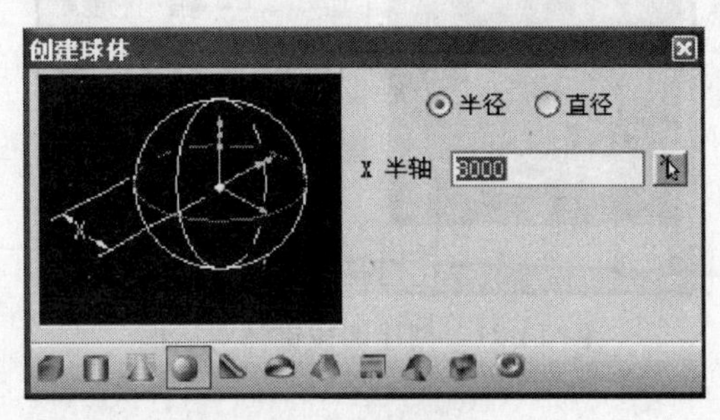

图 14-18　创建球体对话框

选项功能及参数意义

[半径/直径]　互锁按钮，决定输入的参数 X 为半径还是直径。

[X 半轴]　球体的半径或直径长度，选中直径时显示为“X 轴”。

● 创建楔体

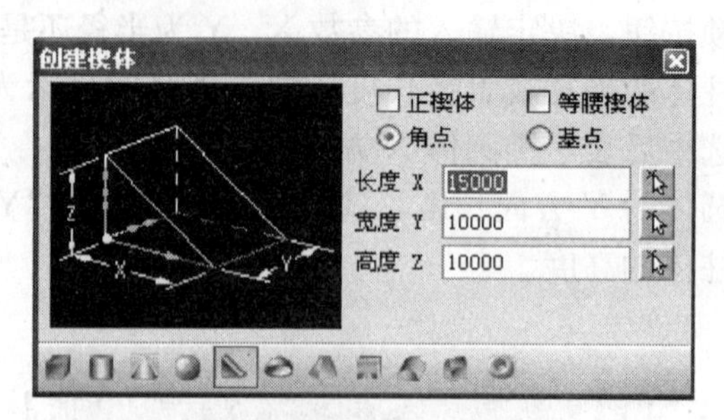

图 14-19　创建楔体对话框

选项功能及参数意义

[**正楔体**]　勾选表示当前图形定义的是正楔体参数。

[**等腰楔体**]　勾选表示当前图形定义的是等腰楔体参数。

[**长/宽/高**]　楔体三个坐标方向上的长度。

● 创建球缺体

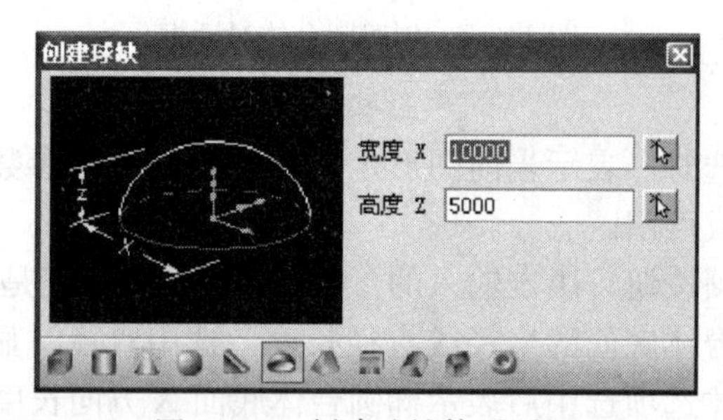

图 14-20　创建球缺体对话框

选项功能及参数意义：

[**宽度 X**]　球缺直径。

[**高度 Z**]　球缺高度。

● 创建四棱锥体

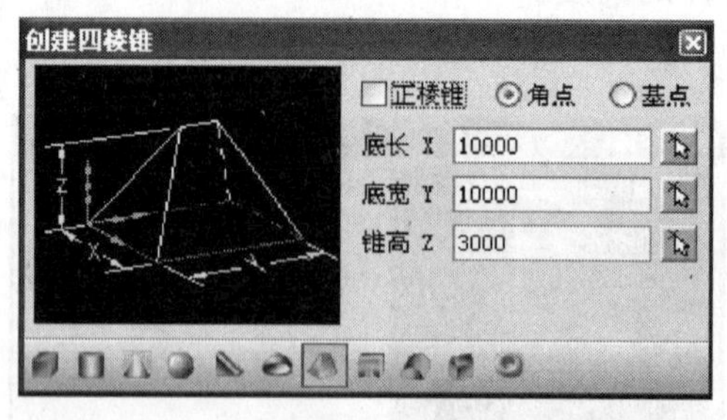

图 14-21　创建四棱锥体对话框

选项功能及参数意义

[**正棱锥**]　勾选表示当前图形定义的是正四棱锥参数。

[**角点/基点**]　互锁按钮，决定四棱锥体的插入基点，角点是四棱锥体底面的左下角点，基点是四棱锥体底面的中点。

[**底长 X/底宽 Y/锥高 Z**]

四棱锥体三个坐标方向上的长度。

● 创建桥拱体

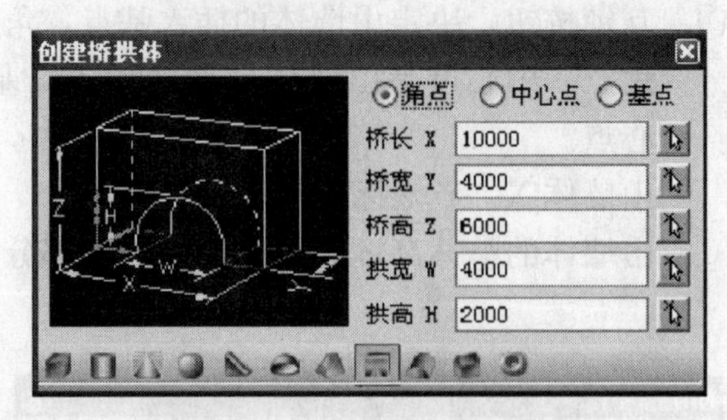

图 14-22　创建桥拱体对话框

选项功能及参数意义

[角点/中心点/基点]	互锁按钮，决定桥拱体的插入基点，角点是桥拱体底面的左下角点，中心点是桥拱体底面的中点，基点是指桥拱侧面中心点。
[桥长 X/桥宽 Y/桥高 Z]	桥拱体三个坐标方向上的长度。
[拱宽 W/拱高 H]	桥拱体的洞口宽度 W 和高度 H。

● 创建圆拱体

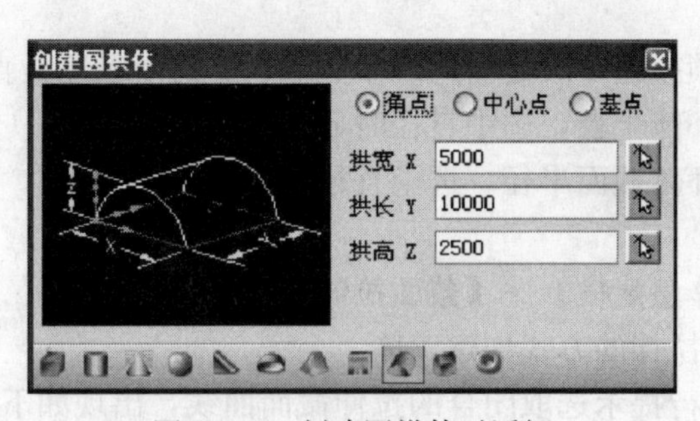

图 14-23　创建圆拱体对话框

选项功能及参数意义

[角点/中心点/基点]	互锁按钮，决定圆拱体的插入基点，角点是圆拱体底面的左下角点，中心点是圆拱体底面的中点，基点是指圆拱侧面中心点。
[拱宽 X/拱长 Y]	圆拱体 X、Y 坐标方向上的长度。
[拱高 Z]	圆拱体的高度。

● 创建山墙体：

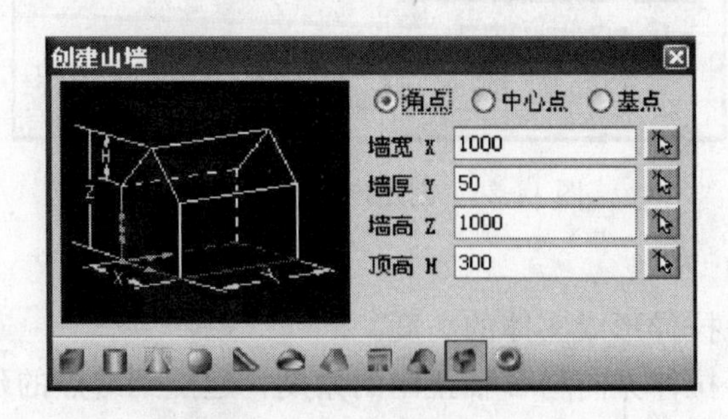

图 14-24　创建山墙体对话框

选项功能及参数意义：

［角点/中心点/基点］ 互锁按钮，决定山墙体的插入基点，角点是山墙体底面的左下角点，中心点是山墙体底面的中点，基点是指山墙体侧面中心点。

［墙宽 X/墙厚 Y］ 山墙体 X、Y 坐标方向上的长度。

［墙高 Z/顶高 H］ 山墙体的整体高度和山墙体中坡顶部分的高度。

（11）创建圆环体：

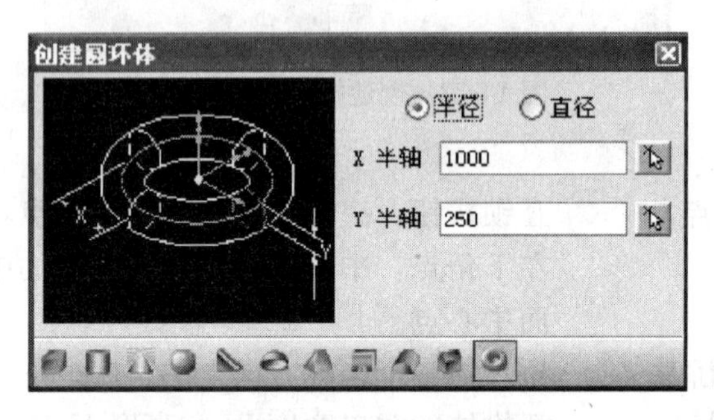

图 14-25　创建圆环体对话框

选项功能及参数意义：

［半径/直径］ 互锁按钮，决定输入的参数 X、Y 为半径还是直径。

［X 半轴］ 圆环体半径，选中直径时显示为“X 轴”。

［Y 半轴］ 圆环体截面半径，选中直径时显示为“Y 轴”。

14.4.2　截面拉伸

屏幕菜单命令：【体量建模】→【截面拉伸】(JMLS)

本命令通过对截面拉伸的方式创建实体。

执行命令，依命令行提示选取闭合的拉伸截面曲线，出现如下对话框：

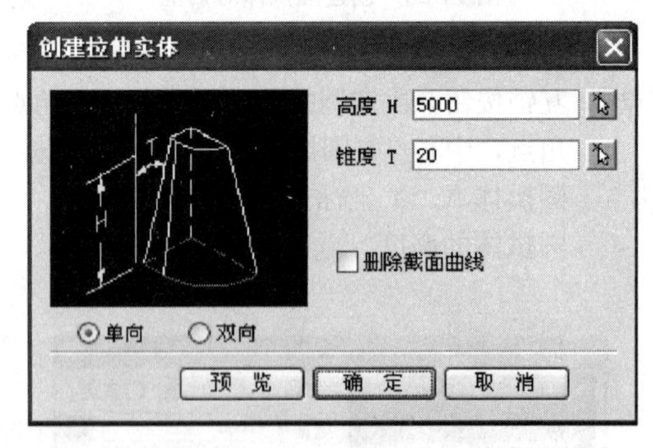

图 14-26　创建拉伸实体对话框

选项功能及参数意义：

［高度 H］ 拉伸形成实体的高度。

［锥度 T］ 拉伸方向与 Z 轴正向的角度，起点到终点的延伸方向角度就是所获得的角度。

[删除截面曲线]　决定是否在完成拉伸生成实体后把定义实体形状的闭合截面曲线删除。

[单向/双向]　互锁按钮，分别表示沿 Z 轴单向生成实体和沿 Z 轴正负双向生成实体。

在对话框中输入参数后，可以单击预览按钮观察实体生成效果，满意后确定生成拉伸实体，下图分别为沿 Z 轴单向和双向生成的实体：

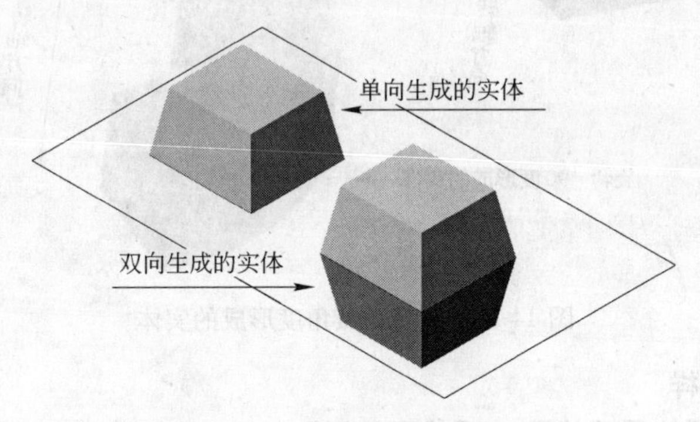

图 14-27　单向和双向拉伸生成的实体

14.4.3　截面旋转

屏幕菜单命令：【体量建模】→【截面旋转】(JMXZ)

该命令通过使闭合截面曲线绕某个固定轴旋转形成回旋实体。

执行命令，依命令行提示选取闭合的旋转截面曲线后，出现如下对话框：

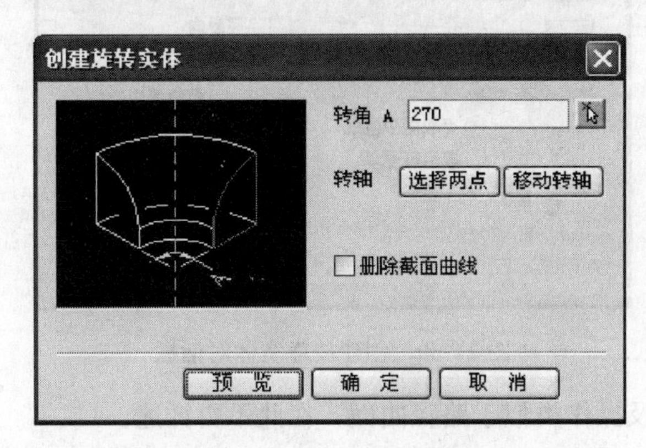

图 14-28　创建拉伸实体对话框

选项功能及参数意义

[转角 A]　实体旋转的圆心角，可以是正值或者负值。单击右侧按钮可以进入屏幕点取两点，起点到终点的延伸方向角度就是所获得的角度。

[选择两点]　在图上取两点定义转轴方向，起点和终点的延伸方向决定了旋转的方向。

[移动转轴]　移动转轴位置(已选择有效转轴时起作用)。

[删除截面曲线]　决定是否在完成旋转生成实体后把闭合截面曲线删除。

在对话框中输入参数后，单击确定按钮完成命令，生成旋转实体。下图是旋转正负角度形成的实体：

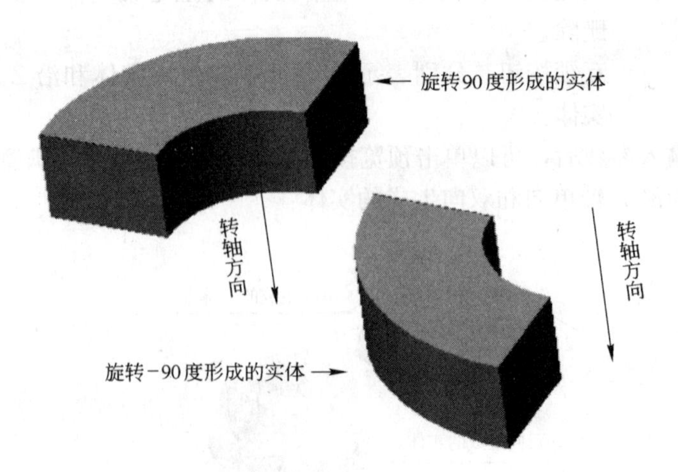

图 14-29 旋转正负角度形成的实体

14.4.4 截面放样

屏幕菜单命令：【体量建模】→【截面放样】(JMFY)

通过使闭合截面曲线沿放样路径曲线放样扫描形成实体。

执行命令后弹出如下对话框：

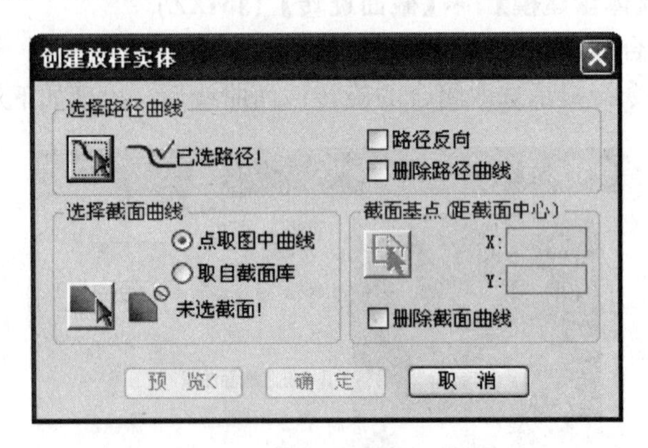

图 14-30 创建放样实体对话框

对话框界面参数及操作类似于路径曲面，在此不再详述。

14.5 编辑体量模型

14.5.1 布尔运算

布尔运算与［布尔编辑］操作的方法类似，但适用的范围不同，前者是针对三维实体模型，后者是用于二维对象。

● 并集

屏幕菜单命令：【体量建模】→【实体并集】(STBJ)

对实体进行并集运算，从而生成复合实体，同样，也可以对复合实体进行并集运算，如果进行并集运算的实体间有部分重叠的关系，那么获得的复合实体将保留原有实体相交部分的相贯线，如果实体间没有部分重叠的关系，那么生成的符合实体在逻辑上仍然是一个整体。类似于图块中的一个对象。

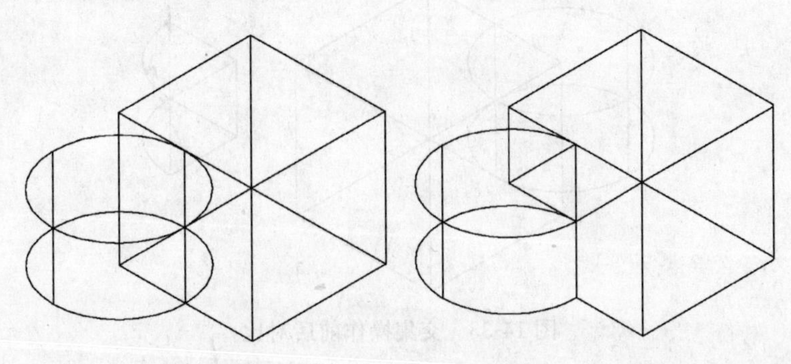

图 14-31 并集操作前后对比

● 差集

屏幕菜单命令：【体量建模】→【实体差集】(STCJ)

对实体进行差集运算，从而生成复合实体，同样，也可以对复合实体进行差集运算，命令的执行过程中需要用户指定源实体和被减去的实体。在选择源实体和被减去的实体时可以分别选择多个，这时是指把多个源实体和多个被减实体当作一个整体，首先把多个源实体进行并集运算生成一个复合实体，然后这个复合实体再分别与多个被减实体作差集运算。注意：只有在实体之间有重叠部分的时候，操作才有意义。

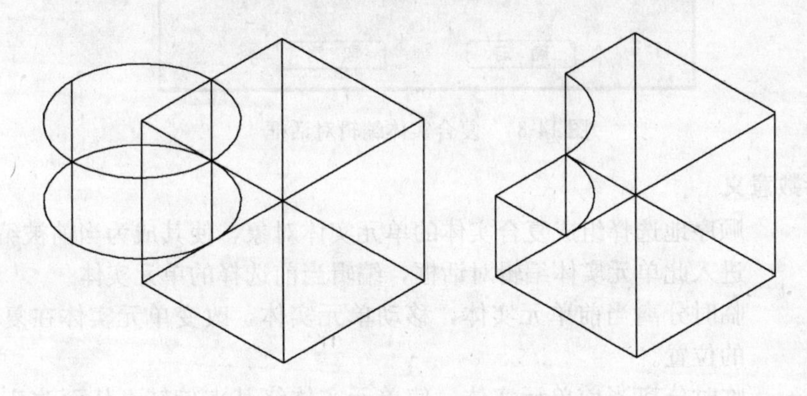

图 14-32 差集操作前后对比

● 交集

屏幕菜单命令：【体量建模】→【实体交集】(STJJ)

对实体进行交集运算，从而生成复合实体，同样，也可以对复合实体进行交集运算。如果实体间有重叠的部分，那么运算的结果就是重叠的部分；如果实体间没有重叠的部分，那么交集的运算结果为 0，即删除所选择的实体。

14.5.2 对象编辑

可以通过通用的对象编辑命令进行实体编辑，修改实体参数，控制实体外形。基本形体的编辑对话框中各控件和参数意义与创建该类形体时的对话框相同，用户可以对其中的各个参数进行修改，具体操作不再详述。

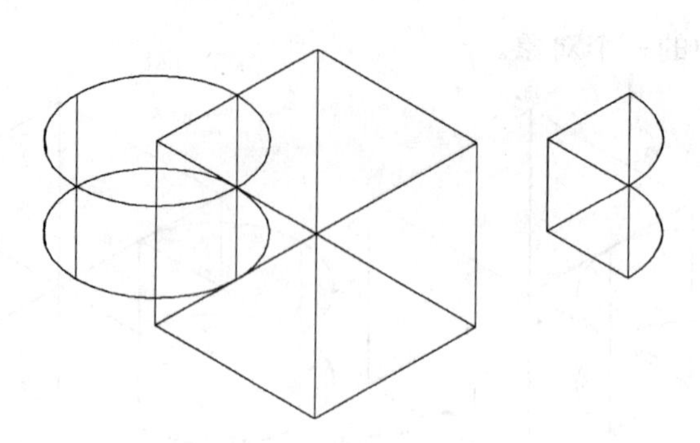

图 14-33　交集操作前后对比

编辑复合实体时，用户可以顺序地选择组成复合实体的单个实体，对其进行参数编辑。以由 6 个基本实体组成的复合实体为例，其编辑对话框如图 14-34。

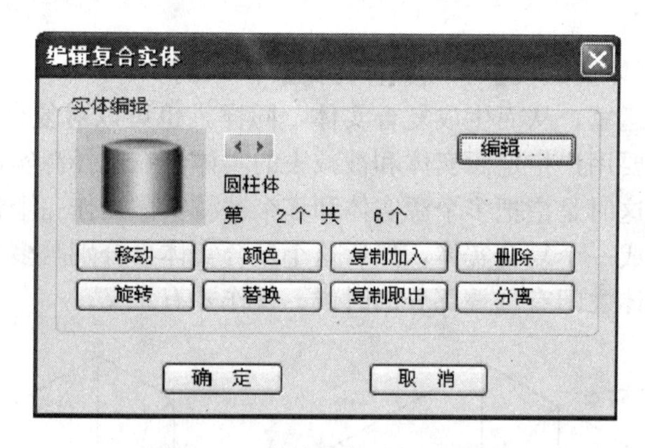

图 14-34　复合实体编辑对话框

选项功能及参数意义

[◀ ▶]　顺序地选择组成复合实体的单元实体对象，使其成为当前被编辑对象。

[编辑]　进入此单元实体编辑对话框，编辑当前选择的单元实体。

[移动]　临时分离当前单元实体，移动单元实体，改变单元实体在复合实体中的位置。

[旋转]　临时分离当前单元实体，使单元实体绕某点旋转，从而改变单元实体在复合实体中的位置。

[颜色]　改变当前单元实体的颜色。

[替换]　选择某个实体替换当前单元实体。

[复制加入]　临时分离当前单元实体，复制后，加入到复合实体中。

[复制取出]　临时分离当前单元实体，复制后，不加入到复合实体中。

[删除]　删除当前单元实体。

[分离]　把当前单元实体从复合实体中分离出来。

14.5.3　实体切割

屏幕菜单命令：【体量建模】→【实体切割】(STQG)

沿某个切割面把实体切割为两部分，从而创建用户需要的复合实体，切割面可以通过两点或三点来确定，对话框如下：

图 14-35 切割实体对话框

[两点确定] 在平面上点取两点定义一个垂直当前视图的切割面。

[三点确定] 在空间上通过点取三点定义一个切割面。

14.5.4 分离最近

屏幕菜单命令：【体量建模】→【分离最近】(FLZJ)

本命令取消复合实体最近一次的布尔运算，并把最近参与运算的各个实体分离。如果在执行分割实体后执行本命令，会恢复被分割的实体，同时把原来舍弃的部分分离。

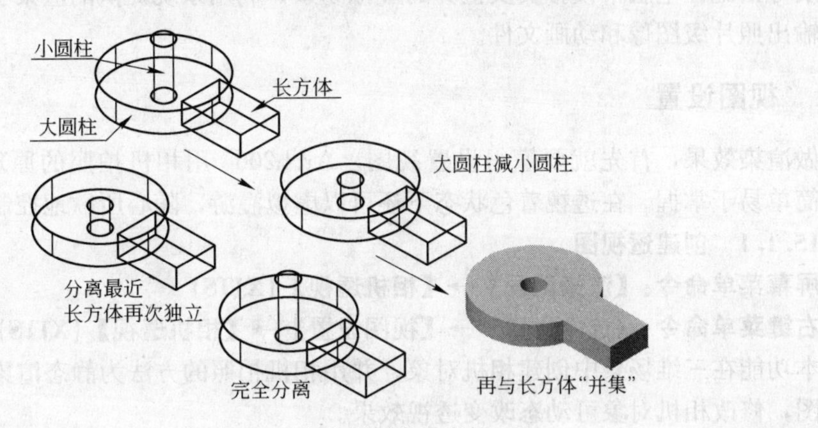

图 14-36 分离最近命令实例

14.5.5 完全分离

右键菜单命令：〈选中实体〉→【完全分离】(WQFL)

本命令能够把组成复合实体的各个单元实体分离出来。实例见图 14-36。

14.5.6 去除参数

右键菜单命令：〈选中实体〉→【去除参数】(QCCS)

本命令将 Arch2006 基本形体实体以及经过布尔运算的复合实体除去 Arch2006 特征和编辑的历史纪录，转变成 ACAD 普通对象 3Dsolid，仍然可以进行布尔运算。

第 15 章　渲　染　动　画

本章内容包括

- ■ **功能特点**
- ■ **材质系统**
- ■ **场景设置**
- ■ **静态渲染**
- ■ **动画制作**

Arch2006 渲染器与 AutoCAD 平台无缝连接，本系统通过建立光源、赋给场景内物体材质等措施在电脑中模拟真实世界的虚拟场景，利用系统提供的渲染引擎的强大处理能力，输出照片级图像和动画文件。

15.1　视图设置

做渲染效果，首先就要懂得设置视图。Arch2006 用相机拍照的原理来创建透视图，非常简单易于掌握。在透视着色状态下还可以虚拟漫游，随心所欲地控制视图。

15.1.1　创建透视图

屏幕菜单命令：【渲染动画】→【相机透视】(XJTS)

右键菜单命令：〈选中视口〉→【视图设置】→【相机透视】(XJTS)

本功能在三维场景中创建相机对象，并用相机拍照的方法为静态渲染和动画制作建立透视图，修改相机对象可动态改变透视效果。

操作步骤

1　建议打开两个或更多的视口，一个用于操作编辑，另一个用于透视观察。

2　在平面视图确定相机位置和观察目标，系统按 1600mm 的默认高度设置相机镜头的标高。

3　鼠标点击选择用来透视观察的视口，回车确定，即可以看到透视效果。

4　相机建立后，在平面视口中移动相机，观察视口同步动态更新当前透视画面。

15.1.2　相机编辑

相机是一个专门用于控制视图的 TH 对象，可以通过更改相机的位置和特性达到更改视图的效果。相机创建后，就和透视的视口自动关联上了，相机的任何改动都自动反映到该视口对应的视图。

夹点编辑

相机的视点和目标各有一个夹点，可拖拽改变相机的位置和观察目标点，视点的夹点可用〈Ctrl〉键在改变视点和平移相机之间切换。如果开启相机的裁剪特性，那么还有其他的夹点用来调整裁剪面的位置。

对象编辑

相机的［对象编辑］结合命令行和特性表(需要事先开启)对相机进行修改，以达到修改透视图的目的。

命令行提示：

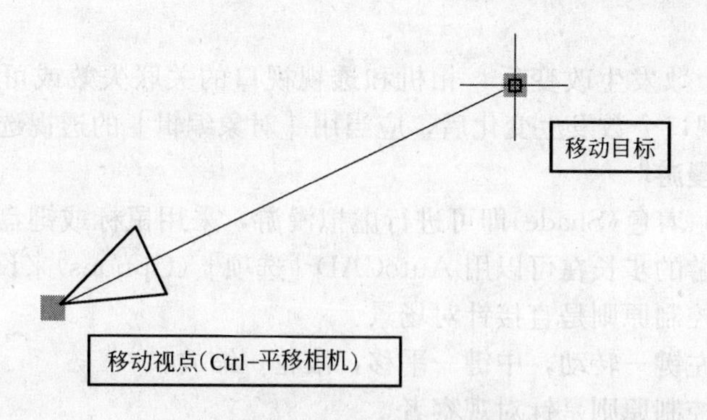

图 15-1 相机的夹点说明

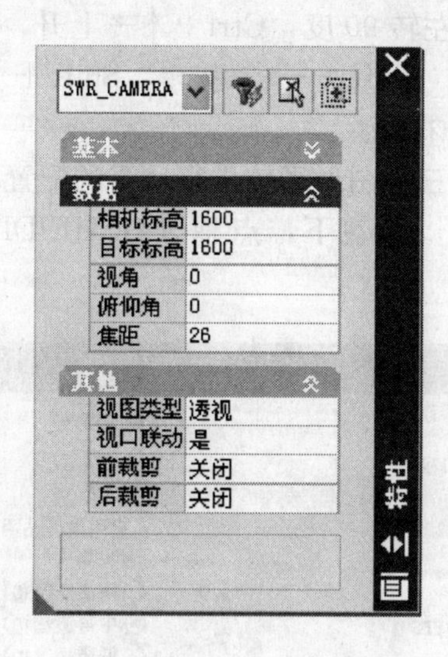

图 15-2 相机的特性

请选择［焦距(Z)/标高(E)/视角(G)/俯仰角(H)/拍照(T)/透视(V)/前裁剪(F)/后裁剪(B)］〈退出〉：

［焦距］　　相机镜头的长短，焦距越小，观察范围越大，但是透视变形也越大。

［标高］　　重新设置相机和目标点的标高。

［方位角］　XOY 平面坐标下的视线角度，0～360 度之间。

［俯仰角］　在－90 度～90 度之间的视线角度，水平为 0 度，正数表示仰视，负数表示俯视。

［拍照］　　重新生成本相机的观察视口。

［透视］　　必要时可以关闭透视特征，即平行投影视图。

［前裁剪］/［后裁剪］

剪裁面垂直于视线方向，靠近相机一端为前剪裁面，远端为后裁剪面。剪掉前后裁剪平面以外的对象，仅仅两个裁剪平面之间的对象可见。渲染室内透视图时，常将相机布置在室外，此时用［前裁剪］消除墙体对视线的遮挡。

特别提示

- 当视口的个数发生改变后，相机和透视视口的关联失效或可能关联到其他视口上，因此视口个数发生变化后，应当用［对象编辑］的透视选项重新关联视口。

15.1.3 虚拟漫游

在透视状态下，着色(Shade)即可进行虚拟漫游，采用鼠标或键盘的简单控制就可以自由行走。虚拟漫游的步长在可以用 AutoCAD［选项］(Options)来设置，见第 1 章。

鼠标键操作：控制原则是直接针对场景

左键—转动，中键—平移，滚轮—缩放。

键盘键操作：控制原则是针对观察者

←—左移，↑—前进，↓—后退，→—右移；

Ctrl+←—左转 90 度，Ctrl+↑—上升，Ctrl+↓—下降，Ctrl+→—右转 90 度；Shift+←—左转，Shift+↑—仰视，Shift+↓—俯视，Shift+→—右转。

特别要提示的是，可以对三维图形系统进行适当的配置，以获得更好的真实感效果和速度。在［选项］—［系统］标签下，点取［GSHEIDIx 特性］，进入配置对话框见图 15-3。

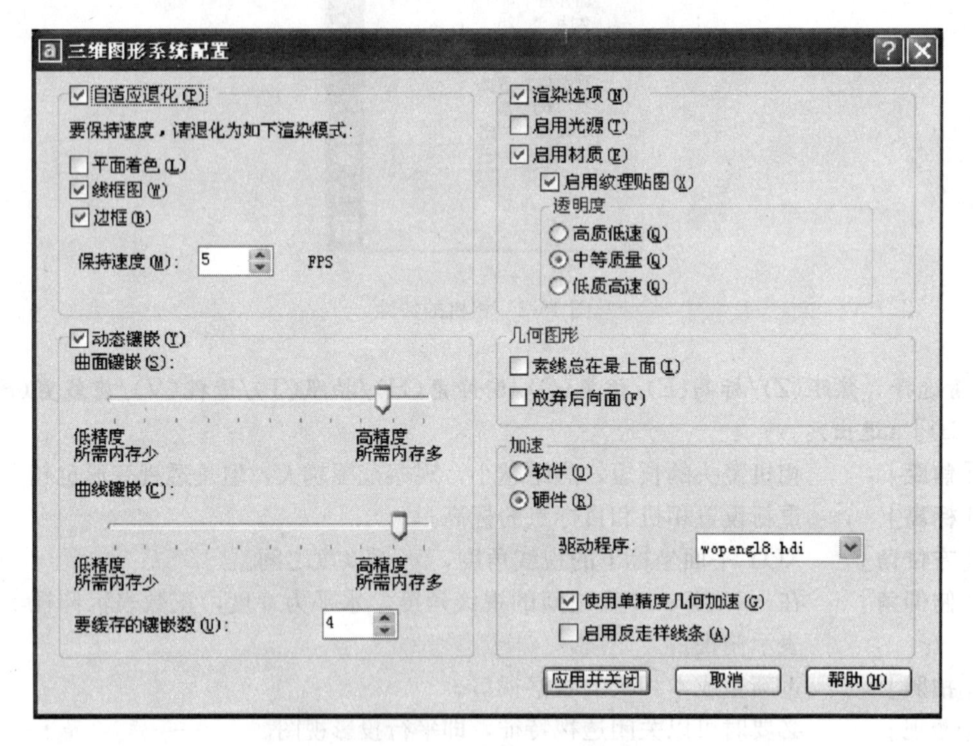

图 15-3 三维系统配置

其中的［渲染选项］可以获得更好的真实效果，建议按图 15-3 设置。根据自己的硬件状态开启加速功能，许多显示卡都支持 OpenGL 加速，例如基于 nVidia 公司的 Geforce 系列芯片。需要指出的是，开启这些高级的选项后，有些机器可能变得不稳定，容易崩溃。如果发生这种情况，请升级显示驱动程序，如果仍然不能解决，请禁止这些高级选项。

15.2　材质系统

效果图的好坏，最关键的是材质搭配是否恰当。渲染器的材质系统是很多用户难以搞清的地方，使得许多渲染器只能由专家来使用。而 Arch2006 则不同，提供了非常易于掌握的材质系统，对于初学者只需要按建材分类挑选材质，并附着到图层上即可获得很好的效果。

Arch2006 渲染器的材质系统由材质的编辑器、管理器以及最终建立的成品材质库文件 *.CZK 组成，许多材质需要贴图素材的支持。

15.2.1　材质管理

屏幕菜单命令:【渲染动画】→【材质管理】(CZGL)

这里说的材质管理，是对磁盘上的材质库文件和材质库内的材质进行管理。材质管理编辑对话框如图 15-4 所示，界面类似于图库管理界面，有关操作请参考第 11 章。这里简单说明一下与图库管理不同的功能。

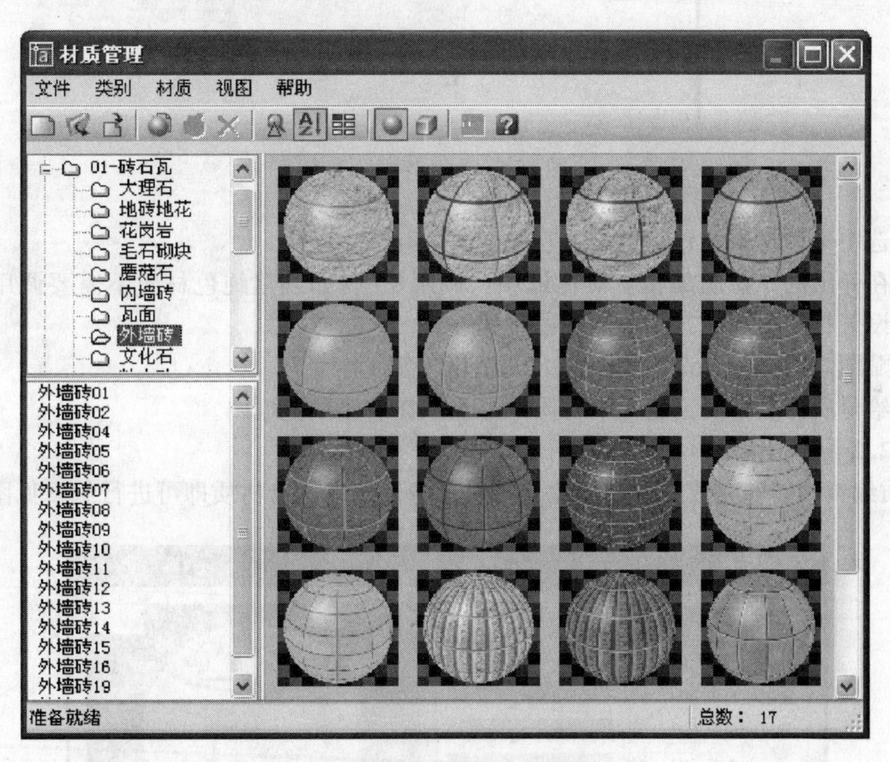

图 15-4　材质管理对话框

● 材质库文件

Arch2006 提供了“标准材质库 .czk”位于 SYS 目录下。用户可以创建自己的材质库，并打开到当前面板上。系统支持多个材质库文件同时打开。

● 导入 MLI

将 AutoCAD 的材质库 MLI 导入到当前材质类别下。

● 材质球/材质盒

材质样品显示的样式，在球体和正方体之间转换。

完整的材质创建应该从建立材质库开始，为了便于管理和应用，材质库中的材质应该按照材料的用处和属性的不同进行分类。

建材质库步骤

1　打开材质管理器；

2　在［文件］下拉菜单中点击“新建…”或点击［工具条］上的“新建材质库”，在弹出的对话框中输入材质库文件名并设置文件放置的位置；

3　为空白材质库创建分类材质。如图 15-5 所示。材质支持多级分类；

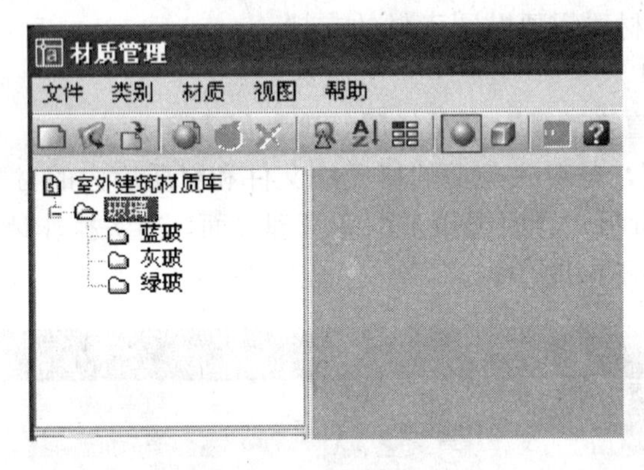

图 15-5　材质库的分类

4　选中某种材质类别，点击“新建材质” 按钮；

5　在弹出的［材质编辑］对话框中，调用贴图(如创建纯色材质不需要调用贴图)，设置材质表面的光学特性和物理属性；

6　贴图对话框中，设置贴图的方式和几何参数；

7　给材质命名，确定后，本材质样品显示在右侧预览框内。

15.2.2　材质编辑

材质编辑器能够完成材质的新建与编辑任务。双击已有材质即可进行编辑见图 15-6。

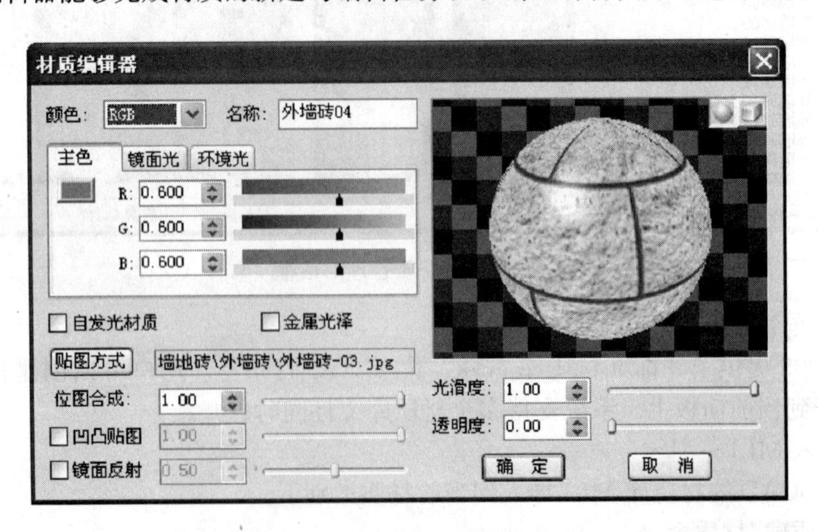

图 15-6　材质编辑器对话框

对话框选项和操作说明：

［颜色］　确定材质表面颜色的调色系统，有 RGB 或 HLS 两种调色方式。

［名称］　当前材质的命名栏，系统默认的命名为 MATn，n 为自动排序号。

［主色］　控制材质表面的主要颜色。有三种调色方法：

1　拖动滑动杆控件按钮来修改分量的数值；

2　直接在输入框内直接键入合理的分量数值；

3　点击左侧颜色按钮进入如图 15-7 的调色板，拖动右侧滑动杆或在下方输入栏中直接输入数值，确定想要的颜色。

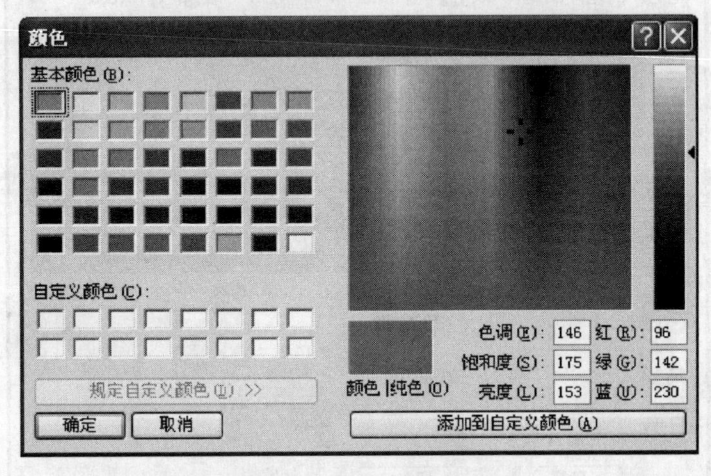

图 15-7　调色板对话框

［镜面光］　控制材质表面高光处的颜色和亮度。

［环境光］　控制材质表面的阴暗区和过渡区的辅助颜色和亮度。

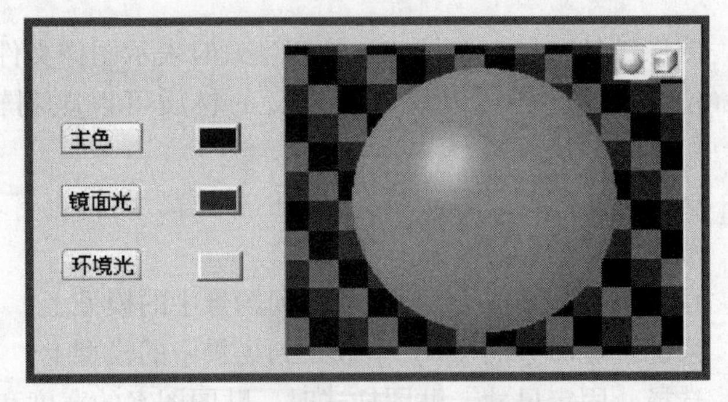

图 15-8　主色、镜面光和环境光的关系

［自发光材质］　渲染过程中保持自身色彩不受环境影响的特殊材质。

［金属光泽］　本选项设置材质增加金属感。

［贴图方式］　指定材质表面的贴图图案以及贴图参数设置。点击后进入“贴图参数”对话框，具体操作详见后面介绍。用户可以通过调整“位图合成”的比例来设定材质贴图图案与主色的混合比例。

［凹凸贴图］　本选项将材质表面的贴图图案按着“浅色凸起深色凹下”的原则赋予

凸凹特性，彩色图案按着灰度计算。滑动杆控制凹凸效果的强弱程度。

［光 滑 度］　调整材质表面的光滑度。光滑度越高材质的高光点越集中。

［透 明 度］　调整材质的透明度。

［镜面反射］　本选项设置材质具有反射属性，滑动杆控制反射强度。

［贴图参数］

点击［贴图方式］按钮进入贴图参数对话框，如图 15-9。

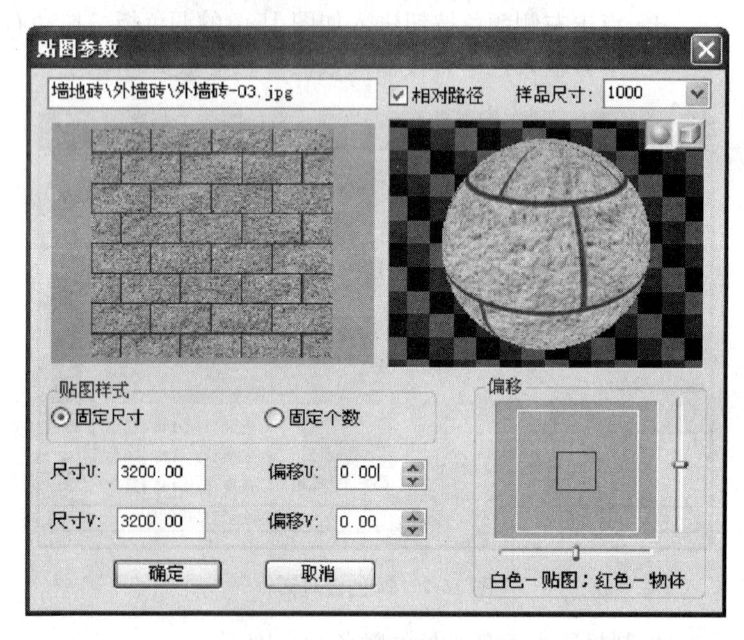

图 15-9　贴图参数对话框

对话框界面说明

［相对路径］　图像文件路径自锁按钮。按钮生效时表示图像文件采用相对路径的定位方式，这样可以保证所定义的材质可以顺利转移到其他的计算机上。

［样品尺寸］　材质样品球的直径，或样品盒的长宽高尺寸。

［贴图样式］　图像贴图的样式。

［固定尺寸］　系统按着图案的 U/V 尺寸贴到场景中的模型上。

［固定个数］　系统按着图案的 U/V 个数贴到场景中的模型上。

［尺寸 U/V］　选择［固定尺寸］贴图样式时，贴图图案的宽度和高度尺寸。

［个数 U/V］　选择［固定个数］贴图样式时，贴图图案的横竖方向的个数。

［偏移 U/V］　控制贴图图案的横向和竖向偏移。可以通过右边的滑动杆来调整。图示中白色代表贴图图案，红色代表物体。

常见材质的设置

渲染采用的材质是通过电脑的数字化处理，模拟真实世界中各种物体的表面光学特性和物理特性。本软件主要为建筑领域服务，表 15-1 中给出了建筑类常见材质的经验值，供初学渲染的用户参考使用。其中 RGB 按整数方式给出，除以 255.0 可以转化为小数的方式。

建筑类常见材质的经验值 **表15-1**

材质名称	贴图参数		材质属性							
	贴图样式	U/V	主色	镜面光	环镜光	光滑度	透明度	凸凹贴图	镜面反射	金属光泽
砖石瓦	固定尺寸	依据贴图单元分格实际大小		RGB同值70～180	RGB同值70～180	0.5～0.8		按需选择	光泽砖石0.04～0.12	
透明玻璃			玻璃色	RGB同值0～120	锁定与主色相同	>0.8	0.55～0.95		0.04～0.30	
草坪	固定尺寸	依据贴图纹理实际大小		RGB同值70～180	RGB同值70～180	0.5～0.8		按需选择		
水面	固定或个数	依据贴图纹理实际大小		RGB同值70～180	尽量与贴图接近	0.3～0.8	可选0.1～0.3	选择0.7～1.0	0.04～0.08	
纯色金属			金属色	RGB同值90～200	锁定与主色相同	0.7～0.9			0.10～0.30	选择
贴图金属	固定或个数	依据贴图纹理实际大小		RGB同值90～200	尽量与贴图接近	0.7～0.9			0.10～0.30	选择
木质	固定尺寸	依据贴图纹理实际大小		RGB同值90～190	尽量与贴图接近	0.6～0.9			0.04～0.18	

15.2.3 材质附着

屏幕菜单命令：【渲染动画】→【材质附着】(CZFZ)

本命令启动材质附着面板，调用和创建所需材质，给当前场景中的三维模型附材质，以备虚拟漫游和渲染之用。系统提供二种材质附着方式：

1. 按图层附材质：这是最常用的方式，将材质区选定的某个材质样品用鼠标拖放到下方的对应图层之上；

2. 按对象附材质：首先选择某个材质，然后直接把该材质指派给某些选定的对象。

上述二种附着方式“对象附材质”优先，例如对某个对象按“对象附材质”方式给定A材质，如果再对这个对象所在图层附着B材质，则该对象仍然保留A材质不变。

材质附着由材质面板来控制(如图15-10)，此面板缺省位于屏幕菜单左侧，可浮动。

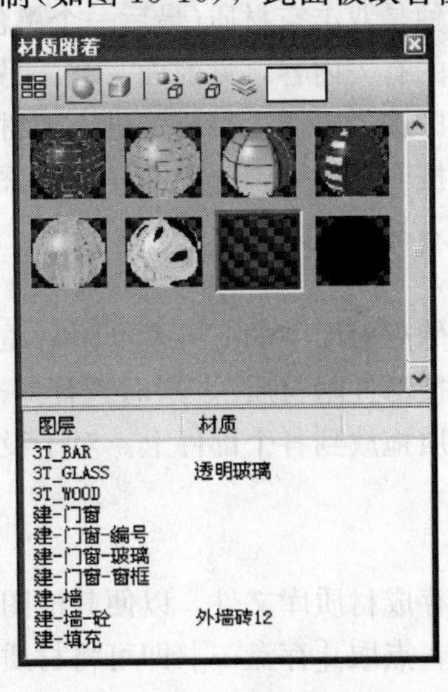

图15-10 材质附着面板

材质面板由三部分组成：工具条、材质区和列表区。

工具条说明

［布局］　控制材质样品显示区的布局，单击后可以调整材质样品显示的大小。

［材质球/材质盒］　采用材质球或材质盒显示材质样品。

［对象附材质］　将当前选中的材质附着于图形中的某些实体对象。

［对象拆离材质］　拆离实体对象上附着的材质。

［排除图层］　与后面的层名过滤共同控制图层列表中所显示的图层(图 15-11)。

［层名过滤］　根据输入的关键字过滤显示符合条件的图层，隐藏其余图层。关键字支持 * 通配符，在排除图层的基础上继续过滤。

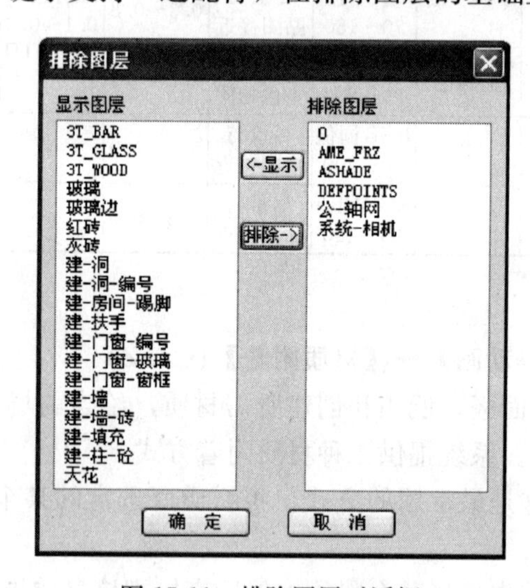

图 15-11　排除图层对话框

材质附着操作步骤：

1　添加材质

有两种方法添加材质，一种是双击空材质(最后一个黑色材质)，进入材质编辑，命名并输入材质的参数。材质编辑的有关内容，见前面一节。另一种是从材质库中挑选材质插入到材质附着面板。右击材质区选择“插入材质”进入“材质管理”对话框，双击某个材质样品，或者选中一种材质后按 OK 按钮，选中的材质便添加到材质显示区。或者一个个拖放材质到材质面板，这样插入材质更快。

2　选择附着方式

选择一种材质附着方式，然后对图中的三维模型附材质。对于使用按部件附材质的方式，需要右击列表区，选择“按部件附材质”，这时选择一个块参照，列表区即列出块定义已经命名的部件，可以把材质拖放到各个部件上。对于没有进行部件划分的图块，不能使用这种方法。

保存材质到文件

材质面板上的材质可以保存成材质库文件，以便其他图形文件调用。这也是创建材质库的另一个途径。右击材质区，点取［存盘…］即可将材质面板中的所有材质保存为一个新的材质库(.czk)文件。

15.3　场景设置

15.3.1　光源设置

屏幕菜单命令:【渲染动画】→【创建光源】(CJGY)

光源是影响效果图的重要因素，Arch2006 定义了若干种光源对象，来实现光照效果。对于室外效果图，通常只需要设置一个光源，即太阳光，加上全局的环境光和自动光即可获得非常好的效果。光源是自定义对象，支持对象编辑、夹点编辑和特性编辑等，很容易反复调整光照效果。

系统支持五种类型光源：点光源、线光源、面光源、平行光和聚光灯。这些光源使用命令行分支命令切换类型，使用浮动对话框输入参数，平面图中直接点取创建。

光的强度和颜色用对话框中的 HLS 参数控制：

H—色调；

L—亮度；

S—饱和度。

改变光的强度用 L 值调整；改变光的颜色，先设定色调 H 值，再微调 S 和 L 值。

● 创建点光源

点光源通常用于模拟室内点状光源，比如白炽灯，也可用于室外渲染的辅助照明，点光源向四面八方均匀照射。标高用［坐标位置］设定，平面位置鼠标点取定位。

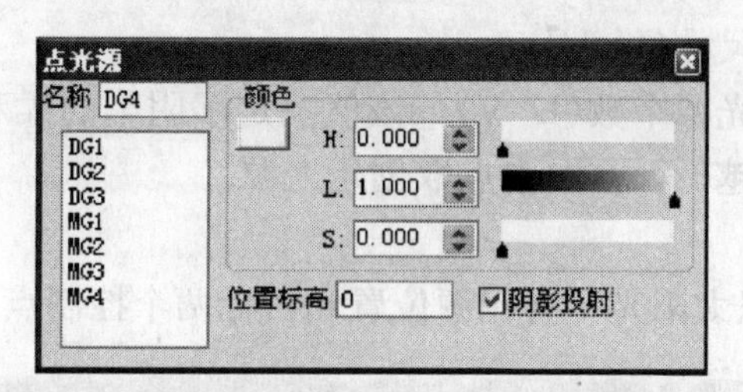

图 15-12　创建点光源对话框

操作步骤

1　命名光源名称，或接受缺省名称；

2　通过调整颜色值设置光源的亮度和颜色；

3　设置光源放置的位置标高；

4　确定是否投射阴影，在图中点取创建光源。

● 创建线光源

线光源主要用于模拟线状光源，像管状日光灯等。

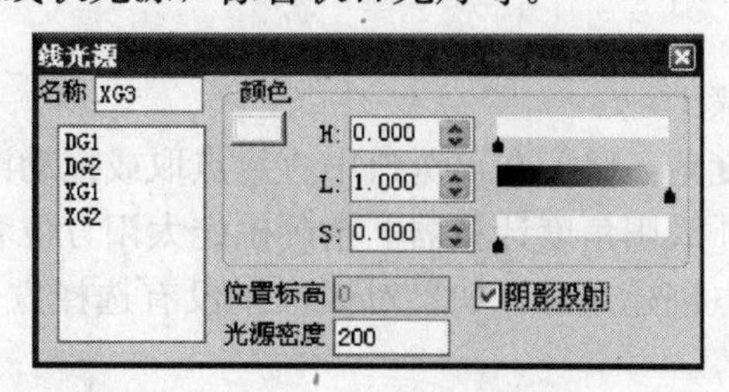

图 15-13　创建线光源

操作步骤

1　同点光源的创建步骤 1～4；

2　设定线光源的光源密度，该值等于参考基线上光源的布置距离；

3　在图中点取 PLINE 或 LINE 作参考基线创建线光源。

● 创建面光源

面光源表达的是一个平面上拥有一定密度光源的光源集，用于模拟吸顶灯等。

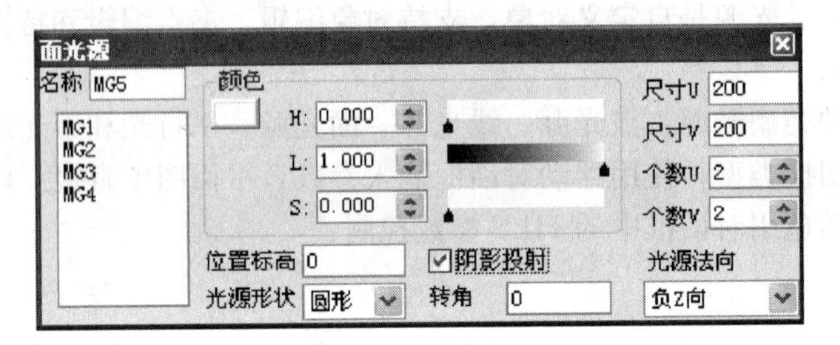

图 15-14　创建面光源

操作步骤

1　同点光源创建步骤 1～4；

2　设定面光源的形状和平面转角；

3　设定光源照射的法向；

4　设置面光源长宽尺寸(U/V)；

5　设置面光源上的光源个数(U/V)，该值决定了阴影的柔和度，数量越多柔和度越高，反之柔和度越低，在图中点取创建光源。

● 创建平行光

平行光通常用于模拟太阳光，有光源位置和目标两个控制点。

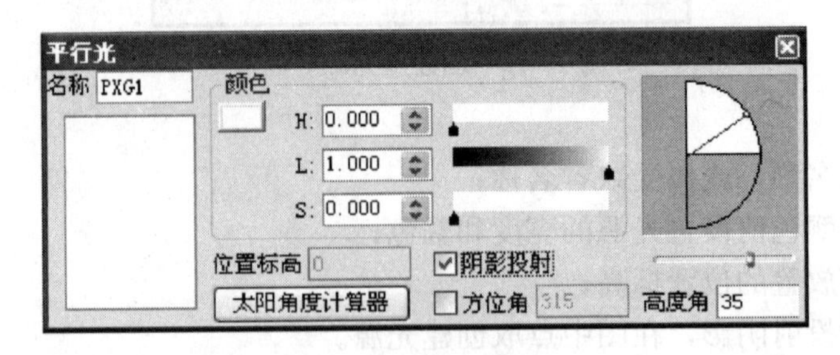

图 15-15　创建平行光

操作步骤

1　同点光源创建步骤 1～4；

2　设定平行光的高度角，鼠标在预览口中直接点取或拖动滑动条，或输入数值；

3　如果需要，进入［太阳角度计算器］精确确定太阳方位和高度角；

4　在图中点取第一点创建光源，如果对话框中没有选择方位角选项，点取第二点确定光照方位。

● 创建聚光灯

聚光灯通常用于室内的射灯或室外的照明灯。

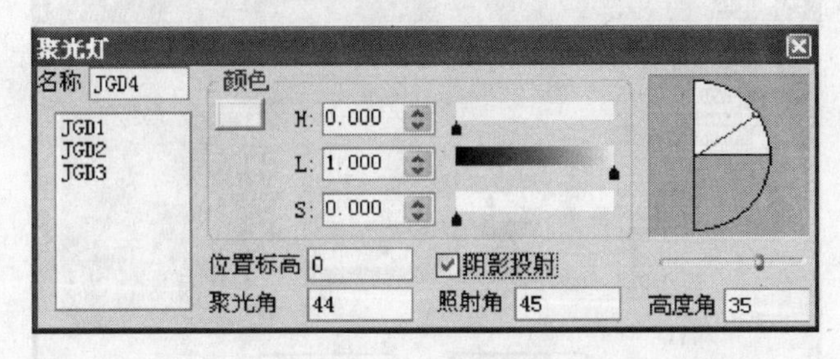

图 15-16 创建聚光灯

操作步骤

1 同点光源创建步骤 1～4；

2 设定光照的高度角，鼠标在预览口中直接点取或拖动滑动条，或输入数值；

3 设定聚光灯的聚光角和照射角；

4 在图中点取第一点创建光源，点取第二点确定光照方位。

15.3.2 贴图坐标

屏幕菜单命令：【渲染动画】→【贴图坐标】（TTZB）

本命令针对场景中选定的三维对象修改其材质的贴图原点和调整水平面贴图的转角。系统缺省时的贴图坐标起始原点为坐标原点（0，0，0），转角为 0 度，本命令帮助用户改变贴图起始原点和转角，以便满足特殊贴图需求。

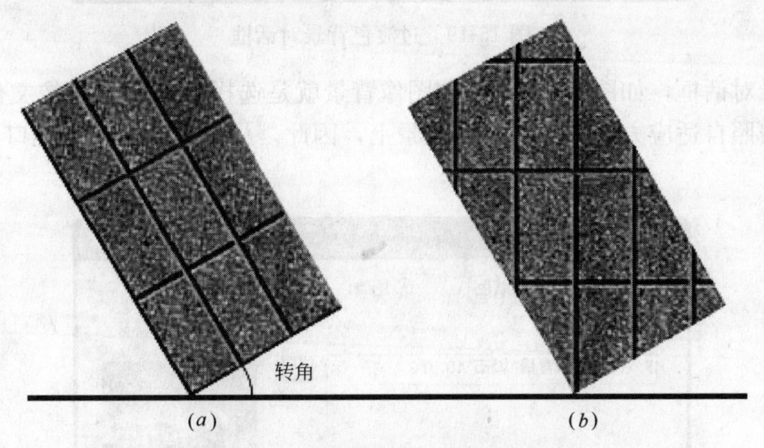

图 15-17 贴图坐标旋转角度的实例
(a)旋转角度的贴图；(b)未旋转角度的贴图

15.3.3 背景设置

屏幕菜单命令：【渲染动画】→【背景设置】（BJSZ）

为当前场景设置背景效果，有纯色、渐变色和图像三种背景。

纯色背景对话框，如图 15-18。纯色背景为单一均匀的颜色做背景。可以采用 AutoCAD绘图区域的当前背景色，或者将［AutoCAD 背景］选项去掉，自行配色。

渐变色背景对话框，如图 15-19。渐变色背景由上中下三个位置的不同颜色组成，三色之间采用渐变方式自然过渡。通常设置上中下从深蓝到浅蓝逐渐过渡，模拟晴天背景。

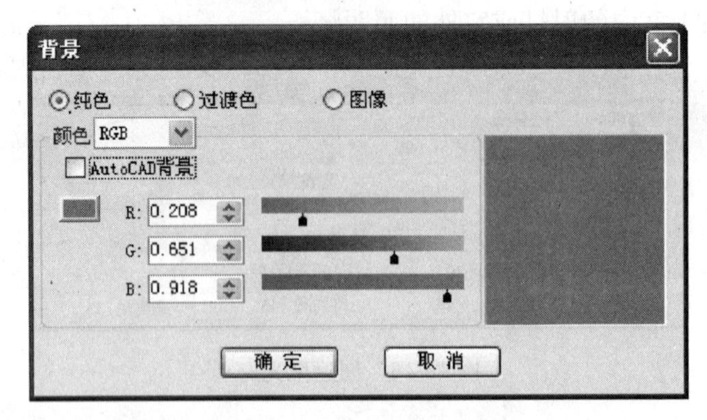

图 15-18　纯色背景对话框

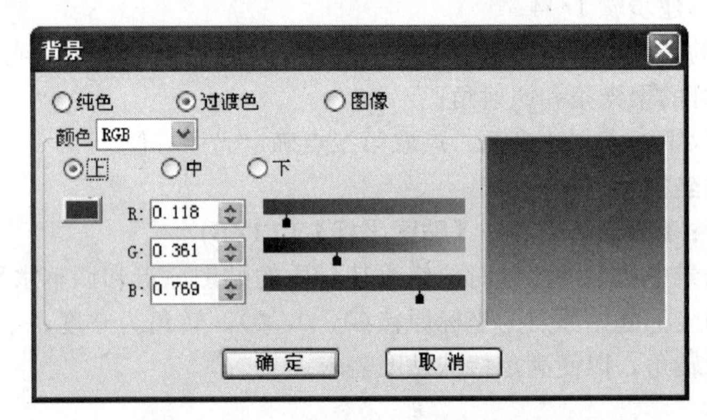

图 15-19　过渡色背景对话框

图像背景对话框，如图 15-20。所谓图像背景就是选择一个风景图像文件作为场景的背景，图像按照自适应方式“铺满”到背景上，因此，尽量选择与渲染视口长宽比例接近的图案做背景。

图 15-20　图像背景对话框

15.3.4　雾化设置

屏幕菜单命令：【渲染动画】→【雾化设置】(WHSZ)

本命令为当前场景的渲染设置雾化特效。雾化通常用于室外大场景，使得远处的物体变模糊，仿真自然效果。雾化对话框如图 15-21。

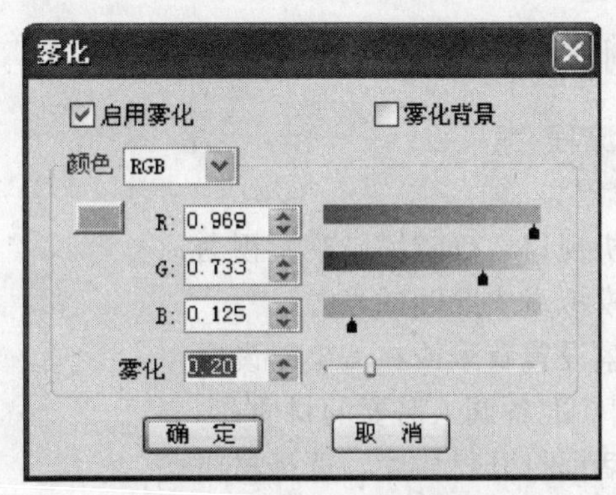

图 15-21　雾化设置对话框

操作步骤

1　在屏幕菜单启动雾化设置或在视图渲染对话框中进入本设置；

2　在雾化设置对话框中首先选择“启用雾化”使得雾化设置生效；

3　设置雾化颜色；

4　设置雾化强度；

5　如果需要，启用“雾化背景”。

图 15-22 是进行雾化的几种实例，其中雾化颜色采用 15-21 中的金黄色。

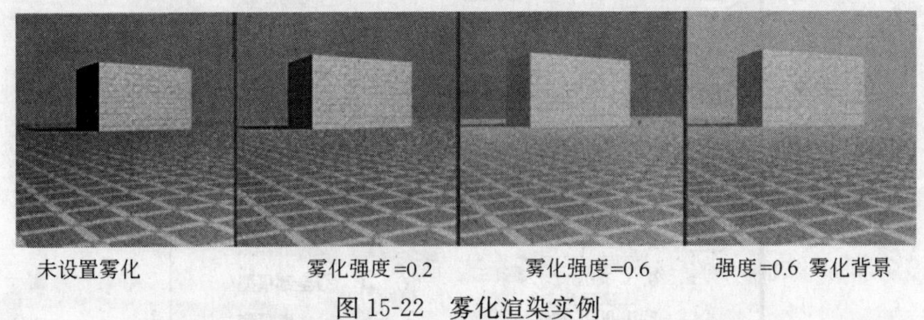

未设置雾化　　雾化强度=0.2　　雾化强度=0.6　　强度=0.6 雾化背景

图 15-22　雾化渲染实例

15.3.5　阴影排除

屏幕菜单命令：【渲染动画】→【阴影排除】

本功能设定指定对象不遮挡场景内所有光源发射出的光束，从而不形成阴影投射。

图 15-23 中的物体 B 因为设置了［阴影排除］而在地面上不投射阴影，物体 A 仍投射阴影。

图 15-23　阴影排除的对比图

15.4　效果图和动画制作

15.4.1　效果图制作流程

- 建三维模型；
- 在场景内建立相机视口，确定渲染观察视角；
- 为三维场景建立模拟真实照明的光源；
- 如果需要，给场景设置背景或在渲染时设置；
- 打开［材质附着］，准备调入需要的材质；
- 通过材质管理对话框打开材质库，选择材质；
- 或进入材质编辑对话框直接建立用于本场景的材质；
- 对视图进行渲染，选择渲染控制项目，如是否光能传递等；
- 选择渲染输出方式和图像格式。

15.4.2　视图渲染

屏幕菜单命令：【渲染动画】→【视图渲染】(STXR)

本命令对设置完毕的三维场景按照设定的控制选项进行静态渲染，并输出图像文件。

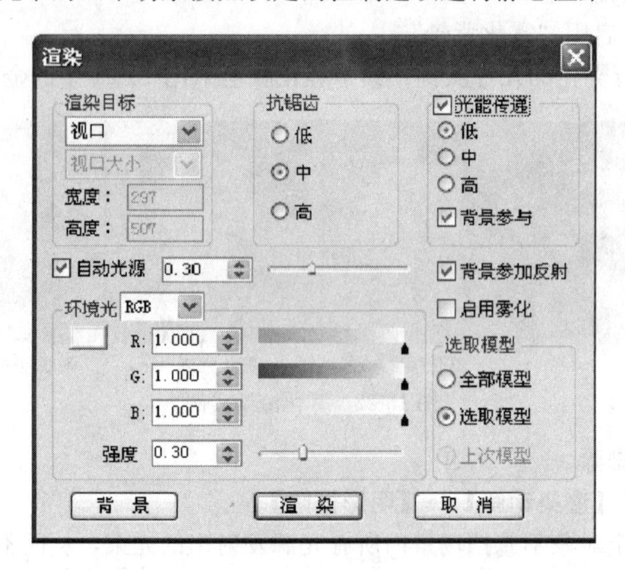

图 15-24　渲染对话框

对话框选项和操作解释

［渲染目标］　三种渲染输出方式：视口、窗口和文件。

［视口］　即渲染当前视口，尺寸大小与视口相同，通常用于调试阶段。

［窗口］　渲染结果输出到弹出的窗口中，可设定窗口的宽度和高度。

［文件］　渲染结果输出到事先给定的图形文件中，系统自动保存该文件，可事先设定图幅的宽度和高度。适于耗时很长操作人不在电脑前的渲染情况。

［抗锯齿］　对象渲染输出效果在边缘处的抗锯齿等级，等级越高锯齿越小，耗时越多。

[光能传递] 选择此项后，场景的照明效果按光能在对象之间进行能量传递的方式计算。传递的强度按三个等级进行，等级越高传递的次数越多，效果越真实，但耗时也大大增加。使用光能传递时，应当降低全局光源，即自动光和环境光的强度。

[背景参加反射] 背景参与到场景中反射材质的反射渲染效果中。

[启用雾化] 启用雾化特效渲染，选取后进入雾化设置对话框进行雾化参数的设置。

[全部模型] 自动选取场景中的所有对象进行渲染。

[选取模型] 需要用鼠标选取场景中的渲染对象，只有被选中的对象才能够被渲染。

[使用上次模型] 本选项约定系统自动按前一次选取的对象进行渲染。在场景模型不发生改变的情况下，本次渲染借用前次渲染过程中处理过的模型，目的是为了节省时间。

[自动光源] 系统自动添加的始终位于观察者“眼睛”处的点光源，用于增加场景的立体感，强度可控制。

[环境光] 控制整个场景的亮度和颜色。

下列情况［使用上次模型］无效

1 材质在一般材质与自发光材质之间转换过；

2 前次渲染时没有贴图的材质转换为有贴图的材质；

3 材质贴图尺寸大小改变。

其他提示

1 抗锯齿：抗锯齿的质量与耗时成正比关系，通常情况下中等抗锯齿足以达到满意。

2 光能传递：室内渲染建议采用光能传递方式，效果真实，图面柔和。调试阶段采用低等级，输出时采用中等或高等等级。室外渲染一般情况下无须采用光能传递，这样渲染速度快，效果接近自然。

3 背景参加光能传递：选择此项后渲染的整个画面会受背景色彩的影响。

4 自动光源：默认值为0.3，常用值在0.1～0.6之间。

5 环境光：控制整个场景对象的亮度，并能给对象赋予颜色。颜色默认为白色，当颜色设置为某种彩色时，相当于给场景中所有对象附着该颜色，强度控制亮度。

6 室内渲染：从布置少量照明灯和调低照明强度开始入手调整渲染效果，逐渐增加照明灯数和增强照明强度。

15.4.3 动画制作流程

- 建三维模模型；
- 在场景内添加相机，绘制相机和目标点的路径；
- 设定相机观察视口；
- 给三维场景建立照明光源；
- 如果需要，给场景设置背景或在渲染时设置；
- 给场景三维对象赋予材质；

● 选择动画方式进行动画渲染输出。

15.4.4　动画制作

屏幕菜单命令：【渲染动画】→【动画制作】(DHZZ)

本命令能够制作两种类型动画：环绕动画和穿梭动画。

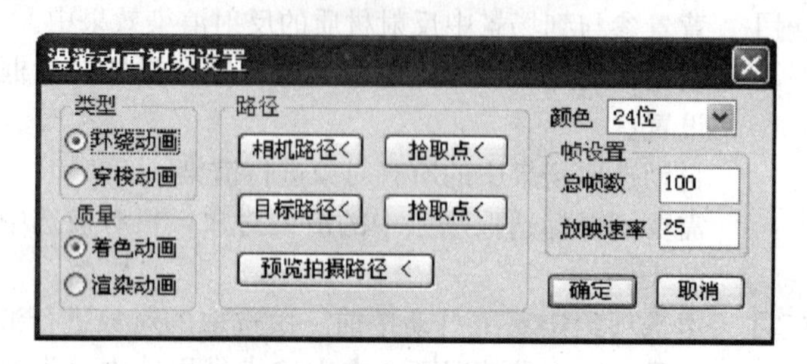

图 15-25　漫游动画视频设置对话框

对话框选项和操作解释

［环绕动画］　分别设定相机和观察目标的运动路径，动态渲染视频动画。

［穿梭动画］　设定相机位置和观察角度都沿着给定的路径运动，动态渲染视频动画。制作过程模拟拍摄人穿梭于建筑室内空间或室外某个路径上观察到的景象。

［着色动画］　以用户当前设定的普通着色方式制作动画。

［渲染动画］　运用 Arch2006 渲染器渲染制作高质量动画。选择此项后进入渲染设置对话框进行渲染相关参数的设置。

［相机路径］　相机的路径，用曲线(LINE/ARC/CIRCLE/PLINE/3DPOLY)或固定的点构成。动画类型为穿梭动画时不能为点。

［目标路径］　目标的路径，用曲线(LINE/ARC/CIRCLE/PLINE/3DPOLY)或固定的点构成。动画类型为穿梭动画时此项不需要。

［颜色］　通过设置表达图像颜色的二进制位数预设动画的色彩效果，颜色位数越高色彩效果越好，但视频文件也越大。

［帧设置］　总帧数设定了整个动画的总渲染画面数，系统按照总帧数对相机路径和目标路径进行等分，系统沿着相机路径和目标路径连续在这些等分位置渲染画面，制作视频动画。

［放映速率］　即动画的播放速率，单位为每秒播放的帧数。

［预览拍摄路径］　预先观察相机和目标的行走过程，确定是否符合用户的意图。

完成设置选项后，按［确定］按钮弹出动画视频文件保存对话框。以 AVI 的格式存放。

输入动画文件名称，确定文件保存位置，点击［保存］按钮，又弹出［视频压缩］对话框，一般情况下应当选 Microsoft Video 1 格式的压缩方法。

单击［确定］按钮，系统开始动画的摄制过程，渲染制作过程中状态行会提示渲染进度的百分比数。制作完成的动画文件 *.AVI 采用常用的视频播放器都可以正常播放，比如操作系统自带的 Windows Media Player 等。

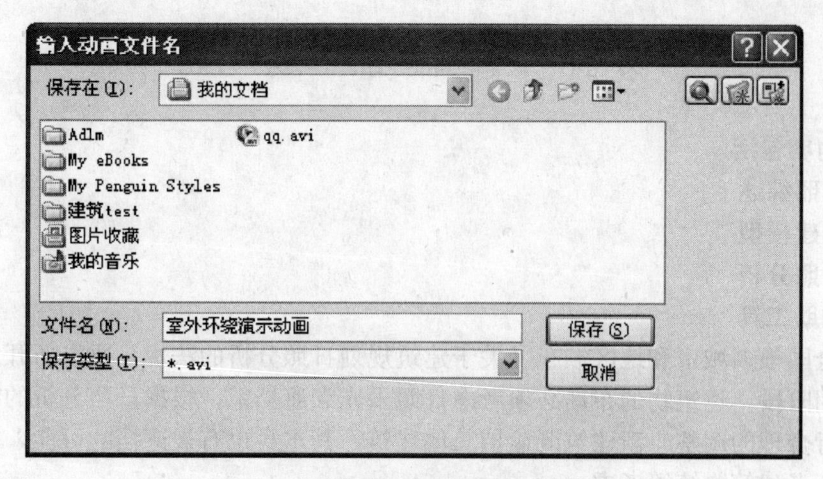

图 15-26　保存动画视频文件对话框

图 15-27　视频压缩格式的选择

特别提示

- 制作环绕动画时相机路径和目标路径不能同时为固定点。

第16章 日 照 分 析

本章内容包括

- ■ 日照综述
- ■ 创建模型
- ■ 日照分析
- ■ 辅助工具

目前全国很多城市和地区颁布了关于建筑规划日照分析的法规，要求新开发的项目在规划的初期阶段，建筑物的布局必须考虑日照采光和遮挡系，根据日照分析的结果，对建筑规划进行合理的调整。新建筑既遮挡其他建筑，其本身也有被遮挡的可能，因此，必须对整体的新老建筑物统筹考虑。

16.1 日照综述

日照分析的量化指标是计算建筑窗户的日照时间，这是在确定建筑物布局之后才可以进行的，而建设项目的规划是动态可变的，并且合理地进行拟建建筑的布局修改，可以改善已建建筑和拟建建筑的日照状况。因此还需要一系列的辅助工具来帮助规划师进行建筑的布局规划。

顺便提一下，Arch2006的日照分析系统规定WCS的Y轴为正北方向，这一点需要注意。不像建筑设计平面图，可以用指北针指示北向。

16.1.1 工作流程

对建筑物进行日照分析的步骤如下：

1 构建日照模型：

- 利用PLINE命令绘制封闭的建筑物外轮廓线。
- 利用［建筑高度］赋予建筑物外轮廓线高度，生成建筑物模型。

在建筑模型上采用［顺序插窗］命令插入需计算日照的窗户。

2 获取分析结果：

- 进行［区域分析］算出一个区域内各点的日照时间。采用［等日照线］命令，绘制出指定日照时间长度区域的轮廓线。区域分析的结果，可以指导拟建建筑的最佳位置。也可以大致用来判断已建建筑的日照状况。
- ［窗照分析］，获得指定建筑物窗户的窗日照数据，计算结果输出表格。

3 校核分析结果：

- 进行［单点分析］算出要关心的日照测试点的日照时间，或者进行［日照仿真］检验［窗照分析］结果，不同的分析工具，结果应当一致。

16.1.2 日照标准

由于我国疆土辽阔，因此造成了各地的自然日照时间差别很大，建设部在多个规范中都对日照做出了规定，这些规定是最基本的，不同的地区根据自己的经济发展状况和人民的生活质量，可以做出更严格的日照规定和具体实施细则。

Arch2006用“日照标准”来描述日照计算规则，如图16-1。

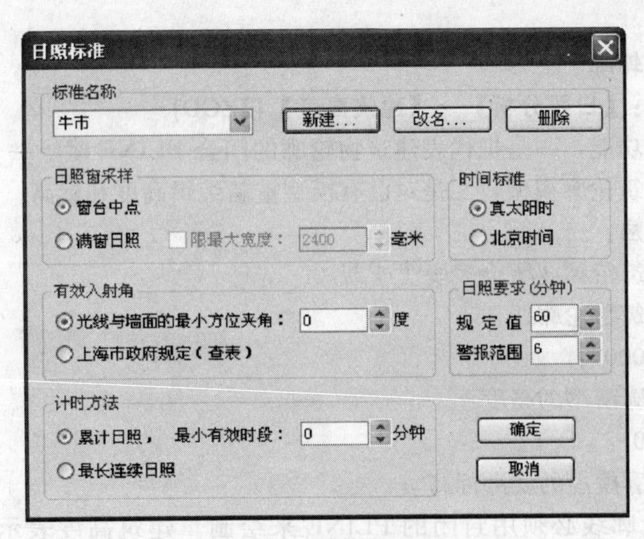

图 16-1　日照标准设置

对话框选项和操作解释

［标准名称］　本系统中已经包含了上海住宅日照规范和系统默认标准，用户也可以设定下列参数自建标准，然后命名存盘。

［日照窗采样］　两种采样方法

1　窗台中点：当日光光线照射到窗台外侧中点处时，本窗的日照即算做有效照射。

2　满窗日照：当日光光线照射到窗台外侧两个下角点时，本窗的日照即算做有效照射。

［有效入射角］　日光光线与含窗体的墙面之间的最小方向夹角。或按上海市政府规定的表格内容执行。

［计时方法］　目前有两种计时方法可供考虑

1　按累计日照时间计算，低于最小有效时间段的时间不参与累积。

2　按最长连续日照时间计算。

［时间标准］　真太阳时和北京时间。

［日照要求］　最终判断日照窗是否满足日照要求的规定日照时间，低于此值不合格，日照分析表格中用红色标识。警报时间范围可以设置临界区域，即危险区域，接近不合格规定，日照分析表格中用黄色标识。

16.2　创建模型

日照分析的模型包括遮挡物模型(建筑轮廓、屋顶和阳台等)和窗户模型，其中建筑轮廓除了遮光外还是日照窗定位的载体。需要注意的是，日照分析所用的模型和建筑设计所用的模型是有区别的，建筑轮廓使用位于特定图层上的闭合的 PLINE 或平板来表示，窗户模型是一个图块。本章所提到外墙是指建筑轮廓上的一段直线或弧线。如果用户要做准确的分析，还可以创建屋顶和阳台的模型，可以使用建筑设计的阳台和屋顶模型。也可以用体量建模工具创建负责遮挡物，放在屋顶或阳台图层上即可。关于图层的划分和命名，请参考第 13 章。

16.2.1　建筑轮廓

屏幕菜单命令：【日照分析】→【建筑高度】(JZGD)

本命令有两个功能，一是把代表建筑物轮廓的闭合 PLINE 赋予一个给定高度和底标高，生成三维的建筑轮廓模型，二是对已有模型重新编辑高度和标高。

命令交互和回应：

选择现有的建筑轮廓或闭合多段线或圆：

选取图中的建筑物轮廓线

建筑高度〈24000〉：

键入该建筑轮廓模型的高度

建筑底标高〈0〉：

键入该建筑轮廓模型的底部标高

建筑物的外轮廓线必须用封闭的 PLINE 来绘制。建筑高度表示的是竖向恒定的拉伸值，如果一个建筑物的高度分成几部分参差不齐，请分别赋给高度。圆柱状甚至是悬空的遮挡物，都可以用本命令建立。生成的三维建筑轮廓模型属于平板对象，用户也可以用［平板］建模，放在相应的图层即可。用户还可以调用 OPM 特性表设置 PLINE 的标高(ELEVAION)和高度(THICKNESS)，并放置到相应的图层上作为建筑轮廓。

16.2.2　顺序插窗

屏幕菜单命令：【日照分析】→【顺序插窗】(SXCC)

在建筑物轮廓模型上按自左向右的顺序插入需要计算日照的窗体和编号。

命令交互和回应：

请点取建筑轮廓〈退出〉：

选取需插入日照窗的建筑物轮廓某一边线

点取轮廓边线后，弹出顺序插窗对话框：

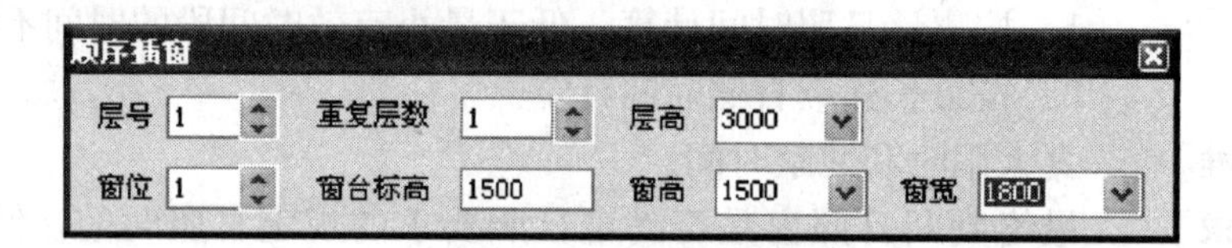

图 16-2　顺序插窗对话框

命令行继续提示：

输入窗间距或［点取窗宽(W)/取前一间距(D)］〈退出〉：

橡皮筋以外墙交点为参考点，图中点取窗间距或键盘输入；

回应 W 图中取窗宽，回应 D 窗间距取前次的数值。

输入窗间距或［点取窗宽(W)/取前一间距(D)］〈退出〉：

继续回应，回车结束。

对话框选项和操作解释

［层号］和［窗位］ 框内数值为本次插入的日照窗的起始编号，其他所有的日照窗以

此为起始号顺序排列，编号格式为“层号-窗位”，如 8-2 表示八层 2 号位的窗户。可以在三维或立面视图中查看编号情况，平面图中仅显示窗位号。

插入时，窗位号框内的序号随插入而递增更新，下次插入时可不必设置接着进行。

[重复层数]　本次插入的日照窗自动生成的层数。

[窗台标高]　本次插入的日照窗的窗台高度，首层自地面算起。

[层　　高]　楼层高度，相邻两层的楼板顶面高差。

[窗　　高]　本次插入的日照窗的高度。

[窗　　宽]　本次插入的日照窗的宽度。

本软件可以对各个方向的窗户进行日照计算。

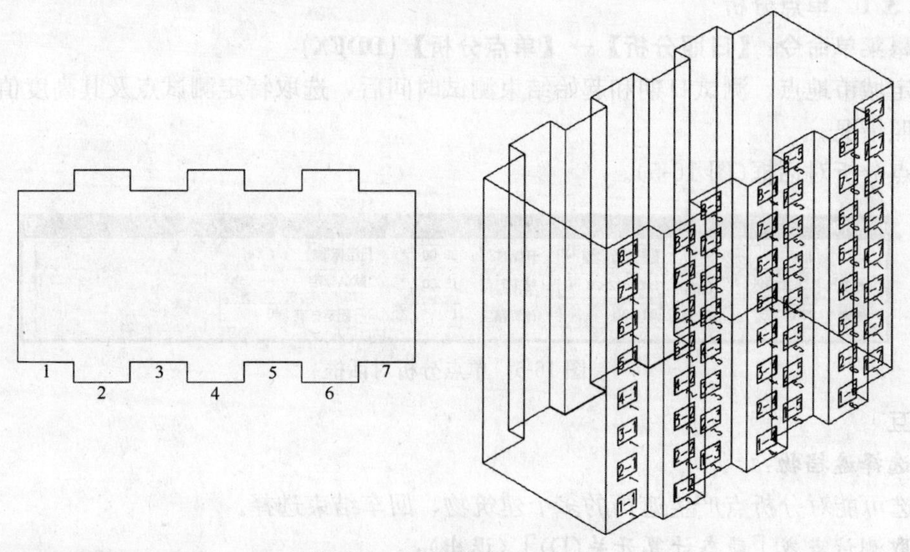

图 16-3　建筑轮廓和日照窗

16.2.3　重排窗号

屏幕菜单命令：【日照分析】→【重排窗号】(CPCH)

重新排序一个或多个建筑物轮廓上给定的日照窗编号。

命令交互和回应

选择待分析的日照窗：

框选所有日照窗

请注意日照窗重新编号默认的排序是从左到右、从下到上的顺序。

输入起始窗号：

输入重新排号的起始号。

回车后，本命令即将所有窗户重新排序编号。如果要对不同朝向的窗进行分析时，希望用户在插入不同朝向的日照窗后，进行本命令的操作，以便在进行日照窗计算时生成的表格中，不会因为编号相同产生混淆。图 16-4 左侧是重排窗号前的建筑图示，可见同一自然层窗号是重复的，经过窗号重排后，同一层窗号就是惟一的了。

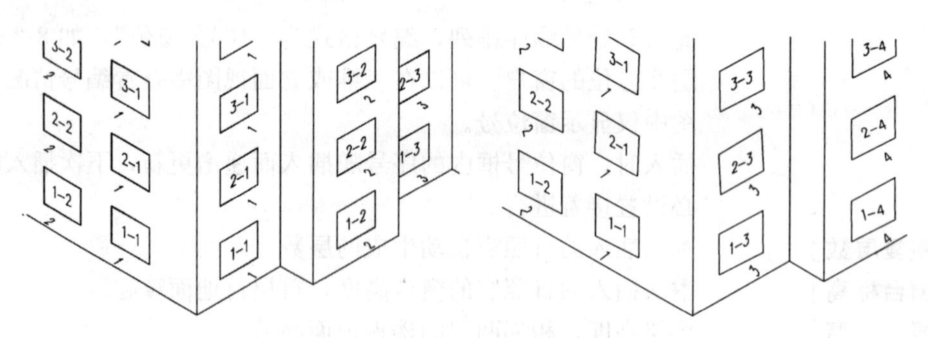

图 16-4　日照窗重新排号前后图例

16.3　日照分析

16.3.1　单点分析

屏幕菜单命令：【日照分析】→【单点分析】(DDFX)

给定城市地点、测试日期和起始结束测试时间后，选取特定测试点及其高度值，计算详细日照情况。

单点分析对话框(图 16-5)。

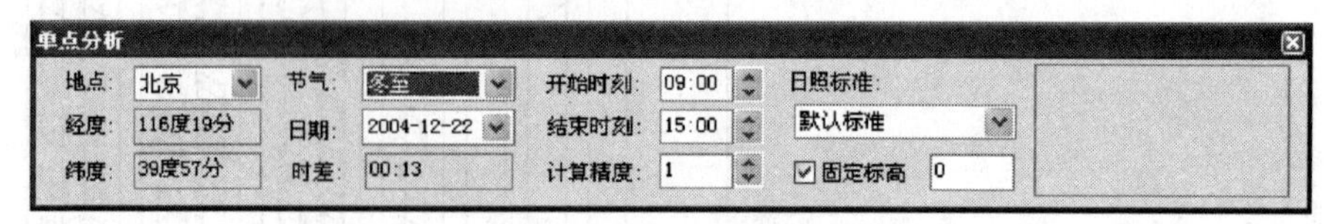

图 16-5　单点分析对话框

命令交互

请选择遮挡物：

框选可能对分析点产生遮挡的多个建筑物，回车结束选择。

点取测试点或［动态计算开关(D)］〈退出〉：

鼠标点取准备分析的某点。

键入 D 可以开关动态显示，打开开关后，拖动鼠标动态显示当前点的日照数据，关闭开关则不动态显示。

对话框选项和操作解释

［地点］　日照分析的项目所在地。

［经度］和［纬度］　日照分析的项目所在地方的经度和纬度。

［节气］和［日期］　选择做日照分析的特定时间，通常选择冬至或大寒。

［时差］　时差＝北京时间－真太阳时，软件缺省采用真太阳时。

［开始时间］和［结束时间］

规范规定的有效日照时间段，各地可能不同，比如上海规定有效日照时间为 9：00～15：00。也就是说，在这个区间内的日照才可以累计。另外有效日照还要受入射角度的约束，上海采用查表的方法，因此南向之外的其他朝向的窗户有效时间段更短(系统自动确定)。

［计算精度］　单位分钟。

［固定标高］ 在指定的高度平面上进行单点分析，由地面标高 0 算起。如果不启用固定高度，则鼠标取点时包括 Z 坐标，否则用对话框指定的标高代替鼠标取点的 Z 坐标。

［日照标准］ 选择日照分析所采用的规则。

单点分析通常用于检查和校核日照分析的结果是否正确。

16.3.2 窗照分析

屏幕菜单命令：【日照分析】→【窗照分析】（CZFX）

本命令是日照分析的重要工具，分析计算日照窗，将计算结果绘成表格。

点取命令后弹出对话框（图 16-6）。

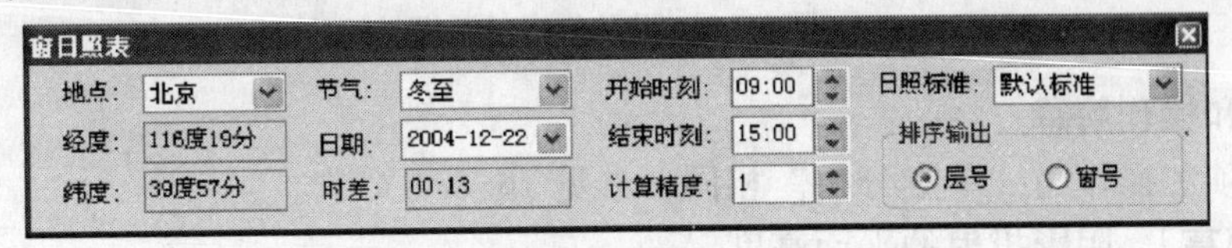

图 16-6 窗日照表对话框

命令交互

选择日照窗：

批量选取待分析的日照窗，可多次选择。

选择遮挡物：

选取可能对上述日照窗产生遮挡的建筑物，可多次选择。

表格位置：

点取表格放置的位置。

对话框选项和操作解释：

绝大多数选项和操作与“单点分析”相同，参见前面。

［排序输出］ 决定输出的日照分析表格是按层号还是窗号进行排序。

图 16-7 是一个输出的日照分析实例表格：

窗日照分析表				
层　号	窗　位	窗台高（米）	日　照　时　间	
			日照时间	总有效日照
1	1	0.90	12：41～15：00	02：19
	2	0.90	14：13～15：00	00：47
2	1	3.90	12：41～15：00	02：19
	2	3.90	14：13～15：00	00：47
3	1	6.90	12：41～15：00	02：19
	2	6.90	14：13～15：00	00：47
4	1	9.90	12：41～15：00	02：19
	2	9.90	14：13～15：00	00：47
5	1	12.90	12：41～15：00	02：19
	2	12.90	14：13～15：00	00：47
6	1	15.90	12：41～15：00	02：19
	2	15.90	14：13～15：00	00：47
7	1	18.90	11：17～15：00	03：43
	2	18.90	14：13～15：00	00：47
8	1～2	21.90	09：00～15：00	06：00

分析标准：默认标准；地区：北京；时间：2004 年 12 月 22 日（冬至）09：00～15：00；计算精度：1 分钟

图 16-7 窗日照分析表实例

16.3.3 阴影轮廓

屏幕菜单命令：【日照分析】→【阴影轮廓】(YYLK)

绘制出各遮挡物在给定平面上所产生的各个时刻的阴影轮廓线。点取命令后弹出对话框(图 16-8)。

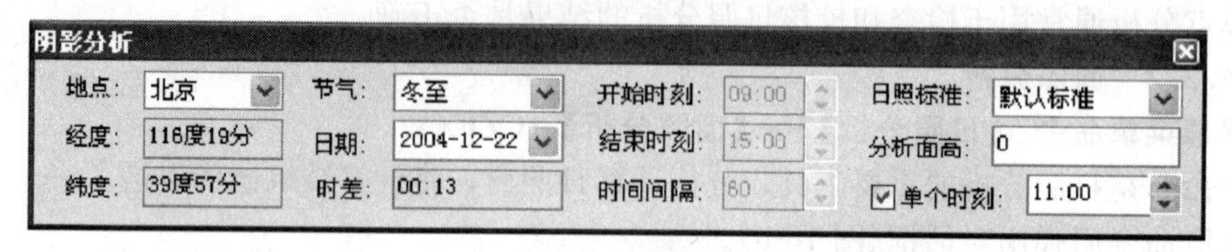

图 16-8　阴影分析对话框

对话框选项和操作解释

多数选项和操作与“单点分析”相同，参见 16.3.1 章节。

［分析面高］　阴影投射的平面高度。

［单个时刻］　选此项并给定时间，计算这个时刻的阴影。不选此项，计算开始到结束的时间区段内，按给定的时间间隔计算各个时刻的阴影。

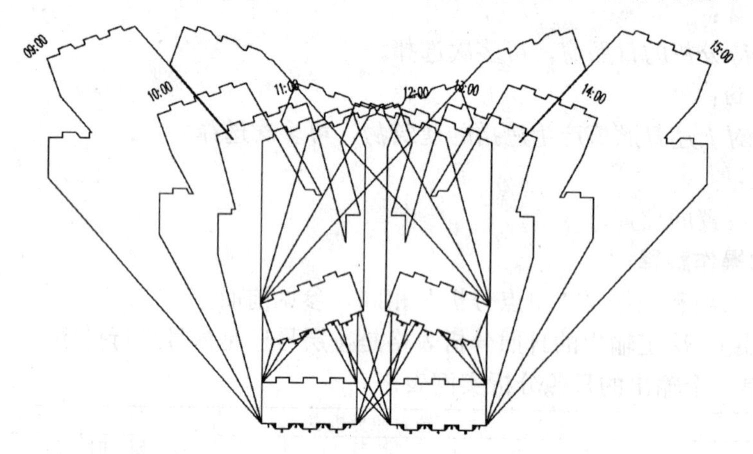

图 16-9　日照阴影轮廓线的实例

16.3.4 区域分析

屏幕菜单命令：【日照分析】→【区域分析】(QYFX)

分析某一给定平面区域内的日照信息，按给定的网格间距进行标注。

点取本命令后弹出对话框(图 16-10)。

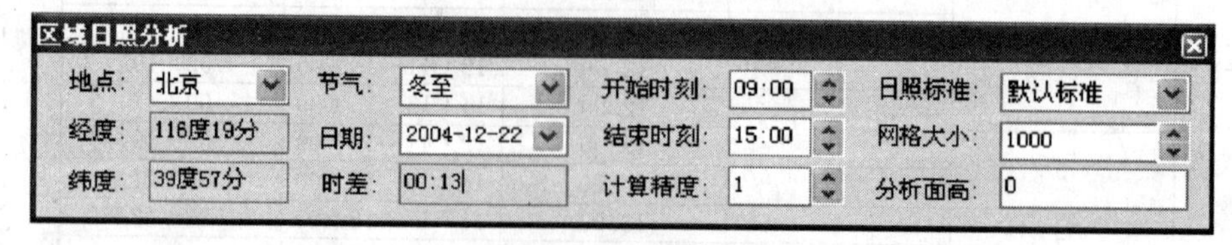

图 16-10　区域日照分析对话框

命令交互

选择遮挡物：

选取产生遮挡的多个建筑物，可多次选取。

请给出窗口的第一点〈退出〉：

点取分析计算的范围窗口的第一点。

窗口的第二点〈退出〉：

点取分析计算的范围窗口的第二点。

对话框选项和操作解释

绝大多数选项和操作与“单点分析”相同，参见“单点分析”。

[网格大小] 计算单元和结果输出的划分间距。

[分析面高] 进行区域分析的平面高度。

程序开始计算，计算结束后，在选定的区域内用彩色数字显示出各点的日照时数。

实例 区域日照分析

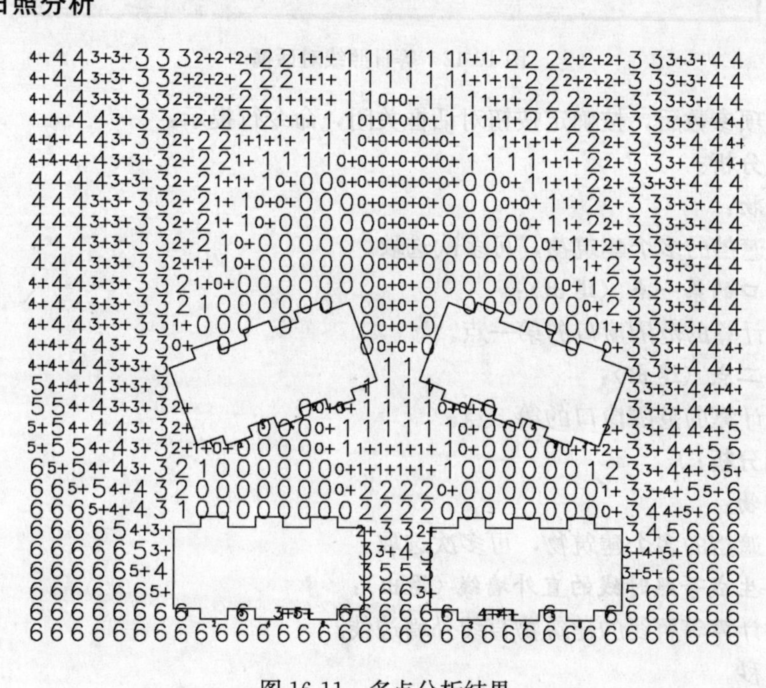

图 16-11 多点分析结果

特别提示

- 多点分析结果中的 N 表示大于或等于 N 小时到小于 N+0.5 小时的日照，N+表示大于或等于 N+0.5 小时到小于 N+1 小时的日照。

16.3.5 等日照线

屏幕菜单命令：【日照分析】→【等日照线】(DRZX)

本命令在给定的平面上绘制出等日照线，即日照时间满足与不满足规定时数的区域间分界线。N 小时的等日照线内部为少于 N 小时日照的区域，外部为大于或等于 N 小时日照的区域。

需要指出的是，“等日照线”是“区域分析”结果的另一种表达形式，二者的本质是一致的，所以可以让两个结果重叠显示，相互校核。

分析等日照线得出对话框(图 16-12)。

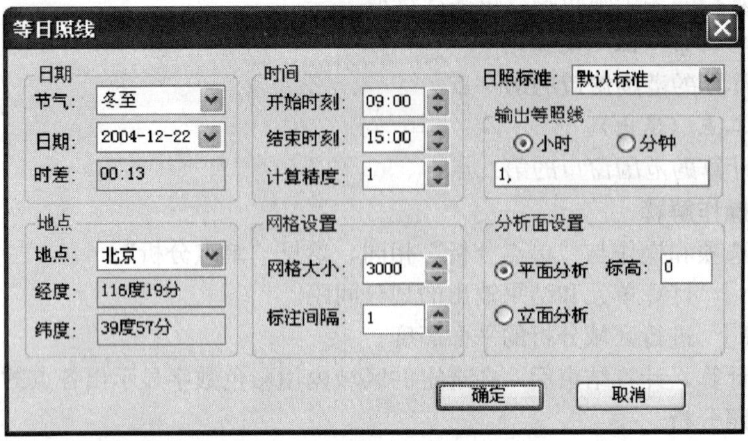

图 16-12　等日照线对话框

设置好选项参数后，按确定按钮对话框关闭，命令行提示：

对于平面分析：

选择遮挡物：

选取产生遮挡的多个建筑物，可多次选取。

请给出窗口的第一点〈退出〉：

点取分析计算的范围窗口的第一点。

窗口的第二点〈退出〉：

点取分析计算的范围窗口的第二点。

对于立面分析：

选择遮挡物：

选取产生遮挡的多个建筑物，可多次选取。

请点取要生成等照时线的直外墙线〈退出〉：

点取准备计算等照线的建筑物直线外墙边线。

共耗时 0 秒。

对话框选项和操作解释

前面章节已经介绍过的选项在此不再赘述。

[网格设置]　网格大小表示计算单元和结果输出的网格间距；
标注间距表示间隔多少个网格单元标注一次。

[输出等照线]　设定等照线的输出单位，小时或分钟；
输入栏中可以设定同时输出多个等照线，用逗号间隔开。

[分析面设置]　平面分析，在给定的标高平面上计算等照线；
立面分析，在给定的直墙平面上计算等照线。

推荐的日照分析结果验证方法

- 如果布局很复杂且机器配置不高，请先进行低精度的粗算；
- 比较细算和粗算的结果大体上是否一致；
- 用单点验证关键点；

● 用区域分析和本命令计算结果重叠进行验证。

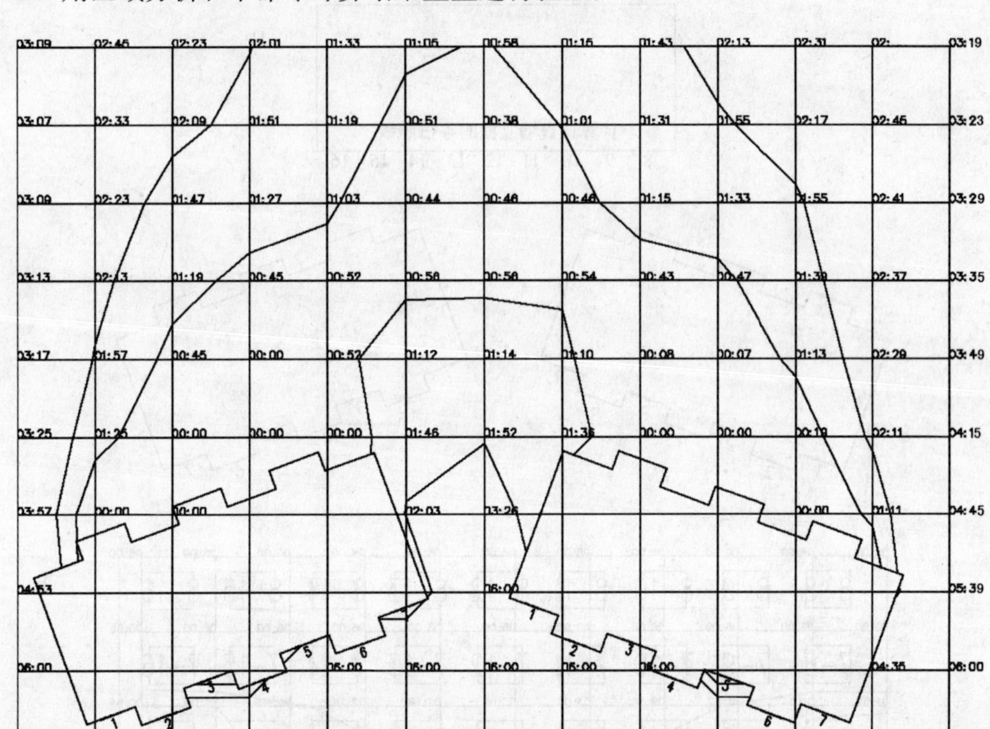

图 16-13 平面等日照线(网格＝6000)的实例

16.3.6 日照仿真

屏幕菜单命令:【日照分析】→【日照仿真】(RZFZ)

采用先进的三维渲染技术，在指定地点和特定节气下，真实模拟建筑场景中的日照阴影投影情况，帮助设计师直观判断分析结果的正误，给业主提供可视化演示资料。

命令交互

初始观察位置:

图上给第一点，确定视点位置。

初始观察方向:

图上给第二点，确定视图方向，指向建筑群。

在平面图中，从观察点指向建筑群方向给出两点，确定初始观察方向，弹出的【日照仿真】窗口如图 16-15。

界面说明

1 对话框左侧为参数区，用户在此给定观察条件，诸如日照标准、地理位置和日期时间等。

2 日照阴影在缺省情况下，只计算投影在地面或是不同标高的平面上。将选项［平面阴影］去掉后，系统进入真实的全阴影模式，建筑物和地面全部有阴影投射。

3 建筑模型编辑后，点击［更新模型］按钮，就可以重新载入模型刷新仿真视窗。由于日照仿真窗口为浮动对话框，用户编辑建筑模型时无需退出仿真窗口。

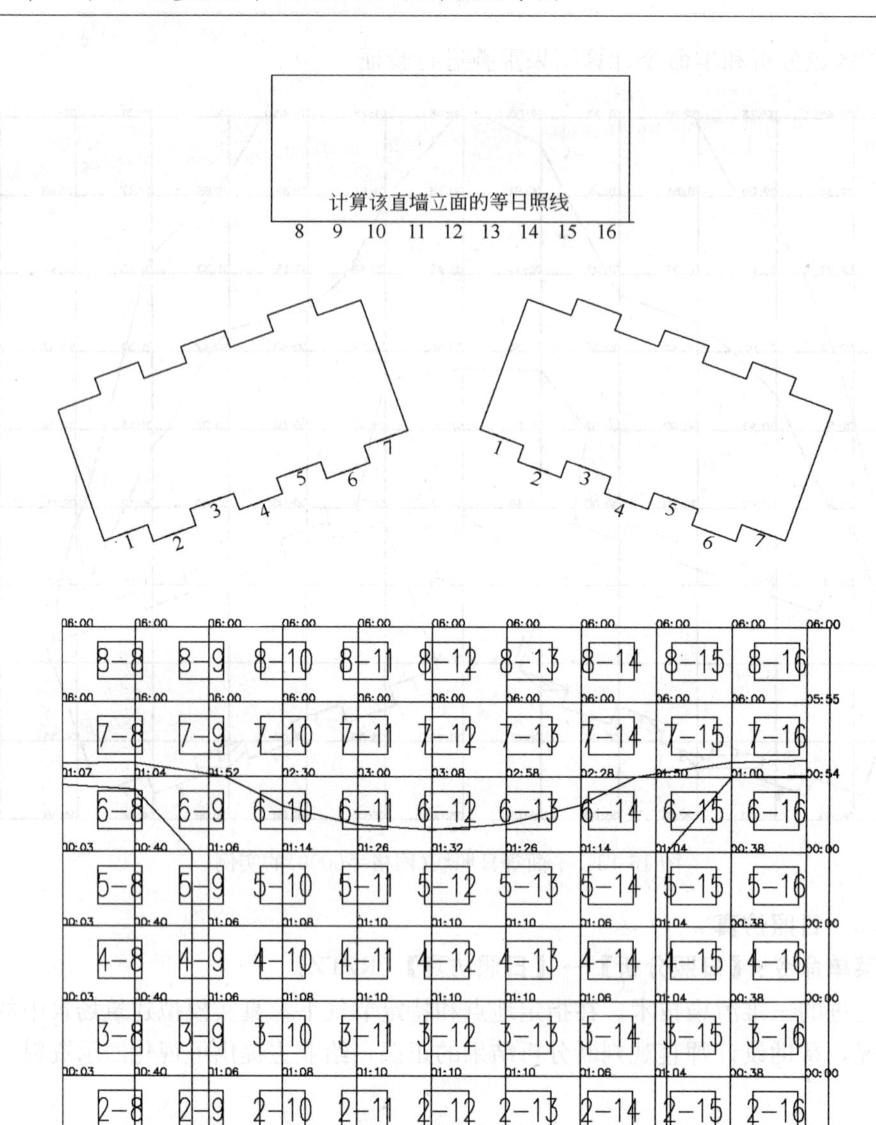

图 16-14　立面等日照线的实例

4　仿真窗口的观察视角采用鼠标和键盘进行调整，过程类似于实时漫游，鼠标与键盘操作原则：

鼠标键操作：控制原则是直接针对场景

左键—转动，中键—平移，滚轮—缩放。

键盘键操作：控制原则是针对观察者

←—左移，↑—前进，↓—后退，→—右移；

Ctrl+←—左转 90 度，Ctrl+↑—上升，Ctrl+↓—下降，Ctrl+→—右转 90 度；Shift+←—左转，Shift+↑—仰视，Shift+↓—俯视，Shift+→—右转。

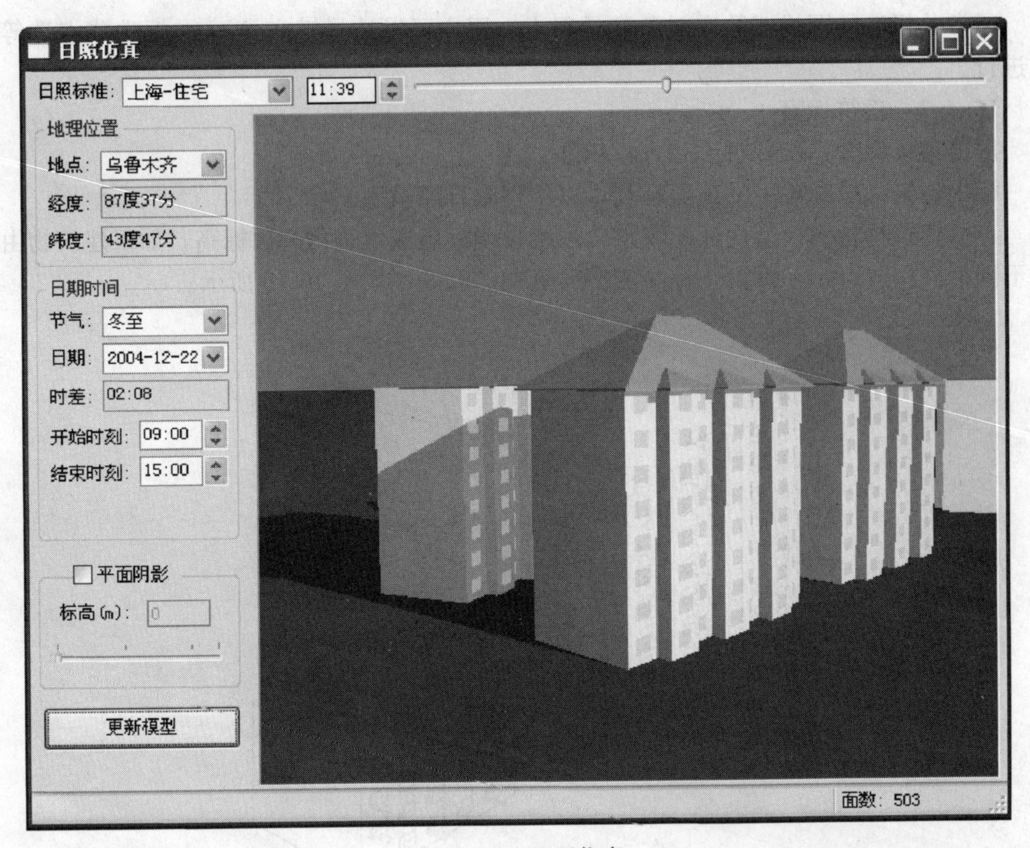

图 16-15　日照仿真

5　拖动视窗上方的时间进程滚动条，可以实时观察动态日照阴影，左框中显示实时的时间。

在性能不好的机器上进行三维阴影仿真，响应速度可能不理想，如果三维阴影仿真速度太慢，可以改用二维阴影仿真，此时受影面高度动态可调。可以二维阴影仿真进行初步观察，确定观测角度和分析时刻后，用三维阴影精确观测。

影响三维阴影仿真速度的因素：

1　较复杂的模型，特别是复杂的曲面模型对速度不利，可以用较大的分弧精度减少面数以提高仿真速度；

2　OpenGL 加速显示卡和高性能 CPU 能够大幅度提高仿真速度。

16.4　辅助工具

16.4.1　阴影擦除

屏幕菜单命令：【日照分析】→【阴影擦除】(YYCC)

擦除建筑物的阴影轮廓线和多点分析生成的网格点，以及其他命令在图上标注的日照时间等数据，这是一个过滤选择对象的删除命令。

命令交互

选择日照分析生成的图线或数字：

选取准备删除的图线和数字，回车完成。

通常分析后的图线或数字对象数量很大，用户可以选择键入 ALL、框选或点选等方式进行。

16.4.2　建筑标高

屏幕菜单命令：【建筑标高】(JZBG)

标出建筑物轮廓模型的顶面标高，以便理解日照模型。

点取建筑物轮廓模型内任意一点，系统自动标出该建筑物的顶标高，如果建筑物由多层不同标高构成可一一标出，标注文字放置在点取处，如图 16-16 所示。

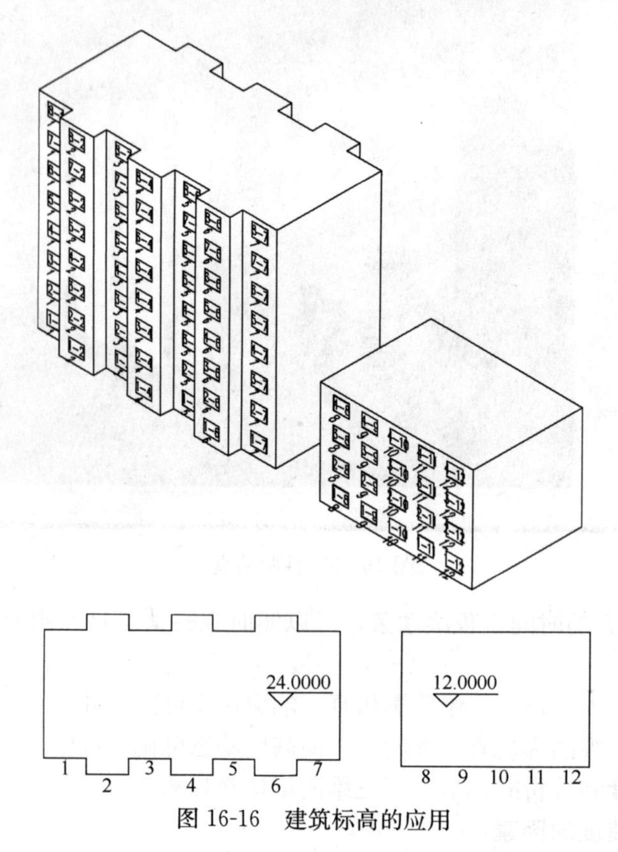

图 16-16　建筑标高的应用

第一部分 工程实例高级教程

第1章 概 述

本章内容包括

- **本实例的使用**
- **教程内容**
- **光盘介绍**

本章介绍清华斯维尔建筑设计软件 TH-Arch2006(简称 Arch2006)教学实例的内容框架，有助于帮助您了解教学实例的主要内容并可有选择地进行学习。

1.1 本实例的使用

本实例教程是建筑设计 2006(以下简称 Arch2006)使用手册的一部分，适用于具备一定 AutoCAD 基础知识的用户以及其他对 Arch2006 感兴趣的读者。本实例教程还可以作为培训 Arch2006 的培训教材使用。

本实例教程通过某学校综合楼的工程实例，教读者学习使用 Arch2006 的各种命令来完成设计与绘图，掌握 Arch2006 的操作流程与方法。最终，可以独立完成一个工程实例，从绘制各层平面图，到生成立剖面，到组合成三维立体、渲染，以及文字、标注、打印出图等一系列的施工图设计工作。

当然，由于 Arch2006 功能非常强大，为了使本实例教程便于学习，教程中仅使用了 Arch2006 中的部分功能，如需对 Arch2006 作进一步的了解，请参阅用户手册或系统地在线帮助。

本书有配套的多媒体学习光盘，以屏幕动画的形式演示了本实例教程的全部操作，以便用户更容易地掌握本实例教程的内容。

1.2 教程内容

本教程按设计的过程对 Arch2006 软件进行系统地介绍，让用户从实例操作中加深对 Arch2006 软件的理解。

本教程的内容安排如下：

第 1 章　准备工作，介绍了绘图前的一些准备工作：Arch2006 的启动、工程项目的设定。

第 2 章　首层平面，介绍了绘图前的初始比例、层高等初值的设定；首层平面图轴网的建立、标注及编辑，柱子的插入，墙体的绘制、编辑、内外墙的识别，以及门窗的插入、修改和编辑；接着介绍其他构件的绘制：台阶、坡道的绘制、编辑，以及楼梯、散水的绘制、编辑和修改；最后是对首层平面的各种标注。

第3章　二层平面，介绍了在首层平面图的基础上修改为二层平面图的基本方法和步骤，包括：修改图名，清理不需要的标注及构件，修改层高；接着是对二层平面的细部修改及相应构件的绘制，包括：门窗、楼梯的修改和插入；雨篷的绘制、编辑和修改；然后是对二层平面的各种标注。

第4章　三层平面，介绍了在之前绘制好的二层平面图的基础上修改为当前层平面图的基本方法和步骤。

第5章　屋顶平面，介绍了在三层平面图的基础上修改为屋顶平面图的基本方法和步骤，包括：修改图名，清理不需要的标注及构件；然后是对屋顶多坡屋顶的绘制。

第6章　地下室平面，介绍了地下室平面图轴网的建立、标注及编辑，柱子的插入，墙体的绘制，以及门窗的插入；坡道和散水的绘制、编辑和修改；最后是对地下室平面的各种标注。

第7章　立剖面图，介绍了如何生成立面、剖面。

第8章　详图，介绍了在首层平面图的基础上修改为详图的基本方法和步骤，包括：复制出卫生间的构件，并清理不需要构件；填补轴线及标注，然后是对详图的标注。

第9章　建筑总说明，介绍了如何绘制并编辑门窗总表、与EXCEL数据交互、以及施工图的建筑总说明及材料作法表。

第10章　布图、打印，介绍了如何实现多视口布图，打印机的配置与使用，以及对图档的打印前预览。

第11章　渲染与动画，介绍了四层平面图的三维组合的基本方法和步骤，然后是对三维模型的渲染与动画表现，包括：虚拟漫游、环绕动画。

第12章　日照分析，介绍了如何生成日照模型，然后对建成的模型进行日照分析。

1.3　光盘介绍

本教程还配套有多媒体学习光盘，以屏幕动画的形式提供了本教程的全部实例，可以选择播放，以便读者更容易地掌握本教程的内容。

光盘内容：提供了本教程各层平面图、立剖面以及三维生成的完整AVI动画演示，并对部分具体命令的使用也有相应演示，内容全面、丰富，是便于读者直观地阅读本教程的好帮手。

第 2 章　准　备　工　作

本章内容包括

■　**设定工程项目**

■　**启动 Arch2006**

本章介绍了绘图前的一些准备工作。

2.1　设定工程项目

在建筑设计中，开始新项目设计前应先设定工程项目，以便有效地对图档和数据文件进行管理。新建文件夹——【教学实例】，我们以后设计的图纸都将保存在这个文件夹中。

2.2　启动 Arch2006

Arch2006 安装后，将在桌面上建立启动快捷图标“建筑设计 TH-Arch2006”（不同的发行版本名称可能会有所不同）。左键双击桌面“建筑设计 TH-Arch2006”图标，就可进入 Arch2006 环境，如图 2-1 所示：

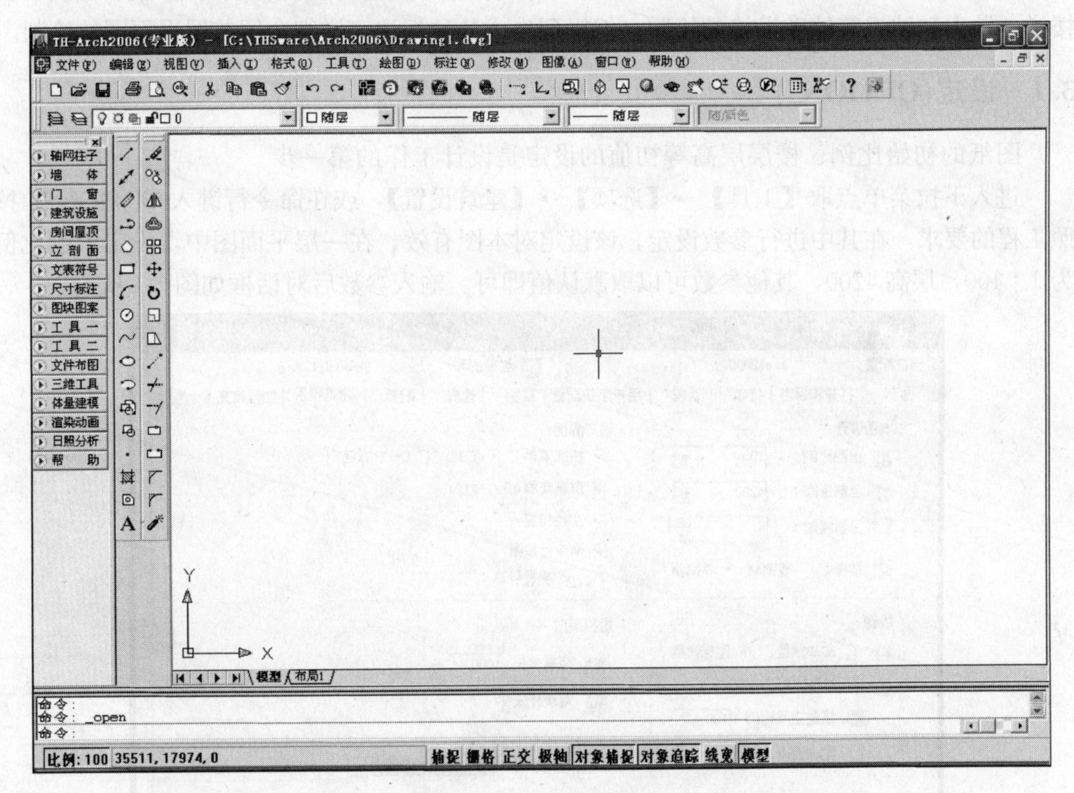

图 2-1　Arch2006 初始界面

准备完成，下面可以开始本实例工程的设计工作了。

第 3 章　首　层　平　面

本章内容包括

- ■ 设定(OPTIONS)
- ■ 轴网
- ■ 柱子
- ■ 墙体
- ■ 门窗
- ■ 卫浴
- ■ 楼梯
- ■ 台阶坡道
- ■ 散水
- ■ 尺寸标注
- ■ 文字符号、保存

本章由轴网的建立到柱子的插入，以及墙体的绘制等主要构件的插入、修改和编辑，由楼梯、散水和坡道等辅助设施的绘制、编辑到生成各种标注，详细介绍首层平面图的绘制。

3.1　设定(OPTIONS)

图纸的初始比例、楼层层高等初值的设定是设计工作的第一步。

进入下拉菜单点取【工具】→【选项】→【建筑设置】，或在命令行键入 OPTIONS。按照工程的要求，在其中进行参数设定，该设定对本图有效，在一层平面图中，设定出图比例为 1∶100，层高 4200，其他参数可以取默认值即可。输入参数后对话框如图 3-1 所示：

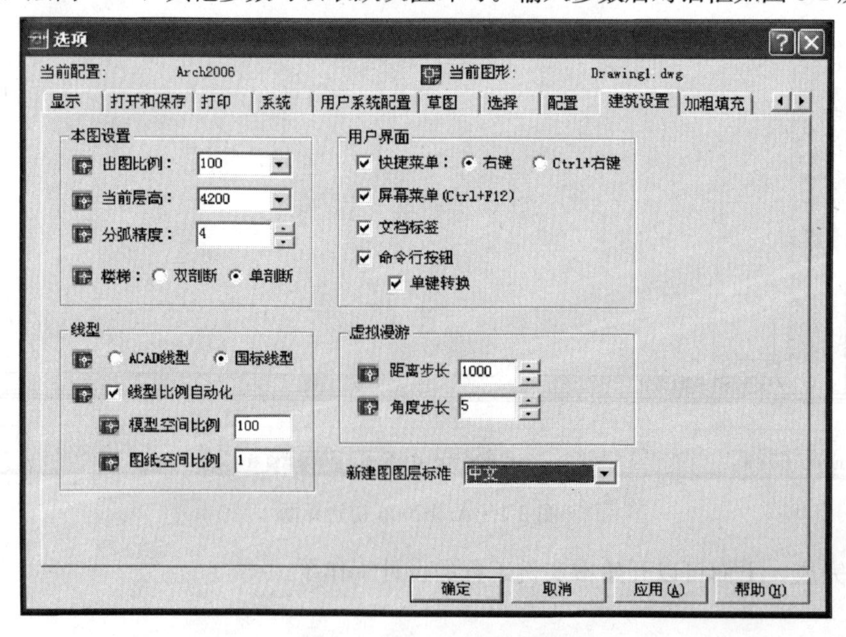

图 3-1　设置 Options 对话框

3.2 设计轴网

在作建筑设计前，设计者一般有一个大致的设计框架，设计者就在这个初步的框架的基础上开始设计工作，一般来说设计的第一步不是轴网就是墙，这和设计习惯有关，在本实例中，我们选择先布置轴网，布置轴网分为三个步骤：创建轴网、轴网标注、轴网修改。

3.2.1 创建轴网

创建轴网即绘制布置轴网的轴线；

点取菜单命令【轴网柱子】→【直线轴网】(ZXZW)，见图 3-2。

【注：此处括号中的 ZXZW 指的是布置直线轴网的直接录入命令，可以在命令行直接输入执行，一般是中文命令的拼音缩写。】

在对话框中设置：[下开] 2 * 7500 2 * 6000；[左进] 2100 4500 2400 3000

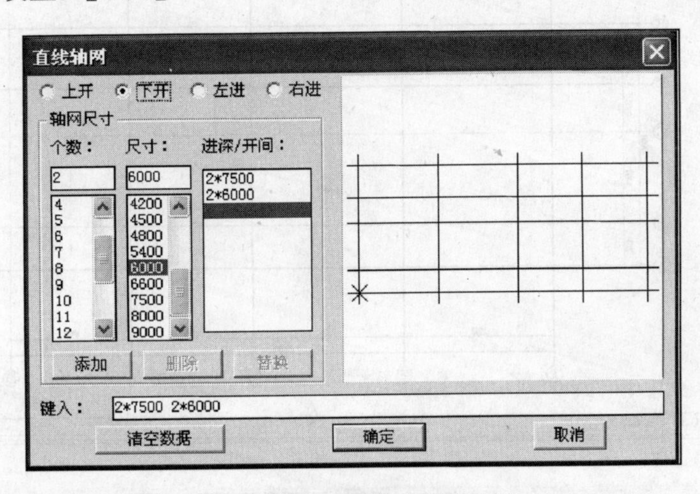

图 3-2 设置【直线轴网】参数

点取【确定】，再点取插入点后，首层轴网就创建完成了，如图 3-3 所示：

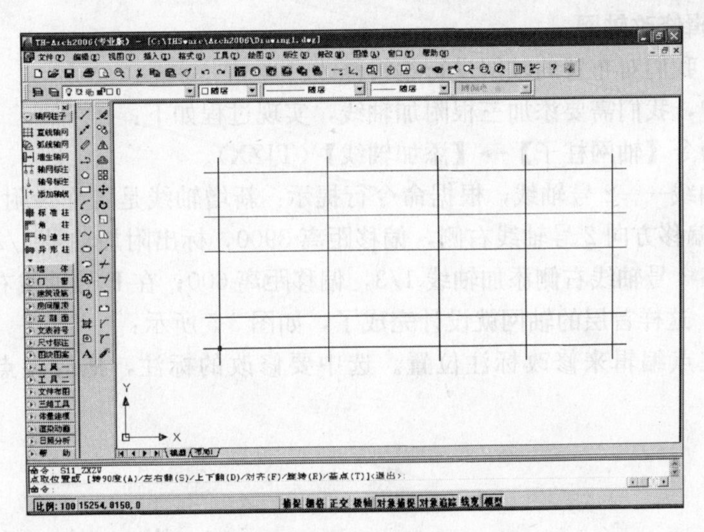

图 3-3 直线轴网示例

3.2.2　轴网标注

点取菜单命令【轴网柱子】→【轴网标注】(ZWBZ)。

在对话框中设置：双侧标注；选择上下开间第一根轴线→选择最后一根轴线，就完成了一个上下的轴网标注，同样的再对左右开间的轴网进行标注，最终完成初步轴网标注。如图 3-4：

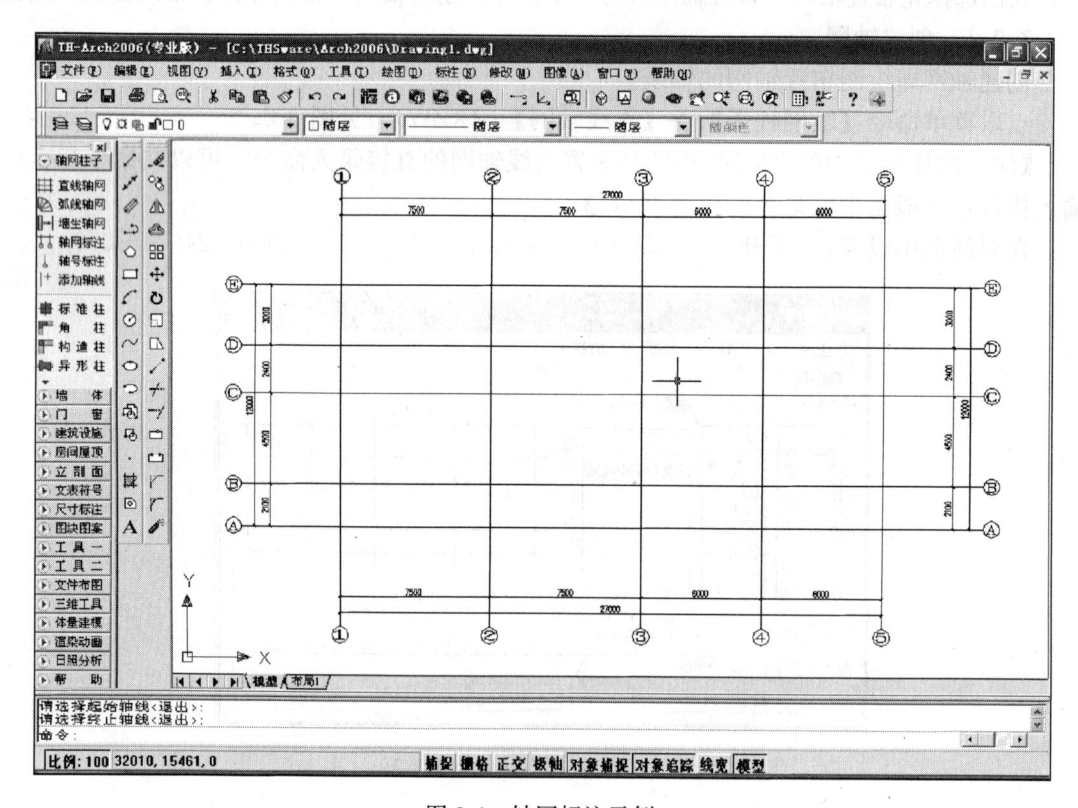

图 3-4　轴网标注示例

3.2.3　编辑修改轴网

根据需要，我们对布置的轴网进行编辑修改。

在本实例中，我们需要添加三根附加轴线，实现过程如下：

点取菜单命令【轴网柱子】→【添加轴线】(TJZX)。

选择参考轴线——2 号轴线，根据命令行提示：新增轴线是否作为附加轴线？(Y/N)〈N〉：回应 Y，偏移方向 2 号轴线右侧，偏移距离 3900，标出附加轴号 1/2。

类似的，在 3 号轴线右侧添加轴线 1/3，偏移距离 600；在 E 号轴线右侧添加轴线 F，偏移距离 3000。这样首层的轴网就设计完成了，如图 3-5 所示：

可以通过夹点编辑来修改标注位置。选中要修改的标注，拖放夹点到适当的位置即可。

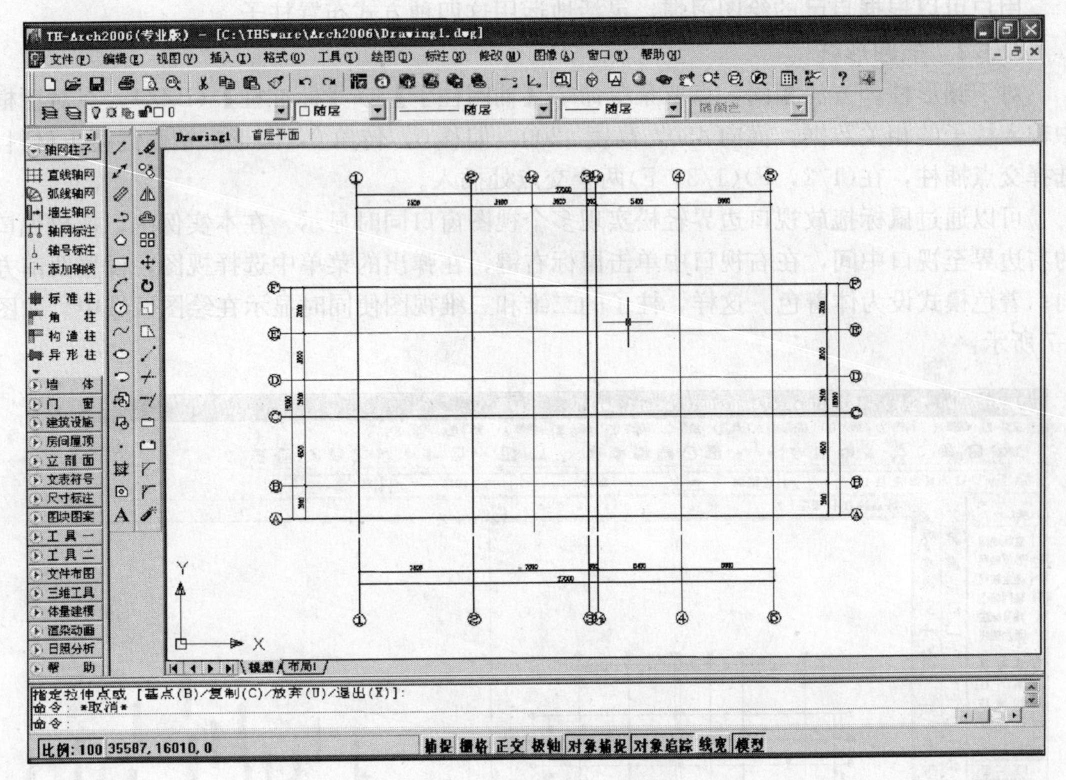

图 3-5 轴网标注示例

3.3 设计柱子

轴网设计完成之后，我们接着设计柱子，首层平面中，将设计矩形柱和圆形柱。

3.3.1 插矩形柱

点取菜单命令【轴网柱子】→【标准柱】(BZZ)。

在对话框中输入柱子的相关参数，横向 500，纵向 500，高度 4200，偏移 0，转角 0，矩形，钢筋混凝土材料。

图 3-6 设置【标准柱】参数

布置柱子有四种方式——交点插柱、轴线插柱、区域插柱、替换柱子，在本实例中，先使用交点插柱，在(1，B)(1，C)(1，E)(2，B)(2，C)(2，E)(5，A)(5，C)(5，E)插入矩形柱子【注：(1，B)等符号表示轴线交点，例如此处表示 1 轴与 B 轴的交点】。

再使用沿线插入，选择在 3、4 轴线上布置。

最后删除(3，F) (4，B) (4，F)上多余的柱子。

用户可以根据自己的绘图习惯，灵活地运用这四种方式布置柱子。

3.3.2 插圆形柱

对于圆形柱，方法相同，点取菜单命令【轴网柱子】→【标准柱】(BZZ)，在对话框中输入柱子的相关数据，横向 450，高度 4200，偏移 0，转角 0，圆形，钢筋混凝土材料，选择交点插柱，在(1/2，F)(1/3，F)两个交点处插入。

可以通过鼠标拖放视口边界轻松实现多个视图窗口同时显示。在本实例中，拖放视口的右边界至视口中间，在右视口中单击鼠标右键，在弹出的菜单中选择视图，设置西南方向；着色模式设为体着色。这样，柱子的二维和三维视图便同时显示在绘图区域中。如图 3-7 所示：

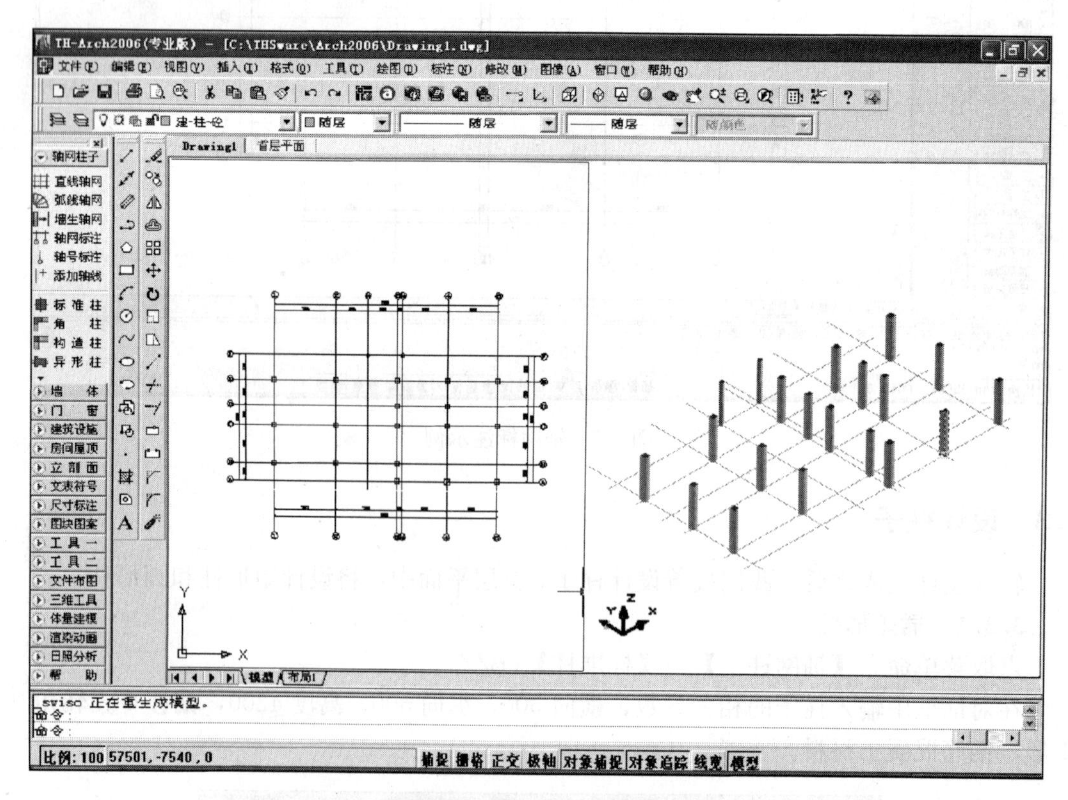

图 3-7 首层柱子示意图

3.4 设计墙体

设计完轴网和柱子后，接着我们设计墙体。在 Arch2006 中，墙体可以直接创建，或由单线转换而来。本节中我们直接创建。

为便于说明，我们先设计外墙，然后再设计内墙，并进行内外墙识别等操作。

3.4.1 绘制外墙

点取菜单命令【墙体】→【创建墙体】(CJQT)。

在对话框中设置：总宽 300，左宽 250，右宽 50，高度 4200mm，砖结构，外墙。

选择连续放置墙体，沿交点(1，E)→(5，E)→(5，A)→(1，A)→(1，E)布置，外墙就设计完成了。

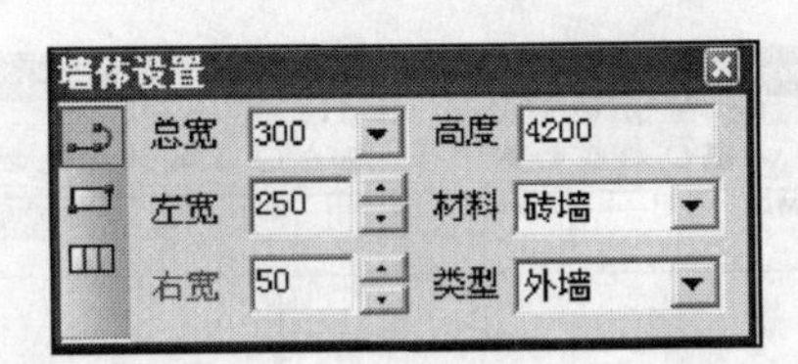

图 3-8 设置【创建墙体】参数

3.4.2 设计内墙

与绘制外墙类似，设置内墙数据：总宽 180，左宽 90，右宽 90，高度 4200mm，砖结构，内墙；沿交点(1/2，E)→(1/2，D)→(5，D)、(3，A)→(3，C)→(5，C)、(4，C)→(4，E)布置。

使用“等分加墙”布置男厕与女厕的隔墙，设置内墙数据：总宽 120，左宽 30，右宽 90，高度 4200mm，砖结构，内墙；接着点取(4，D)-(5，D)墙→输入等分数 2，回车→点取(4，E)-(5，E)墙，男厕与女厕的隔墙就布置上去了。

在建筑工程中，柱子与墙体通常密切相关，在 Arch2006 中当墙体与柱相交时，墙被柱自动打断，这就体现了 Arch2006 智能连动的特性。如果删除某一个柱子，墙体可以自动恢复连接。

同样，墙体的二维和三维视图可以同时显示，如图 3-9 所示：

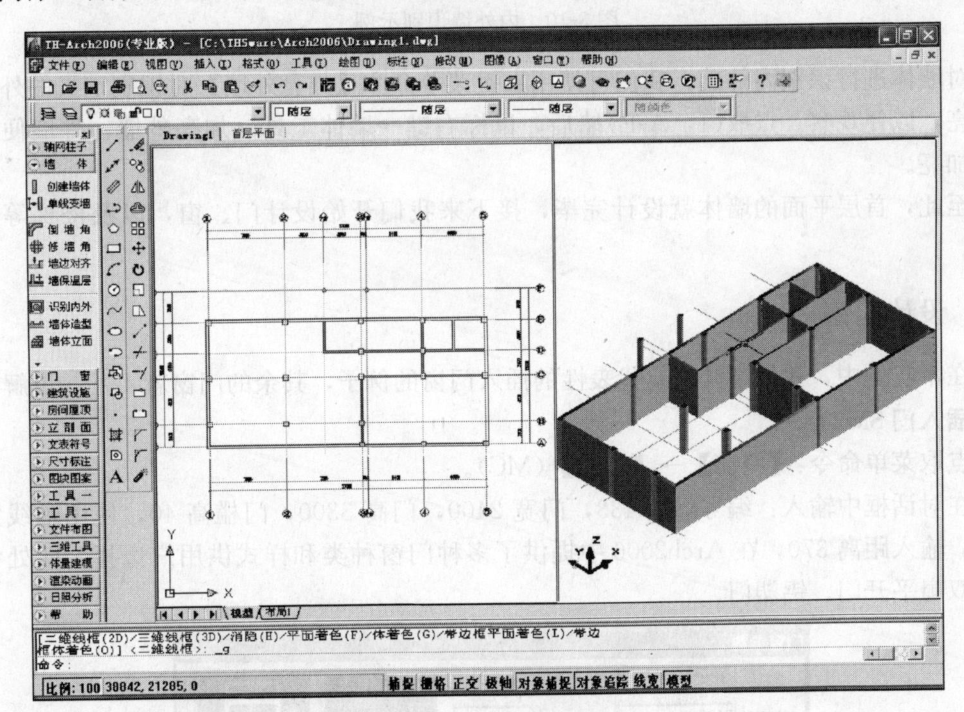

图 3-9 首层墙体示意图

3.4.3 识别内外墙

Arch2006 提供工具自动识别建筑物的内墙与外墙，点取菜单命令：【墙体】→【识别内外】(SBNW)，选择首层所有墙体，这时所有外墙的外边界会出现红色的虚线，如图 3-10所示：

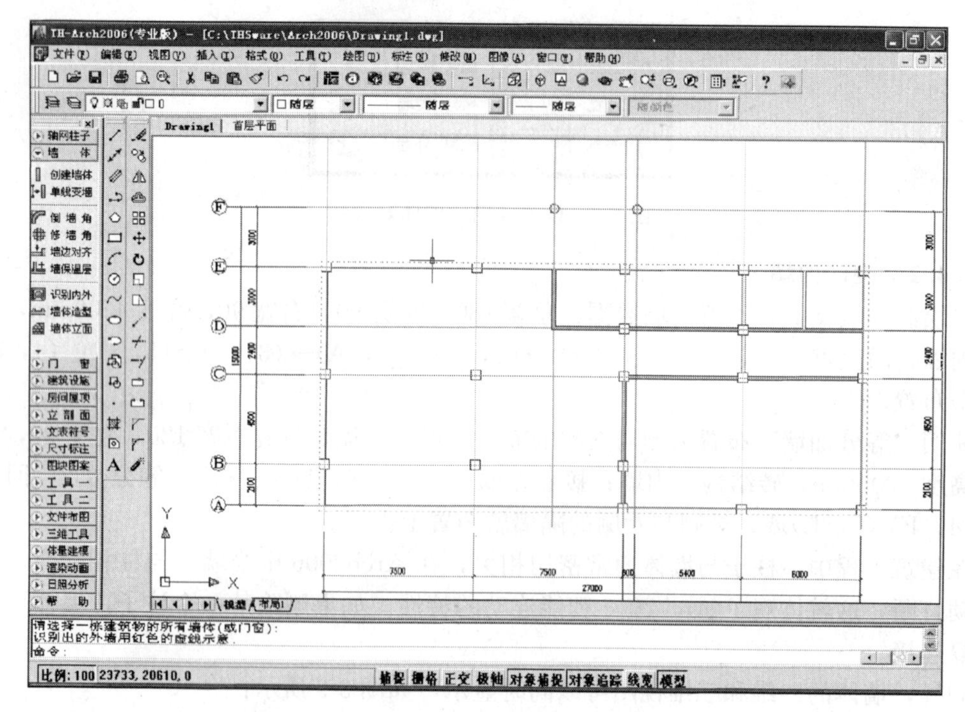

图 3-10　内外墙识别示例

对墙体进行识别内外后，我们可使用右键菜单命令【加亮外墙】对识别定义的外墙重新加亮，以便观察。点取(1，A-E)墙后，鼠标右键→墙体工具→加亮外墙，外墙便可以重新加亮。

至此，首层平面的墙体就设计完毕，接下来我们开始设计门、窗，以及楼梯等建筑设施。

3.5　设计门窗

在本实例中，我们举几个有代表性的插入门窗的例子，其余的门窗就不一一讲解了。

插入门 SM2433

点取菜单命令：【门窗】→【门窗】(MC)。

在对话框中输入：编号 SM2433，门宽 2400，门高 3300，门槛高 40，使用轴线定距插入，输入距离 370，在 Arch2006 中提供了多种门窗种类和样式供用户选择，此处我们选择双扇平开门、铝塑门。

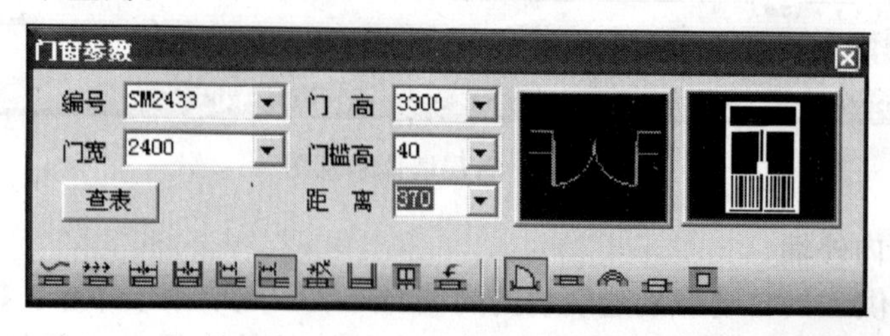

图 3-11　设置【门窗】参数

选择在 3、E 轴线左边墙上插入，如图 3-12 所示：

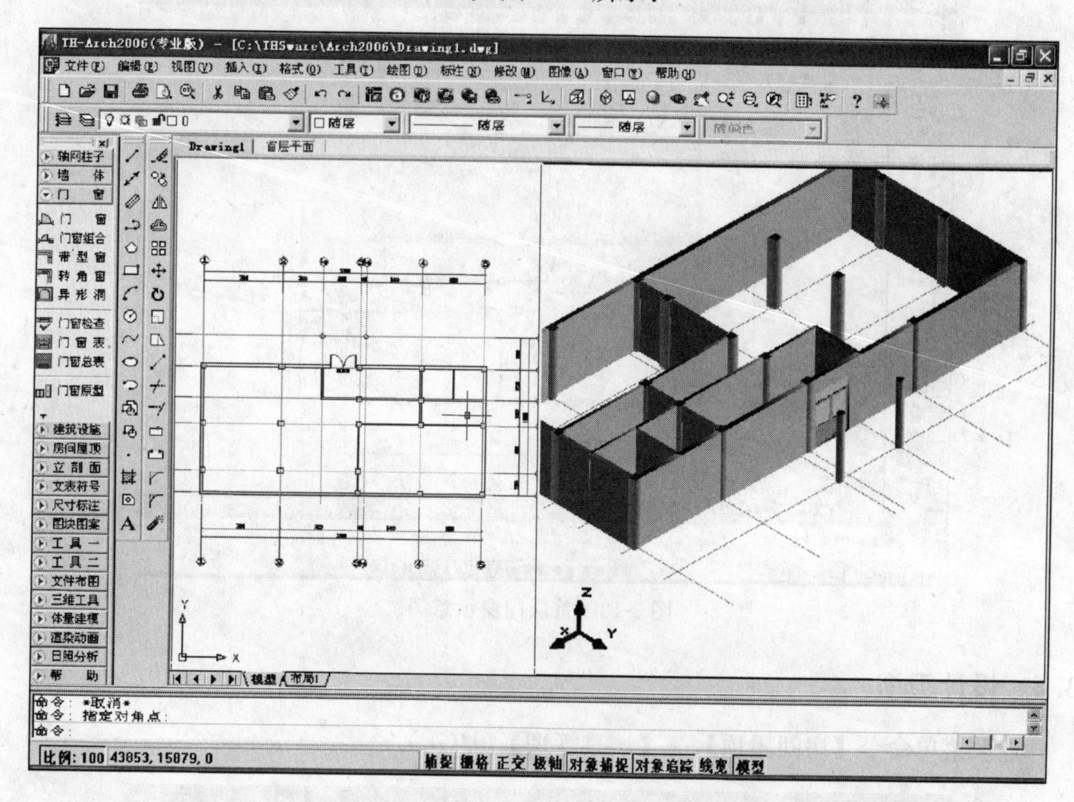

图 3-12 插入门窗示例

插入门 SM1824

点取菜单命令：【门窗】→【门窗】(MC)，在对话框中输入：编号 SM1824，门宽 1800，门高 2400，门槛高 40，选择等分插入，选择在 1/2 轴线的墙上插入。

插入窗 SC1524

点取菜单命令：【门窗】→【门窗】(MC)，在对话框中输入：编号 SC1524，窗宽 1500，窗高 2400，窗台高 900，使用轴线定距插入，距离 1500，铝合金窗，选择在 1，E 轴线的右边墙上插入。

其他的门窗插入方法是相同的，这里就不一一举例，所有门窗插入完成后如图 3-13 所示：

这里我们要说明一点，门窗编号是门窗对象特别的属性，用来标识同类制作工艺的门窗，即同编号的门窗，除了位置不同外，它们的洞口尺寸和三维外观都应当相同。为了灵活地编辑门窗，系统并不确保相同编号的门窗必定具有相同的洞口尺寸和外观，不过 Arch2006 提供了一些工具来检查图中的门窗编号是否满足这一规定。这一功能会在所有平面图设计完成时使用。

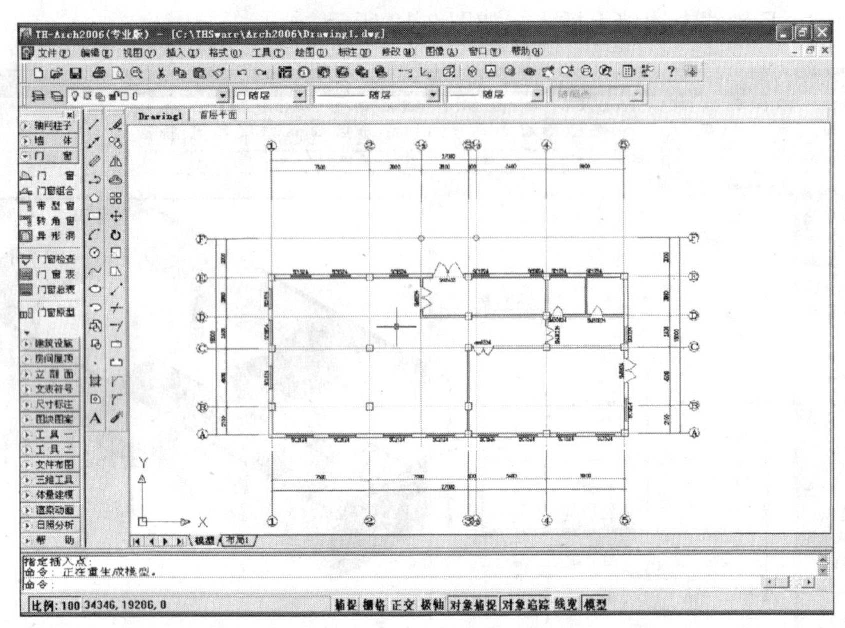

图 3-13　首层门窗示意图

3.6　设计卫浴

点取菜单命令【房间屋顶】→【洁具管理】(JJGL)。

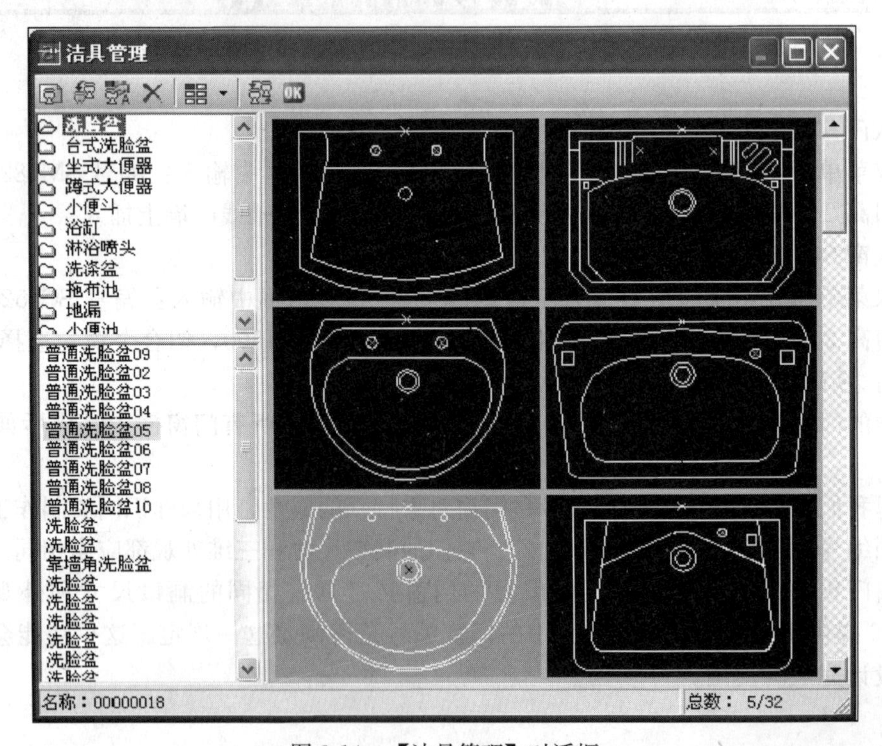

图 3-14　【洁具管理】对话框

选取不同类型的洁具后，系统自动给出与该类型相适应的布置方法。在预览框中双击需布置的卫生洁具，根据弹出的对话框和命令行提示在图中布置洁具。在本实例中，我们选择挂式小便斗，双击右侧图案“挂式小便斗”，弹出如下对话框：

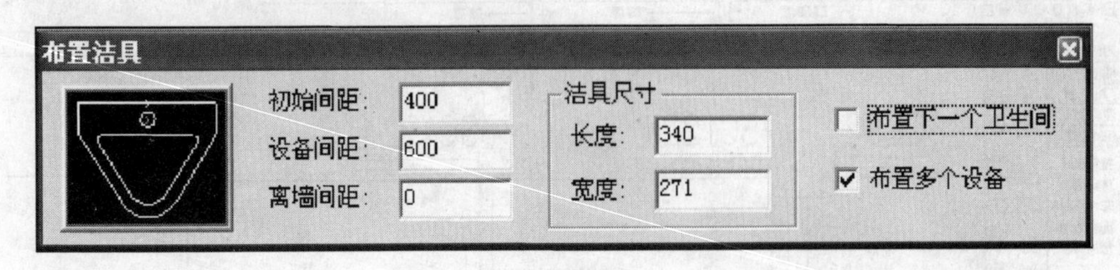

图 3-15 布置小便斗示例

这里设定初始间距 400，设备间距(洁具间距)600，离墙间距 0，洁具长度 340，洁具宽度 270；因要布置三个小便斗，故勾选“布置多个设备”。点取(4，D-E)墙体边线，再连续点取 2 次，〈回车〉退出结束。可以看到三个挂式小便斗就布置完成了。

类似的，我们也布置大便器，点取菜单命令【房间屋顶】→【洁具管理】(JJGL)，选择坐式大便器，选择相应样式，弹出如下对话框，设置初始间距 450，设备间距 900。

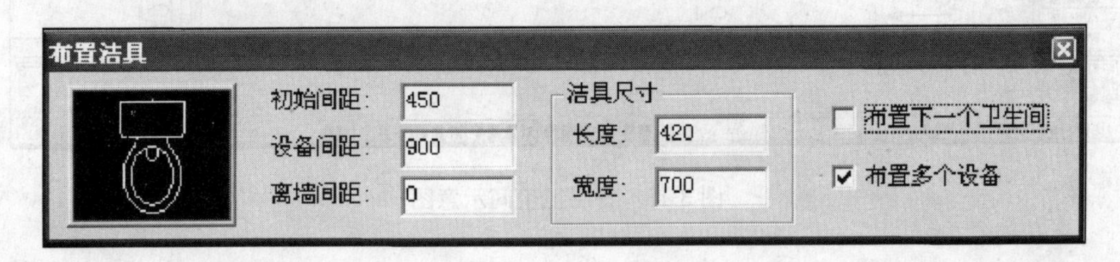

图 3-16 布置大便器示例

点取要布置的墙体，再沿墙点取下一点，男厕的大便器就布置完成，大便器布置完成后，接着布置“卫生隔断”。

点取菜单命令【房间屋顶】→【卫生隔断】(WSGD)，输入深度 1200，如勾选“有隔断门”，则可设定门宽，本实例中我们设定门宽为 600，如图 3-17 所示：

图 3-17 设置【卫生隔断】参数

点取穿过洁具的连线起点，再点取穿过洁具的连线终点，卫生隔断就布置完成，同时也完成了本实例中男厕的设计。

同样的，再布置女厕和洗脸盆，这样首层的洁具、隔断就布置完成了。如图 3-18 所示：

这里要说明一点，Arch2006 的洁具采用二维表现形式，没有三维表现图。

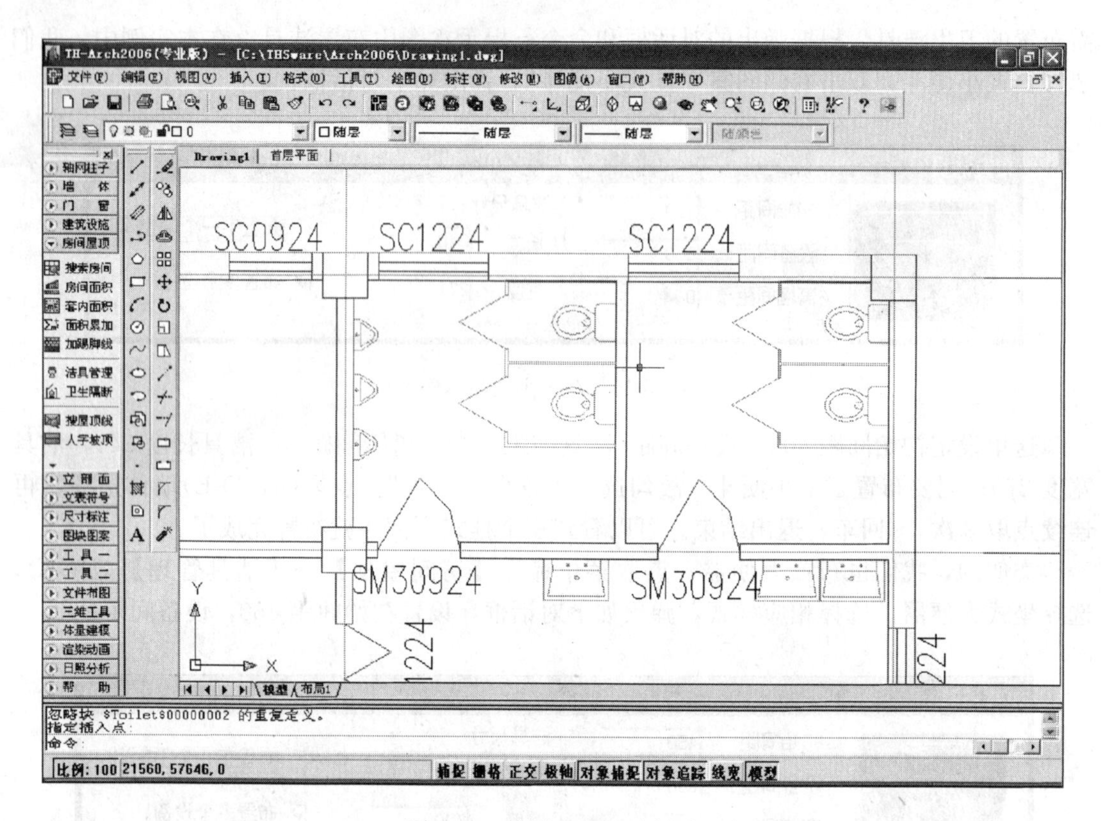

图 3-18 首层卫生间示意图

3.7 设计楼梯

Arch2006 提供直跑、圆弧和异型梯段供用户单独使用或组合成复杂楼梯，提供常见的双跑和多跑楼梯的创建，以及楼梯不可缺少的扶手和栏杆等附件。在本实例中，我们将设计双跑楼梯。

点取菜单命令【建筑设施】→【双跑楼梯】(SPLT)。

在对话框中输入：[楼梯高度] 4200、[梯间宽] 2860、[梯段宽度] 1380、[梯井宽度] 100、[直平台宽] 1270、[踏步高度] 175、[踏步宽度] 280、[踏步总数] 24、[一跑步数] [二跑步数] 12、[扶手高度] 900、[扶手宽度] 60。

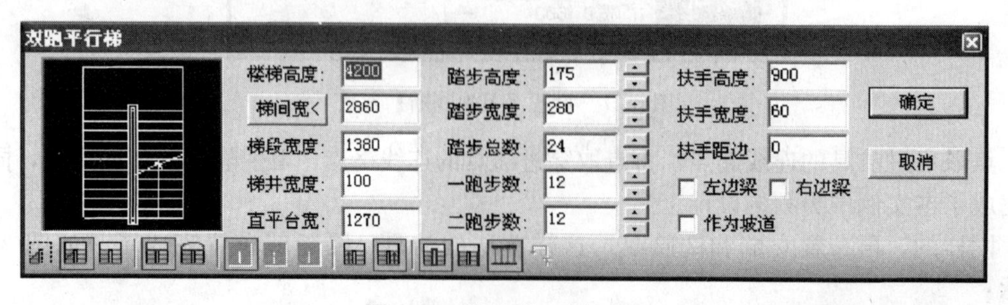

图 3-19 设置【双跑楼梯】

在对话框下方的图标选项中选择如下项目：选择标准层楼梯、矩形信息平台、内侧扶手、绘制箭头(具体说明可参看操作手册相关章节)。

以上的设置完成之后，根据命令行提示：

点取(3，E)-(4，E)墙内边线→再点取(3，D)-(4，D)墙内边线。这样，楼梯就布置完成了，如图 3-20 所示：

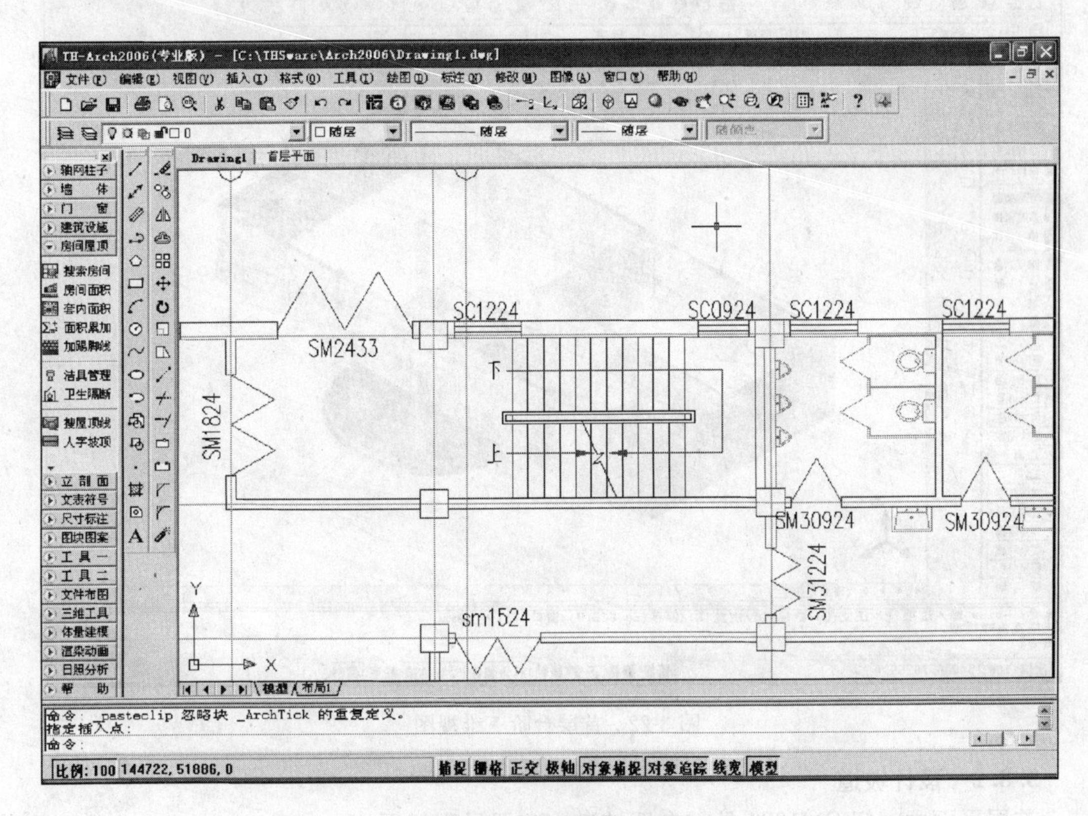

图 3-20 首层楼梯示意图

3.8 设计台阶坡道

3.8.1 设计台阶

在首层平面中需插入一个台阶，位于墙(5，E)-(1，E)正中。

点取菜单命令【建筑设施】→【台阶】(TJ)，在对话框中输入台阶高度 600，踏步高度 300，踏步数目 2，踏步宽度 300，平台长度 9200，平台宽度 4600，标高 0，选择圆形台阶，如图 3-21 所示：

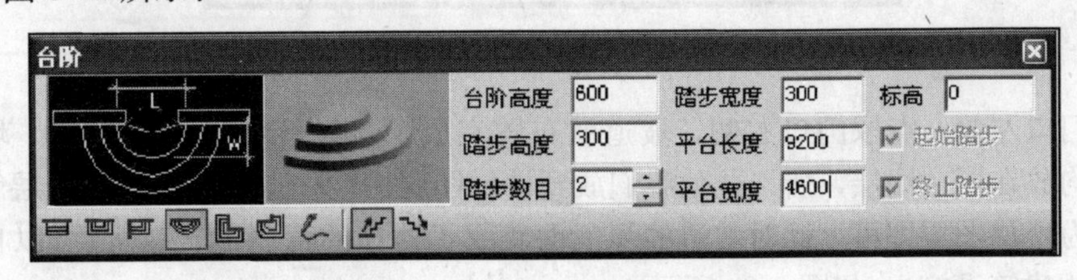

图 3-21 设置【台阶】参数

点取(5，E)和(1，E)，回车结束即可，本实例中一个台阶的三维视图如图 3-22 所示：

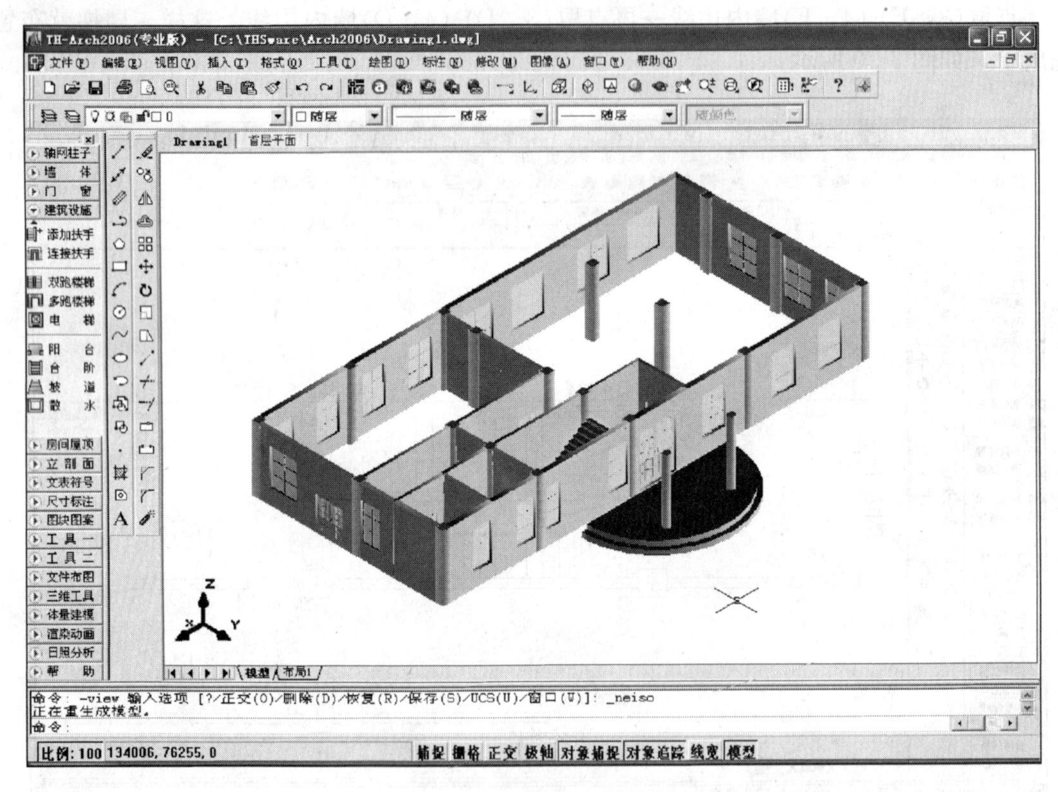

图 3-22 首层台阶三维视图

3.8.2 设计坡道

首层平面中，门 SM1824 外需布置坡道，布置过程如下：

点取【建筑设施】→【坡道】(PD)，在弹出对话框中设置坡顶标高 0，坡道高度 300，坡道宽度 3900，坡道长度 1200，边坡宽度 0，选择左边平齐、右边平齐，如图 3-23 所示：

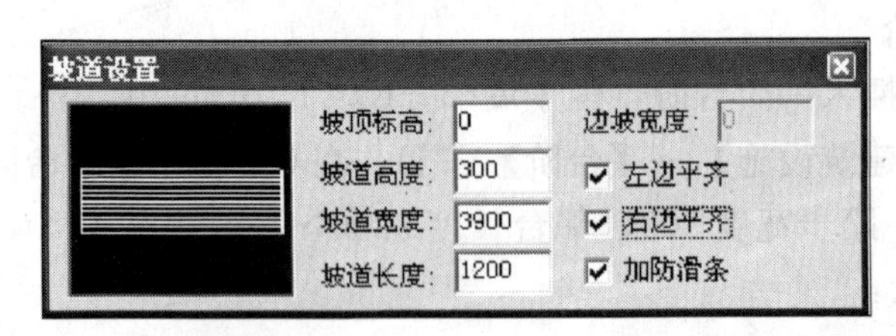

图 3-23 设置【坡道】参数

点取门口左侧，点取门口右侧，坡道就布置完成了，Arch2006 中，楼梯、坡道、散水等一般均放在同一图层，所以此处我们放到楼梯图层中。先点取坡道，在图层管理中将图层更改为楼梯图层即可，此时坡道的颜色也变成了楼梯的黄色(当然，也可以自己定义一个图层放建筑设施)。如图 3-24 所示：

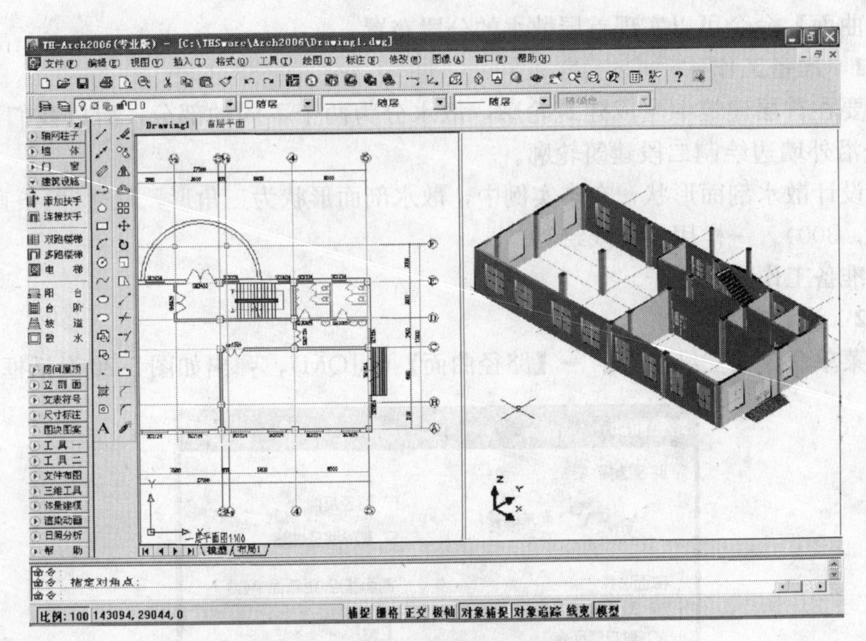

图 3-24 台阶坡道示意图

3.9 散水

本实例需在首层部分墙体外布置散水。

点取菜单命令【建筑设施】→【散水】(SS)，设置散水对话框数据：室内外高差 0，偏移外墙皮 800，选择建筑首层所有墙体，散水生成如图 3-25 所示：

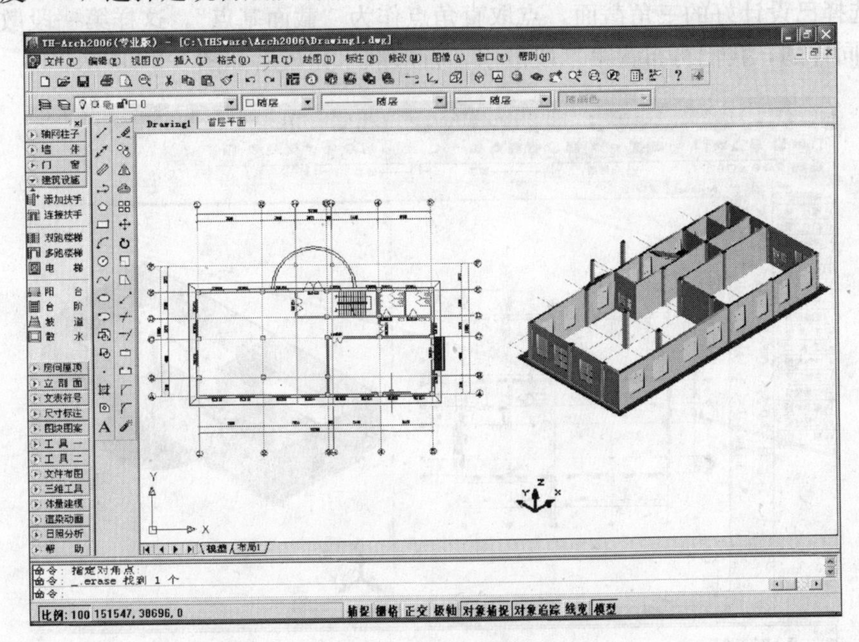

图 3-25 散水示意图

实际上，在全部外墙外均生成散水，这是不符合本实例要求的。而用【三维工具】中的【路径曲面】命令可以实现首层散水的分段布置。

3.9.1　准备工作

首先要在首层建筑中生成建筑轮廓，散水分为两个不同的部分，所以我们用多义线(Pline)先沿外墙边绘制二段建筑轮廓。

然后设计散水剖面形状，在本实例中，散水剖面形状为三角形，尺寸(两条直角边)分别为(800，300)。一样用多义线绘制。

这样准备工作就完成了。

3.9.2　设计散水

点取菜单命令【三维工具】→【路径曲面】(LJQM)，弹出如图3-26对话框：

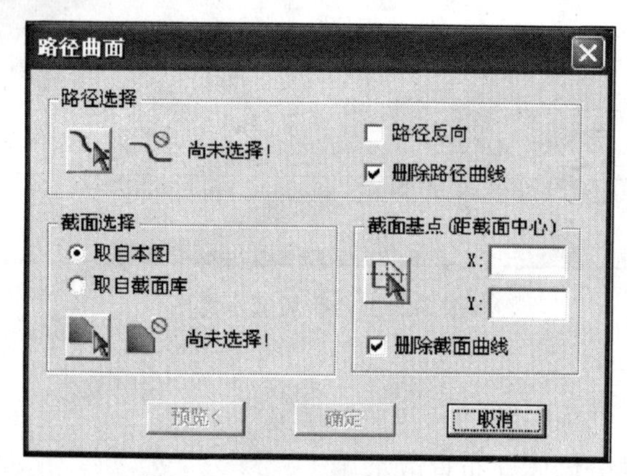

图3-26　【路径曲面】对话框

点取“路径选择”图标，选择前面绘制的第一段建筑轮廓作为散水路径；点取“截面选择”，选择已设计好的三角截面，点取直角点作为“截面基点”，这样第一段散水就布置完成了。同样的，我们再布置第二段散水，首层散水完成后如图3-27所示：

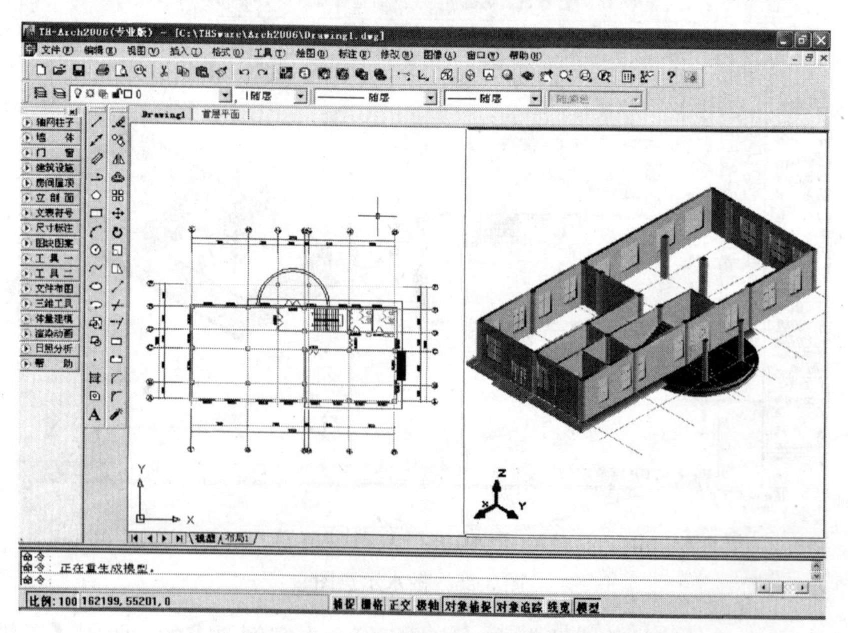

图3-27　首层散水示意图

3.10　尺寸标注

Arch2006 提供了专用于建筑工程设计的尺寸标注系统，使用图纸单位度量，标注文字的大小自动适应工作环境的当前比例。

本实例中我们会用到门窗标注、墙厚标注、半径标注、标高标注。

3.10.1　门窗标注

点取命令【尺寸标注】→【门窗标注】(MCBZ)。

在墙(1，E)-(2，E)左右两侧点取两点，使两点连线穿过墙和两道轴网标注(穿过两道轴网标注的目的是使门窗标注在两道轴网标注的内侧生成，且三道标注线等距)，墙(1，E)-(2，E)的门窗就标注完成了；再选择同时标注的其他墙段，这样便生成墙 E 上所有门窗的尺寸标注。如图 3-28 所示：

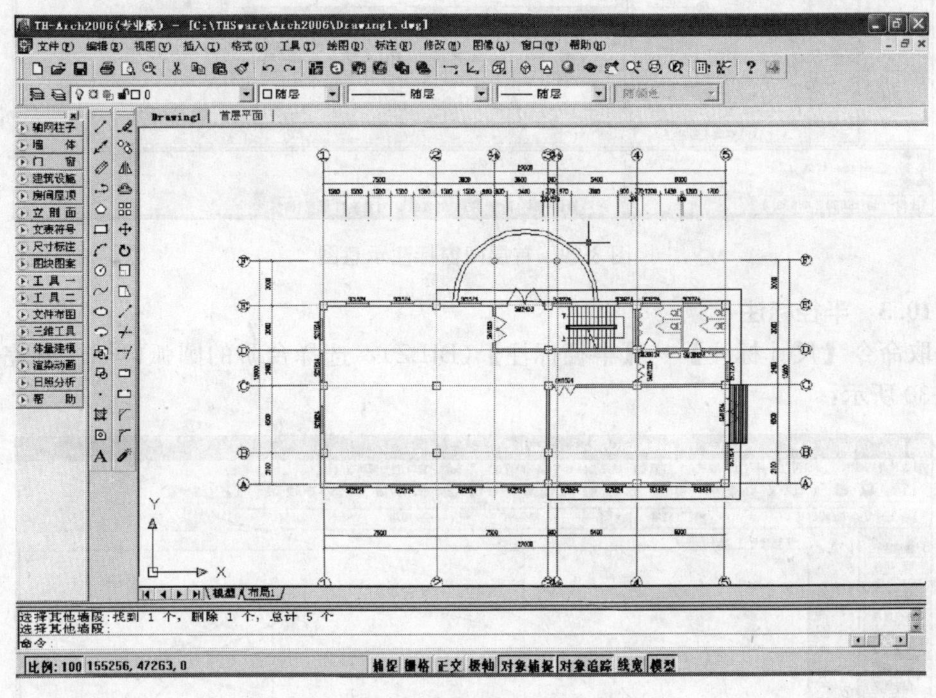

图 3-28　门窗标注示例

与标注 E 号墙段一样，对其他墙段进行类似的工作，直至完成首层平面的门窗标注。标注完成后如图 3-29 所示：

本实例图中，有些尺寸标注重叠在一起，可以通过夹点编辑来改变标注的位置，只需选择标注文字，用鼠标拖放到适当的位置即可。对于不需要的标注我们也可通过夹点编辑来修改，即拖住夹点使两个标注合并。

另外还要说明一点，【门窗标注】命令对不平行的多段墙线不能一次标注完成。

3.10.2　墙厚标注

【墙厚标注】在图中可一次完成一组墙体的墙厚尺寸标注。

点取命令【尺寸标注】→【墙厚标注】(QHBZ)，取直线第一点，再取直线第二点，使第一点和第二点之间的连线穿过要标注的多段墙体，墙厚尺寸标注便在这些墙体上生成。

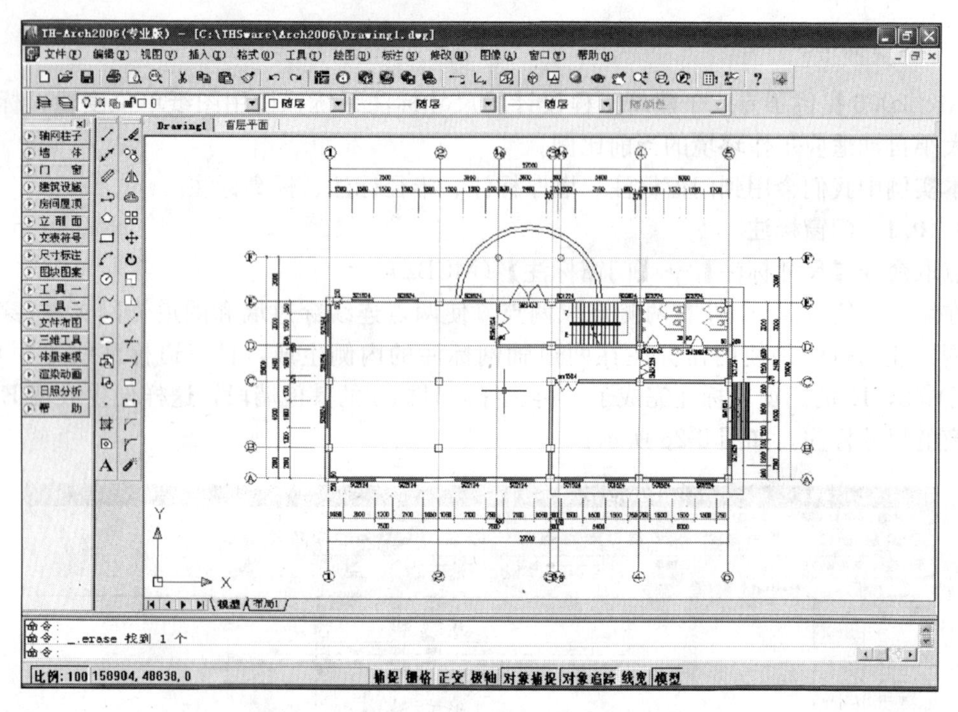

图 3-29　首层门窗标注示意图

3.10.3　半径标注

点取命令【尺寸标注】→【半径标注】(BJBZ)，选择台阶的圆弧，标注就完成了，如图 3-30 所示：

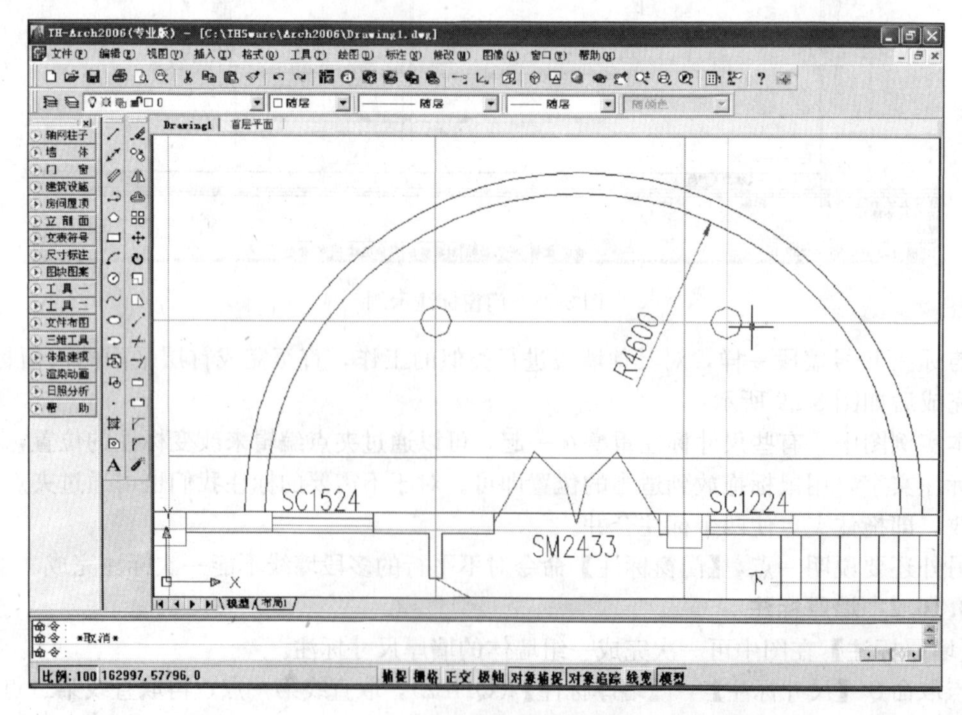

图 3-30　弧长标注示例

3.10.4 标高标注

标高标注用来描述垂直位置。

点取屏幕菜单命令【尺寸标注】→【标高标注】(BGBZ)。

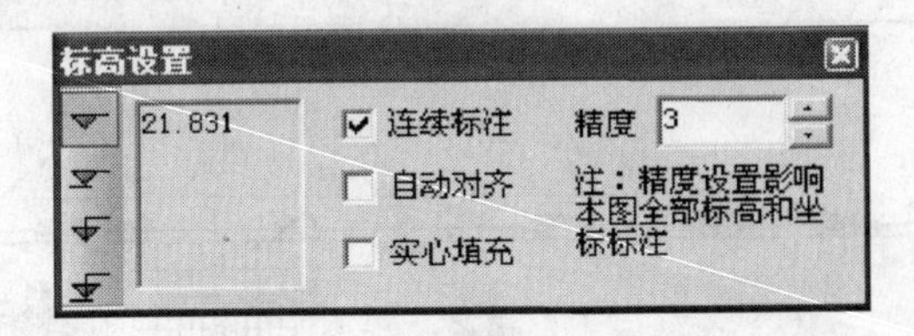

图 3-31 【标高标注】对话框

设置参数后，在图面上点取标高点，再选择标高方向。标高标注完成后，如果标高与实际不符，例如此处实际标高应为 4.2m，可利用“在位编辑”技术或双击标高进行修改。选择刚完成的标高标注，左键单击，修改为 4.200，按 Esc 键完成修改。

3.11 文字、符号标注、保存

3.11.1 图名标注

点取菜单命令【文表符号】→【图名标注】(TMBZ)，在对话框中设置图名为“一层平面图”，比例 1∶100，文字样式“STANDARD”，文字高度 10.00，如图 3-32 所示：

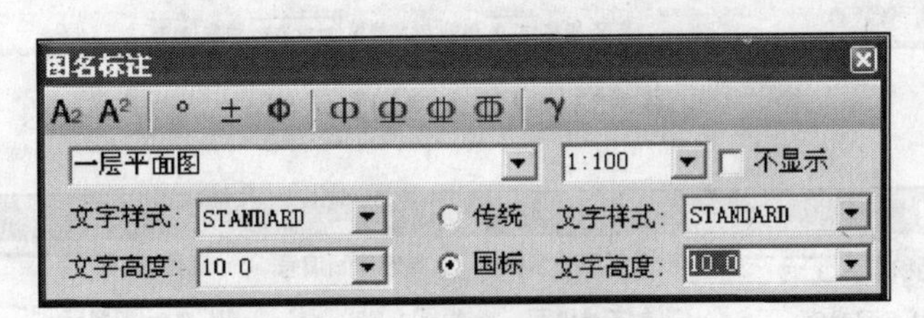

图 3-32 设置首层【图名标注】

在图面上选择插入点，图名标注就完成了。

3.11.2 房间标注

点取命令：【房间屋顶】→【搜索房间】(SSFJ)，选择首层所有墙体，所有的房间都可同时被标注出来，如图 3-33 所示：

选择要修改标注的房间，使用在位编辑，轻松完成房间名称的修改；对于不需要的房间标注，直接用删除命令(ERASE)删除即可。

双击要修改的房间，可以设置是否标注面积及单位，当然也可修改房间名称。

也可使用命令【房间面积】逐个创建房间，以餐厅标注为例，点取命令【房间屋顶】→【房间面积】(FJMJ)，在对话框中设置：房间名称“餐厅”，选择生成房间对象、标注面积、面积单位、显示房间名称，如图 3-34 所示：

鼠标点取至相应房间即可。

3.11.3 剖切标注

剖切符号是作剖切面的必要条件，在本实例中，我们将作两个剖面点；

点取菜单命令【文表符号】→【其他符号】→【剖切符号】，在对话框中设置：剖切编号 1，文字高度 10.0，文字样式 STANDARD，选剖面剖切；如图 3-35 所示：

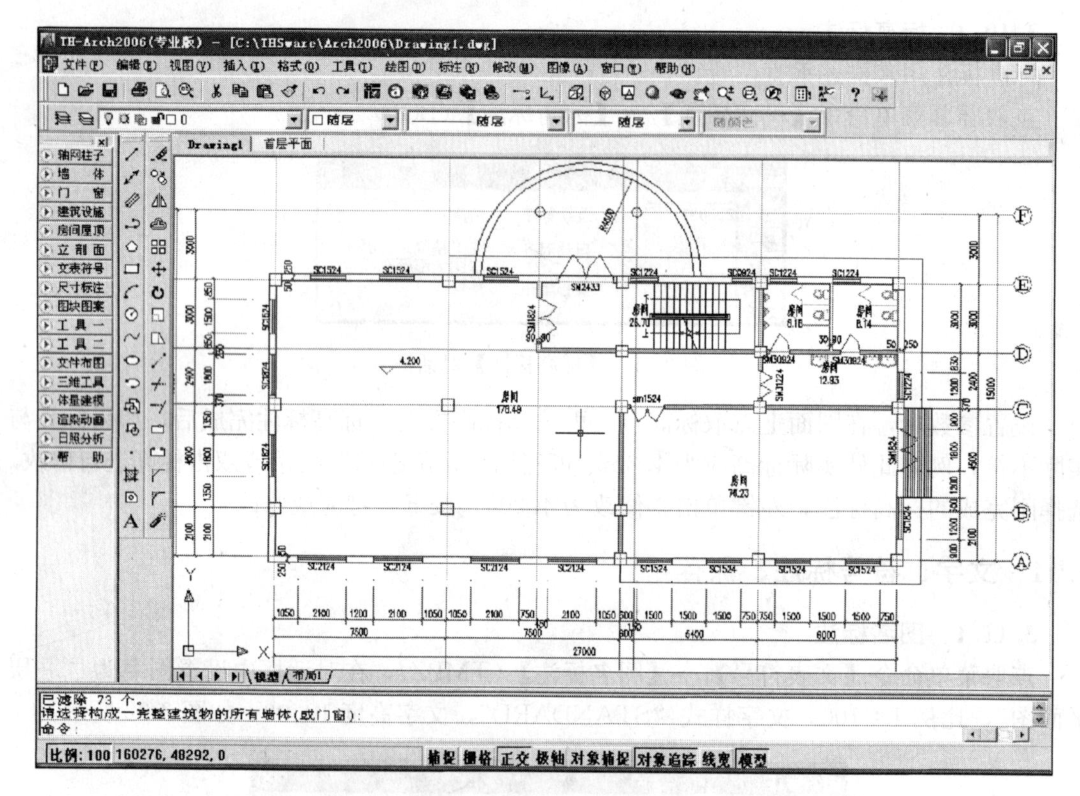

图 3-33　【搜索房间】示例

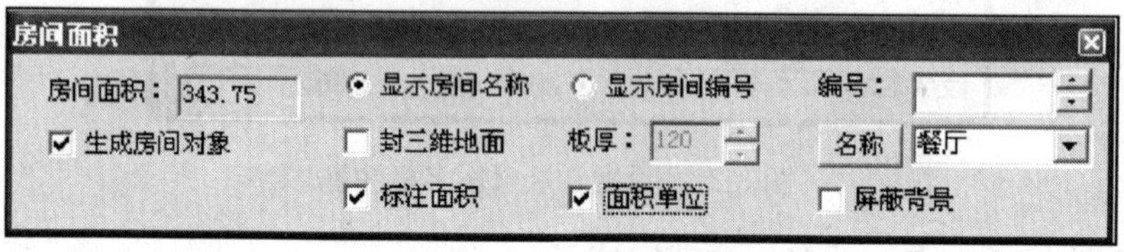

房间面积

房间面积：343.75　　◉ 显示房间名称　　○ 显示房间编号　　编号：

☑ 生成房间对象　　☐ 封三维地面　　板厚：120　　名称　餐厅

☑ 标注面积　　☑ 面积单位　　☐ 屏蔽背景

图 3-34　房间标注示例

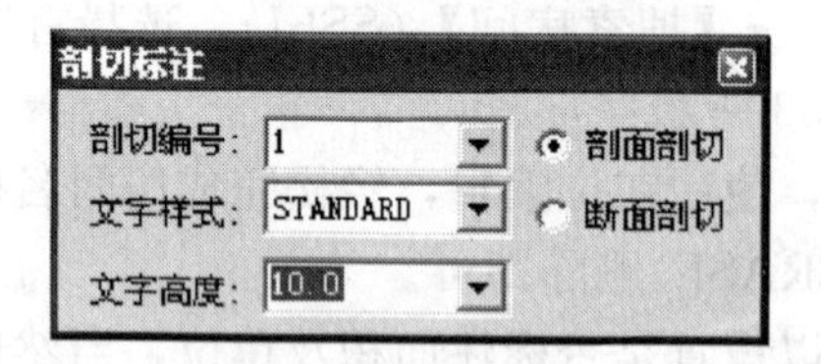

图 3-35　剖切标注示例

根据命令行提示：输入第一个剖切点，输入第二个剖切点，使两点连线穿过房间，再选择剖切方向，1-1 剖切号就设计完成。2-2 剖切号的生成与此类似。

经以上操作，首层平面已设计完毕，点取下拉菜单【文件】中的【保存(S)】命令，保存到“首层平面 .dwg”。

第 4 章　二　层　平　面

本章内容包括

■　准备工作

■　墙体门窗

■　插入洁具

■　插入楼梯

■　设计雨篷

■　标注、保存

通常情况下，建筑物各层平面许多部分是相同的，在本实例中也是一样，第二层与首层有很多相似的地方，因此，可在首层平面的基础上，进行第二层平面的设计。

4.1　准备工作

打开“首层平面.dwg”文件，另存为“二层平面.dwg”。

用**在位编辑**将图名标注“一层平面图”修改为“二层平面图”。

4.1.1　删除构件

删除图中不需要的建筑设施如楼梯、坡道、散水。

删除 F 轴上的柱子。

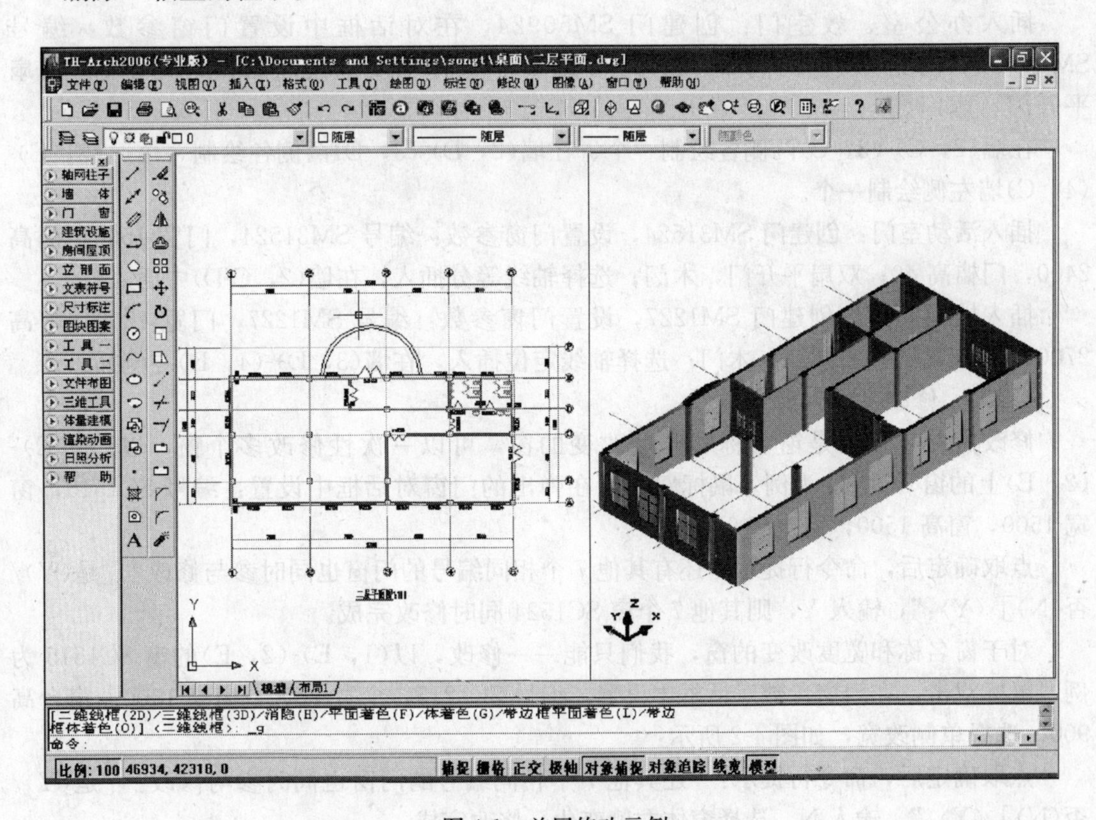

图 4-1　首层修改示例

4.1.2　删除标注

删除所有房间标注、标高标注、门窗标注、弧长标注、剖切标注。

删除1/2号轴线与轴线标注，通过夹点编辑合并1/2号轴线标注和2号轴线标注。

删除1/3号轴线与轴线标注，通过夹点编辑合并1/3号轴线标注和3号轴线标注。

4.1.3　层高修改

首层层高是4200，二层层高为3300，所以我们要调整层高。

命令行输入：GGD(改高度)，命令交互如下：

选择所有的墙体、柱子，输入新的高度3300，输入新的底标高0，选择Y维持窗墙底部间距不变。至此二层的墙、柱高度修改完成。

4.2　墙体门窗

4.2.1　绘制墙体

删除内墙(1，D)-(3，D)、(4，C)-(4，D)。

添加内墙，在创建墙体对话框中设置：总宽180，左宽90，右宽90，高度3300，砖结构；选择连续放置。

放置内墙(2，A)-(2，E)、(2，C)-(3，C)、(2，D)-(3，D)、(3，D)-(3，E)、(4，A)-(4，C)。

4.2.2　插入门

删除门SM2433、SM1824、SM1524。

插入办公室、教室门：创建门SM50924，在对话框中设置门窗参数：编号SM50924，门宽900，门高2400，门槛高40，选择轴线定位插入，距离370；单扇平开门，木门。

在墙(2，C)-(3，C)两侧各绘制一个、在墙(2，D)-(3，D)两侧各绘制一个、(3，C)-(4，C)墙左侧绘制一个。

插入活动室门：创建门SM31524，设置门窗参数：编号SM31524，门宽1500，门高2400，门槛高40；双扇平开门，木门；选择轴线等分插入，在墙(2，C-D)中插入。

插入楼梯间门：创建门SM1227，设置门窗参数：编号SM1227，门宽1200，门高2700，门槛高40；密闭门，木门；选择轴线定位插入，在墙(3，D)-(4，D)左侧插入。

4.2.3　修改、插入窗

修改窗：对于只是窗名称和高度改变的窗，可以一次性修改多个窗，以(1，E)-(2，E)上的窗SC1524为例。鼠标双击，在弹出的门窗对话框中设置：编号SC1515，窗宽1500，窗高1500，窗台高900。

点取确定后，命令行提示“还有其他7个相同编号的门窗也同时参与修改？[是(Y)/否(N)]〈Y〉:”，输入Y，则其他7个窗SC1524同时修改完成。

对于窗名称和宽度改变的窗，我们只能一一修改，以(1，E)-(2，E)的窗SC1515为例，鼠标双击，在门窗参数对话框中设置：编号SC1215，窗宽1200，窗高1500，窗台高900，选择单侧改宽，如图4-2所示：

点取确定后，命令行提示：“还其他7个相同编号的门窗也同时参与修改？[是(Y)/否(N)]〈Y〉:”，输入N，选择窗体左侧变化，修改完成。

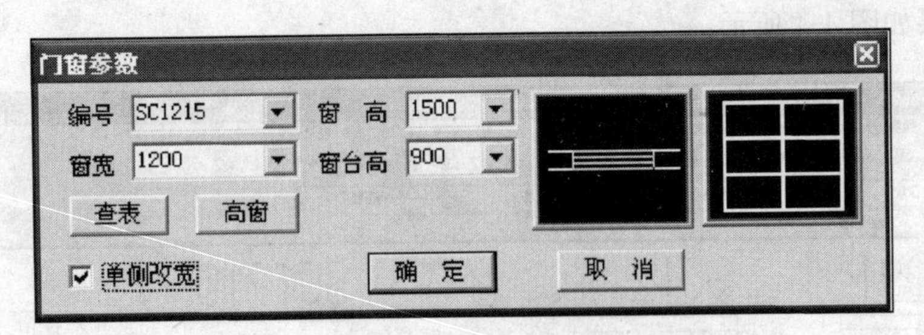

图 4-2　门窗修改示例

类似的可以修改其他窗。

插入窗：创建窗 SC1815，设置门窗参数：编号 SC1815，窗宽 1800，窗高 1500，窗台高 900，铝合金窗。选择轴线定距插入，在墙(5，A-C)右侧插入。

创建窗 SC1215，设置门窗参数：设置门窗参数：编号 SC1215，窗宽 1200，窗高 1500，窗台高 900，铝合金窗。选择轴线定距插入，在墙(2，E)-(3，E)右侧插入。

至此，二层门窗修改添加完成，如图 4-3 所示：

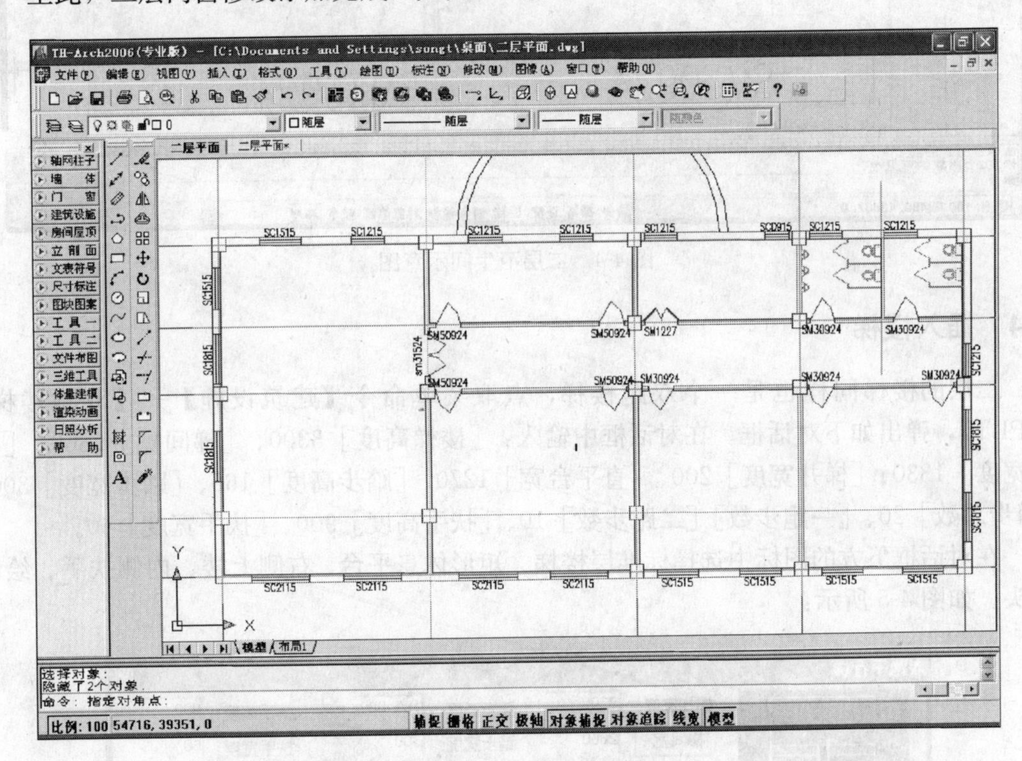

图 4-3　二层门窗示意图

4.3　插入洁具

首先删除男厕中一个小便池及外面的三个洗脸盆。

点取菜单命令【房间屋顶】→【洁具管理】。

选择普通洗脸盆，在布置洁具对话框中设置：初始间距 500，其他参数默认，在男厕和女厕大便池下各布置一个。

布置结果如图 4-4 所示：

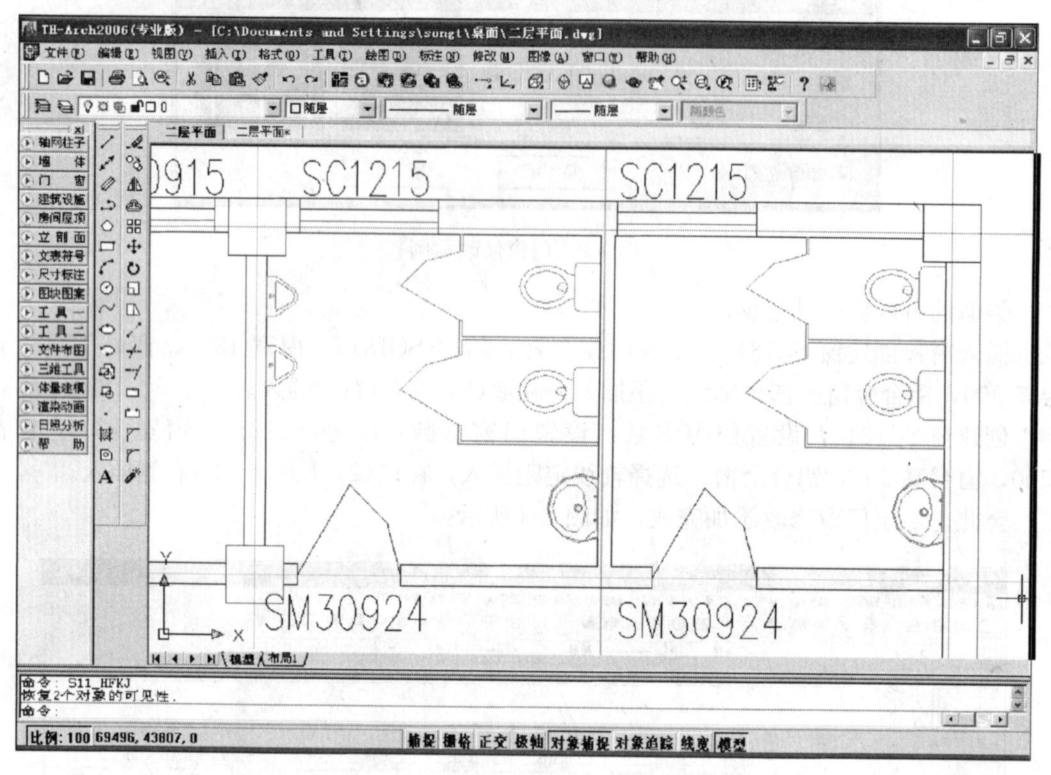

图 4-4　二层卫生间示意图

4.4　插入楼梯

二层的楼梯同样也是一个双跑楼梯，点取菜单命令【建筑设施】→【双跑楼梯】(SPLT)，弹出如下对话框。在对话框中输入：[楼梯高度] 3300、[梯间宽] 2860、[梯段宽度] 1330、[梯井宽度] 200、[直平台宽] 1270、[踏步高度] 165、[踏步宽度] 300、[踏步总数] 20、[一跑步数] [二跑步数] 10、[扶手高度] 900、[扶手宽度] 60。

在对话框下方的图标中选择标准层楼梯、矩形休息平台、右侧上楼、内侧扶手、绘制箭头。如图 4-5 所示：

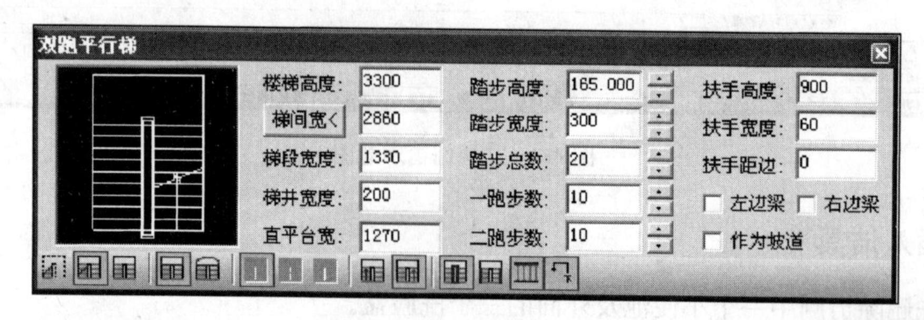

图 4-5　设置二层楼梯

以上的设置完成之后，根据命令行提示：点取(3，E)-(4，E)墙内边线，点取(3，D)-(4，D)墙内边线。这样，二层楼梯就布置完成了，如图 4-6 所示：

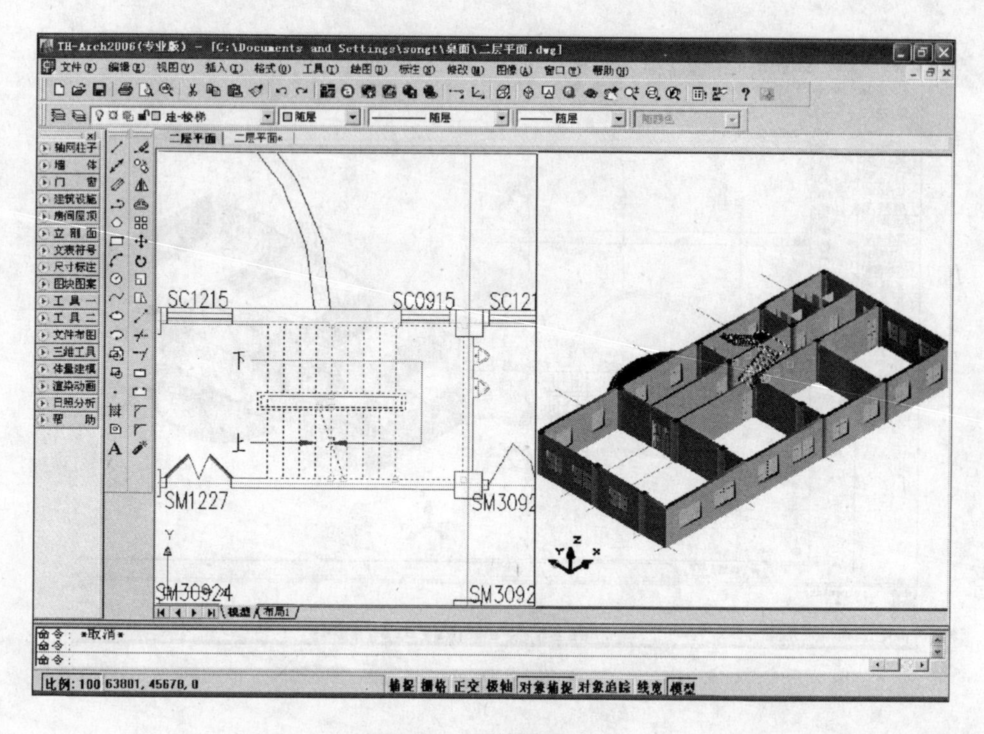

图 4-6　二层楼梯示意图

4.5　设计雨篷

Arch2006 没有提供专用的雨篷构造功能，所以此处我们用弧墙与板的组合完成雨篷的布置。

布置弧墙：点取菜单命令【墙体】→【创建墙体】(CJQT)，在对话框中设置：总宽 180，左宽 180，右宽 0，高度 1200mm，砖结构，外墙。选择连续布置，点取起点(台阶与墙的右侧交点)，在命令行中点选弧墙，输入弧墙长 9200，输入半径 4600，回车结束。绘制的弧墙如图 4-7 所示：

删除墙 E 上的台阶。

此时的弧墙并非我们需要的，我们可以通过【改高度】这个命令来得到我们理想中的墙体造型：选中弧墙→右键菜单命令→【墙体工具】→【改高度】(GGD)。

命令行提示：新的高度〈1200〉：回车→新的标高〈0〉：输入 900→维持窗墙底部间距不变。选中的弧墙的底标高就按给定值修改完成。

下面使用 Arch2006 中的【平板】功能来布置雨篷板：

设计平板前我们要先设计一个半圆作为平板的边界线，用多义线(PLINE)命令在图面上设计。然后点取命令【三维工具】→【平板】(PB)，设定平板参数对话框：板厚 120。如图 4-8 所示：

点选设计好的平板的边界线，平板完成。但这块雨篷板的标高还不符合要求，鼠标双击此板，设定板的标高为－120。这样雨篷板就设计完成了，选择东南轴侧、体着色进行三维观察。如图 4-9 所示：

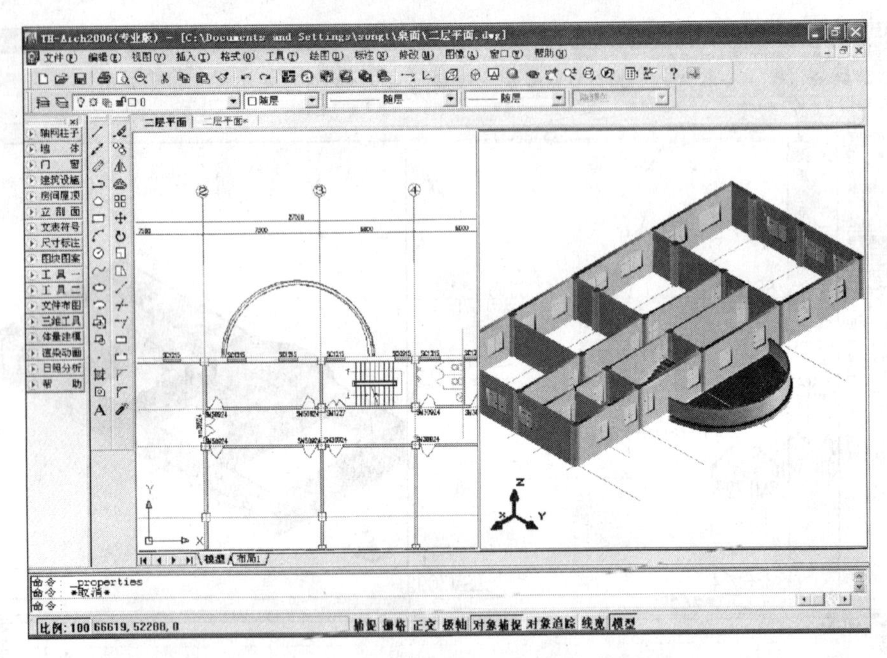

图 4-7　弧墙示例

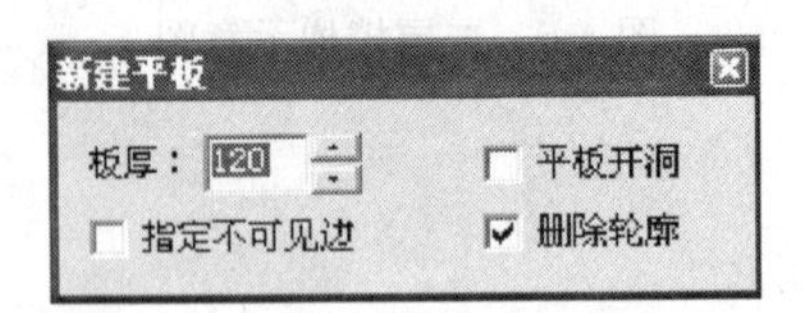

图 4-8　【平板】示例

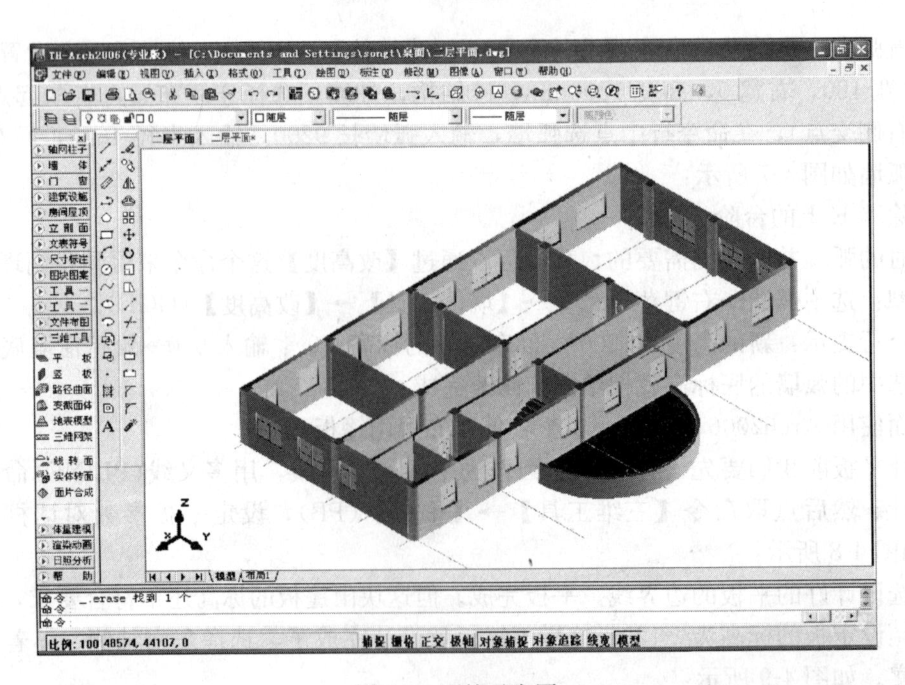

图 4-9　雨篷示意图

4.6　标注、保存

门窗标注的方法与首层设计是一致的，这里不一一细讲。

点取菜单命令【尺寸标注】→【墙中标注】(QZBZ)，对厕所进行标注：4 轴左边点取一点，5 轴右边点取一点，标注完成。

点取命令【标高标注】(BGBZ)，设定二层标高为 8.400。

点取菜单命令【房间屋顶】→【搜索房间】(SSFJ)，选取标注面积和单位，生成二层房间标注。选择要修改标注的房间，使用在位编辑，轻松完成房间名称的修改；对于不需要的房间标注，直接用删除命令(ERASE)删除即可。

点取命令【文表符号】→【引出标注】(YCBZ)，在对话框中设置：上标注文字 $\phi 60$，下标注文字 L=150，其他值默认，如图 4-10 所示：

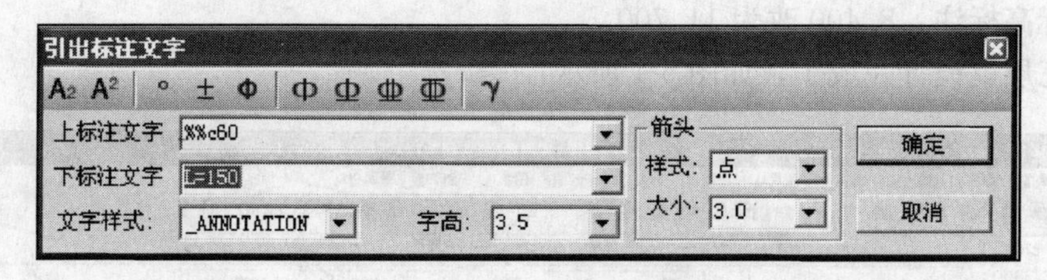

图 4-10　设置【引出标注】参数

点取雨篷上一点，选择引线类型，便可完成水舌标注。点取【文表符号】→【单行文字】，在图面上输入对水舌的说明文字“塑料水舌”。点取【文表符号】→【箭头引注】(JTYZ)，标注雨篷找平方向。

经以上操作，二层平面已设计完毕，点取【保存(S)】命令，保存为“二层平面.DWG”。

第 5 章　三　层　平　面

本章内容包括

■　**三层平面**

本实例三层平面图与二层平面图几乎全部相同，稍作修改即可完成三层平面的设计。

本实例三层平面与本图二层平面图几乎全部相同，稍作修改即可。

打开“二层平面.dwg”文件，另存为“三层平面.dwg”文件。

用**在位编辑**将图名标注“二层平面图”修改为“三层平面图”。

删除不必要的建筑构件——楼梯、雨篷。

删除雨篷标注。

修改标高标注：8.400 改为 11.700。

这样三层就设计完成了，如图 5-1 所示：

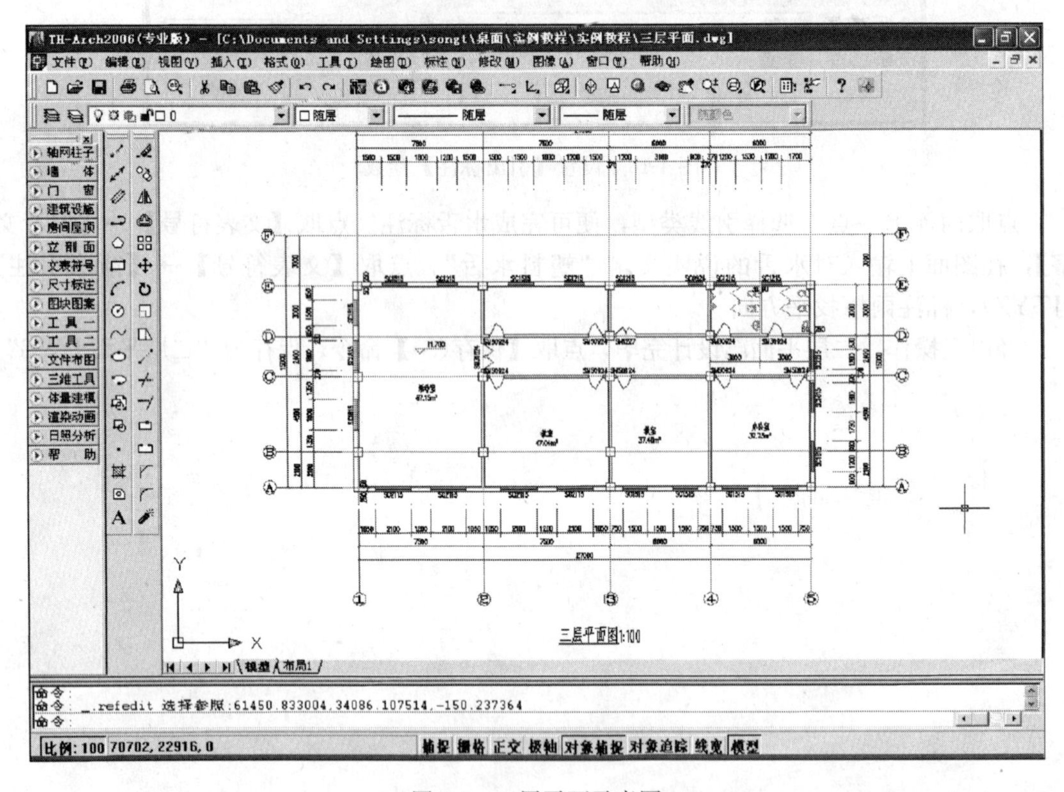

图 5-1　三层平面示意图

点取【保存(S)】命令。

第 6 章　屋　顶　设　计

本章内容包括

- **准备工作**
- **绘制屋顶线**
- **绘制多坡屋顶**
- **标注、保存**

Arch2006 提供了多种三维屋顶造型功能，有人字屋顶、多坡屋顶、歇山屋顶和攒尖屋顶等，本实例工程中屋顶需作为一个标准层参加三维模型的建立和立、剖面生成。按设计要求，本工程顶层的屋面为多坡屋面，可用三层平面作参考进行设计。

6.1　准备工作

打开“三层平面”，另存为“屋顶平面”。

用**在位编辑**将图名标注“三层平面图”修改为“屋顶平面图”。

只留下轴网、墙体、轴网标注、图名标注，其他全部删除。

6.2　绘制屋顶线

屋顶边线有两种设计方法：使用多义线命令设计，或使用 Arch2006 提供的【搜屋顶线】设计屋顶的边线。本实例中我们采用【搜屋顶线】设计外墙边线和屋顶的边线。

点取命令【房间屋顶】→【搜屋顶线】(SWDX)，根据命令行提示，选择所有的外墙，输入轮廓线偏移数值(本实例中我们输入 0)，外墙边线完成。

点取命令【搜屋顶线】(SWDX)，选择所有的外墙，输入轮廓线偏移数值 1000，屋顶线就生成了，修改生成的屋顶线，使之向左右各偏移 100。外墙边线和屋顶线绘制完成，删除所有墙体。如图 6-1：

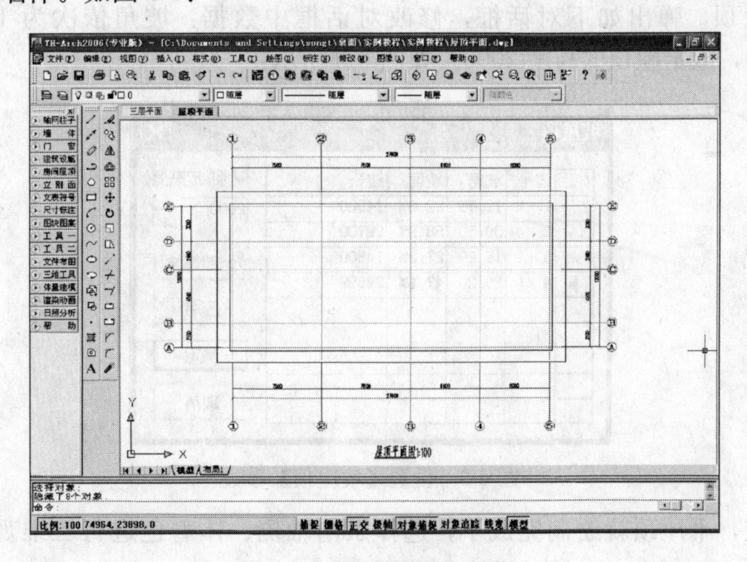

图 6-1　【搜屋顶线】示例

6.3 设计多坡屋顶

点取命令【房间屋顶】→【多坡屋顶】(DPWD)，根据命令行提示：选择绘制好的屋顶线，输入坡角度，生成初步多坡屋顶。如图 6-2 所示：

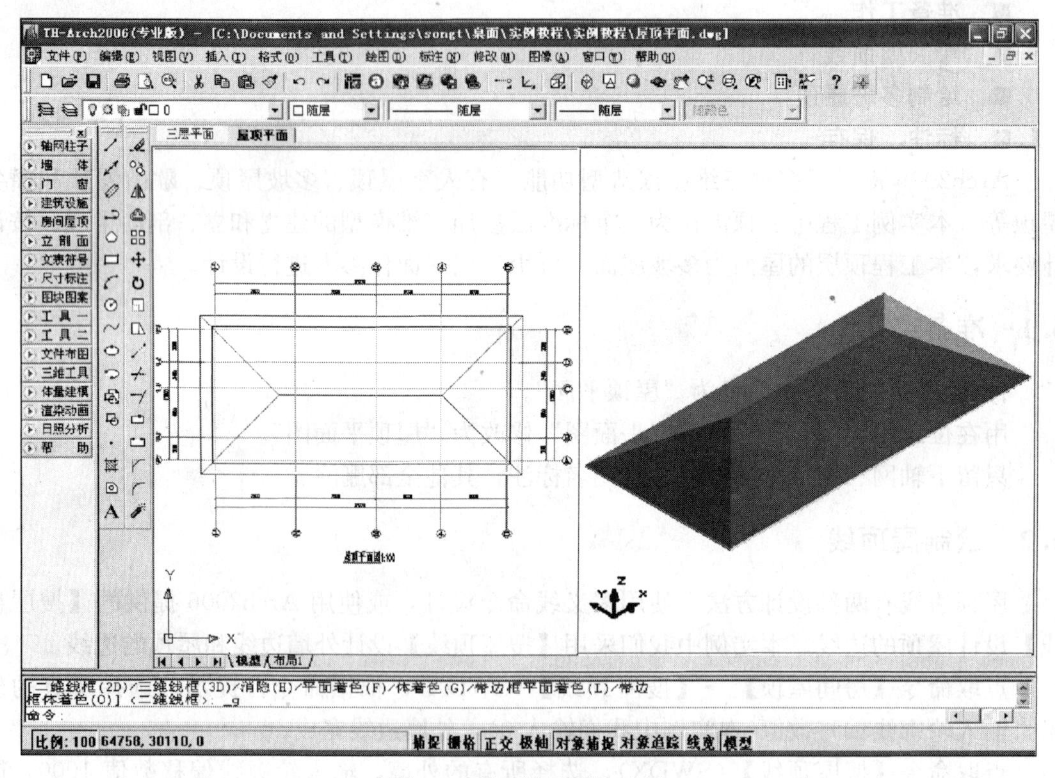

图 6-2 【多坡屋顶】示例

自动生成的坡屋顶不一定符合要求，在本实例工程中，我们需要设计一个平屋顶，双击生成的坡屋顶，弹出如下对话框，修改对话框中数据：坡角依次为 12.73，30.50，15.20，25.20，限定屋顶的高度 2000。如图 6-3 所示：

坡屋顶

边号	坡角	坡度	边长
1	12.73	22.6%	14500
2	30.50	58.9%	29700
3	15.20	27.2%	14500
4	25.20	47.1%	29699

☑ 限定高度 2000

全部等坡 应用 确定 取消

图 6-3 设置【坡屋顶】参数

点取确定，平屋顶就绘制完成了，选择东南轴侧、体着色进行三维观察。如图 6-4 所示：

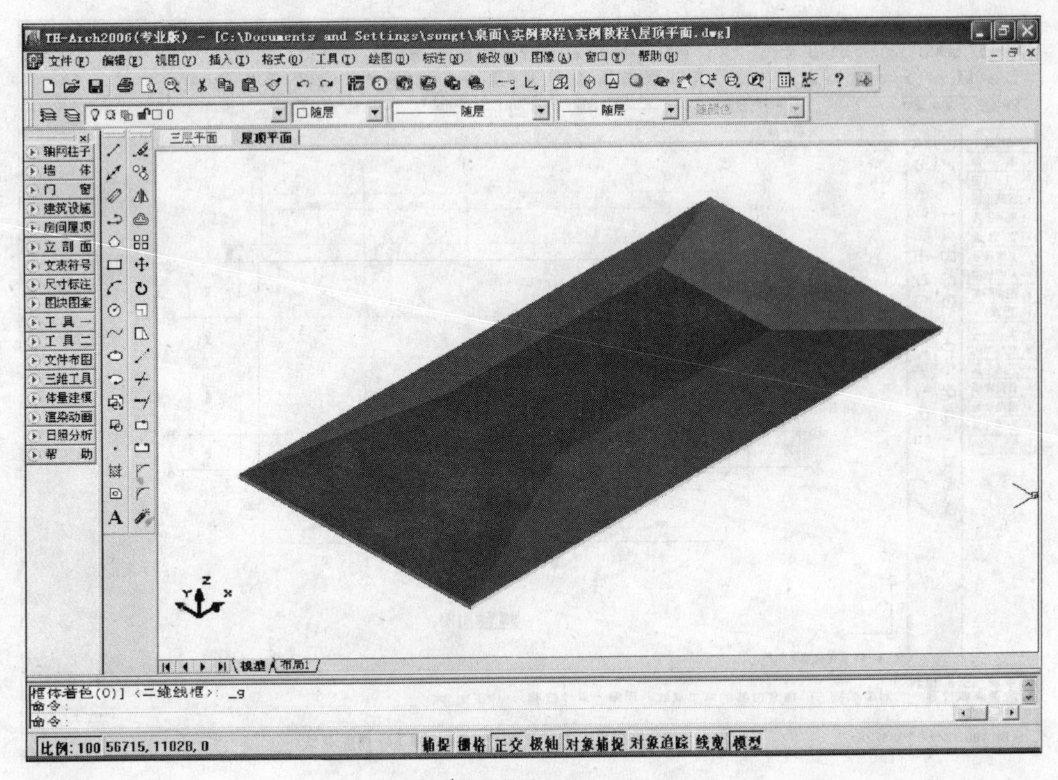

图 6-4 【多坡屋顶】示意图

6.4 标注、保存

屋面找平标注，点取命令【文表符号】→【箭头引注】(JTYZ)，输入箭头文字 2%，选择文字齐线中，如图 6-5 所示：

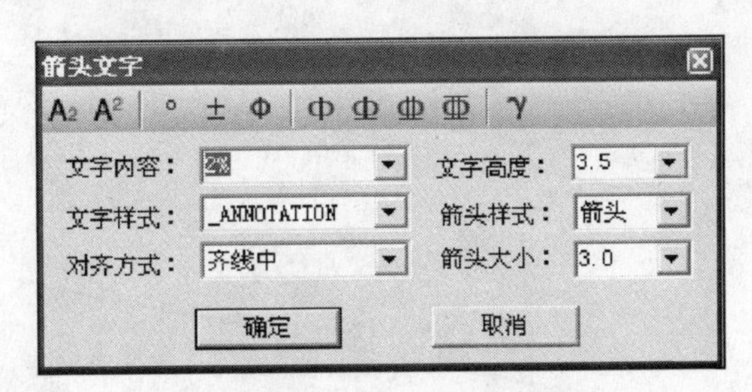

图 6-5 设置【箭头引注】参数

在屋面上标注 4 个找平方向即可。

点取命令【尺寸标注】→【逐点标注】(ZDBZ)，标注屋顶偏移外墙距离。最终完成的屋顶平面如图 6-6 所示：

点取下拉菜单【文件】中的【保存(S)】命令进行保存。

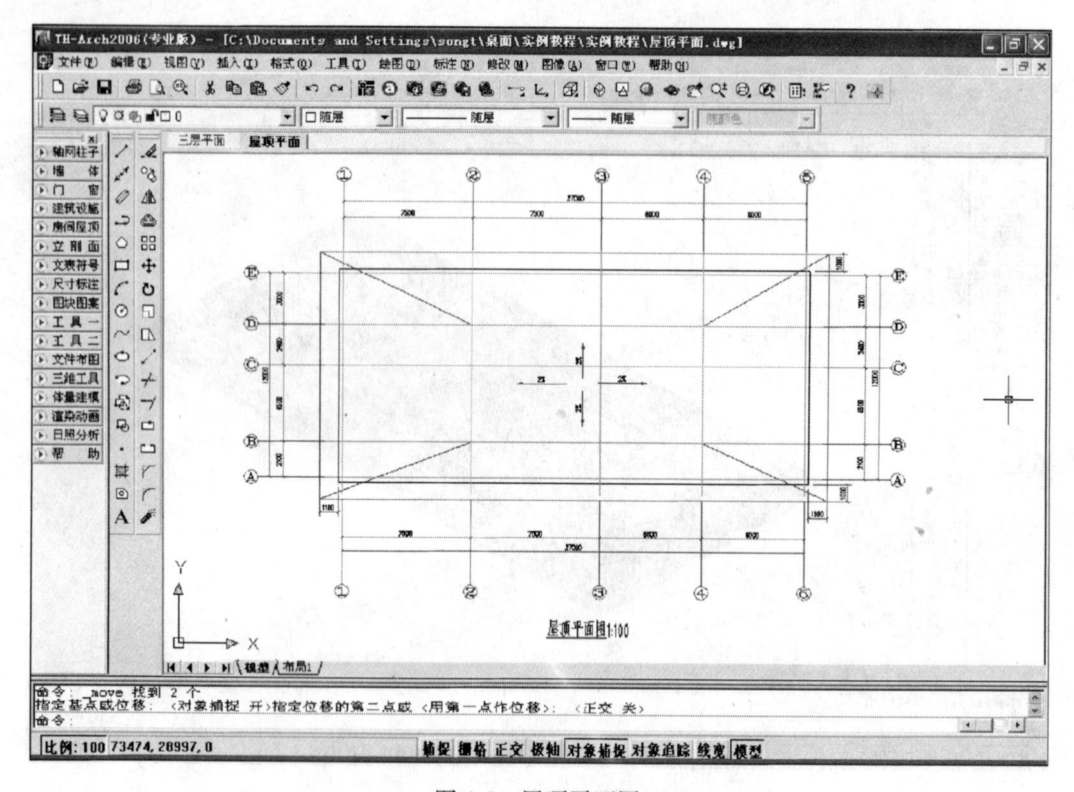
TH-Arch2006(专业版) - [C:\Documents and Settings\songt\桌面\实例教程\实例教程\屋顶平面.dwg]
文件(F) 编辑(E) 视图(V) 插入(I) 格式(O) 工具(T) 绘图(D) 标注(N) 修改(M) 图像(A) 窗口(W) 帮助(H)
随层
随层
随层
三层平面
屋顶平面
轴网柱子
墙 体
门 窗
建筑设施
房间屋顶
立 剖 面
文表符号
尺寸标注
图块图案
工 具 一
工 具 二
文件布图
三维工具
体量建模
渲染动画
日照分析
帮 助
屋顶平面图1:100
模型
布局1
命令: _move 找到 2 个
指定基点或位移: <对象捕捉 开>指定位移的第二点或 <用第一点作位移>: <正交 关>
命令:
比例:100 73474, 28997, 0
捕捉 栅格 正交 极轴 对象捕捉 对象追踪 线宽 模型

图 6-6 屋顶平面图

第 7 章　地 下 室 平 面 图

本章内容包括

- 轴网、柱子
- 墙体、门窗
- 坡道、散水
- 标注、保存

本实例中，地下室与其他平面的差异较大，只有少部分是相同的，所以我们可以重新设计。本章介绍地下室平面图的绘制。

7.1　设计轴网、柱子

点取菜单命令【轴网柱子】→【直线轴网】（ZXZW），依次输入：

［下开］　2＊7500

［左进］　4500　5400

［右进］　4500　2400

点取确定，再选择插入位置，轴网就创建完成。

点取命令【轴网标注】（ZWBZ），选择双向标注，进行轴网标注。

为了使地下室的轴网标注与其他层统一，我们对轴号标注进行修改，使用“在位编辑”技术，把左进轴号 A 改为 B，回车，可以看到其他轴号也同时修改完成。这是 Arch2006 智能联动设计的一个体现，如果只想改一个轴号，其他轴号不变，只要改完轴号按“ESC”，其他轴号就不变。绘制的轴网如图 7-1 所示：

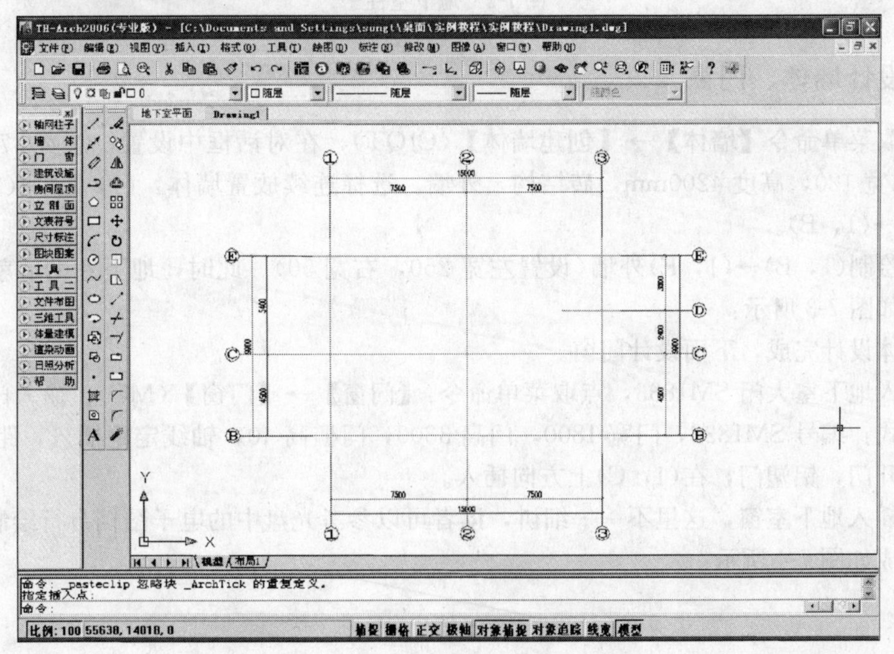

图 7-1　地下室轴网

同样地我们布置柱子，点取屏幕菜单命令【标准柱】(BZZ)，输入柱子的相关数据，横向500mm，纵向500mm，高度4200mm，偏移0，转角0，矩形，钢筋混凝土材料，使用沿线插入。依次选择1、2、3轴线，柱子就绘制完成了，如图7-2所示：

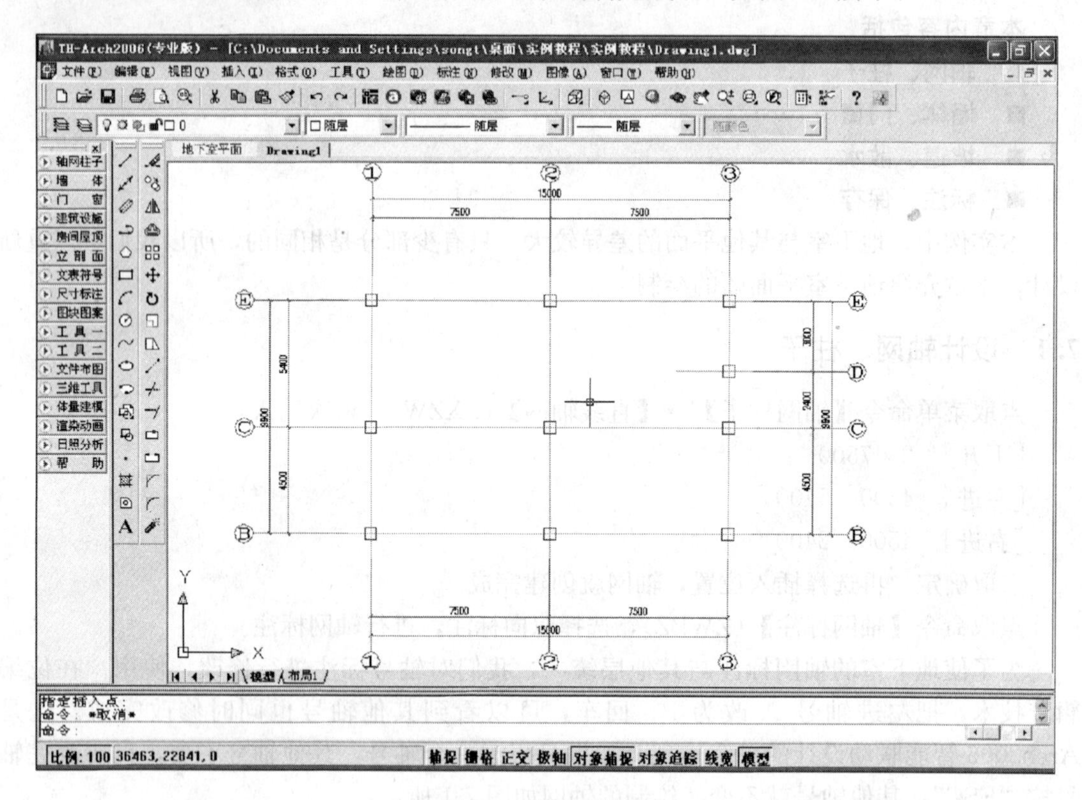

图7-2　地下室柱子

7.2　设计墙体、门窗

点取菜单命令【墙体】→【创建墙体】(CJQT)，在对话框中设置：总宽370，左宽250，右宽120，高度4200mm，砖结构，外墙。选择连续放置墙体：(1，E)→(3，E)→(3，B)→(1，B)。

再绘制(1，B)→(1，E)外墙(设置左宽250，右宽50)。此时，地下室的墙就绘制完成了。如图7-3所示：

墙体设计完成，下面设计门窗。

插入地下室大门SM1833，点取菜单命令：【门窗】→【门窗】(MC)，输入门窗的规格和样式：编号SM1833，门宽1800，门高3300，门槛高40，轴线定距插入，距离250，双扇双开门，铝塑门，在(1，C)上方向插入。

再插入地下室窗，这里不一一细讲，读者可以参考光盘中的电子图档自行绘制；门窗绘制完成如图7-4所示：

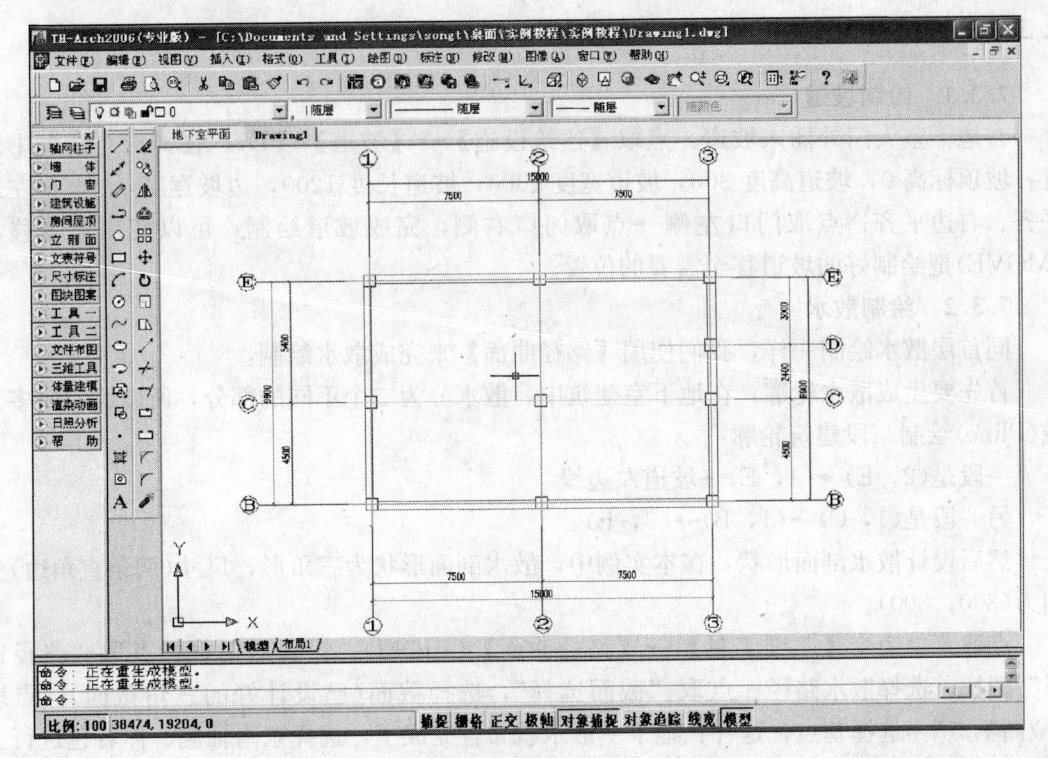

图 7-3 地下室墙体

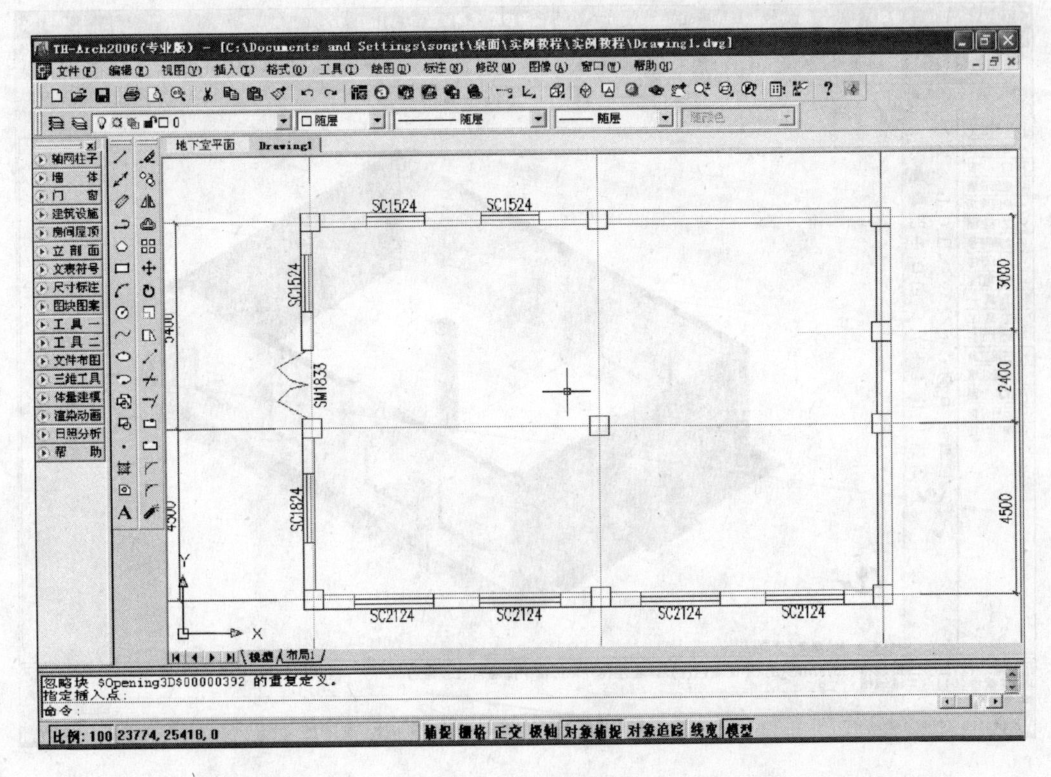

图 7-4 地下室门窗

7.3 设计坡道、散水

7.3.1 绘制坡道

在地下室大门外插入坡道：点取【建筑设施】→【坡道】(PD)，在弹出对话框中设置：坡顶标高 0，坡道高度 300，坡道宽度 2300，坡道长度 1200，边坡宽度 0，选择左边平齐、右边平齐；点取门口左侧→点取门口右侧，完成坡道绘制，可以使用命令移动(MOVE)把绘制好的坡道移至需要的位置。

7.3.2 绘制散水

同首层散水绘制一样，我们使用【路径曲面】来完成散水绘制。

首先要生成散水轮廓，在地下室建筑中，散水分为二个不同的部分，所以我们用多义线(Pline)绘制二段建筑轮廓：

一段是(2，E)→(1，E)→坡道左边线

另一段是(1，C)→(1，B)→(3，B)

然后设计散水剖面形状，在本实例中，散水剖面形状为三角形，尺寸(两条直角边)分别为(300，800)。

点取菜单命令【三维工具】→【路径曲面】(LJQM)，设置对话框：点取“路径选择”图标，选择散水路径；点取“截面选择”，选择截面(已设计好的三角截面)，点取“截面基点”，选择基点，这样：地下室散水就布置完成了，选择东南轴侧、体着色进行三维观察。如图 7-5 所示：

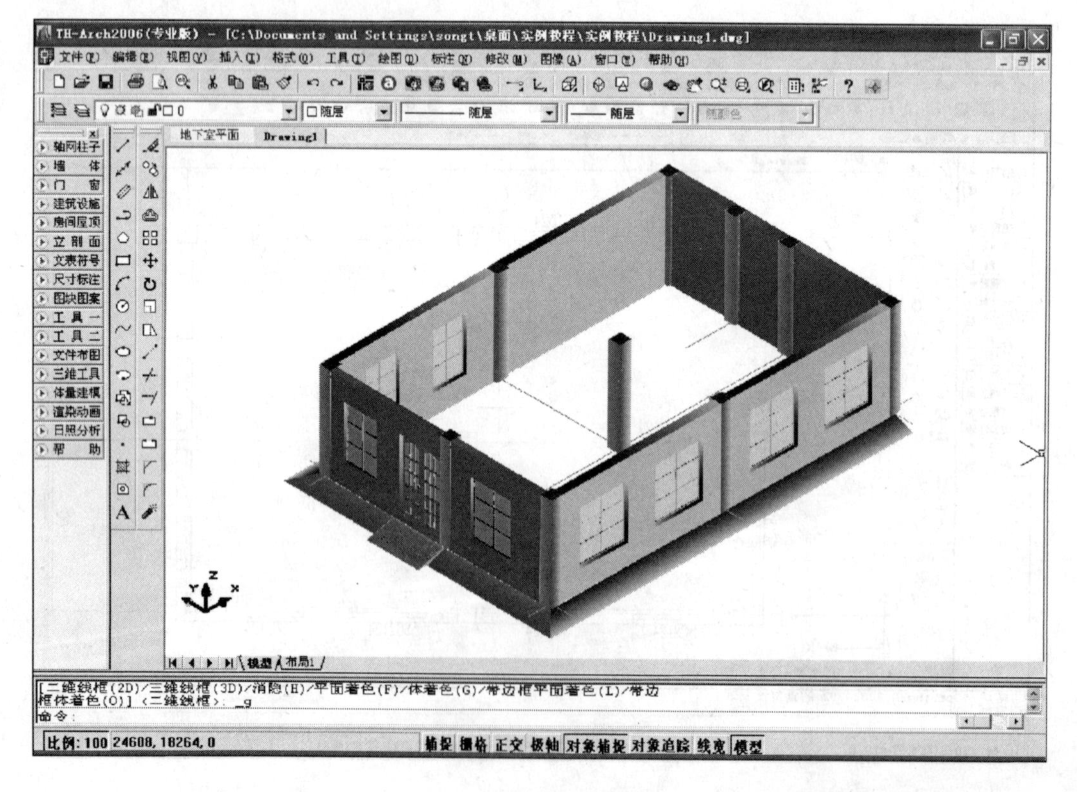

图 7-5　地下室坡道散水

7.4　标注、保存

点取命令【尺寸标注】→【门窗标注】(MCBZ)，对地下室门窗进行标注。

点取命令【墙厚标注】(QHBZ)，对 4 段外墙进行厚度标注。

点取命令【逐点标注】(ZDBZ)，对坡道长宽、散水的长度进行标注。

点取命令【标高标注】(BGBZ)，室内标注±0.000，室外标高－0.300。

点取命令【图名标注】(TMBZ)，设置图名为“地下室平面图”。

至此，地下室标注就完成了，如图 7-6：

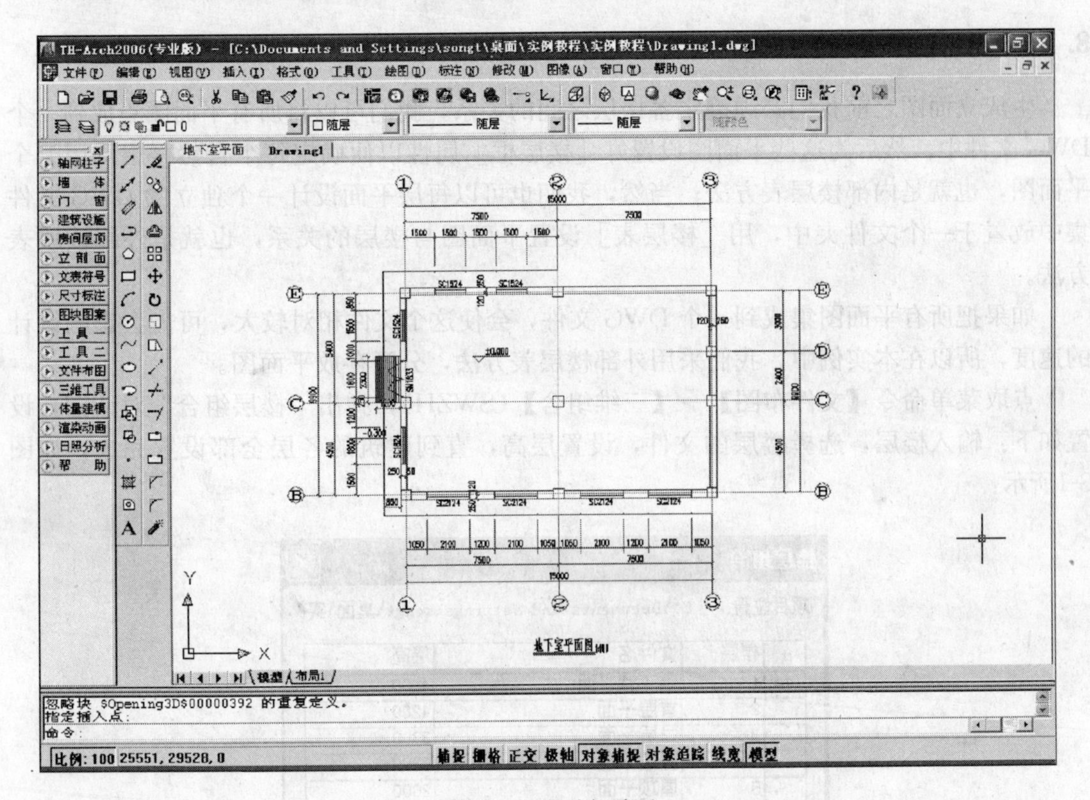

图 7-6　地下室平面

点取下拉菜单【文件】中的【保存(S)】命令，图名为“地下室平面.dwg”。

第 8 章　立　剖　面　图

本章内容包括

- ■ **准备工作**
- ■ **生成立面图**
- ■ **生成剖面图**

前面我们已经把各标准层设计完成，本章中我们将介绍如何生成立剖面图。

8.1　准备工作

生成立面图之前我们必须确定各楼层之间的关系，我们可以将所有平面图集成到一个DWG文件中，然后为这些平面图设置好［楼层框］属性以便确定每个自然楼层调用哪个平面图，也就是内部楼层表方法；当然，我们也可以每层平面设计一个独立的DWG文件集中放置于一个文件夹中，用［楼层表］设置平面图与楼层的关系，也就是外部楼层表方法。

如果把所有平面图集成到一个DWG文件，会使这个文件相对较大，可能会影响设计的速度，所以在本实例中，我们采用外部楼层表方法，分开存放平面图。

点取菜单命令【文件布图】→【三维组合】(SWZH)，弹出“楼层组合”对话框，设置如下：输入楼层，选择楼层的文件，设置层高，直到建筑的各层全部设置完成，如图8-1所示：

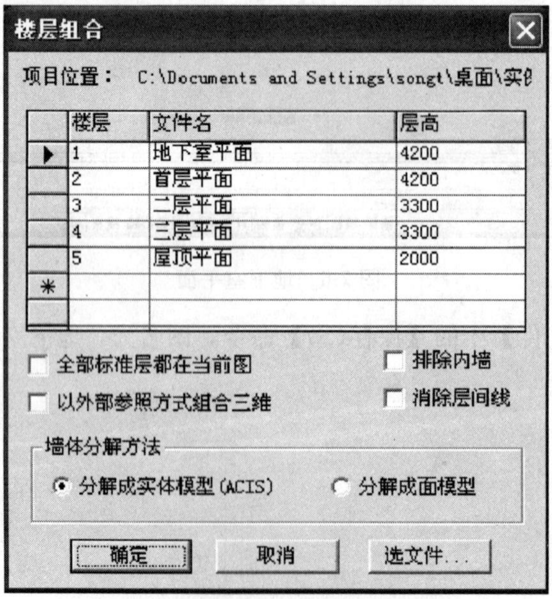

楼层组合

项目位置：　C:\Documents and Settings\songt\桌面\实(

	楼层	文件名	层高
▶	1	地下室平面	4200
	2	首层平面	4200
	3	二层平面	3300
	4	三层平面	3300
	5	屋顶平面	2000
*			

□ 全部标准层都在当前图　　□ 排除内墙

□ 以外部参照方式组合三维　　□ 消除层间线

墙体分解方法

◉ 分解成实体模型(ACIS)　　○ 分解成面模型

确定　取消　选文件...

图 8-1　设置【楼层组合】

点取确定，输入生成三维文件的文件名“三维组合 .dwg”，保存，完成各楼层的设置。

8.2 生成立面图

8.2.1 建筑立面

打开首层平面，点取菜单命令【立剖面】→【建筑立面】(JZLM)，根据命令行提示，选择正立面→选择在正立面上要出现的轴线，弹出生成正立面对话框，设置如下：内外高差 450，出图比例 1：100，左侧标注，右侧标注，如图 8-2 所示：

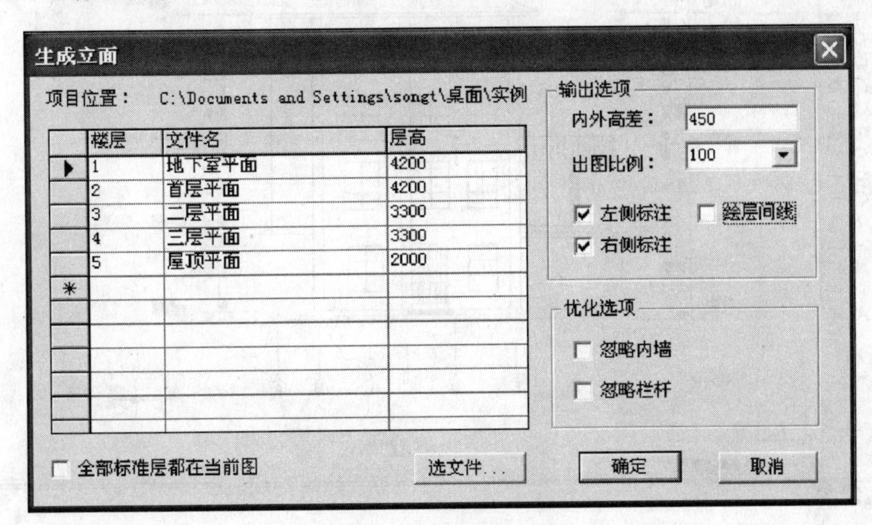

图 8-2 设置立面图参数

点取确定→输入生成文件的名字“5-1 立面图”，可以对生成的立面标注进行修改，以达到更佳的效果。如图 8-3 所示：

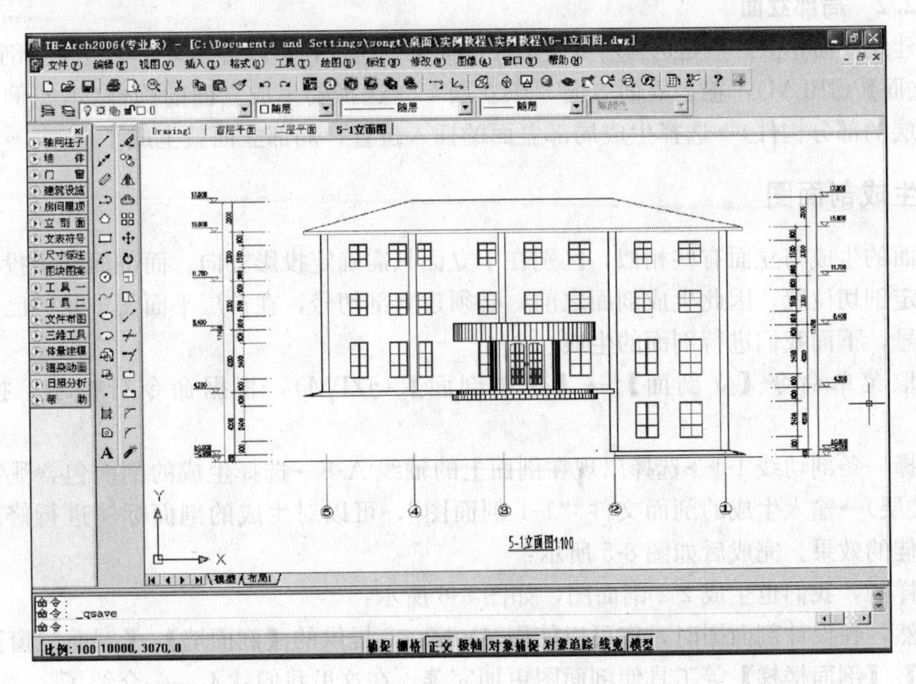

图 8-3 5-1 立面图

相应的再生成 F-A 立面图，如图 8-4 所示：

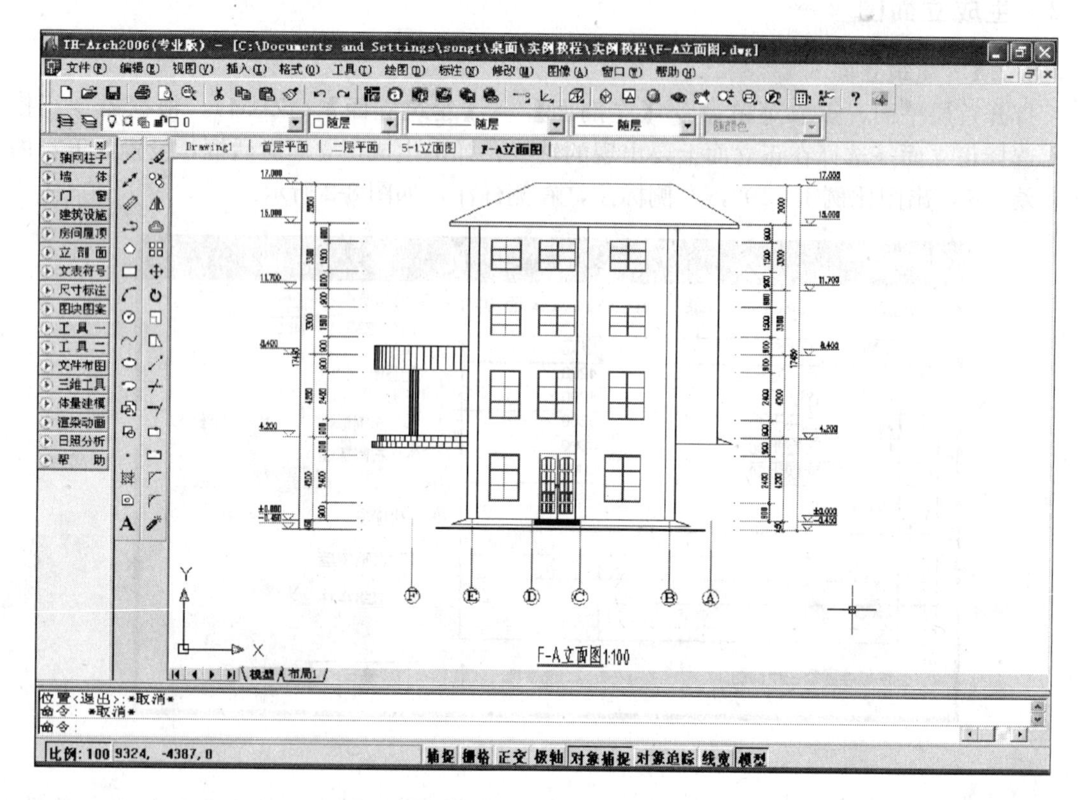

图 8-4　F-A 立面图

8.2.2　局部立面

与建筑立面相似，只是选择所要生成在立面上的构件，点取屏幕菜单命令【立剖面】→【局部立面】(JBLM)，输入立面方向“正立面”→选择要生成立面的构件(本实例中我们选择首层的部分构件)→选择生成局部立面的插入位置；局部立面就生成了。

8.3　生成剖面图

剖面的生成与立面有些相似，区别在于立面只需确定投影方向，而剖面除了投影方向尚需指定剖切位置，因此生成剖面之前，必须建立剖切号，在首层平面图中我们已经标注了剖切号，下面我们进行剖面的生成。

点取菜单命令【立剖面】→【建筑剖面】(JZPM)，根据命令行提示，按如下操作：

选择一条剖切线 1-1→选择出现在剖面上的轴线 A-F→选择生成的剖面包含哪些楼层(所有楼层)→输入生成的剖面文件“1-1 剖面图”，可以对生成的剖面标注进行修改，以达到更佳的效果。完成后如图 8-5 所示：

同样的，我们也生成 2-2 剖面图，如图 8-6 所示：

当然，在设计剖面图时，您可以使用 Arch2006 提供的【剖面墙】、【剖面门窗】、【门窗过梁】、【剖面楼梯】等工具使剖面图更加完善，在这里我们就不一一介绍了。

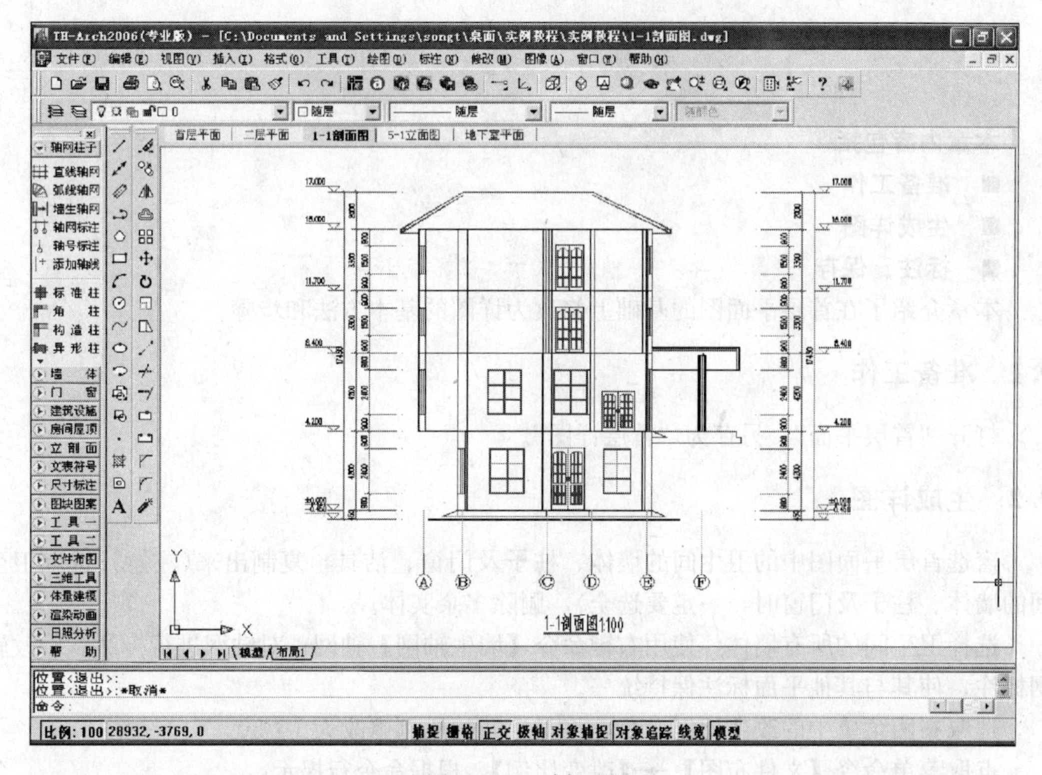

图 8-5　1-1 剖面图

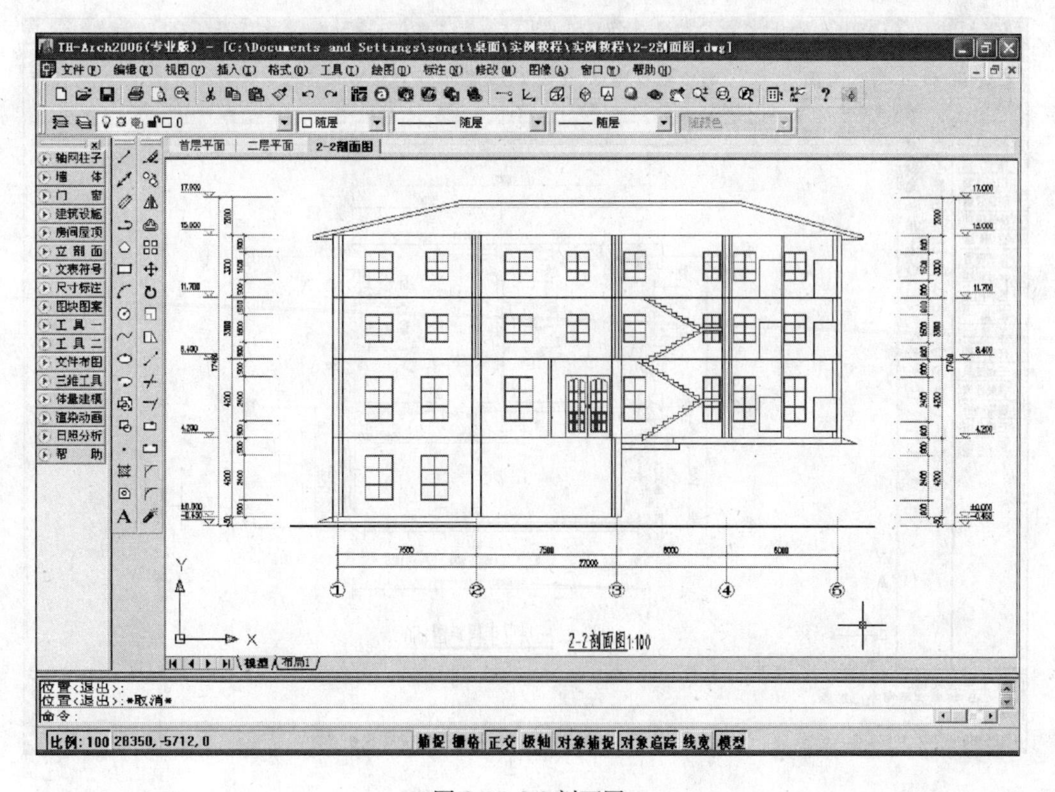

图 8-6　2-2 剖面图

第 9 章 详 图

本章内容包括

- 准备工作
- 生成详图
- 标注、保存

本章介绍了在首层平面图的基础上修改为详图的基本方法和步骤。

9.1 准备工作

打开“首层平面”，另存为“首层详图”。

9.2 生成详图

窗选首层平面图中的卫生间的墙体、柱子及门窗、洁具，复制出来(注意：选取卫生间的墙体、柱子及门窗时，一定要选全)，删除多余实体。

选择卫生间的所有墙体，使用右键命令【墙生轴网】轴网；对轴网进行标注。修改轴网标注，使其与其他平面标注保持统一。

选取**布图**菜单中的**改变比例**命令，将卫生间的比例修改为 1∶50。

点取菜单命令【文件布图】→【改变比例】，根据命令行提示：

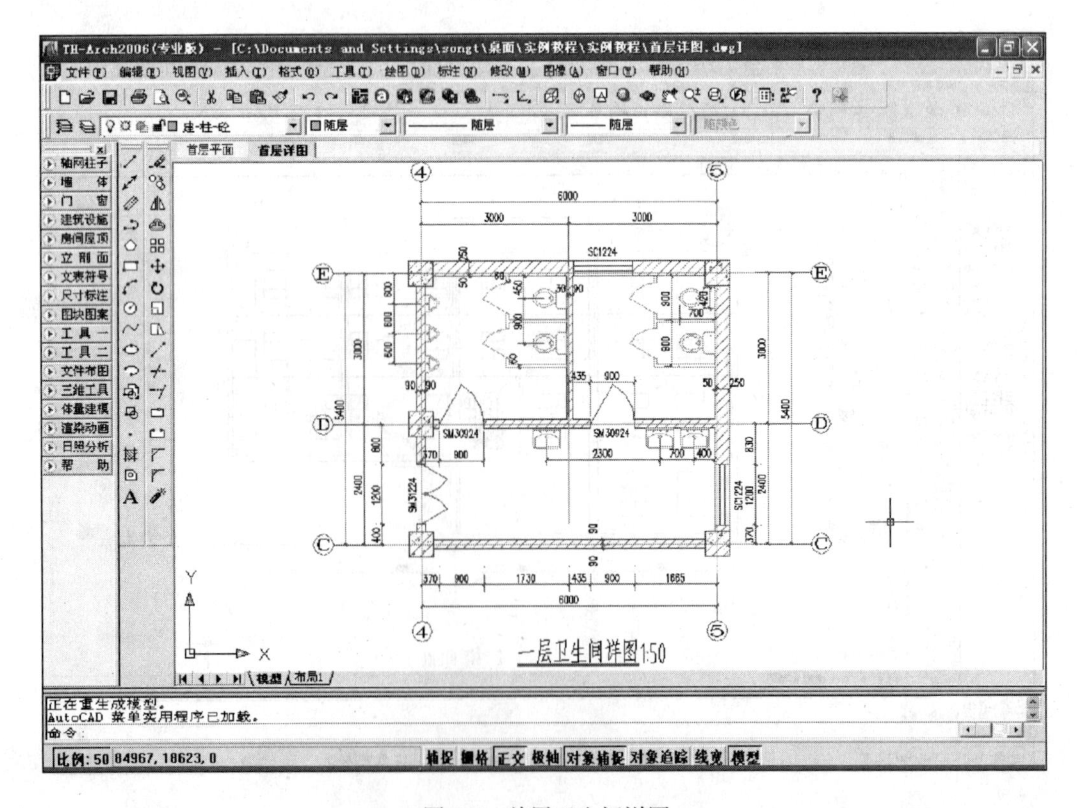

图 9-1 首层卫生间详图

输入新的出图比例 1∶50→选择改变比例的图元(卫生间所有实体)→提供原有的出图比例，回车取默认值。

通过夹点编辑，修改详图的轴网标注，达到更佳的出图效果。

选取菜单命令【文表符号】→【图名标注】，标注图名为“一层卫生间详图”，比例 1∶50。

9.3　标注、保存

标注与前面讲过的内容相似，这里不一一叙述，首层详图设计完成如图 9-1 所示：

点取下拉菜单【文件】中的【保存(S)】命令进行保存。

第 10 章　建 筑 总 说 明

本章内容包括

- ■ 绘制门窗表
- ■ Excel 数据交换
- ■ 文字说明

本章介绍了创建门窗表及建筑总说明的基本方法和步骤。

10.1　绘制门窗表

10.1.1　门窗检查

绘制门窗表前有必要进行门窗检查，检查一个建筑中是否有编号不合理的门窗，点取菜单命令【门窗】→【门窗检查】(MCJC)，弹出门窗表对话框，见图 10-1，可以看到，当前没有门窗冲突。

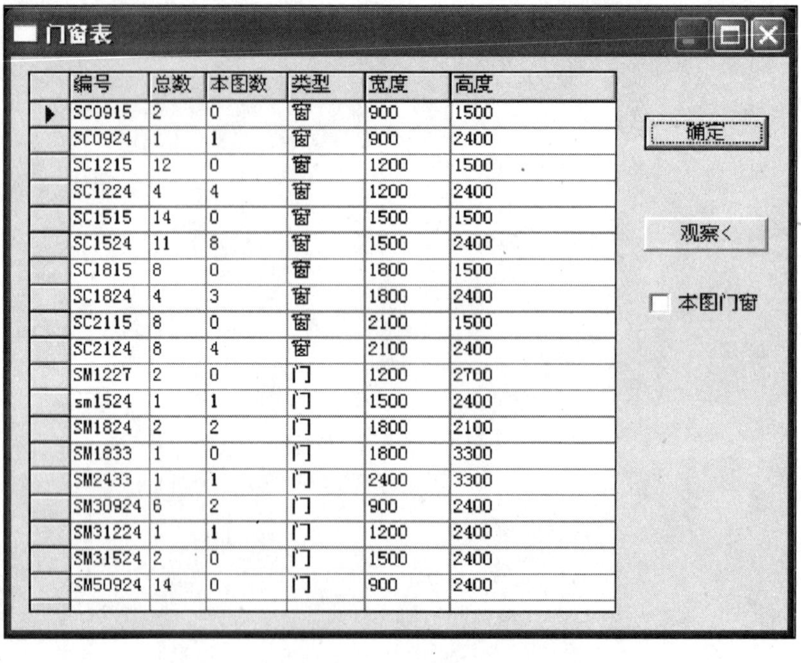

门窗表

编号	总数	本图数	类型	宽度	高度
SC0915	2	0	窗	900	1500
SC0924	1	1	窗	900	2400
SC1215	12	0	窗	1200	1500
SC1224	4	4	窗	1200	2400
SC1515	14	0	窗	1500	1500
SC1524	11	8	窗	1500	2400
SC1815	8	0	窗	1800	1500
SC1824	4	3	窗	1800	2400
SC2115	8	0	窗	2100	1500
SC2124	8	4	窗	2100	2400
SM1227	2	0	门	1200	2700
sm1524	1	1	门	1500	2400
SM1824	2	2	门	1800	2100
SM1833	1	0	门	1800	3300
SM2433	1	1	门	2400	3300
SM30924	6	2	门	900	2400
SM31224	1	1	门	1200	2400
SM31524	2	0	门	1500	2400
SM50924	14	0	门	900	2400

确定

观察<

☐ 本图门窗

图 10-1　门窗检查示例

在首层平面中，双击门 SM30924 改高度为 2000，再点取命令【门窗检查】，SM30924 高度列就会出现〈冲突〉字样，点取观察，冲突的门被红色虚线框起来了。如图 10-2 所示：

10.1.2　门窗表

点取菜单命令：【门窗】→【门窗总表】(MCZB)，弹出楼层表对话框，选择所有平面，点取确定，在图面上点取门窗表的插入位置。门窗表就生成了，如图 10-3 所示：

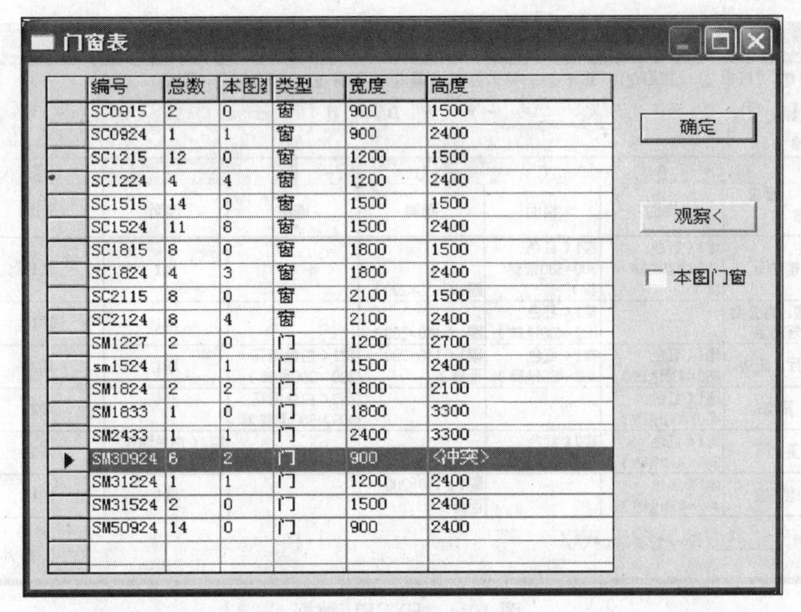

门窗表

编号	总数	本图数	类型	宽度	高度
SC0915	2	0	窗	900	1500
SC0924	1	1	窗	900	2400
SC1215	12	0	窗	1200	1500
SC1224	4	4	窗	1200	2400
SC1515	14	0	窗	1500	1500
SC1524	11	8	窗	1500	2400
SC1815	8	0	窗	1800	1500
SC1824	4	3	窗	1800	2400
SC2115	8	0	窗	2100	1500
SC2124	8	4	窗	2100	2400
SM1227	2	0	门	1200	2700
sm1524	1	1	门	1500	2400
SM1824	2	2	门	1800	2100
SM1833	1	0	门	1800	3300
SM2433	1	1	门	2400	3300
SM30924	6	2	门	900	<冲突>
SM31224	1	1	门	1200	2400
SM31524	2	0	门	1500	2400
SM50924	14	0	门	900	2400

图10-2　门窗冲突示例

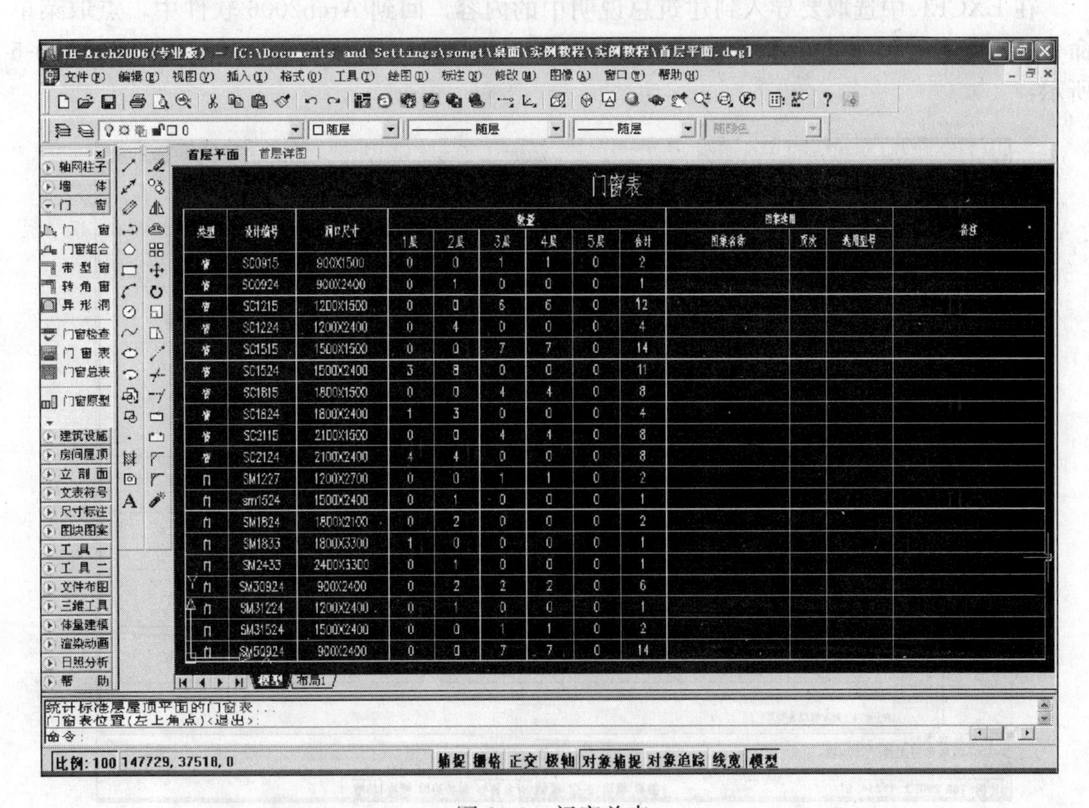

门窗表

类型	设计编号	洞口尺寸	数量						图集选用			备注
			1层	2层	3层	4层	5层	合计	图集名称	页次	选用型号	
窗	SC0915	900X1500	0	0	1	1	0	2				
窗	SC0924	900X2400	0	1	0	0	0	1				
窗	SC1215	1200X1500	0	0	6	6	0	12				
窗	SC1224	1200X2400	0	4	0	0	0	4				
窗	SC1515	1500X1500	0	0	7	7	0	14				
窗	SC1524	1500X2400	3	8	0	0	0	11				
窗	SC1815	1800X1500	0	0	4	4	0	8				
窗	SC1824	1800X2400	1	3	0	0	0	4				
窗	SC2115	2100X1500	0	0	4	4	0	8				
窗	SC2124	2100X2400	4	4	0	0	0	8				
门	SM1227	1200X2700	0	0	1	1	0	2				
门	sm1524	1500X2400	0	1	0	0	0	1				
门	SM1824	1800X2100	0	2	0	0	0	2				
门	SM1833	1800X3300	1	0	0	0	0	1				
门	SM2433	2400X3300	0	1	0	0	0	1				
门	SM30924	900X2400	0	2	2	2	0	6				
门	SM31224	1200X2400	0	1	0	0	0	1				
门	SM31524	1500X2400	0	0	1	1	0	2				
门	SM50924	900X2400	0	0	7	7	0	14				

图10-3　门窗总表

10.2　Excel数据交换

首先在EXCEL中录入需要插入到建筑总说明中的表格内容，如图10-4所示：

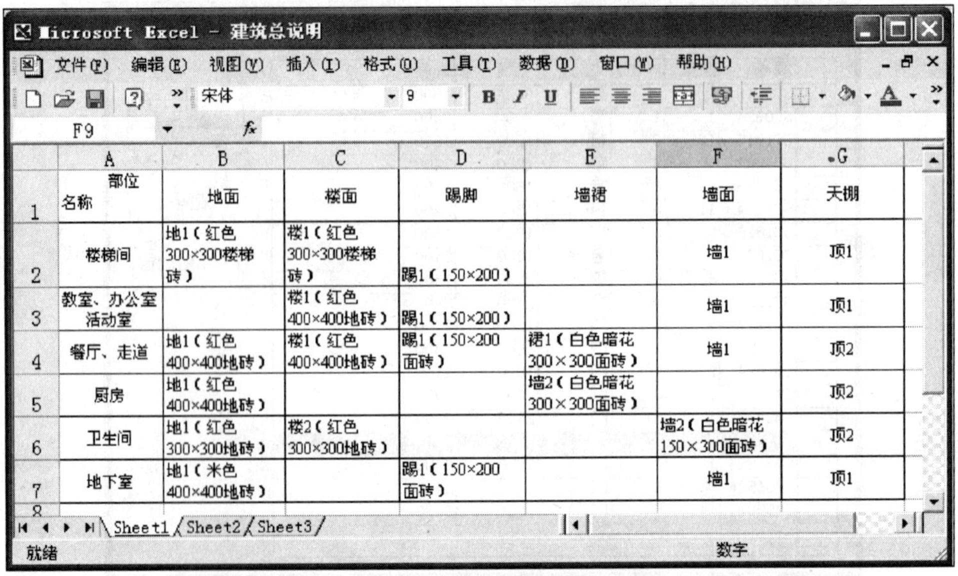

部位 名称	地面	楼面	踢脚	墙裙	墙面	天棚
楼梯间	地1（红色300×300楼梯砖）	楼1（红色300×300楼梯砖）	踢1（150×200）		墙1	顶1
教室、办公室活动室		楼1（红色400×400地砖）	踢1（150×200）		墙1	顶1
餐厅、走道	地1（红色400×400地砖）	楼1（红色400×400地砖）	踢1（150×200面砖）	裙1（白色暗花300×300面砖）	墙1	顶2
厨房	地1（红色400×400地砖）			墙2（白色暗花300×300面砖）		顶2
卫生间	地1（红色300×300地砖）	楼2（红色300×300地砖）			墙2（白色暗花150×300面砖）	顶2
地下室	地1（米色400×400地砖）		踢1（150×200面砖）		墙1	顶1

图 10-4 EXCEL 数据

在 EXCEL 中选取要导入到建筑总说明中的内容，回到 Arch2006 软件中，点取菜单命令【文表符号】→【导入 Excel】，再选择插入表格的位置，数据导入完成，如图 10-5 所示：

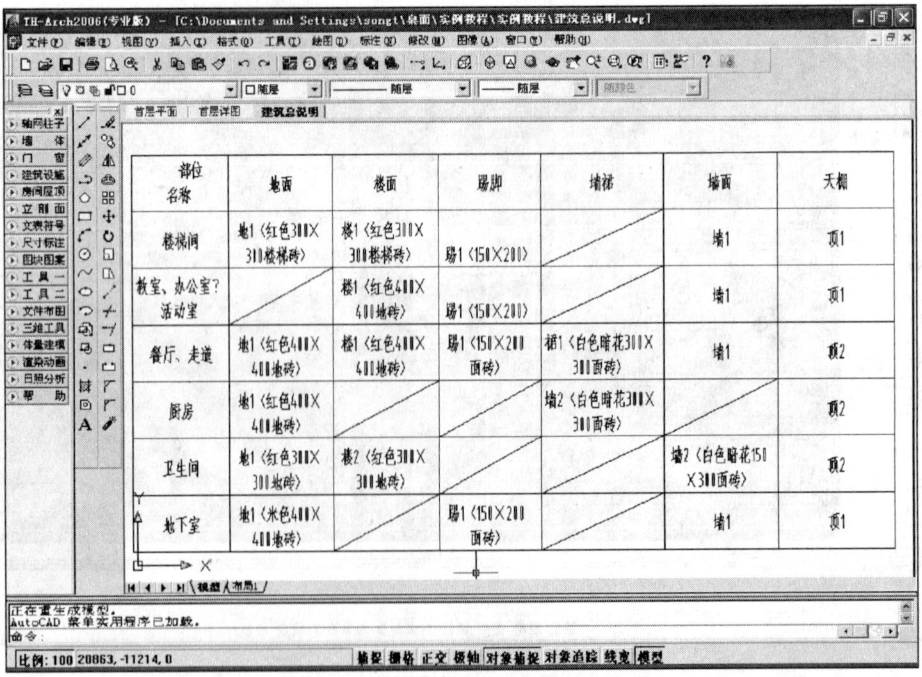

部位 名称	地面	楼面	踢脚	墙裙	墙面	天棚
楼梯间	地1（红色300X300楼梯砖）	楼1（红色300X300楼梯砖）	踢1（150X200）		墙1	顶1
教室、办公室?活动室		楼1（红色400X400地砖）	踢1（150X200）		墙1	顶1
餐厅、走道	地1（红色400X400地砖）	楼1（红色400X400地砖）	踢1（150X200面砖）	裙1（白色暗花300X300面砖）	墙1	顶2
厨房	地1（红色400X400地砖）			墙2（白色暗花300X300面砖）		顶2
卫生间	地1（红色300X300地砖）	楼2（红色300X300地砖）			墙2（白色暗花150X300面砖）	顶2
地下室	地1（米色400X400地砖）		踢1（150X200面砖）		墙1	顶1

图 10-5 EXCEL 数据导入示例

同样可以使用【文表符号】→【导出 Excel】，把 Arch2006 中绘制好的表格导出到 EXCEL 中进行编辑修改。

刚设计的表格可能不符合要求，可以通过 Arch2006 提供的功能对设计的表格进行编辑修改。

在位编辑：鼠标点击表格内部，轻松录入表格内容。

单元合并与单元拆分：按住“Shift”选择多个单元格→右键菜单命令选择“单元合并”，所选择的单元格就合并完成；同样选择刚合并的单元格→右键菜单命令选择“单元拆分”，完成单元格拆分。

夹点编辑：选取表格，通过夹点拖拽，完成表列的移动。

自动编号：与Excel的自动编号类似，按“shift”选中多个单元格→选中区域的右下角圆圈→拖放圆圈→放开鼠标，可以实现自动递增或递减编号。

10.3　文字说明

在本总说明中，还有一些叙述性的文字需要录入建筑总说明。Arch2006提供了多种方法实现文字录入，下面介绍两种：

方法一：

使用文字表格菜单中的单行文字、多行文字命令，在弹出的对应的对话框中分别输入要插入的文字，并且程序提供了多种字体以及常用、特殊字符，用户可以查用。

如需要修改文字内容，可以用“在位编辑”或**对象编辑**命令进行修改。

方法二：

如果用户已经在WORD或写字板中编辑好了文字内容，可以拷贝(COPY)相应文字，再打开**多行文字**命令，粘贴到文字输入区中，选择行距、文字样式、对齐方式、文字高度，同样可以将需要的文字录入。

本实例中，我们已经在WORD中编辑好了建筑总说明，如图10-6所示：

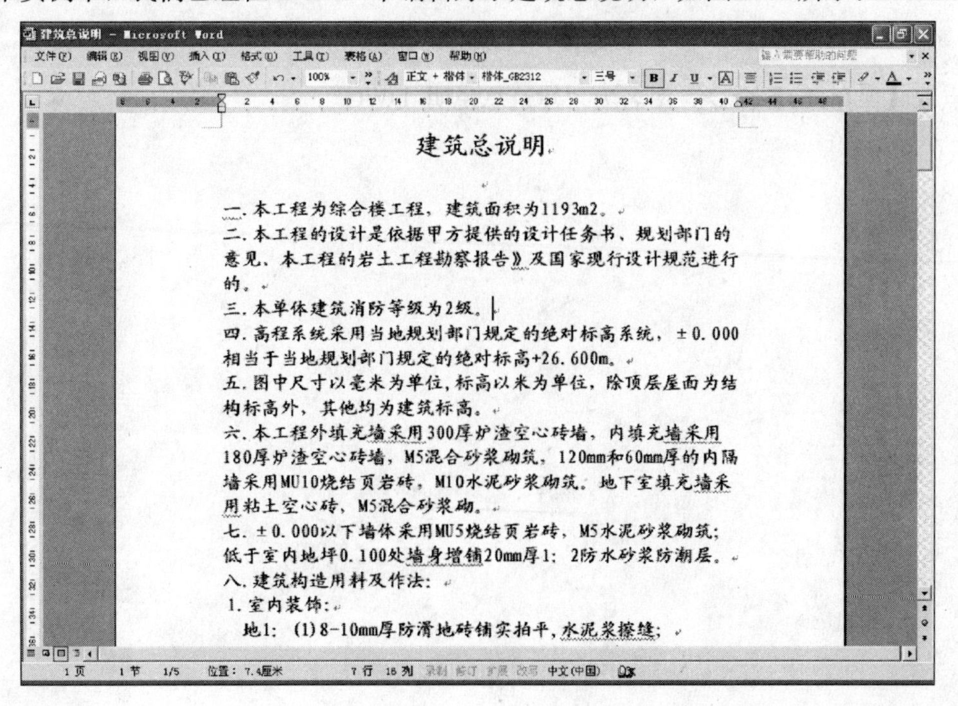

建筑总说明

一.本工程为综合楼工程，建筑面积为1193m2。

二.本工程的设计是依据甲方提供的设计任务书、规划部门的意见、本工程的岩土工程勘察报告》及国家现行设计规范进行的。

三.本单体建筑消防等级为2级。

四.高程系统采用当地规划部门规定的绝对标高系统，±0.000相当于当地规划部门规定的绝对标高+26.600m。

五.图中尺寸以毫米为单位，标高以米为单位，除顶层屋面为结构标高外，其他均为建筑标高。

六.本工程外填充墙采用300厚炉渣空心砖墙，内填充墙采用180厚炉渣空心砖墙，M5混合砂浆砌筑，120mm和60mm厚的内隔墙采用MU10烧结页岩砖，M10水泥砂浆砌筑。地下室填充墙采用粘土空心砖、M5混合砂浆砌。

七.±0.000以下墙体采用MU5烧结页岩砖，M5水泥砂浆砌筑；低于室内地坪0.100处墙身增铺20mm厚1：2防水砂浆防潮层。

八.建筑构造用料及作法：

1.室内装饰：

地1：(1)8-10mm厚防滑地砖铺实拍平，水泥浆擦缝；

图10-6　文字导入示例

把其中文字分三部分拷贝至多行文字框中，可通过夹点拖放调整这三部分文字、表格的位置。

标注图名为："建筑总说明"，完成建筑总说明，如图 10-7 所示：

图 10-7　建筑总说明示例

点取【保存(S)】命令，图名为"建筑总说明 .DWG"。

第 11 章　布图、打印

本章内容包括

- 图形交换
- 布图打印

设计的最终目标是出工程图纸，本章介绍了图形交换及布图打印的基本方法和步骤。

11.1　图形交换

设计的最终目标是出工程图纸。不同的设计师操作图档的环境不尽相同，比如有些设计师仅使用 AutCAD 或天正 3、天正 5、天正 6 等进行设计，因此需要格式转化，从而不浪费设计师的设计成果，Arch2006 就能为您解决这些问题。

11.1.1　图纸导入

点取菜单命令【文件布图】→【图形导入】，选择要导入的天正 5 文件，就可以很容易的把标准的天正 3、天正 5 和 6 格式的图形文件的图层和对象属性转化为 Arch2006 格式，用户可以无障碍地在本软件环境下继续设计和编辑。

11.1.2　图纸导出

点取菜单命令【文件布图】→【图形导出】，将当前图档转化并保存为 AutoCAD 基本对象，可以兼容天正 3 格式和转换图层标准。

点取菜单命令【文件布图】→【分解对象】，可以把自定义对象分解为 AutoCAD 普通图元，可以使用户继续设计或导入到其他渲染器中进行工作。

11.2　布图打印

利用计算机绘图，在出图之前，都要对图面进行调整、布置，以使图面美观、协调。下面我们以首层平面为例进行讲解。

11.2.1　初始设置

由于图纸空间与输出的打印机和图纸尺寸有关，因此先要进行出图范围的设置：

打开首层平面，用鼠标单击视窗左下角的“布局 1”，切换到图纸空间，删除系统自动插入的视口。

右键单击“布局 1”，选择“页面设置”，弹出对话框，打印设备中设置打印机“DWF eView(optimized for viewing).pc3”和打印样式表“Arch2006.ctb”，布局设置中设置图纸尺寸“ISO A0(841.00×1189.00 毫米)”、图形方向“横向”、打印比例 1∶1，其他默认，如图 11-1 所示：

11.2.2　布图

点取菜单命令【文件布图】→【布置图形】(BZTX)，设置出图比例及布局旋转(本实例中选择默认的 1∶100，不选择布局旋转)；根据命令行提示：输入布置图形的第一点(点取图形的左上角点→输入布置图形的第二点(点取图形的右下角点)，此时系统自动切换到布局空间，再选择插入图纸的点就完成了，结果如图 11-2 所示：

在图纸空间布置好图形后，可以插入图框，准备打印。

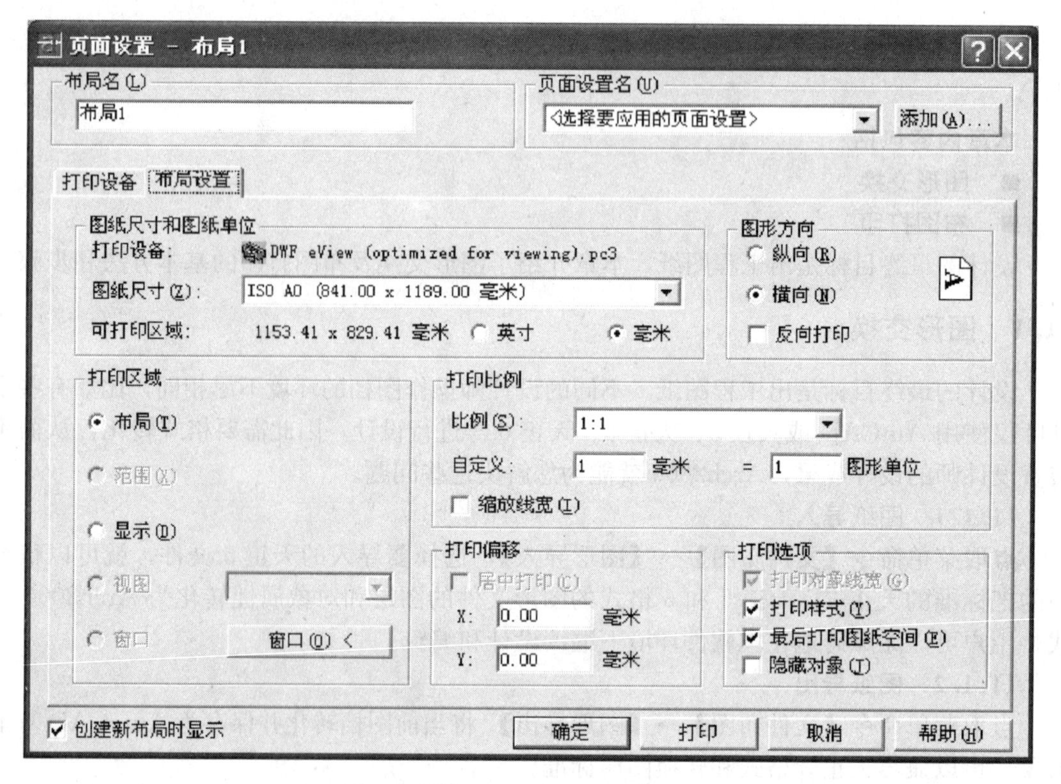

图 11-1　页面设置示例

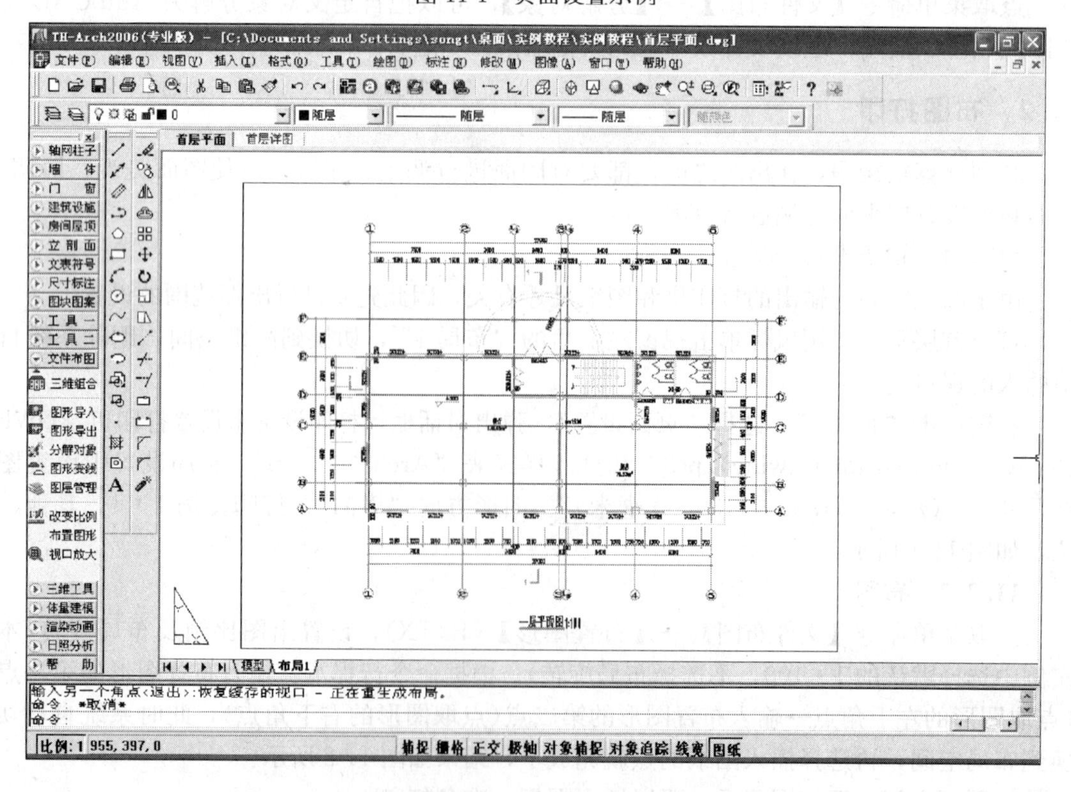

图 11-2　布图示例

11.2.3　打印

为了确保出图无误，打印预览也是十分必要的，使用命令【打印预览】确认是否需要修改布图空间，没有问题后，可点取命令【打印】，弹出**打印**对话框，打印对话框与页面设置对话框的内容基本一样，设置好后就可以进行图纸的打印了。

第 12 章　虚拟漫游与渲染动画

本章内容包括

■　**虚拟漫游**

■　**渲染动画**

Arch2006 渲染器与 AutoCAD 平台无缝连接，本章将介绍如何使用 Arch2006 强大渲染器实现输出照片级图像和动画文件。

12.1　虚拟漫游

在透视状态下，着色即可进行虚拟漫游，下面以首层平面为例介绍虚拟漫游。

为使虚拟漫游效果更好，在此首先对首层平面进行修饰：

为首层平面加上橙色地板

使用多义线(Pline)命令绘制地板的轮廓；点取菜单命令【三维工具】→【平板】(PB)，设置平板参数：板厚 120，点取刚绘制好的多义线，地板就布置上去了，再设定地板的图层颜色为橙色。

给墙体刷上绿色

点取命令【图层】(或在命令行输入 Layer)，在对话框中设置墙体的图层颜色为绿色(当然您也可对其他构件进行着色，以使效果更突出)。

颜色修改完毕后，在图面上点取鼠标右键，在菜单中选择着色方式——体着色。

点取菜单命令【渲染动画】→【相机透视】(XJTS)，在 D、E 轴间插入相机→选择透视方向→选择当前视口，就进入了虚拟漫游状态，通过鼠标的移动可以前进、后退、左转、右转，也可以进门看看。这就实现了虚拟漫游。

12.2　渲染动画

12.2.1　完善三维实例模型

为使渲染效果更佳，在渲染前要完善一下三维模型。本实例将布置教学楼外地面，并为各构件赋材质。

因本实例教学楼是建在一块坡地上，故可利用【平板】命令设计室外两块地面(地下室外和一层平面外)。打开首层平面，使用多义线命令绘制两段室外地面的轮廓，使其环绕教学楼。如图 12-1 所示：

点取菜单命令【三维工具】→【平板】，设置平板板厚 120，删除轮廓。在图面上点取左侧多义线，生成左侧地面。双击该板，鼠标点取命令行【标高】选项，设置左侧板标高为－4620。同样，设置右侧地面，板厚设置为 4320，标高设置为－4620。

打开图层管理对话框，新建图层“楼外地面”，设置图层颜色为绿色。退出对话框后选取室外两块板，把它们的图层改为“楼外地面”，以便于后面的观察和赋材质。

点取菜单命令【文件布图】→【三维组合】，覆盖原来保存过的“三维组合 .dwg”文件，如图 12-2 所示：

将文件另存为“渲染 .dwg”，下面为模型赋材质。

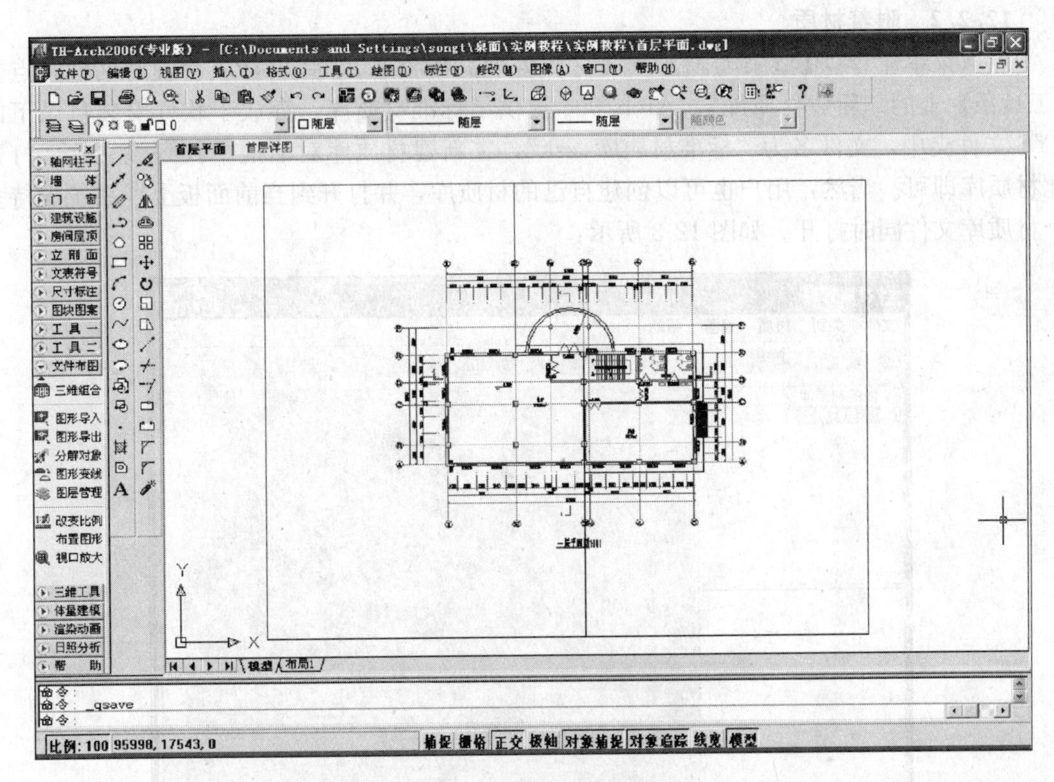

图 12-1　设置地面轮廓示例

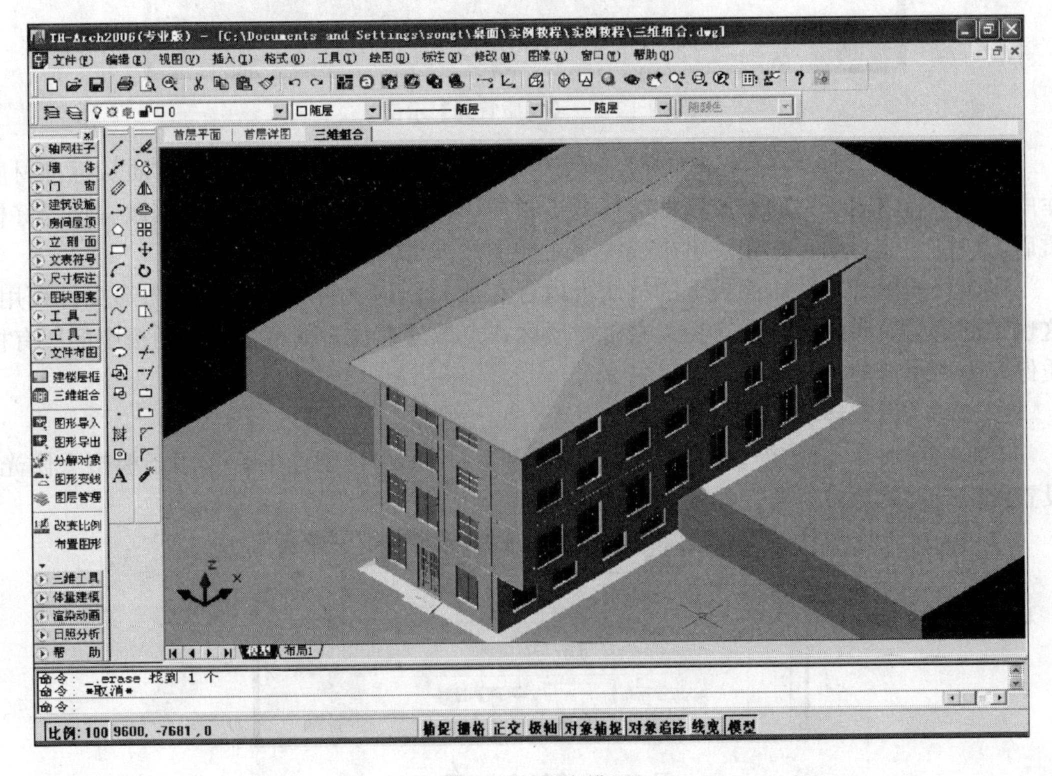

图 12-2　渲染模型

12.2.2　附着材质

点取菜单命令：【渲染动画】→【材质管理】(CZGL)，弹出材质管理对话框，点击【工具条】上的“新建材质库”，Arch2006 提供了标准材质库，存放于软件安装目录下的 SYS 文件夹中，文件名为“标准材质库 .czk”，在新建材质库对话框中找到该文件，打开此材质库即可。当然，用户也可以创建自己的材质库，并打开到当前面板上。系统支持多个材质库文件同时打开。如图 12-3 所示：

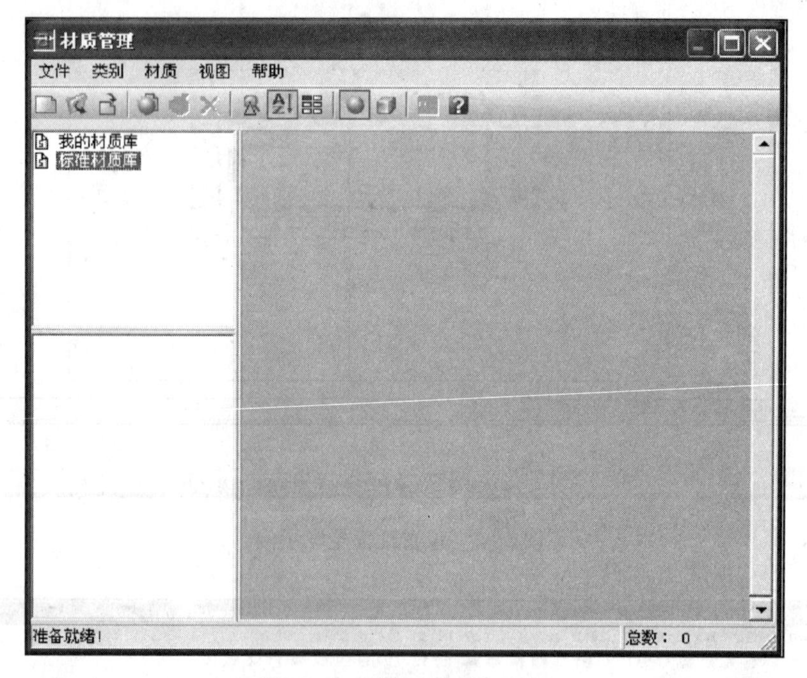

图 12-3　【材质管理】示例

点取屏幕菜单命令：【渲染动画】→【材质附着】(CZFZ)，把需要的材质从标准材质库中拖到“材质附着”的材质区即可。双击材质，还可以对材质进行编辑修改。选择好材质后，按图层赋材质，把相关材质拖拽至对应图层即可。

完成材质附着，材质面板上的材质可以保存成材质库文件，以便其他图形文件调用。这也是创建材质库的另一个途径。右击材质区，点取【存盘】即可将材质面板中的所有材质保存为一个新的材质库文件。

12.2.3　设定环境

点取菜单命令：【渲染动画】→【创建光源】(CJGY)，创建平行光用于模拟太阳光，设置阴影投射，选方位角，如图 12-4 所示：

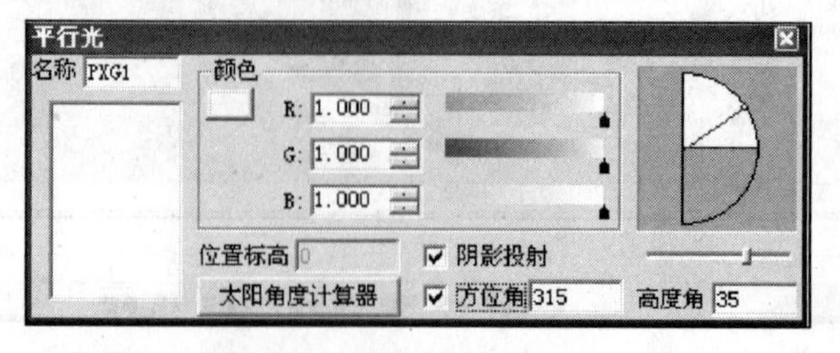

图 12-4　【创建光源】示例

图中点取一点即完成平行光的设置。

点取菜单命令：【渲染动画】→【背景设置】（BJSZ），弹出对话框，选择“图像”，从 Arch2006 的 Textures 中选择需要的风景图像，如图 12-5 所示：

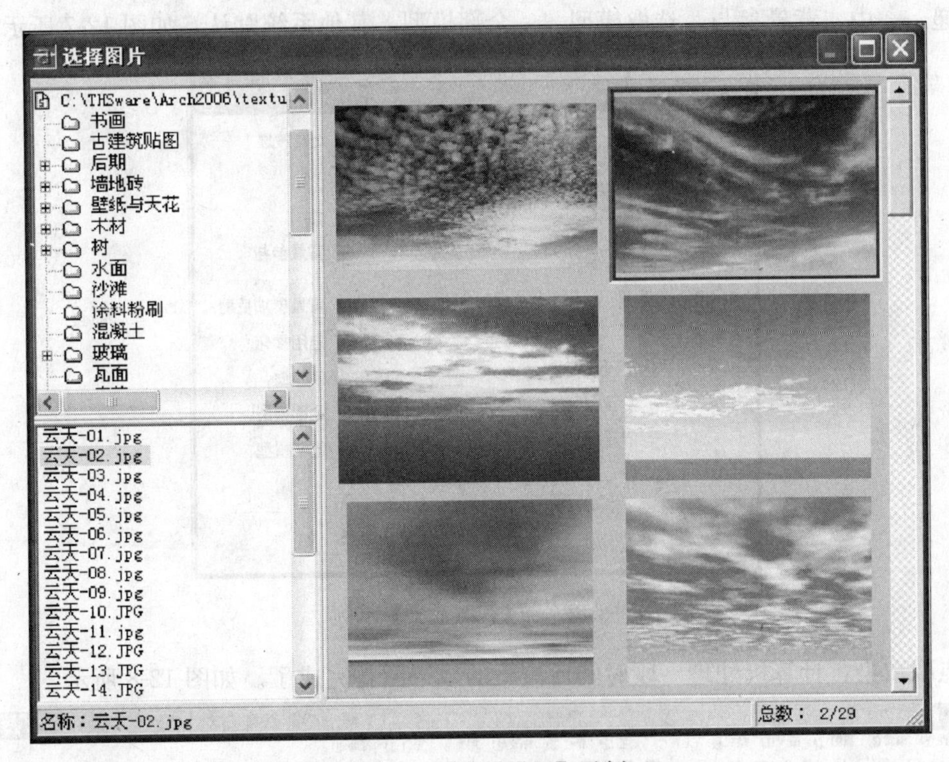

图 12-5　【背景设置】示例

点取确定，所选择的图像按照自适应方式“铺满”到背景上。

对于室外渲染图，可进行雾化设置，以达到更逼真的效果。点取屏幕菜单命令：【渲染动画】→【雾化设置】（WHSZ），设置参数，如图 12-6 所示：

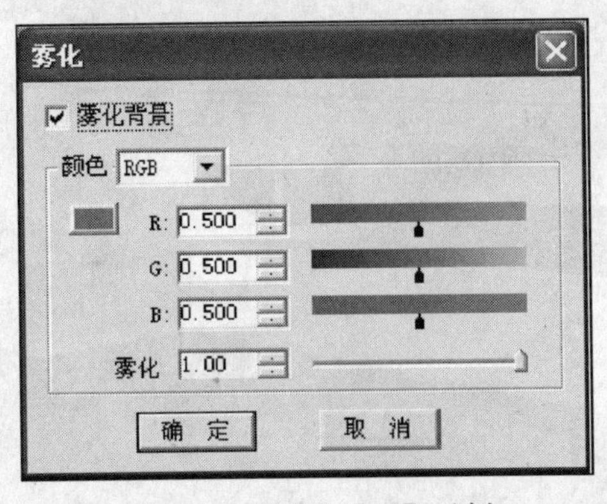

图 12-6　【雾化设置】示例

点取确定即完成。

12.2.4　出效果图

首先在场景内建立相机视口，以确定渲染观察视角。点取屏幕菜单命令：【渲染动画】→【相机透视】(XJTS)，根据命令行提示依次完成操作：点取相机位置→点取目标位置→选择相机视口。

点取菜单命令：【渲染动画】→【视图渲染】(STXR)，设置渲染目标——视口，光能传递——中，背景参与，选取模型——全部模型，其他系统默认，如图 12-7 所示：

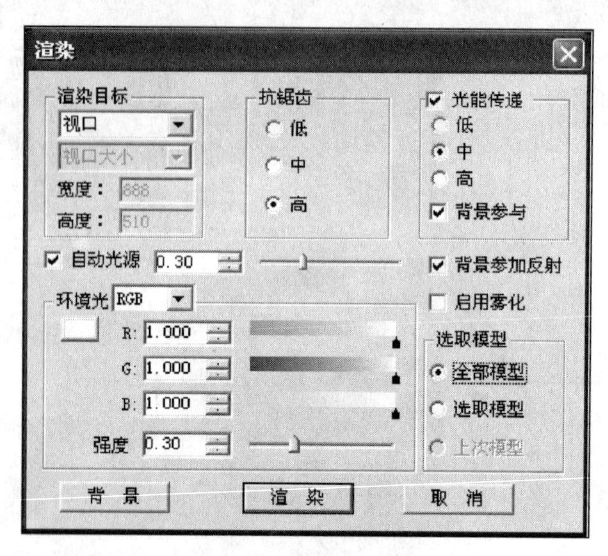

图 12-7　【视图渲染】示例

点取渲染，计算机处理一段时间后渲染的效果图就完成了。如图 12-8 所示：

图 12-8　效果图

12.2.5　动画制作

Arch2006可以实现环绕动画和穿梭动画。环绕动画和穿梭动画实现方法基本相同，所以本实例以环绕动画为例：

首先设置相机及环绕路径。环绕路径包围整栋建筑，可以用圆代替，在图面上绘制一个包围教学楼的圆。选取右键菜单中的着色方式——体着色，准备工作完成。

点取菜单命令【渲染动画】→【动画制作】(DHZZ)，操作步骤如下：

选择相机路径——选取刚绘制的圆；

选择目标路径——点取下面的“拾取点”→选择圆心，此处要说明一点，制作环绕动画时相机路径和目标路径不能同时为固定点；

选择着色动画，如果您的电脑配置好，建议选择渲染动画以达到更佳的效果；

点取确定；

输入生成动画的名称“环绕动画”，保存到“实例教程”文件夹中；

视频压缩选择格式Microsoft Video 1；

环绕动画制作完成，打开视频文件“环绕动画”，可以进行观察。

穿梭动画的制作方式基本相同，这里不再一一介绍。

第13章 日 照 分 析

本章内容包括

- **创建模型**
- **日照分析**

本章介绍了 Arch2006 强大的日照分析功能：首先建立日照模型，然后对建成的模型进行日照单点分析、窗照分析、阴影轮廓、区域分析、等日照线、日照仿真等操作。

13.1 创建模型

13.1.1 设计建筑轮廓

可以使用多义线(Pline)命令创建两栋闭合建筑轮廓，并对设计的建筑轮廓赋予高度和底标高。

点取菜单命令【日照分析】→【建筑高度】(JZGD)，根据命令行提示：选择两栋建筑轮廓(选择绘制好的多义线)→输入建筑标高 24000→输入底标高 0，两栋建筑就创建完成。

可以标出建筑物轮廓模型的顶面标高，以便理解日照模型。点取菜单命令【日照分析】→【建筑标高】(JZBG)，点取标注点即完成。

13.1.2 插入窗

点取菜单命令【日照分析】→【顺序插窗】(SXCC)，根据命令行提示：选取建筑轮廓，接着设计对话框参数：层号 1，窗位 1，重复层数 8，窗台标高 1500，层高 3000，窗高 1500，窗宽 1800；如图 13-1 所示：

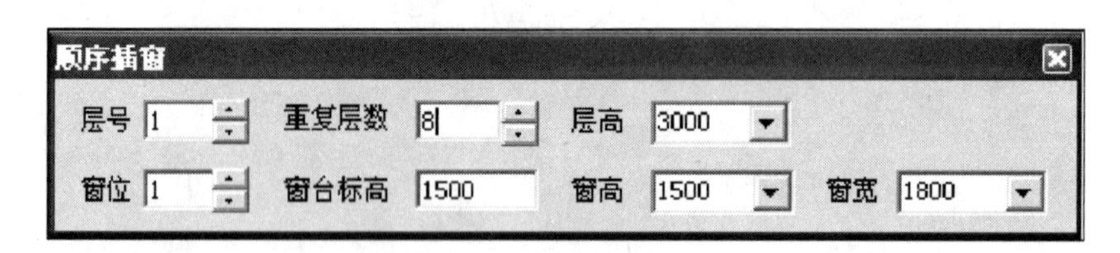

图 13-1 【顺序插窗】示例

在命令行输入：间距 2000，再选择取前一次间距，直到完成窗子插入。

同样的，点取菜单命令【日照分析】→【顺序插窗】(SXCC)，对另外一栋建筑也插入窗，命令行输入间距 2000→取前一次间距，直到完成窗子插入。

如果想窗编号从 1 开始进行编号重排，只要点取菜单命令：【日照分析】→【重排窗号】(CPCH)，选择要重排的窗→输入起始窗号(输入 1)，回车完成。

至此，模型就创建完成，可选择西南轴侧进行三维观察。如图 13-2 所示：

点取下拉菜单【文件】中的【保存(S)】命令。

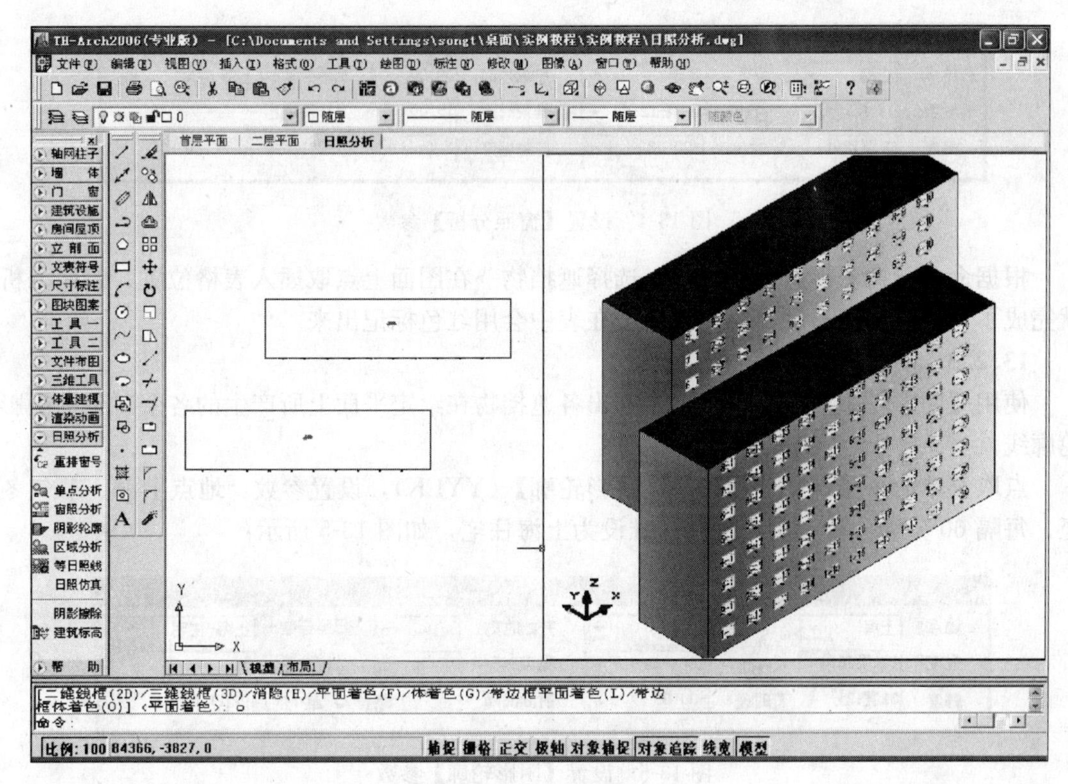

图 13-2 日照分析模型示意图

13.2 日照分析

13.2.1 单点分析

单点分析通常用于检查和校核日照分析的结果是否正确。

点取菜单命令【日照分析】→【单点分析】(DDFX)，弹出单点分析对话框，设置如下：地点上海，节气冬至，日照标准选择上海住宅，其他参数按系统默认；如图 13-3 所示：

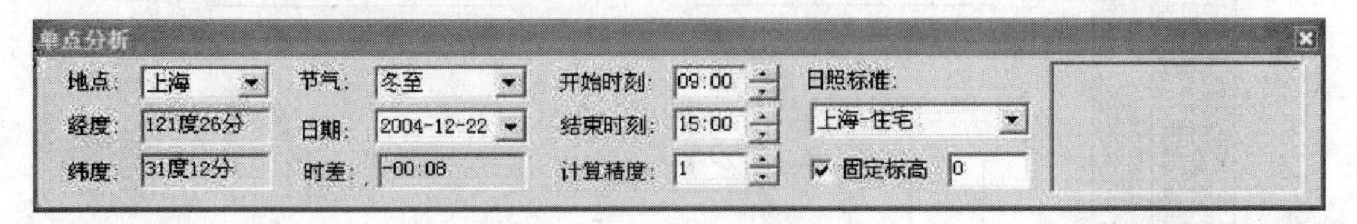

图 13-3 设置【单点分析】参数

根据命令行提示：选择遮挡物→在图面上选择测试点，鼠标停留在测试点上，则该点的最长连照时间动态显示出来，点击后该点的日照数据就显示在该点旁边了。

13.2.2 窗照分析

窗照分析用来分析计算日照窗，将计算结果绘成表格。

点取菜单命令【日照分析】→【窗照分析】(CZFX)，弹出对话框，设置如下：地点上海，节气冬至，日照标准选择上海住宅，排序输入按层号，其他参数按系统默认，如图 13-4 所示：

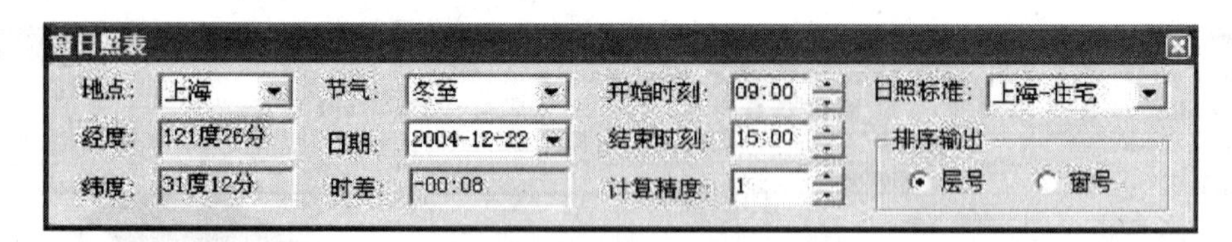

图 13-4　设置【窗照分析】参数

根据命令行提示：选择日照窗→选择遮挡物→在图面上点取插入表格位置，窗照分析就完成了，日照时间不足 1 小时的窗子在表中会用红色标记出来。

13.2.3　阴影轮廓

使用【阴影轮廓】命令，可以绘制出各遮挡物在给定平面上所产生的各个时刻的阴影轮廓线。

点取菜单命令【日照分析】→【阴影轮廓】（YYLK），设置参数：地点上海、节气冬至、每隔 60 分钟分析一次，日照标准设为上海住宅，如图 13-5 所示：

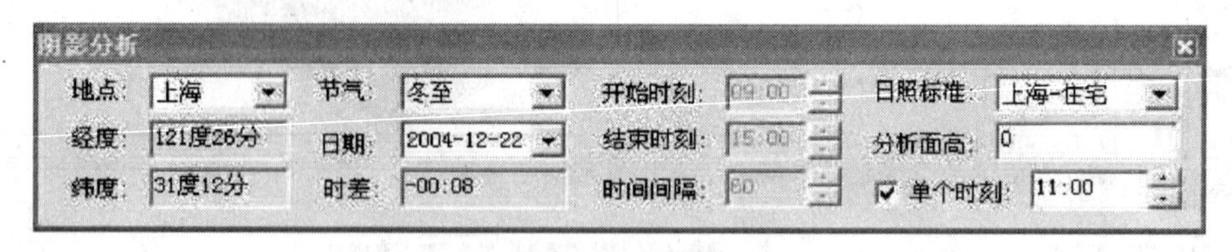

图 13-5　设置【阴影轮廓】参数

根据命令行提示：选择遮挡物，系统按给定的时间间隔计算各个时刻的阴影。如图 13-6 所示：

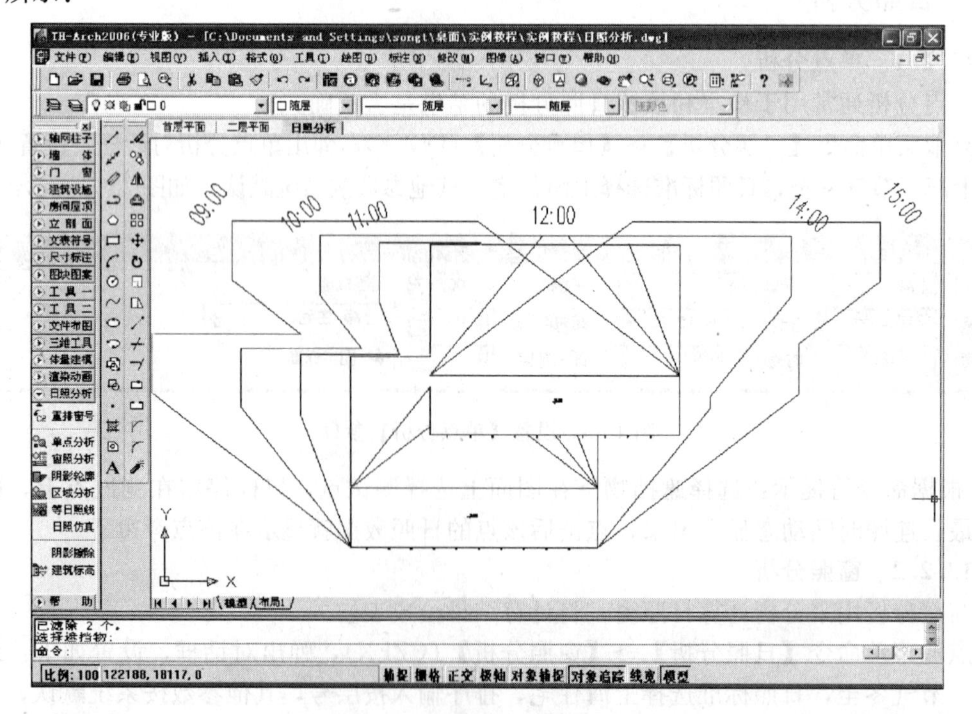

图 13-6　【阴影轮廓】示例

13.2.4　区域分析

区域分析用来分析某一给定平面区域内的日照信息，按给定的网格间距进行标注。

点取菜单命令【日照分析】→【区域分析】(QYFX)，设置区域日照分析参数如图 13-7 所示：

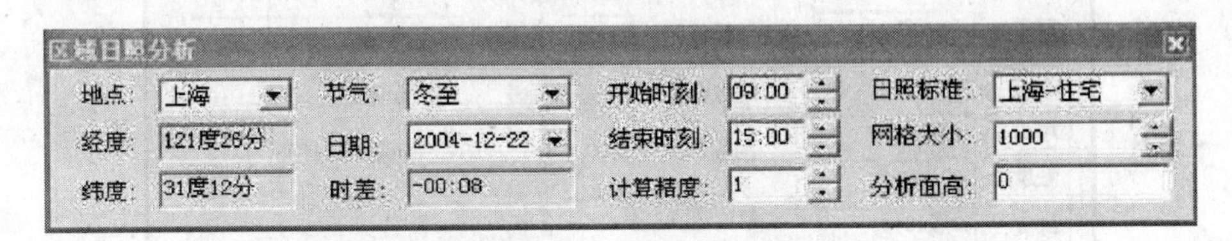

图 13-7　设置【区域分析】参数

根据命令行提示：

选择遮挡物→点取分析计算的窗口范围。计算结束后，将在选定的区域内用彩色数字显示出各点的日照时数。如图 13-8 所示：

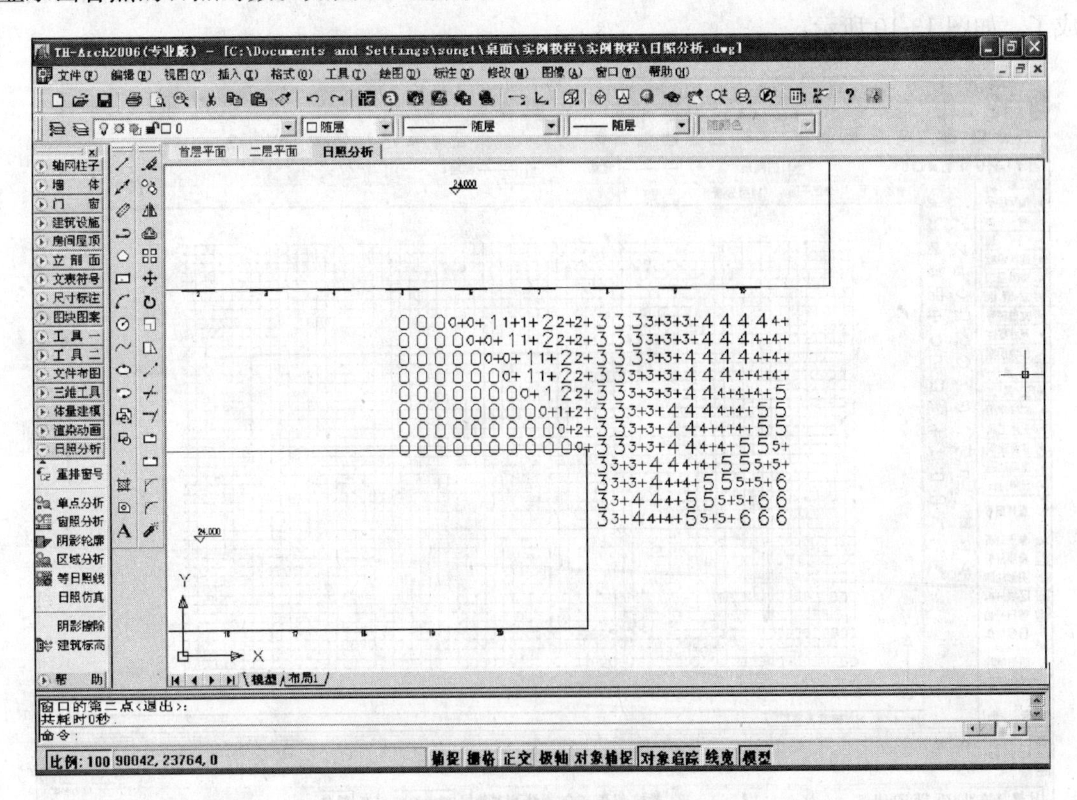

图 13-8　【区域分析】示例

此处要说明一下，多点分析结果中的 N 表示日照时间在 N 和 N+0.5 小时之间，N+表示日照时间在 N+0.5 和 N+1 小时之间。

13.2.5　等日照线

点取菜单命令【日照分析】→【等日照线】(DRZX)，在弹出对话框中设置等日照线参数，如图 13-9 所示：

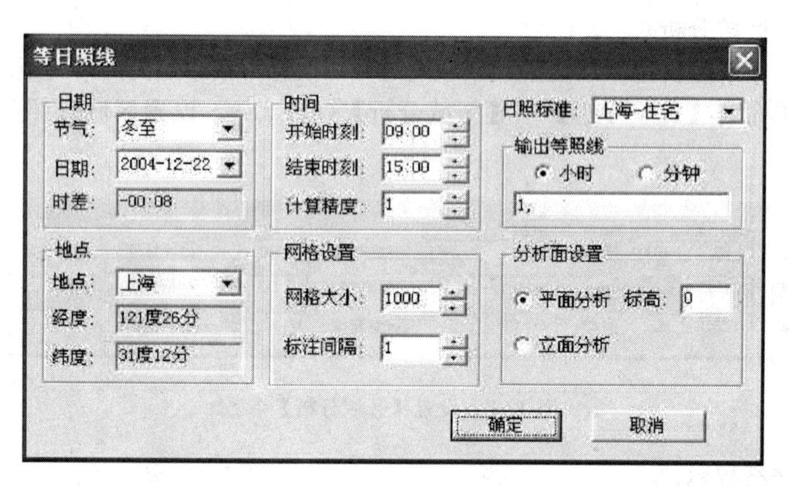

图 13-9　设置【等日照线】参数

点取确定，根据命令行提示：选择遮挡物→选择生成等日照线的区域，等日照线就生成了。如图 13-10 所示：

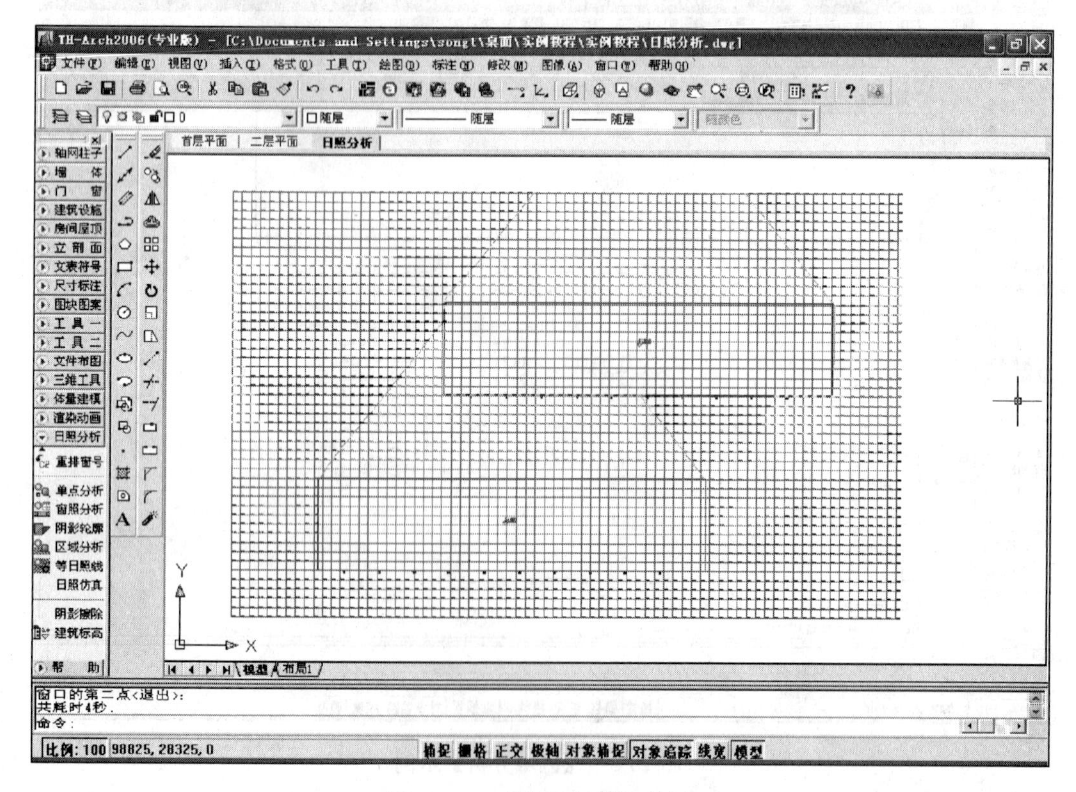

图 13-10　【等日照线】示例

13.2.6　日照仿真

Arch2006 采用先进的三维渲染技术，在指定地点和特定节气下，真实模拟建筑场景中的日照阴影投影情况，帮助设计师直观判断分析结果的正误，给业主提供可视化演示资料。

点取菜单命令【日照分析】→【日照仿真】(RZFZ)，根据命令行提示：确定视点位置→确定视图方向，弹出【日照仿真】窗口，设置参数：日照标准——上海住宅，地点上海，节气选择冬至，去掉“平面阴影”，以达到真实效果，其他参数按系统默认，如图13-11所示：

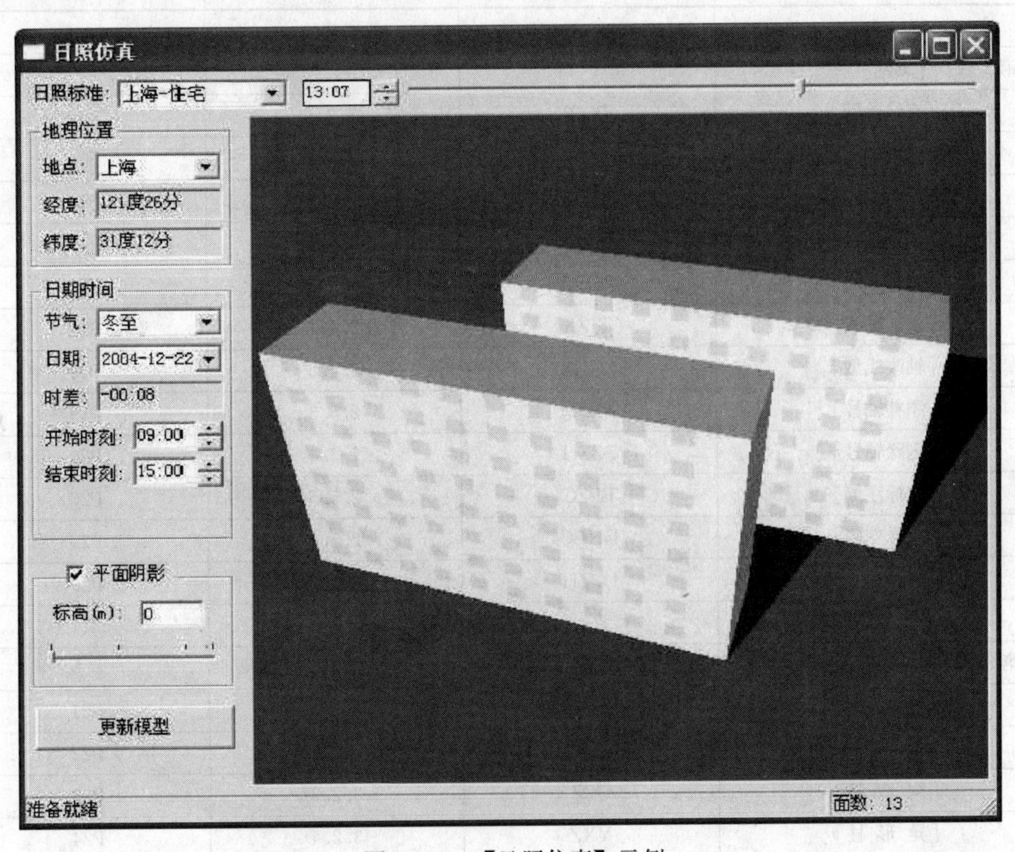

图13-11 【日照仿真】示例

仿真窗口的观察视角采用鼠标和键盘进行调整，拖动视窗上方的时间进程滚动条，可以实时观察动态日照阴影，左框中显示实时的时间。

附　录　一

命令名称	快捷命令	所在章节	页　码
第2章　[轴网]			
[直线轴网]	ZXZW	2.2.1	P12
[弧线轴网]	HXZW	2.2.2	P14
[墙生轴网]	QSZW	2.2.3	P16
[轴网标注]	ZWBZ	2.3.1	P17
[轴号标注]	ZHBZ	2.3.2	P18
[添加轴线]	TJZX	2.4.1	P18
[轴改线型]	ZGXX	2.4.3	P19
[添补轴号]	TBZH	2.5.3	P19
[删除轴号]	SCZH	2.5.4	P20
[变标注侧]	BBZC	2.5.5	P20
[单号变侧]	DHBC	2.5.5	P20
[倒排轴号]	DPZH	2.5.6	P20
第3章　[柱子]			
[标 准 柱]	BZZ	3.2.1	P21
[角　　柱]	JZ	3.2.2	P22
[构 造 柱]	GZZ	3.2.3	P23
[异 形 柱]	YXZ	3.2.4	P24
[柱齐墙边]	ZQQB	3.3.1	P24
[改 高 度]	GGD	3.3.3	P25
[加粗状态]		1.4.7	P12～13
第4章　[墙体]			
[创建墙体]	CJQT	4.2.1～3	P27～28
[单线变墙]	DXBQ	4.2.4	P28
[净距偏移]	JJPY	4.2.5	P29
[墙体分段]	QTFD	4.3.1	P29
[倒 墙 角]	DQJ	4.3.2	P29
[修 墙 角]	XQJ	4.3.2	P29
[墙边对齐]	QBDQ	4.3.3	P29
[墙保温层]	QBWC	4.3.4	P30
[改 墙 厚]	GQH	4.3.5	P30

续表

命令名称	快捷命令	所在章节	页 码
[改外墙厚]	GWQH	4.3.5	P30
[墙体造型]	QTZX	4.3.6	P31
[改 高 度]	GGD	4.4.2	P34
[改外墙高]	GWQG	4.4.2	P34
[墙面 UCS]	QMUCS	4.4.3	P34
[墙体立面]	QTLM	4.4.4	P35
[识别内外]	SBNW	4.5.1	P35
[加亮外墙]	JLWQ	4.5.1	P35
[偏移生线]	PYSX	4.5.2	P36
[墙端封口]	QDFK	4.5.3	P37
第5章 [门窗]			
[门 窗]	MC	5.2.1	P44
[门窗组合]	MCZH	5.2.2	P46
[带 型 窗]	DXC	5.2.3	P47
[转 角 窗]	ZJC	5.2.4	P47
[异 形 洞]	YXD	5.2.5	P48
[改门窗号]	GMCH	5.3.2	P49
[编号复位]	BHFW	5.3.2	P49
[门 口 线]	MKX	5.3.3	P49
[门左右翻]	MZYF	5.3.4	P50
[门内外翻]	MNWF	5.3.4	P50
[加门窗套]	JMCT	5.3.5	P50
[消门窗套]	XMCT	5.3.5	P50
[加装饰套]	JZST	5.3.5	P50
[窗棂展开]	CLZK	5.3.6	P50
[窗棂映射]	CLYS	5.3.6	P50
[门窗检查]	MCJC	5.4.1	P54
[门 窗 表]	MCB	5.4.2	P55
[门窗总表]	MCZB	5.4.3	P55
[2D门窗库]	MCK2	5.5.1	P56
[3D门窗库]	MCK3	5.5.2	P56
[门窗原型]	MCYX	5.5.3	P57
第6章 [建筑设施]			
[直线梯段]	ZXTD	6.1.1	P59

续表

命令名称	快捷命令	所在章节	页 码
[弧线梯段]	HXTD	6.1.2	P61
[异型梯段]	YXTD	6.1.3	P63
[双跑楼梯]	SPLT	6.1.4	P64
[多跑楼梯]	DPLT	6.1.5	P66
[添加扶手]	TJFS	6.2.1～2	P67～70
[连接扶手]	LJFS	6.2.3～4	P70
[电　　梯]	DT	6.3.1	P70
[阳　　台]	YT	6.3.2	P71
[台　　阶]	TJ	6.3.3	P73
[坡　　道]	PD	6.3.4	P74
[散　　水]	SS	6.3.6	P76
第7章　[屋顶]			
[搜屋顶线]	SWDX	7.2.1	P78
[人字坡顶]	RZPD	7.2.2	P78
[歇山屋顶]	XSWD	7.2.3	P79
[攒尖屋顶]	ZJWD	7.2.4	P80
[多坡屋顶]	DPWD	7.2.5	P81
[加老虎窗]	JLHC	7.2.6	P82
第8章　[房间]			
[搜索房间]	SSFJ	8.2.1	P84
[房间面积]	FJMJ	8.2.2	P85
[套内面积]	TNMJ	8.2.3	P86
[面积累加]	MJLJ	8.3.1	P87
[加踢脚线]	JTJX	8.3.2	P87
[布置洁具]	BZJJ	8.4.1～2	P88～92
[卫生隔断]	WSGD	8.4.3	P92
第9章　[立剖面]			
[建筑立面]	JZLM	9.2.1	P94
[局部立面]	JBLM	9.2.2	P96
[雨水管线]	YSGX	9.2.3	P96
[柱立面线]	ZLMX	9.2.4	P96
[建筑剖面]	JZPM	9.3.1	P97
[局部剖面]	JBPM	9.3.2	P97

续表

命令名称	快捷命令	所在章节	页码
［剖 面 墙］	PMQ	9.3.3	P99
［剖面门窗］	PMMC	9.3.4	P99
［门窗过梁］	MCGL	9.3.5	P99
［剖面楼梯］	PMLT	9.3.6	P100
［楼梯栏杆］	LTLG	9.3.7	P101
［扶手接头］	FSJT	9.3.8	P101
［剖面加粗］	PMJC	9.3.9	P101
［剖面填充］	PMTC	9.3.10	P102
第10章 ［注释系统］			
［文字表格］部分			
［文字样式］	WZYS	10.1.1	P103
［单行文字］	DHWZ	10.1.2	P104
［多行文字］	S11_Mtext	10.1.3	P105
［繁简转化］	FJZH	10.1.4	P106
［查找替换］	CZTH	10.1.4	P106
［新建表格］	XJBG	10.2.2～3	P107～112
［单元编辑］		10.2.6	P113
［单元合并］		10.2.6	P113
［单元拆分］		10.2.6	P113
［导出 Excel］	DCEX	10.2.7	P114
［导入 Excel］	DREX	10.2.7	P114
［符号］部分			
［箭头引注］	JTYZ	10.3.1	P115
［做法标注］	ZFBZ	10.3.2	P115
［引出标注］	YCBZ	10.3.3	P116
［图名标注］	TMBZ	10.3.4	P117
［索引符号］	SYFH	10.3.5	P117
［详图符号］	XTFH	10.3.6	P118
［剖切符号］	PQFH	10.3.7	P118
［折断符号］	ZDFH	10.3.8	P119
［对称符号］	DCFH	10.3.9	P119
［指 北 针］	ZBZ	10.3.10	P119
［尺寸标注］部分			
［门窗标注］	MCBZ	10.5.1	P122
［内门标注］	NMBZ	10.5.1	P122

续表

命令名称	快捷命令	所在章节	页码
[墙厚标注]	QHBZ	10.5.2	P123
[墙中标注]	QZBZ	10.5.3	P123
[逐点标注]	ZDBZ	10.5.4	P124
[半径标注]	BJBZ	10.5.5	P125
[直径标注]	ZJBZ	10.5.5	P125
[角度标注]	JDBZ	10.5.6	P125
[弧长标注]	HCBZ	10.5.7	P125
[标注样式]	DDIM	10.6.1	P126
[剪裁延伸]	JCYS	10.6.2	P128
[取消尺寸]	QXCC	10.6.3	P128
[连接尺寸]	LJCC	10.6.4	P128
[增补尺寸]	ZBCC	10.6.5	P129
[切换角标]	QHJB	10.6.6	P129
[尺寸自调]	CCZT	10.6.8	P131
[取消自调]	QXZT	10.6.8	P131
[尺寸检查]	CCJC	10.6.9	P131
[标高标注]	BGBZ	10.7.1	P131
[坐标标注]	ZBBZ	10.7.2	P132
[坐标检查]	ZBJC	10.7.3	P132
第11章 [图块图案]			
[图块转化]	TKZH	11.1.4	P134
[图块屏蔽]	TKPB	11.1.5	P134
[矩形屏蔽]	JXPB	11.1.5	P134
[精确屏蔽]	JQPB	11.1.5	P134
[取消屏蔽]	QXPB	11.1.5	P134
[屏蔽框开]		11.1.5	P134
[屏蔽框关]		11.1.5	P134
[图块改层]	TKGC	11.1.6	P135
[图库管理]	TKGL	11.2.2～6	P137～140
[图案管理]	TAGL	11.3.1	P141
[图案填充]	TATC	11.3.2	P142
[图案加洞]	TAJD	11.3.3	P143
[图案消洞]	TAXD	11.3.3	P143
[木纹填充]	MWTC	11.3.4	P143
[线 图 案]	XTA	11.3.5	P144

续表

命令名称	快捷命令	所在章节	页码
第12章 [辅助工具]			
[工具一] 部分			
[满屏观察]	MPGC	12.1.1	P146
[满屏编辑]	MPBJ	12.1.2	P146
[视口放大]	SKFD	12.1.4	P147
[视口恢复]	SKHF	12.1.4	P147
[测包围盒]	CBWH	12.2.1	P147
[隐藏可见]	YCKJ	12.2.2	P147
[恢复可见]	HFKJ	12.2.2	P147
[过滤选择]	GLXZ	12.2.3	P148
[对象查询]	DXCX	12.2.4	P149
[对象编辑]	DXBJ	12.2.5	P149
[布尔编辑]	BEBJ	12.2.6	P149
[工具二] 部分			
[新建矩形]	XJJX	12.3.1	P150
[路径排列]	LJPL	12.3.2	P150
[线 变 PL]	XBPL	12.3.3	P151
[连接线段]	LJXD	12.3.3	P151
[加粗曲线]	JCQX	12.3.3	P152
[交点打断]	JDDD	12.3.3	P152
[消除重线]	XCCX	12.3.3	P152
[统一标高]	TYBG	12.3.4	P152
[搜索轮廓]	SSLK	12.3.5	P152
[图形裁剪]	TXCJ	12.3.6	P153
[图形切割]	TXQG	12.3.7	P153
第13章 [文件与布图]			
[建楼层框]	JLCK	13.1.1	P154
[三维组合]	SWZH	13.1.2	P155
[图形导入]	TXDR	13.2.2	P157
[图形导出]	TXDC	13.2.3	P158
[分解对象]	FJDX	13.2.4	P159
[图形变线]	TXBX	13.2.5	P159
[图层管理]	TCGL	13.2.6	P160
[改变比例]	GBBL	13.3.3	P161

续表

命令名称	快捷命令	所在章节	页　码
[布置图形]	BZTX	13.3.4	P161
[插入图框]	CRTK	13.3.5	P162
[图纸目录]	TZML	13.3.6	P164
[视口放大]	SKFD	13.3.7	P164
第 14 章　[三维造型]			
[三维工具] 部分			
[平　　板]	PB	14.1.1	P165
[竖　　板]	SB	14.1.2	P166
[路径曲面]	LJQM	14.1.3	P167
[变截面体]	BJMT	14.1.4	P168
[地表模型]	DBMX	14.1.5	P169
[三维网架]	SWWJ	14.1.6	P170
[线 转 面]	XZM	14.2.1	P171
[实体转面]	STZM	14.2.2	P172
[面片合成]	MPHC	14.2.3	P172
[Z 向编辑]	ZXBJ	14.3.1	P172
[设置立面]	SZLM	14.3.2	P172
[三维切割]	SWQG	14.3.3	P173
[体量建模] 部分			
[基本形体]	JBXT	14.4.1	P173
[截面拉伸]	JMLS	14.4.2	P178
[截面旋转]	JMXZ	14.4.3	P179
[截面放样]	JMFY	14.4.4	P180
[实体并集]	STBJ	14.5.1	P180
[实体差集]	STCJ	14.5.1	P181
[实体交集]	STJJ	14.5.1	P181
[对象编辑]	DXBJ	14.5.2	P181
[实体切割]	STQG	14.5.3	P182
[分离最近]	FLZJ	14.5.4	P183
[完全分离]	WQFL	14.5.5	P183
[去除参数]	QCCS	14.5.6	P183
第 15 章　[渲染动画]			
[相机透视]	XJTS	15.1.1	P184
[材质管理]	CZGL	15.2.1	P187

续表

命令名称	快捷命令	所在章节	页 码
[材质附着]	CZFZ	15.2.3	P191
[创建光源]	CJGY	15.3.1	P193
[贴图坐标]	TTZB	15.3.2	P195
[背景设置]	BJSZ	15.3.3	P195
[雾化设置]	WHSZ	15.3.4	P196
[阴影排除]	YYPC	15.3.5	P197
[视图渲染]	STXR	15.4.1～2	P198
[动画制作]	DHZZ	15.4.3～4	P200
第16章 [日照分析]			
[建筑高度]	JZGD	16.2.1	P204
[顺序插窗]	SXCC	16.2.2	P204
[重排窗号]	CPCH	16.2.3	P205
[单点分析]	DDFX	16.3.1	P206
[窗照分析]	CZFX	16.3.2	P207
[阴影轮廓]	YYLK	16.3.3	P208
[区域分析]	QYFX	16.3.4	P208
[等日照线]	DRZX	16.3.5	P209
[日照仿真]	RZFZ	16.3.6	P211
[阴影擦除]	YYCC	16.4.1	P213
[建筑标高]	JZBG	16.4.2	P214

附录二 附加光盘说明

本书所附光盘内容及说明：

1. TH-Arch2006 实例教程演示文件

光盘放入光驱后将自动显示主界面，在主界面中点击“建筑设计 Arch2006 教程”，进入后即可按章节观看软件的视频教学。

2. TH-Arch2006 软件安装

光盘放入光驱后将自动显示主界面，在主界面中点击“建筑设计 Arch2006 安装”，按提示向下操作，当提示“请选择需要安装的软件版本时”，选择“试用版”或“学习版”。

试用版无功能限制，可使用 300 小时。学习版无时间限制，但墙体自动倒角、渲染、日照分析等功能处理规模有限制。

3. 特别提示

本软件如有版本更新及功能变动，恕不另行通知，敬请关注我们网站 www.thsware.com www.thscad.com www.ccsware.com 获取产品最新消息；

咨询产品请与清华斯维尔本地销售服务机构联系，或与总公司客户服务部联系：

深圳市清华斯维尔软件科技有限公司

总部地址：深圳市科技园北区清华信息港 B 座 7 楼

电话：0755-33300242 33300247 33300222

传真：0755-33300229 邮编：518057

Email：thsware@thsware.com

全国各地服务中心：

深圳：0755-83340810 83340811

上海：021-63505639 63508319

重庆：023-63611864 63611854

昆明：0871-8022516

长沙：0731-5556089 5154717

武汉：027-87876421 62100896

南京：025-86970658 86970659

济南：0531-82306751 82593751

石家庄：0311-6089853 6968615

兰州：0931-2183350

沈阳：024-23260502

哈尔滨：0451-87522616 88877616

北京：010-68020686 68055380

天津：022-89790219 87890159

广州：020-83643301 83643306

成都：028-83355026 83355726

南昌：0791-8681362

杭州：0571-85025981 85023189

郑州：0371-66283097 66283067

太原：0351-6041315

西安：029-85224465 86381728

乌鲁木齐：0991-8895344 8221641

长春：0431-8921817 6100790